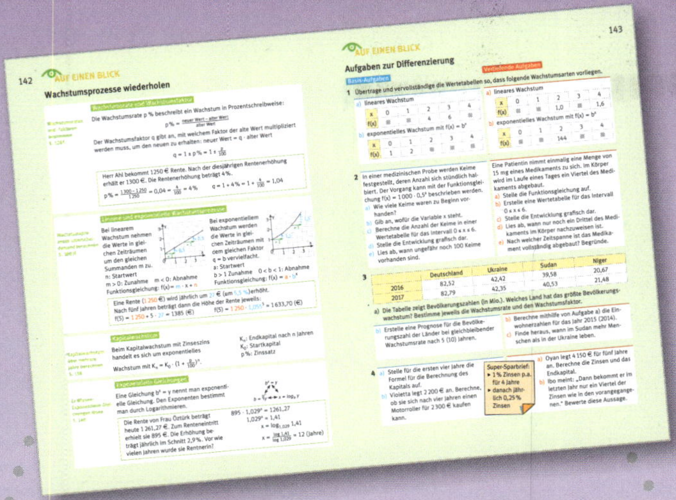

Auf einen Blick: Der Stoff des Kapitels ist jetzt komplett. Die erste Seite enthält das **Grundwissen** des Kapitels in kompakter Form. Auf den nächsten drei Seiten kannst du dein Wissen und Können mit **abwechslungsreichen Aufgaben** auf **unterschiedlichen Anforderungsstufen festigen** und **vertiefen**.

Das Kapitel ist abgeschlossen. Bist du fit? In den **Trimm-dich-Abschlussrunden** kannst du es testen.

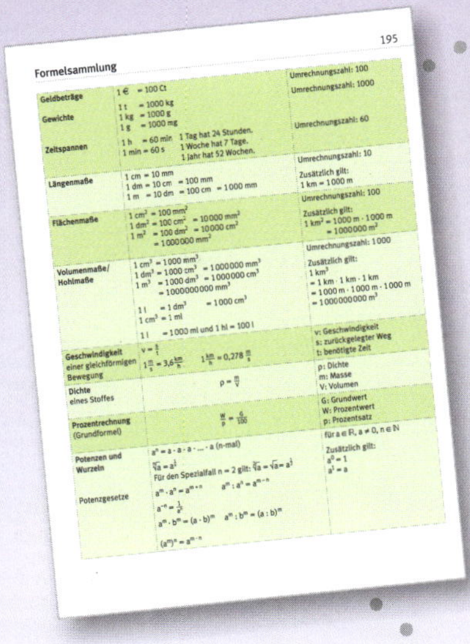

Im Anhang findest du eine **Formelsammlung,** wie du sie auch in den Abschlussprüfungen benutzen wirst.

Wofür braucht man Mathematik im Alltag? Die zwei Kapitel **Ausbildung, Beruf und Klimaschutz** befassen sich vertieft mit interessanten Themen und bereiten dich auf die Abschlussprüfungen vor.
In den Aufgaben auf der letzten Seite **Allerlei Merkwürdiges** musst du Größen abschätzen und Informationen recherchieren.

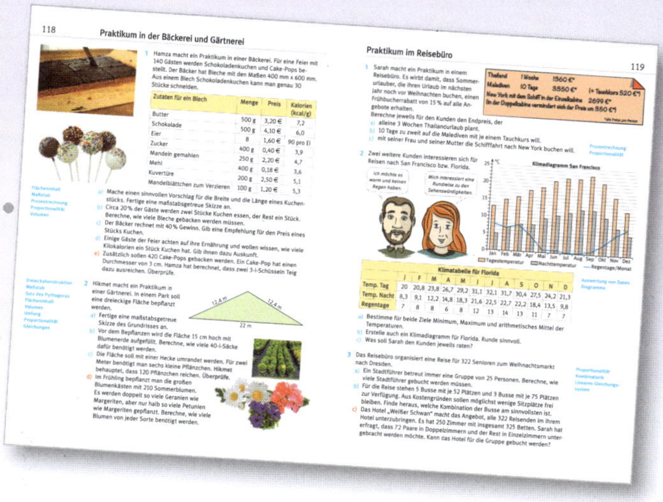

FORMEL 10

Mathematik

Herausgegeben von Martina Liebchen

Bearbeitet von Andreas Dau, Grit Ehlert, Tobias Herz, Ricardo John, Daniel Kleinen, Kerstin Landsberg, Martina Liebchen, Jennifer Prechter, Martin Schmidt, Yannick Schreyer, Elke Skrip, Torsten Studier und Andreas Whyte

C.C.Buchner

FORMEL 10

Mathematik

Herausgegeben von Martina Liebchen

Bearbeitet von Andreas Dau, Grit Ehlert, Tobias Herz, Ricardo John, Daniel Kleinen, Kerstin Landsberg, Martina Liebchen, Jennifer Prechter, Martin Schmidt, Yannick Schreyer, Elke Skrip, Torsten Studier und Andreas Whyte unter Mitarbeit der Verlagsredaktion

Bitte beachten: An keiner Stelle im Schülerbuch dürfen Eintragungen vorgenommen werden. Das gilt besonders für die Lösungswörter und die Leerstellen in Aufgaben und Tabellen.

Dieses Werk folgt der reformierten Rechtschreibung und Zeichensetzung. Ausnahmen bilden Texte, bei denen künstlerische und lizenzrechtliche Gründe einer Änderung entgegenstehen.

1. Auflage, 1. Druck 2020
Alle Drucke dieser Auflage sind, weil untereinander unverändert, nebeneinander benutzbar.

www.ccbuchner.de

Redaktion: Sonja Krause
Grafische Gestaltung: ARTBOX Grafik und Satz GmbH, Bremen
Illustrationen: Nils Sprenger, psstundpeng.de, Bremen
Druck- und Bindearbeiten: mgo360 GmbH & Co. KG, Bamberg

ISBN 978-3-661-**60040**-6

Inhaltsverzeichnis

Berechnungen an Kugeln und zusammengesetzten Körpern

Daten und ihre Auswertung

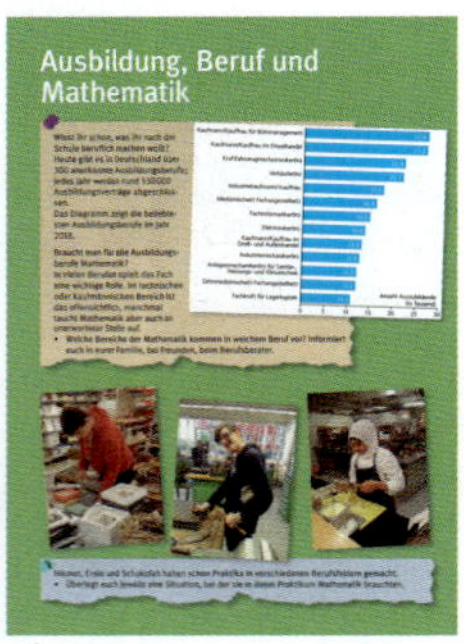
Ausbildung, Beruf und Mathematik

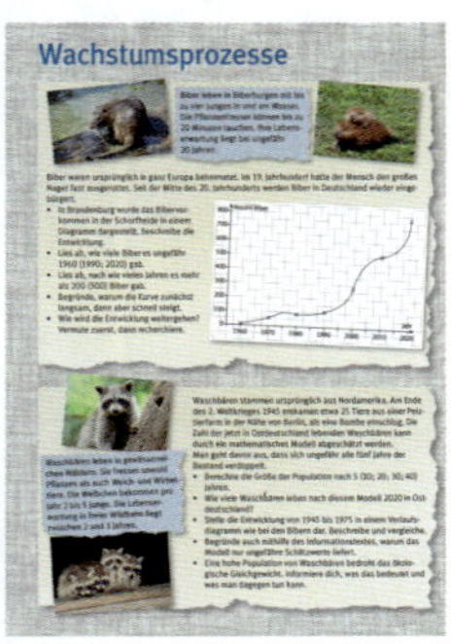
Wachstumsprozesse

Klimaschutz und Mathematik

Funktionen und ihre Eigenschaften

Mein Leben und Mathematik

Grundlagentraining

Liebe Schülerinnen und Schüler,

nun haltet ihr den letzten Band für die 10. Klasse in der Hand. Und vor euch liegt ein wichtiges Schuljahr, das mit den Prüfungen zur erweiterten Berufsbildungsreife und dem Mittleren Schulabschluss endet. Wir drücken euch die Daumen, dass ihr wie die Schülerinnen und Schüler auf dem Foto die Prüfungen erfolgreich besteht.
Die Prüfungsthemen setzen sich sowohl aus den neuen Inhalten der 10. Klasse bis einschließlich Kapitel „Wachstumsprozesse“ zusammen als auch aus den Inhalten der letzten Schuljahre. Vieles werdet ihr davon noch können, aber anderes auch vergessen haben. Deshalb haben wir wieder vorab eine Wiederholung von bekannten Themen aus allen Leitideen des Rahmenlehrplans aufgenommen. Zunächst sollt ihr noch einmal das Basiswissen trainieren. Auf den folgenden Seiten haben wir dann kompakt und übersichtlich die wichtigsten Aufgaben zu den wichtigsten Themen zusammengestellt. Es wird nicht mehr alles ausführlich erklärt: Wenn du etwas nicht mehr weißt, lies die Informationen in den Formelbüchern der letzten Schuljahre nach, recherchiere im Internet oder frage deine Lehrerin oder deinen Lehrer. Auch die Formelsammlung solltest du benutzen.
Die Kapitel „Ausbildung, Beruf und Mathematik“ und „Klimaschutz und Mathematik“ helfen dir ebenfalls bei der Prüfungsvorbereitung. Dort kannst du nochmals das Lösen von Sachaufgaben trainieren.

Viel Erfolg wünscht euch das Autorenteam vom Formel 10

Basisaufgaben trainieren

Das Basiswissen kann man trainieren. Für jede Aufgabe 1 bis 12 solltest du nicht länger als 10 Minuten brauchen. Benutze keinen Taschenrechner, du sparst Zeit! Auf jeweils einer Seite zum Basiswissen sind die Inhalte der ersten vier Aufgaben ähnlich. Übe jede Woche einmal, so kannst du dir das Basiswissen gut einprägen.

1 a) Gib die größte Zahl an.
3^4 6^3 2^6

b) Setze richtig ein: <, > oder =.
0,35 kg ■ 35 g

c) Vereinfache: $-5x - 2x$

d) Gib die richtigen Berechnungen für den Flächeninhalt an.

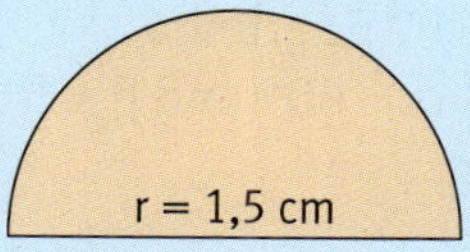

$A = \frac{1}{2} \cdot \pi \cdot 1{,}5^2$

$A = 0{,}5 \cdot \pi \cdot 0{,}75^2$

$A = 0{,}5 \cdot \pi \cdot 2{,}25$

e) 20 % entsprechen einem Preis von 60 €. Bestimme 100 %.

f)* Übertrage und vervollständige.
$(y - 8)^2 =$ ▲ $- 16y +$ ●

2 a) Gib den Wert von a so an, dass gilt: $10^a = 0{,}0001$.

b) Setze richtig ein: <, > oder =.
2000 cm^2 ■ 2 m^2

c) Vereinfache: $-2y + 9 + 8y$

d) Gib die richtigen Berechnungen für den Umfang an.

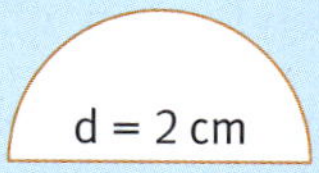

$u = \frac{1}{2} \cdot \pi \cdot 2$

$u = 0{,}5 \cdot \pi \cdot 2 + 2$

$u = \pi + 2$

e) Nach 7 km hat Nikolai $\frac{1}{4}$ seiner Radtour geschafft. Gib die Gesamtlänge an.

f)* Übertrage und vervollständige.
$(x + 5)^2 = x^2 +$ ▲$x + 25$

3 a) Gib den größten und kleinsten Wert an.
$3 \cdot 10^{-2}$ $0{,}34$ $\sqrt{9}$ $\frac{1}{3}$ 3^0

b) Gib $3\frac{3}{4}$ Stunden in Minuten an.
$3\frac{3}{4}$ h = ■ min

c) Vereinfache: $7z - 21z - 19z$

d) Gib die richtigen Berechnungen für den Flächeninhalt an.

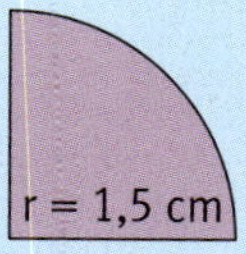

$A = \frac{1}{4} \cdot \pi \cdot 1{,}5^2$

$A = 2{,}25 \cdot \pi : 4$

$A = 0{,}25 \cdot \pi \cdot 3^2$

e) 28 Mitarbeiter kommen mit dem Fahrrad zur Arbeit. Das sind $\frac{2}{7}$ aller Mitarbeiter. Berechne, wie viele Mitarbeiter die Firma hat.

f)* Übertrage und vervollständige.
$x^2 + 8x +$ ▲ $= ($● $+$ ◆$)^2$

4 a) Welche Darstellungen sind wertgleich?
$4 \cdot 10^{-2}$ $0{,}2^2$ $\frac{4}{10}$ $\frac{4}{100}$ $0{,}04$ $\sqrt{0{,}16}$

b) Gib 1,87 m in Millimetern an.
1,87 m = ■ mm

c) Vereinfache: $-9a + 15a : 3a + 27$

d) Gib die richtigen Berechnungen für den Umfang an.

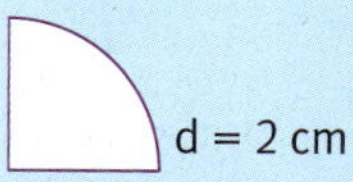

$u = \frac{1}{4} \cdot \pi \cdot 2$

$u = 2\pi : 4 + 2$

$u = 0{,}5 \cdot \pi + 2$

e) 30 % der Schüler einer Schule nehmen an einem Laufwettbewerb teil. Das sind 84 Schüler. Berechne, wie viele Schüler die Schule besuchen.

f)* Übertrage und vervollständige.
● $- 18x +$ ▲ $= (x -$ ◆$)^2$

* Diese Basisaufgaben thematisieren Inhalte des Kapitels „Quadratische Funktionen und Gleichungen“.

5 a) In einer Kiste sind 7 rote und 3 weiße Socken. Berechne die Wahrscheinlichkeit, blind eine rote Socke zu ziehen.

b) Berechne den Durchschnittswert der Zeugnisnoten:
3; 4; 3; 2; 1; 1; 4; 2

c) Schreibe als Term: Die Differenz aus einer Zahl und 3 wird verdoppelt.

d) Benenne die Fläche, skizziere sie und trage, falls vorhanden, die Symmetrieachsen ein.

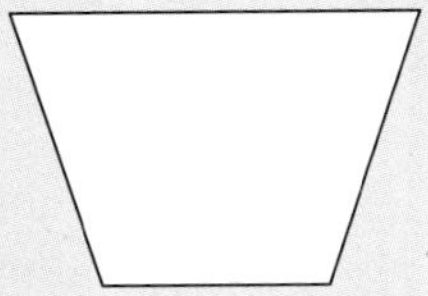

e) Wahr oder falsch? Begründe.
In jedem gleichseitigen Dreieck gilt $\alpha = \beta = \gamma = 60°$.

f)* Eine Parabel hat die Funktionsgleichung $f(x) = (x - 1)^2 + 1$. Gib die Koordinaten des Scheitelpunkts an.

6 a) In einer Kiste sind 9 blaue und 21 rote Socken. Berechne die Wahrscheinlichkeit, blind keine rote Socke zu ziehen.

b) Berechne den Durchschnitts- und den Zentralwert der Mathematiknoten:
2; 2; 5; 1; 2

c) Schreibe als Term: Die Summe aus 5 und einer Zahl wird halbiert.

d) Benenne die Fläche, skizziere sie und trage, falls vorhanden, die Symmetrieachsen ein.

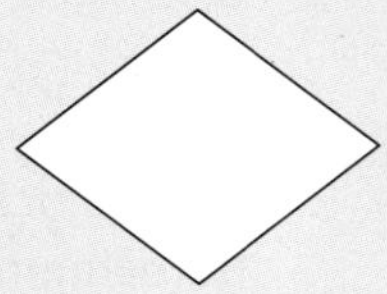

e) Wahr oder falsch? Begründe.
Ein Dreieck mit $\alpha = 60°$ und $\beta = 30°$ ist gleichschenklig.

f)* Eine Parabel hat die Funktionsgleichung $f(x) = -(x + 1)^2 + 4$. Gib die Koordinaten des Scheitelpunkts an.

7 a) In einer Kiste sind 4 gelbe und 16 blaue Socken. Berechne die Wahrscheinlichkeit, blind eine gelbe Socke zu ziehen.

b) Die Durchschnittstemperatur beträgt 18 °C. Ergänze den fehlenden Wert:
15 °C 23 °C 22 °C 15 °C ■ °C

c) Schreibe als Gleichung: Der Quotient aus dem Vierfachen einer Zahl und 32 ergibt 5.

d) Benenne die Fläche, skizziere sie und trage, falls vorhanden, die Symmetrieachsen ein.

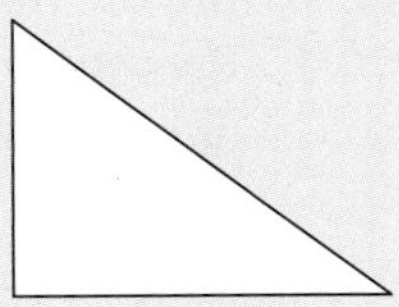

e) Wahr oder falsch? Begründe.
Ein Dreieck mit $\alpha = 70°$ und $\beta = 20°$ ist rechtwinklig.

f)* Bestimme e in der Funktionsgleichung $f(x) = x^2 + e$.

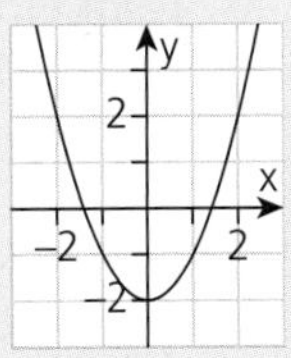

8 a) In einer Kiste sind 32 rote und 8 grüne Socken. Berechne die Wahrscheinlichkeit, blind keine grüne Socke zu ziehen.

b) Das Durchschnittstaschengeld beträgt 22 €. Ergänze den fehlenden Wert:
32 € 18 € 30 € ■ €

c) Schreibe als Gleichung: Das Produkt aus einer Zahl und 6 dividiert durch 2 ergibt 24.

d) Benenne die Fläche, skizziere sie und trage, falls vorhanden, die Symmetrieachsen ein.

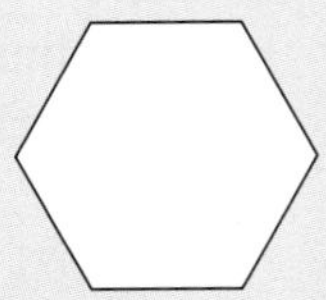

e) Wahr oder falsch? Begründe.
Ein Dreieck mit $\alpha = 40°$ und $\beta = 40°$ ist spitzwinklig.

f)* Bestimme e in der Funktionsgleichung $f(x) = -x^2 + e$.

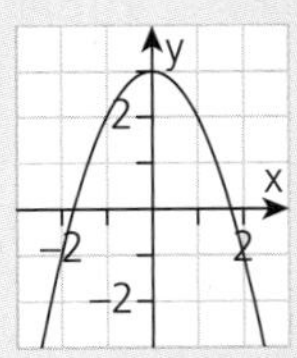

9 a) Wahr oder falsch? Begründe.
Die Oberfläche eines Quaders kann aus drei Rechtecken und drei Quadraten bestehen.

b) Drei Kiwis kosten 1,20 €. Berechne, wie viel man für sieben Kiwis bezahlt.

c) Gib den gefärbten Anteil als Bruch, Dezimalzahl und Prozentsatz an.

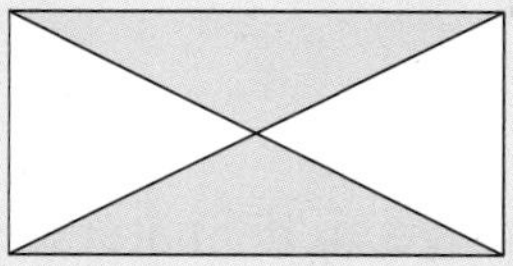

d) Führe die Zahlenreihe fort.
Gib die nächsten drei Zahlen an.
14 9 4 −1 −6 ■ ■ ■

e) Der Umfang eines Quadrats beträgt 52 cm. Berechne den Flächeninhalt.

f)* Bestimme die Lösungsmenge der Gleichung $3x^2 = 27$.

10 a) Wahr oder falsch? Begründe.
Die Oberfläche einer Pyramide kann aus vier gleich großen Dreiecken und einem Quadrat bestehen.

b) 20 Liter Benzin kosten 24 €. Berechne, wie viel man für 50 Liter bezahlt.

c) Gib den gefärbten Anteil als Bruch, Dezimalzahl und Prozentsatz an.

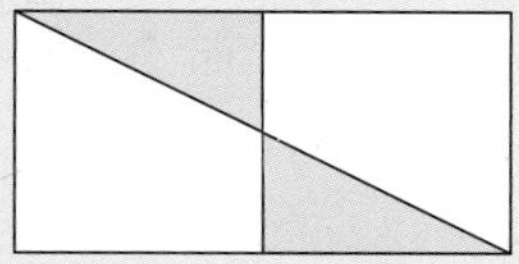

d) Führe die Zahlenreihe fort.
Gib die nächsten drei Zahlen an.
1 2 4 8 16 ■ ■ ■

e) Der Flächeninhalt eines Quadrats beträgt 400 cm^2. Berechne den Umfang.

f)* Bestimme die Lösungsmenge der Gleichung $x^2 - 160 = -124$.

11 a) Wahr oder falsch? Begründe.
Das Netz eines Kegels setzt sich aus einem Kreis und einem Dreieck zusammen.

b) Für 14 € bekommt man 10 Liter Benzin. Berechne, wie viel Liter man für 21 € bekommt.

c) Gib den gefärbten Anteil als Bruch, Dezimalzahl und Prozentsatz an.

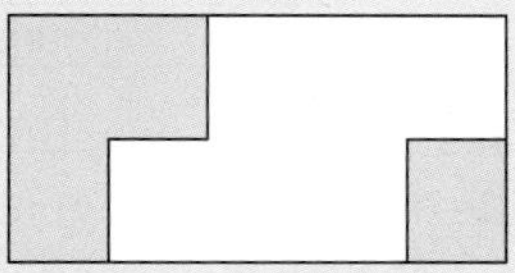

d) Führe die Zahlenreihe fort.
Gib die nächsten drei Zahlen an.
−26 −16 −7 1 8 ■ ■ ■

e) Ein Rechteck besitzt die Seitenlängen a = 3 cm und b = 12 cm. Berechne, wie lang die Seite a eines Quadrats mit dem gleichen Flächeninhalt ist.

f)* Bestimme die Lösungsmenge der Gleichung $x^2 + 36 = 0$.

12 a) Wahr oder falsch? Begründe.
Ein vierseitiges Prisma hat ein Trapez als Grundfläche und ein Rechteck als Mantel.

b) Drei Schrippen kosten 90 Cent. Berechne die Höhe des Wechselgelds, wenn man fünf Schrippen mit 2 € bezahlt.

c) Gib den gefärbten Anteil als Bruch, Dezimalzahl und Prozentsatz an.

d) Führe die Zahlenreihe fort.
Gib die nächsten drei Zahlen an.
18 10 3 −3 −8 ■ ■ ■

e) Ein Rechteck hat einen Flächeninhalt von 12 cm^2, eine Seite ist 4 cm lang. Berechne die zweite Seitenlänge und die Länge der Diagonalen.

f)* Bestimme die Lösungsmenge der Gleichung $-4x^2 + 4 = 0$.

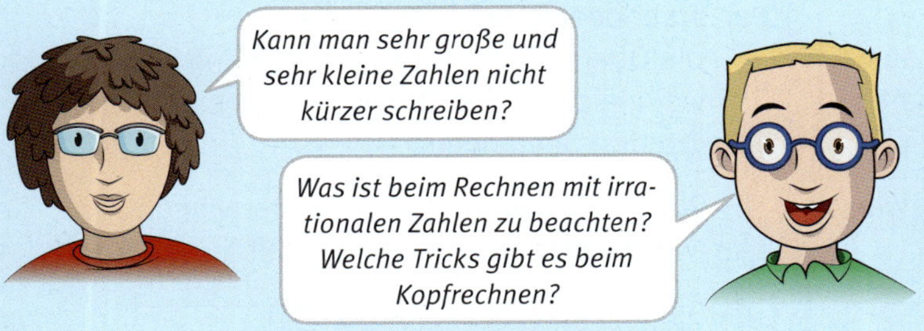

Auf diesen Seiten erfährst du, welche Zahlbereiche es gibt, wie man in diesen rechnet und wie man die Zahlen ordnet.

Die Menge der natürlichen und ganzen Zahlen

Die Zahlen 0, 1, 2, 3, 4, ... bilden die Menge $\mathbb{N}_0$ der natürlichen Zahlen. Wenn man die Folge der natürlichen Zahlen am Zahlenstrahl nach links fortsetzt, bilden diese Zahlen zusammen mit den natürlichen Zahlen die Menge $\mathbb{Z}$ der ganzen Zahlen. Die Zahl 0 ist weder positiv noch negativ.

1 Bestimme, welche Zahl genau in der Mitte der angegebenen Zahlen liegt.

a) 7 und 19 b) 8 und 0 c) 9 und –9 d) 12 und –4
e) –3 und 5 f) –6 und –26 g) –11 und –21 h) –100 und –48

2 Es gelten unterschiedliche Regeln, wenn man ganze Zahlen addiert (subtrahiert) oder multipliziert (dividiert). Berechne ohne Taschenrechner.

a) $26 - 39 = ■$ b) $-73 + 63 = ■$ c) $■ - 32 = 22$ d) $-22 + ■ = -50$
e) $15 \cdot (-3) = ■$ f) $-42 : (-7) = ■$ g) $-84 : ■ = -12$ h) $-11 \cdot ■ = 121$

Die Menge der rationalen und reellen Zahlen

Die Menge der rationalen Zahlen $\mathbb{Q}$ umfasst neben $\mathbb{N}$ und $\mathbb{Z}$ zusätzlich Brüche und endliche sowie periodische Dezimalzahlen.

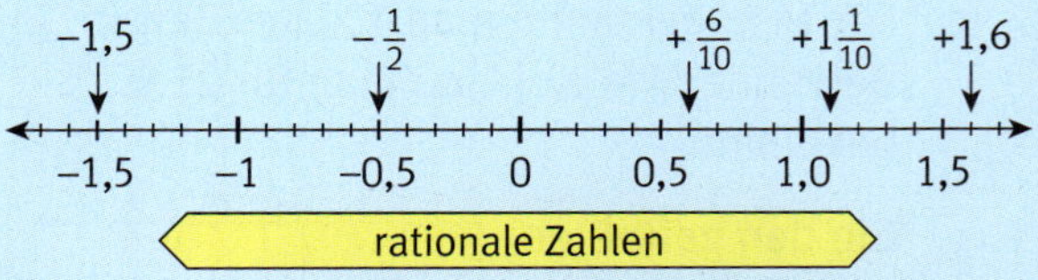

Das Besondere an der Menge $\mathbb{Q}$ ist, dass zwischen zwei Brüchen oder Dezimalzahlen unendliche viele weitere Brüche oder Dezimalzahlen liegen. Alle nicht abbrechenden Dezimalzahlen, die irrationalen Zahlen, gehören zur Menge $\mathbb{R}$ der reellen Zahlen.

3 Ein Bruch teilt ein Ganzes oder mehrere Ganze in gleiche Teile. Man kann jeden Bruch als Divisionsaufgabe schreiben und damit in eine Dezimalzahl umwandeln.

a) Ordne passende Zahldarstellungen einander zu.

$\frac{1}{100}$	$\frac{1}{5}$	0,04	0,125	0,01	$\frac{1}{8}$
0,2	$\frac{3}{4}$	$\frac{1}{10}$	$\frac{1}{25}$	0,75	0,1

b) Übertrage und setze die Zeichen <, > oder = ein.

A $\frac{7}{8}$ ■ 0,9 B $\frac{1}{3}$ ■ 0,3 C $\frac{7}{15}$ ■ 0,45 D $\frac{25}{4}$ ■ 6,25

c) Bestimme zwei Zahlen, die zwischen den beiden angegebenen Zahlen liegen.

A $\frac{4}{10}$ und 0,5 B 2,6 und $\frac{5}{2}$ C $\frac{1}{2}$ und $\frac{3}{5}$ D $\frac{8}{7}$ und $\frac{5}{4}$

4 Berechne ohne Taschenrechner. Beachte die unterschiedlichen Rechenregeln.

a) $\frac{1}{5} + \frac{3}{5}$ b) $\frac{1}{2} + \frac{3}{8}$ c) $\frac{3}{4} - \frac{3}{8}$ d) $2 - \frac{7}{9}$ e) $1\frac{3}{4} - \frac{1}{2}$

f) $\frac{2}{11} \cdot 5$ g) $4 \cdot \frac{7}{9}$ h) $\frac{1}{2} \cdot \frac{1}{4}$ i) $\frac{3}{5} \cdot \frac{4}{9}$ j) $\frac{5}{6} \cdot \frac{2}{7}$

5 Berechne ohne Taschenrechner.

a) $(-\frac{1}{2}) + (+\frac{1}{8})$ b) $(-\frac{5}{22}) + (-\frac{2}{11})$ c) $(+\frac{2}{3}) - (-\frac{4}{18})$ d) $(+\frac{4}{13}) + (-\frac{20}{65})$

e) $(-\frac{2}{6}) \cdot (+\frac{6}{5})$ f) $(-\frac{3}{5}) \cdot (+\frac{5}{12})$ g) $(+\frac{4}{5}) : (-\frac{2}{5})$ h) $(-1) : (-\frac{1}{6})$

6 Beachte Rechenregeln und nutze, wenn möglich, Rechenvorteile.

Ⓐ $-12 + 2 - 10 + 4 - 8 + 6$
$2{,}35 + 1{,}3 - 1{,}25 - 1{,}75 + 3{,}2 - 2\frac{35}{100}$
$-0{,}3 + \frac{1}{4} - \frac{15}{100} + 0{,}25 + 2 - \frac{5}{100}$

Ⓑ $9 \cdot 14 + 3$
$\frac{5 \cdot 4 + 2 \cdot 5}{2}$
$-3 \cdot (-15) + 36 : (-12)$

Ⓒ $0{,}1 \cdot (1{,}4 + 0{,}3)$
$\frac{1}{5} \cdot (\frac{3}{10} - 0{,}4)$
$(0{,}75 + \frac{3}{4}) \cdot (-5)$

Ⓓ $(-5 - 9) \cdot (22 - 24)$
$(\frac{3}{8} + \frac{1}{4}) \cdot (-34 + 33)$
$(\frac{2}{5} - 0{,}4) \cdot (-\frac{1}{7} + \frac{5}{8})$

Ⓔ $4{,}5 \cdot 2{,}6 + 4{,}5 \cdot 2{,}4$
$7{,}5 \cdot (-12) - 7{,}5 \cdot (-2)$
$8{,}2 \cdot \frac{1}{4} + 3{,}8 \cdot \frac{1}{4}$

Potenzen und Wurzeln

Produkte aus gleichen Faktoren lassen sich vereinfacht als Potenzen schreiben:

$a^n = \underbrace{a \cdot a \cdot \ldots \cdot a}_{n \text{ Faktoren}} \qquad a \in \mathbb{Q}$

Quadrat- und Kubikzahlen sind besondere Potenzen. Die Umkehrung des Potenzierens ist das Wurzelziehen:
$\sqrt{b} = a$ mit $a \cdot a = a^2 = b$
$\sqrt[3]{b} = a$ mit $a \cdot a \cdot a = a^3 = b$

7 Berechne ohne Taschenrechner.

a) $(35 - 33)^2 - (3^2 - 5^2)$ b) $0{,}7 + 0{,}7^2$ c) $(-\frac{1}{10})^3 + 0{,}001$ d) $\sqrt[3]{1\,000} \cdot (\frac{1}{10})^2$

e) $(13 - 19)^2 - \sqrt{121}$ f) $(-1)^7 \cdot (3 \cdot 5^2)$ g) $(-\frac{1}{4})^3 - (\frac{1}{8})^2$ h) $\sqrt{0{,}0324} : (-\frac{3}{5})^2$

8 Mit Zehnerpotenzen lassen sich kleine und große Zahlen darstellen.

a) Schreibe ohne Zehnerpotenzen.

$123 \cdot 10^6$	$9{,}54 \cdot 10^4$	$9{,}54 \cdot 10^{-4}$	$0{,}007 \cdot 10^8$	$125 \cdot 10^{-12}$

b) Schreibe mit Zehnerpotenzen in Standardschreibweise mit einer Vorzahl zwischen 1 und 10. Runde diese ggf. auf zwei Stellen nach dem Komma.

657 000 000	0,893	545 566	0,000708	0,000000877

9 Ordne die Zahlen der Größe nach. Beginne mit der kleinsten.

a) $\sqrt{196}$ 2^4 $0{,}14 \cdot 10^3$ $(-2)^4$ b) $\frac{3}{7}$ $43 \cdot 10^{-2}$ $-0{,}42$ $\sqrt{\frac{4}{9}}$

c) $\sqrt{2}$ $-1{,}4$ $1{,}2^2$ $0{,}12^2$ $(-1{,}2)^2$ d) $-15{,}8$ $0{,}158 \cdot 10^2$ $\sqrt{250}$ $\frac{47}{3}$

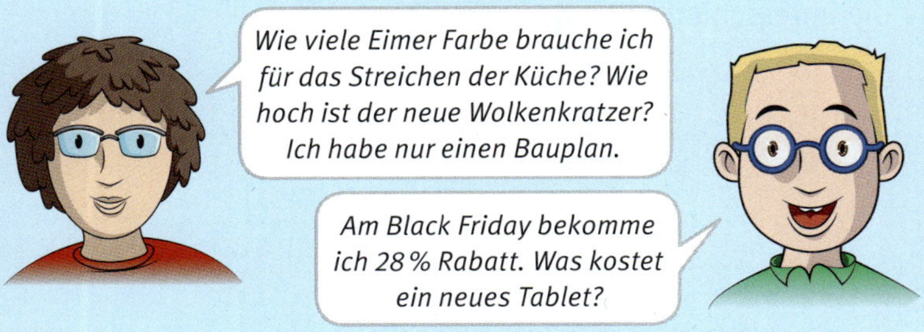

Hinter vielen Sachaufgaben stecken proportionale Zusammenhänge. Auf diesen Seiten lernst du Verhältnisgleichungen als hilfreiches Werkzeug zur Lösung kennen.

Das Verhältnis zweier Größen

Um zwei Größen a und b miteinander zu vergleichen, untersucht man das Verhältnis von a zu b. Dieses schreibt man als Quotienten a : b oder als Bruch $\frac{a}{b}$. Um bei der Beschreibung eines Verhältnisses unterschiedliche Einheiten von zwei Größen voneinander zu trennen, kann man auch das Wort pro verwenden.

1 Bestimme die Verhältnisse als Quotienten und Bruch. Kürze, wenn möglich.
a) In einer Klasse sind 10 Mädchen und 15 Jungen.
b) Ein Foto hat eine Länge von 20 cm und eine Breite von 15 cm.
c) Pro 200 g Mehl braucht man 50 g Zucker.
d) Für ein 0,4-l-Glas Kiba nimmt man 150 ml Bananensaft und 250 ml Kirschsaft.

Verhältnis von Äpfel zu Orangen:
$6 : 9 = \frac{6}{9} = \frac{2}{3} = 2 : 3$

Verhältnis von Orangen zu Äpfel:
$9 : 6 = \frac{9}{6} = \frac{3}{2} = 3 : 2$

2 a) In drei Stunden werden mit einem Auto 225 km zurückgelegt. Bestimme die durchschnittliche Geschwindigkeit als Verhältnis von km pro h.
b) Ein Goldbarren mit der Masse 10,77 g hat die Maße 3,1 cm x 1,8 cm x 0,1 cm. Bestimme die Dichte von Gold als Verhältnis von Masse pro Volumen.

Zusammenhang zwischen Verhältnissen und Proportionalität

Wenn das Verhältnis zweier Größen immer gleich ist, dann besteht zwischen den Größen ein proportionaler Zusammenhang. Eine Zuordnung, die einem Wert der einen Größe genau einen Wert der anderen Größe zuordnet, ist proportional.

3 a) Zeige, dass die Zuordnungen proportional sind.

A

Gewicht in g	300	900	600
Preis in €	3,45	10,35	6,90

B

Länge in m	7	2	4
Preis in €	14,70	4,20	8,40

b) Übertrage die Tabellen und ergänze fehlende Werte.

A Pro Portion rechnet man mit 250 kcal.

Anzahl	1	■	7	■	11
kcal	■	750	■	2 250	■

B Alle Pakete sind gleich schwer.

Anzahl	3	12	24	■	■
kg	■	■	40	80	120

Verhältnisgleichungen (Proportionalität)

Gleiche Verhältnisse a : b und c : d kann man als Verhältnisgleichung $\frac{a}{b} = \frac{c}{d}$ schreiben (Sprechweise: „a verhält sich zu b wie c zu d"). Man kann aus drei gegebenen Größen die vierte berechnen, indem man „über Kreuz multipliziert".

4 Berechne jeweils die fehlende Größe.

a) Vier Reifen kosten 272 €, wie viel kosten fünf Reifen?

b) Für das Austragen von 189 Zeitungen braucht man drei Stunden. Wie viele Stunden braucht man für 3 465 Zeitungen?

c) Für die Herstellung von 75 kg Holzkohle benötigt man 100 kg Holz. Wie viel Holz benötigt man für 60 kg Holzkohle?

d) Der Maßstab einer Karte beträgt 1 : 50 000. Wie lang wird eine Strecke von 1,8 km auf der Karte dargestellt?

> 7 kg Äpfel kosten 16,80 €.
> Wie teuer sind 3 kg Äpfel?
>
> Verhältnisgleichung:
>
> $\frac{x\,€}{16{,}80\,€} = \frac{3\,kg}{7\,kg}$ bzw. $\frac{x}{16{,}8} = \frac{3}{7}$
>
> $7x = 16{,}8 \cdot 3$
>
> $x = 7{,}2$
>
> 3 kg Äpfel kosten 7,20 €.

Verhältnisgleichungen (Prozent- und Zinsrechnung)

1 % beschreibt das Verhältnis $\frac{1}{100} = 1 : 100$, p % das Verhältnis $\frac{p}{100} = p : 100$.

Der Prozentwert W verhält sich zum Grundwert G wie der Prozentsatz p zu 100.

Verhältnisgleichungen:

$\frac{W}{G} = \frac{p}{100}$ bzw. $\frac{W}{p} = \frac{G}{100}$ (Grundformel)

5 Berechne die jeweils fehlende Größe.

a) G = 445 m; p = 68
b) W = 357 m²; p = 85
c) G = 51 t; W = 43,35 t
d) W = 588,80 €; p = 115

6 a) Für eine Sportveranstaltung wurden 35 % aller 400 Karten in der Preisklasse B verkauft und 70 Karten in der Preisklasse A. Berechne die Zahl der Karten der Preisklasse B und den prozentualen Anteil der Karten der Preisklasse A.

b) Die Miete wurde von 781,25 € auf 825 € erhöht. Berechne die Steigerung in %.

c) Ein Importeur berechnet seine Verkaufspreise, indem er seinen Einkaufspreis um 30 % erhöht. Bezahlt ein Kunde bar, gewährt er 3 % Skonto. Berechne den Barzahlungspreis eines Kunden für eine Ware, die der Importeur für 220 € gekauft hat.

7 Die Zinsrechnung ist eine Anwendung der Prozentrechnung. Überlege, welche Größen sich entsprechen. Berechne dann die jeweils fehlende Größe.

a) K = 2 445 €; p = 5
b) K = 6 250 €; Z = 125 €
c) p = 4,5; Z = 162 €
d) K = 5 000 €; p = 3

8 a) Laras Vater benötigt für fünf Monate einen Kredit von 12 000 €. Die Bank verlangt einen Zinssatz von 5,6 % pro Jahr. Berechne die Höhe der Zinsen.

b) Frau Naser hat 1 200 € für 180 Tage angelegt und bekommt 4,80 € Zinsen für diesen Zeitraum gutgeschrieben. Berechne, wie hoch der Zinssatz war.

Auf diesen Seiten erfährst du, wie man Sachsituationen mit Termen, Gleichungen, linearen Funktionen und Gleichungssystemen beschreibt.
Du wiederholst, Graphen zu zeichnen und Gleichungen zu lösen.

Terme und Gleichungen

Viele Sachsituationen lassen sich durch Terme und Gleichungen beschreiben, die Variablen (Platzhalter für Zahlen) enthalten können.

Terme kann man vereinfachen, indem man:
- gleichartige Summanden zusammenfasst,
- Zahlen mit (durch) Zahlen und Variablen mit (durch) Variablen multipliziert (dividiert),
- Klammern auflöst.

Gleichungen kann man schrittweise durch äquivalente Umformungen lösen. Auf beiden Seiten der Gleichung wird:
- zuerst die gleiche Zahl oder das gleiche Vielfache der Variablen addiert (subtrahiert),
- dann mit der gleichen Zahl multipliziert (durch die gleiche Zahl dividiert).

1 Überlege, wofür die Variable x steht und stelle

a) einen Term auf. Setze für x die Zahl 22 ein und berechne.

- (A) Der Museumseintritt kostet für Jugendliche 2,50 €. Dazu kommt noch 37 € für die Führung.
- (B) Eine Taxifahrt kostet 1,80 € pro gefahrenen km zuzüglich einer einmaligen Gebühr von 3,40 €.

b) eine Gleichung auf. Löse dann durch äquivalente Umformungen.

- (A) Wenn Kevin seinen Verdienst für 5 Wochen spart und noch 35 € dazu gibt, hat er 110 €.
- (B) Ein Kasten Wasser mit 12 Flaschen kostet 8,10 €, darin sind 3,30 € Pfand enthalten.

2 Vereinfache die Terme unter Beachtung der Rechenregeln und -gesetze.

a) $4a + 12 - 6a + 3$
b) $-5a - 3b + 7b + 8 - 3a$
c) $12x : 4 - 8x + 7y - 2x - 2 \cdot 2{,}5y$
d) $-7{,}5z + 3{,}8x - 4{,}2z - 0{,}9 + 2{,}8z$

3 Löse die Klammern auf und vereinfache so weit wie möglich.

a) $7\,(4x + 2)$
b) $(-3b + a) \cdot 5$
c) $16 - (x + 8)$
d) $-10 - 2\,(4x - 6)$
e) $1{,}2 \cdot (5x + 5) - 4x$
f) $(x + y) \cdot (y - 2x)$

4 Löse die Gleichungen schrittweise durch Äquivalenzumformungen.

a) $4x + 3 = 27$
b) $3x - 5 = 34$
c) $-2y + 8 = -13$
d) $6x + 5 = x - 7 + 3x$
e) $-3{,}2 - 5x + 11 = 5{,}3$
f) $2\frac{1}{3}y + 2 - \frac{1}{3}y = 5$
g) $6 + 3 \cdot (12 + x) = 54$
h) $11 + r + 2 \cdot (r - 5{,}5) = 24$
i) $-2y - 4 = \frac{1}{2} \cdot (8 + 4y)$

Funktionen

Einige Sachsituationen lassen sich durch Funktionen darstellen. Jedem Wert der Ausgangsgröße (x-Wert, unabhängige Größe) wird genau ein Wert der anderen Größe (y-Wert, abhängige Größe) zugeordnet. Der Graph einer Funktion im Koordinatensystem veranschaulicht die Veränderungen der Größen.

5 Die Graphen stellen Jovans Bergwanderung im Urlaub und den Weg des Bergbauern Franz auf die Alm zu seinen Kühen dar.

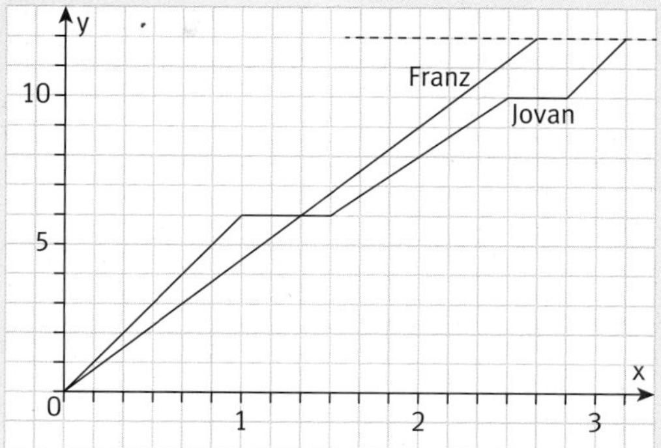

a) Gib an, wofür die Variablen x und y stehen.

b) Lies ab, wie lange beide unterwegs waren. Zu welchem Zeitpunkt treffen sich die beiden?

c) Beschreibe die Unterschiede zwischen den Bewegungen.

d) Bestimme die Geschwindigkeiten von Jovan und Franz in der ersten Stunde.

Lineare Funktionen – Darstellungsformen

Funktionen kann man grafisch, mit einer Wertetabelle oder mithilfe einer Funktionsgleichung darstellen. Eine Funktionsgleichung enthält eine Variable x, für die man verschiedene Werte einsetzen kann.

Lineare Funktionen haben Funktionsgleichungen der Form $f(x) = y = mx + n$.
Eine proportionale Funktion ist ein Spezialfall einer linearen Funktion mit $n = 0$.
Dabei ist: m: Proportionalitätsfaktor, Steigung
n: Funktionswert an der Stelle $x = 0$, y-Achsenabschnitt

6 a) Übertrage und vervollständige die Wertetabelle einer proportionalen Funktion.

Gewicht (kg)	1	■	5	■
Preis (€)	15	45	■	90

b) Zeichne den Graphen und gib die Funktionsgleichung an.

7 Für acht Teebeutel benötigt man 20 g Pfefferminze. Zeichne mithilfe einer Wertetabelle den Graphen der Funktion. Gib die Funktionsgleichung an.

8 Bei einem Online-Kaffeeversand werden pro Kaffeepackung 2,50 € berechnet, zuzüglich einer Versandgebühr von 3 €.

Anzahl Packungen	■	4	■	12
Preis (€)	8	■	20,50	■

a) Übertrage und vervollständige die Wertetabelle.

b) Zeichne den Graphen und gib die Funktionsgleichung an.

9 Gegeben ist die Funktionsgleichung $f(x) = \frac{1}{5}x + 15$. Zeichne mithilfe einer Wertetabelle den Graphen. Beschreibe einen möglichen Sachzusammenhang.

Lineare Funktionen – Steigung und y-Achsenabschnitt

Die Steigung m eines Graphen kann man mithilfe des Steigungsdreiecks bestimmen. Es kann überall am Graphen angetragen werden. m ist das Verhältnis (der Quotient) aus Höhe und Breite des Steigungsdreiecks. Ist m eine positive Zahl steigt die Gerade; ist m eine negative Zahl, dann fällt sie.

10 Herr Förster leiht sich einen Anhänger aus.

a) Beschreibe den Sachverhalt genauer.
b) Übertrage den Graphen und bestimme m und n. Überprüfe deine Lösung für m mit einem weiteren Steigungsdreieck.
c) Stelle die Funktionsgleichung auf und berechne die Kosten für eine Ausleihdauer von sechs Stunden.
d) Berechne die Länge der Ausleihdauer bei einem Preis von 105 €.

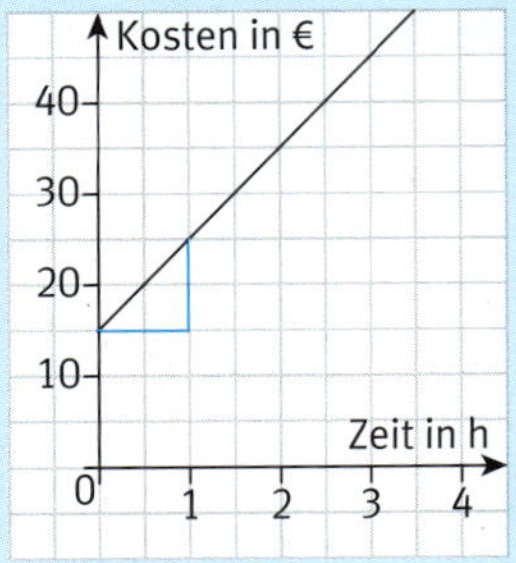

11 Ordne jedem Graphen die passende Funktionsgleichung zu. Drei bleiben übrig.

$f_1(x) = 2{,}5x + 1$
$f_2(x) = -2x - 2$
$f_3(x) = -x + 5$
$f_4(x) = x + 2$
$f_5(x) = 2x + 1$
$f_6(x) = x + 5$
$f_7(x) = 2x - 2$
$f_8(x) = -3x - 1$

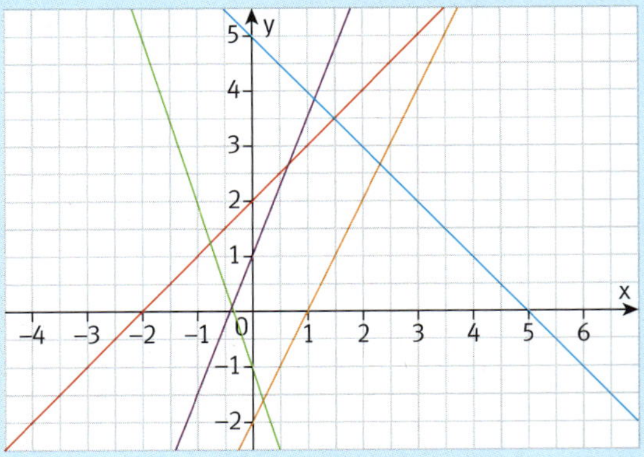

12 Zeichne jeweils den Graphen der Funktion, ohne eine Wertetabelle zu benutzen. Beschreibe den Verlauf.

a) $f(x) = 2x$ b) $f(x) = 2x + 3$ c) $f(x) = -2x - 2$ d) $f(x) = -\frac{3}{4}x + 4$

Lineare Funktionen – Nullstellen

Die Stelle, an der der Funktionsgraph die x-Achse schneidet, heißt Nullstelle x_0. Dort ist $f(x_0) = y = 0$.

13 Leon wechselt das Wasser in seinem Aquarium und pumpt das Wasser aus dem Becken ab. Der Wasserstand von 30 cm sinkt pro Minute um 6 cm.

a) Stelle den Sachverhalt grafisch dar und lies ab, nach wie viel Minuten das Aquarium leer ist.
b) Stelle die Funktionsgleichung auf und bestätige die Lösung aus a) rechnerisch.

14 Ermittle die Nullstellen, falls vorhanden, rechnerisch. Kontrolliere grafisch.

a) $f(x) = x - 5$ b) $f(x) = -2x - 1$ c) $f(x) = 5$ d) $f(x) = -3x + 9$
e) $f(x) = \frac{3}{2}x + 3$ f) $f(x) = -\frac{1}{4}x - 2$ g) $f(x) = \frac{2}{5}x - 3$ h) $f(x) = \frac{3}{2}$

Lineare Funktionen – Schnittpunkte

Der Punkt, in dem sich zwei Graphen linearer Funktionen f_1 und f_2 schneiden, heißt Schnittpunkt S. Man kann die Koordinaten ablesen oder rechnerisch ermitteln:

① x-Koordinate: Gleichsetzen der Funktionsterme von $f_1(x)$ und $f_2(x)$
② y-Koordinate: Einsetzen der x-Koordinate in eine der Funktionsgleichungen

15 In Berlin gibt es verschiedene Mietangebote für Fahrräder.

A	B	C
10 € pro Tag, einmalig 5 € für einen Kindersitz	5 € pro Tag, einmalig 15 € für einen Kindersitz	Für eine Woche mit Kindersitz pauschal 45 €

a) Gib für jedes Angebot eine Funktionsgleichung zur Berechnung der Ausleihgebühr für x Tage von einem Fahrrad mit einem Kindersitz an.
b) Stelle alle drei Funktionen in einem Koordinatensystem grafisch dar.
c) Erläutere die Bedeutung der Schnittpunkte in diesem Sachzusammenhang.

16 Stelle beide Funktionen grafisch dar und bestimme die Koordinaten des Schnittpunkts S, falls vorhanden. Bestätige die Lösung rechnerisch.

a) $f_1(x) = 3x - 5$ $\quad f_2(x) = -2x + 5$
b) $f_1(x) = 0{,}5x + 1$ $\quad f_2(x) = -x + 4$
c) $f_1(x) = \frac{3}{5}x - 1$ $\quad f_2(x) = \frac{2}{5}x$
d) $f_1(x) = 0{,}8x + 1{,}5$ $\quad f_2(x) = \frac{4}{5}x$

Lineare Gleichungssysteme

Ein lineares Gleichungssystem besteht aus zwei linearen Gleichungen mit je zwei Variablen x und y. Das Zahlenpaar (x|y), das beide Gleichungen erfüllt, ist die Lösung des linearen Gleichungssystems. Man kann das Zahlenpaar grafisch durch die Schnittpunktbestimmung der dazugehörigen Graphen oder rechnerisch durch das Gleichsetzungsverfahren bestimmen.

17 Überlege, wofür die Variablen x und y stehen und bestimme, welche Gleichungssysteme zu dem Sachverhalt passen.
In einem Restaurant stehen Doppel- und Vierertische zur Verfügung. Insgesamt hat das Restaurant 25 Tische und 84 Sitzplätze.

A	B	C	D
I $x + y = 84$ II $2x + 4y = 25$	I $25x + 25y = 84$ II $x + y = 84$	I $x + y = 25$ II $2x + 4y = 84$	I $x + 2y = 42$ II $x + y = 25$

18 Stelle jeweils ein Gleichungssystem auf und löse grafisch.

a) Eine Rose kostet 2 €, eine Sonnenblume 1 €. Selma kauft einen Strauß mit 11 Blumen und zahlt 18 €.

b) Gesucht werden zwei Zahlen. Ihre Summe ist 4 und ihre Differenz ist 5.

19 Löse die Gleichungssysteme rechnerisch.

a) I $y = 4x - 1$ II $y = -0{,}5x + 3{,}5$
b) I $x - y = 5$ II $y = -x + 9$
c) I $y = 2x - 4$ II $3y = -2x + 12$
d) I $6x + 2y = -10$ II $x + 2y = 5$

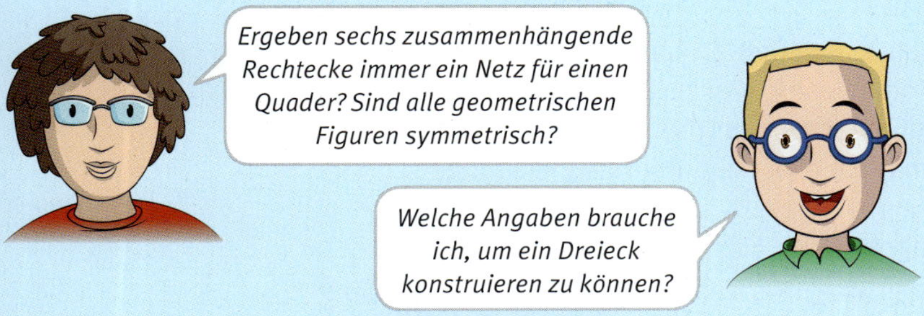

Auf diesen Seiten erfährst du etwas über die Eigenschaften von geometrischen Körpern und Flächen und wie man Vier- und Dreiecke konstruiert.

Eigenschaften von Körpern

Die geometrischen Grundkörper werden von ebenen oder gekrümmten Flächen begrenzt. Alle Seitenflächen zusammen bilden die Mantelfläche des Körpers. Körper können als Schrägbilder anschaulich dargestellt werden.

1 Ordne jedem Körper die passenden Eigenschaften zu und ergänze, wenn möglich, eine weitere.

Quader | Würfel | Kegel | Dreiecksprisma | Pyramide | Zylinder

krummlinige Kante | n-eckige Grundfläche | rechteckiger Mantel | keine Deckfläche | deckungsgleiche Grund- und Deckfläche | Eine Seite des rechteckigen Mantels entspricht dem Umfang der Grundfläche. | kreisförmige Grundfläche | Spitze | Mantel aus Dreiecken | geradlinige Kanten | Alle Begrenzungsflächen sind gleich groß.

2 Bei Körpernetzen werden alle Begrenzungsflächen eines Körpers zusammenhängend abgewickelt.

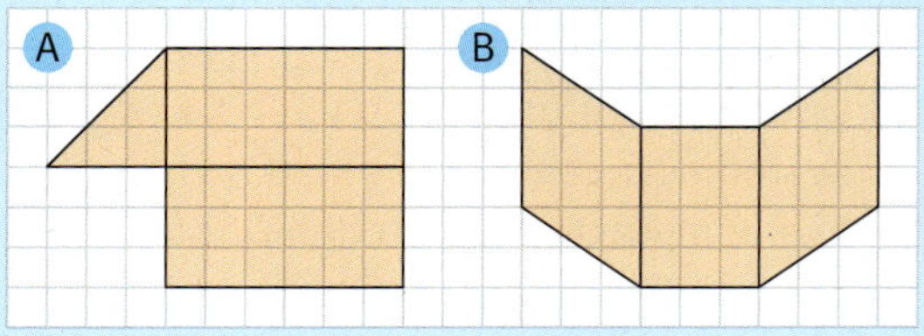

a) Übertrage und ergänze zu vollständigen Prismennetzen.

b) Zeichne Netze der Körper.
- Zylinder mit $r = 1{,}5$ cm und $h_K = 4$ cm
- quadratische Pyramide mit $a = 3$ cm und $h_s = 3$ cm

3 a) Gib an, aus welchen Grundkörpern die Verpackungen bestehen.

b) Skizziere die Körper (A) bis (D) als Schrägbild und kennzeichne Grundfläche und Körperhöhe farbig.

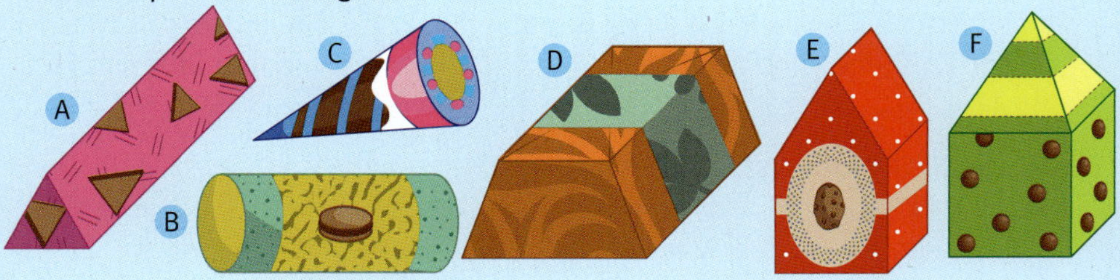

Eigenschaften von Vierecken

Vierecke ordnet man nach Lage und Länge der Seiten und den Winkeln. Jedes Viereck hat zwei Diagonalen. Die Winkelsumme im Viereck beträgt 360°. Spezielle Vierecke können eine oder mehrere Symmetrieachsen besitzen.

4 Zeichne verschiedene mögliche Vierecke und benenne sie.
a) Jeweils zwei Seiten sind gleich lang.
b) Jeweils zwei Winkel sind gleich groß.
c) Die Diagonalen sind gleich lang.
d) Das Viereck hat zwei Symmetrieachsen.
e) Die Diagonalen stehen zueinander senkrecht.

5 Wahr oder falsch? Begründe.

6 Ali soll ein Parallelogramm mit den Maßen $\alpha = 65°$ und $\beta = 95°$ konstruieren. Begründe, warum er diese Aufgabe nicht lösen kann.

Eigenschaften von Dreiecken

Dreiecke ordnet man nach der Winkelgröße oder der Länge der Seiten. Jedes Dreieck hat drei Höhen. Die Winkelsumme im Dreieck beträgt 180°. Spezielle Dreiecke können eine oder mehrere Symmetrieachsen besitzen.

7 Zeichne in ein Koordinatensystem eine Strecke [AB] mit A (−2|−1,5) und B (4|−1,5). Bestimme jeweils die fehlende Koordinate x.
a) Das Dreieck ABC ist rechtwinklig mit C (x|4). Wie viele Lösungen gibt es?
b) Das Dreieck ABC ist gleichschenklig mit C (x|0).
c) Untersuche, welchen Wert die x-Koordinate im Punkt C annehmen muss, damit das Dreieck ABC im Punkt A bzw. B stumpfwinklig ist.

8 a) Konstruiere Dreiecke und benenne sie nach der Winkelgröße.
A $a = 7$ cm; $b = 4$ cm; $c = 8{,}5$ cm
B $c = 6$ cm; $\alpha = 30°$; $\beta = 60°$
C $a = 4$ cm; $b = 3{,}5$ cm; $\gamma = 40°$
D $c = 4{,}5$ cm; $b = 4$ cm; $\alpha = 130°$
b) Gib die Dreiecksart an. Konstruiere anschließend, indem du zunächst eine Grundseite zeichnest und die Höhe errichtest. Zeichne die Symmetrieachsen ein.
A $a = b = 4$ cm; $c = 6$ cm
B $a = b = c = 8$ cm

9 Begründe, ob Ivelina diese Konstruktionsaufgaben eindeutig lösen kann.
a) ein gleichschenkliges Dreieck mit $\alpha = 35°$ und $c = 6{,}5$ cm
b) $a = 5$ cm; $c = 7$ cm; $\beta = 185°$
c) $a = 11$ cm; $b = 5$ cm; $c = 6$ cm

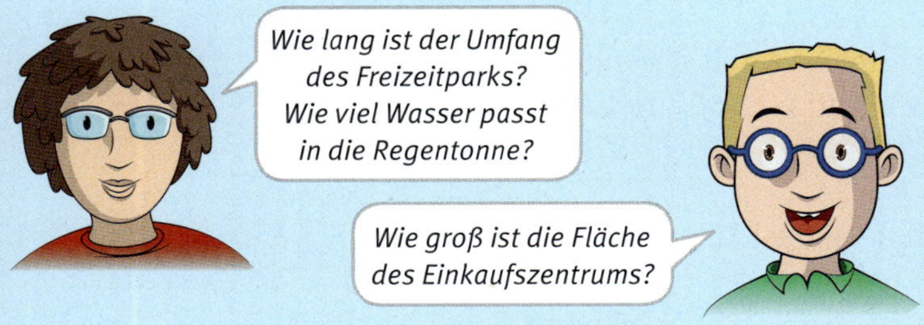

Auf diesen Seiten erfährst du, wie man das Volumen und den Oberflächen- und Mantelflächeninhalt von Körpern bzw. den Inhalt und Umfang von Flächen und die Länge besonderer Linien berechnet.

Berechnungen mit Formeln

Für die Berechnungen an Flächen und Körpern benutzt man Formeln. Das sind Gleichungen mit verschiedenen Variablen. Die Variablen stehen für verschiedene Größen. Unterschiedliche Höhen werden unterschiedlich bezeichnet.

1 Gib an, was mit den Formeln berechnet wird.

(A) $u = 2(a + b)$ (B) $A = \frac{1}{2}(a + c) \cdot h$ (C) $V = \frac{1}{2}c \cdot h_c \cdot h_k$ (D) $A_O = a^2 + 2a \cdot h_s$

(E) $V = a^3 + \pi r^2 h_k$ (F) $A_O = 2(ab + ac + bc) + 2\pi r h_k + \pi r^2$

2 Stelle die Formeln auf, die man zur Berechnung folgender Größen braucht.

a) Flächeninhalt und Umfang

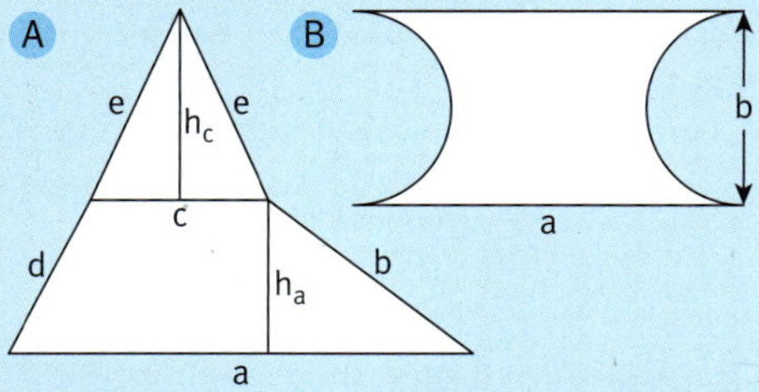

b) Volumen und Mantelflächeninhalt

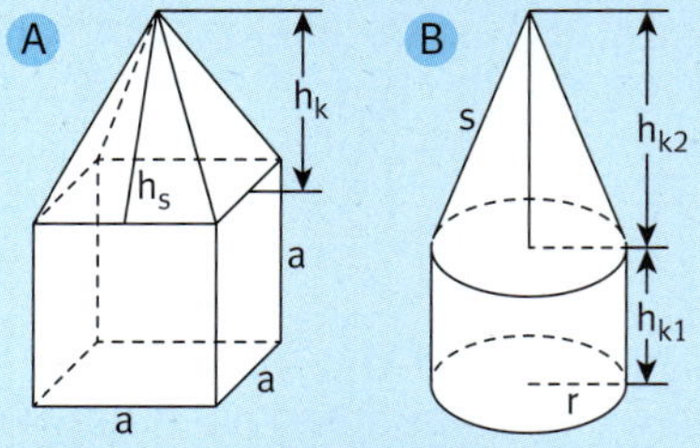

c) Überlege, mit welchen Formeln du bei den Körpern aus b) den Oberflächeninhalt berechnen kannst und stelle diese auf.

3 Berechne die folgenden Größen (Maße in m). Runde geeignet.

a) Flächeninhalt und Umfang

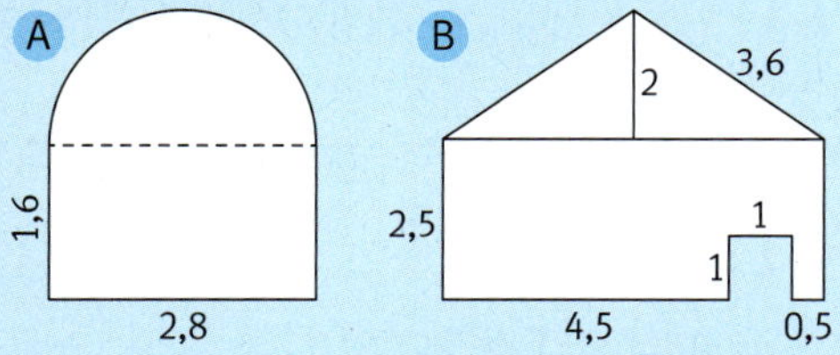

b) Volumen und Oberflächeninhalt

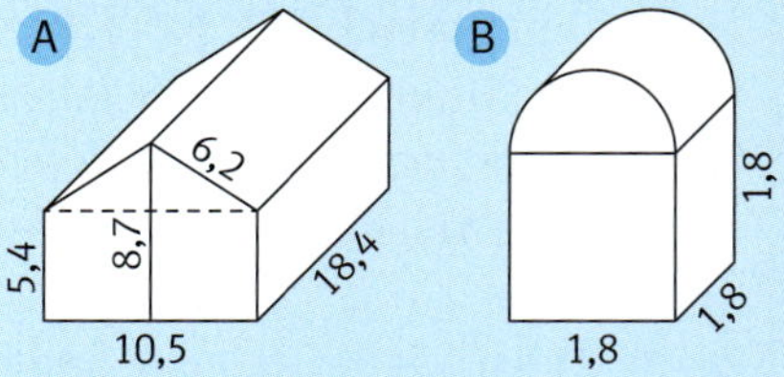

4 Berechne die gesuchte Größe.

a) Rechteck	$A = 102{,}5\ m^2$	$b = 8{,}2\ m$	$a = ▪$
b) Quader	$V = 1{,}08\ m^3$	$a = b = 0{,}3\ m$	$c = ▪$
c) Dreieck	$A = 31{,}04\ cm^2$	$c = 9{,}7\ cm$	$h_k = ▪$
d) quadratische Pyramide	$V = 9{,}75\ m^3$	$a = 1{,}5\ m$	$h_k = ▪$
e) Kegel	$V = 785{,}4\ cm^3$	$h_k = 30\ cm$	$r = ▪$

Umrechnung von Längen-, Flächen- und Volumeneinheiten

Bei Berechnungen können Größen in verschiedenen Einheiten vorkommen.
Dann muss man sie zunächst mithilfe der Umrechnungszahlen in eine gemeinsame Einheit umwandeln.

5 Immer drei Größenangaben sind gleich. Notiere diese und ergänze jeweils noch eine weitere passende in einer anderen Einheit.

a)	0,75 l	7 500 ml	$7{,}5 \cdot 10^2\ \text{cm}^3$	$750\ \text{cm}^3$	0,075 hl
b)	$46\ \text{m}^2$	$4\,600\ \text{cm}^2$	$4{,}6 \cdot 10^3\ \text{cm}^2$	$0{,}46\ \text{m}^2$	$460\ \text{dm}^2$
c)	75 cm	7,5 dm	$7{,}5 \cdot 10^{-4}\ \text{km}$	0,75 dm	7 500 mm
d)	$75\ \text{cm}^2$	$75\ \text{dm}^2$	$7{,}5 \cdot 10^{-3}\ \text{m}^2$	$0{,}75\ \text{dm}^2$	$750\ \text{mm}^2$
e)	4 600 ml	$460\ \text{cm}^3$	$46 \cdot 10^3\ \text{mm}^3$	4,6 l	$4\,600\ \text{cm}^3$
f)	4 600 cm	0,046 km	$0{,}46 \cdot 10^4\ \text{mm}$	46 m	460 mm

Satz des Pythagoras

In rechtwinkligen Dreiecken kann man fehlende Seitenlängen mithilfe des Satz des Pythagoras berechnen.

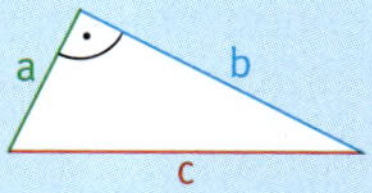

$a^2 + b^2 = c^2$

6 Fertige zunächst jeweils eine beschriftete Skizze des Dreiecks an. Berechne anschließend Flächeninhalt und Umfang. Runde geeignet.
a) $a = 7{,}5$ cm; $b = 82$ mm; $\gamma = 90°$ b) $a = b = 54$ cm; $c = 0{,}92$ m

7 Skizziere die Figuren (die Körper) und markiere das rechtwinklige Dreieck farbig. Berechne dann Flächeninhalt und Umfang (Volumen und Oberflächeninhalt).

a)
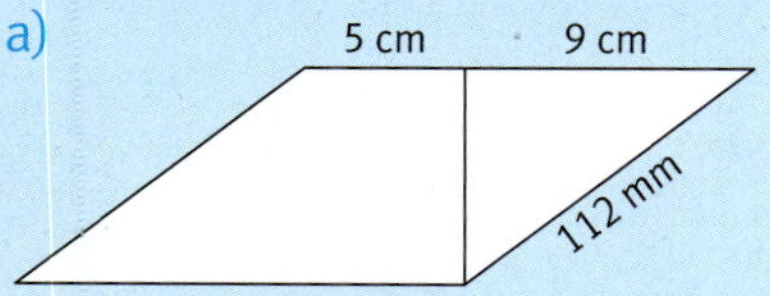

b)
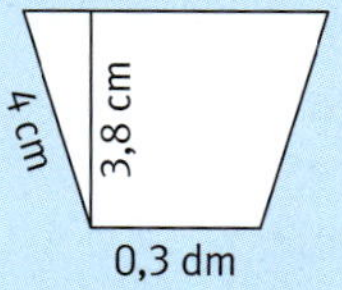

c)
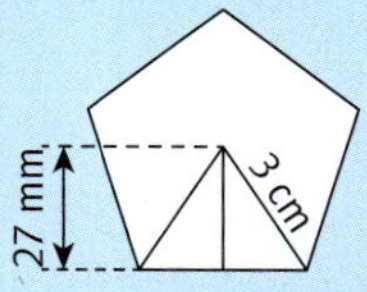

d)
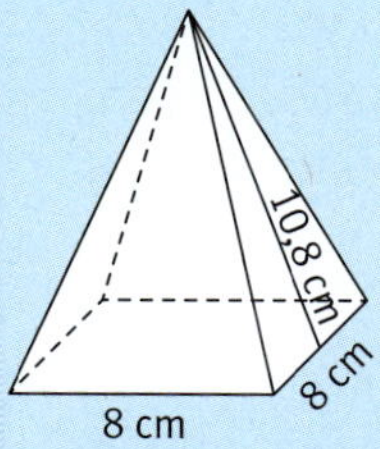

e)
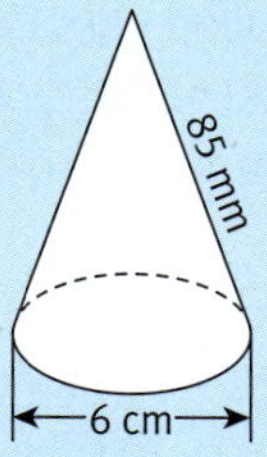

f)
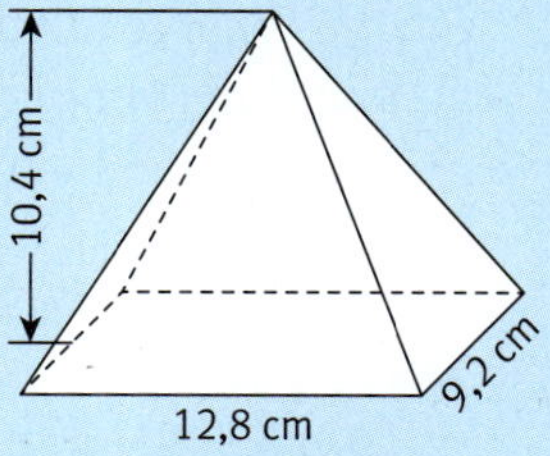

8 Berechne die gesuchten Größen.

a) A = ?
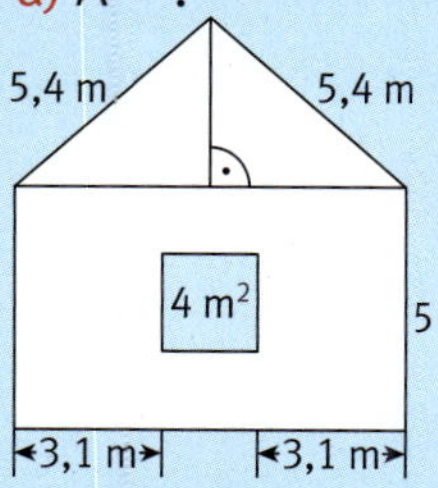

b) A_O = ?
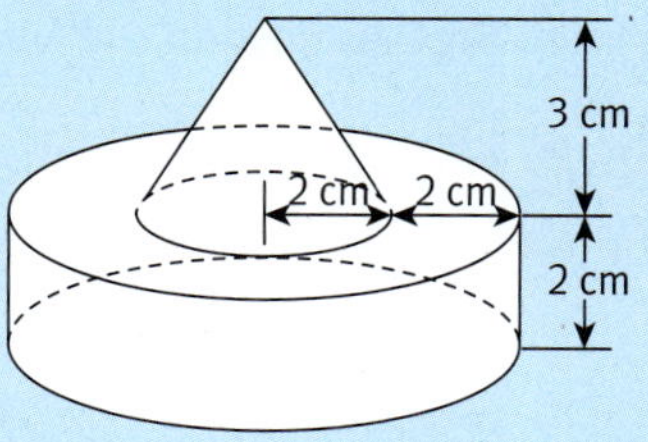

c) V = ?
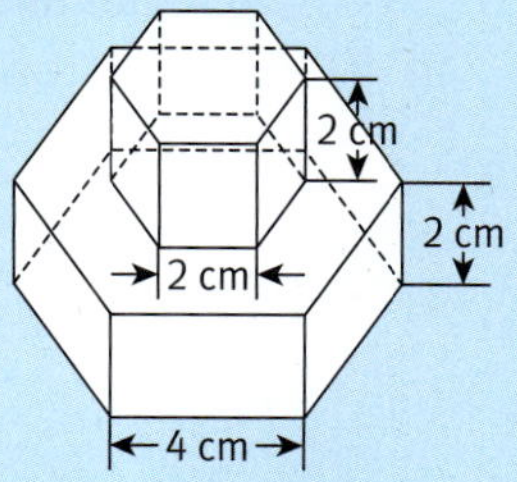

Wahrscheinlichkeitsrechnung wiederholen

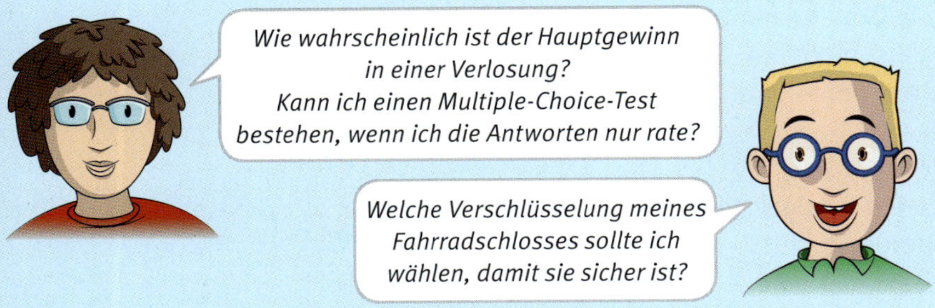

Auf diesen Seiten erfährst du, wie man Wahrscheinlichkeiten bei ein- und mehrstufigen Zufallsversuchen berechnet sowie Baumdiagramme zeichnet und interpretiert.

Einstufige Zufallsversuche

Führt man einen Zufallsversuch, z. B. das Werfen eines Würfels oder einer Reißzwecke, sehr oft durch, ändern sich die relativen Häufigkeiten der Ergebnisse kaum noch. Somit ergeben sich gute Schätzwerte für deren Wahrscheinlichkeiten. Eine Teilmenge der Ergebnismenge bezeichnet man als Ereignis.

Sind bei einem Zufallsversuch alle möglichen Ergebnisse gleich wahrscheinlich, dann gilt für die Wahrscheinlichkeit eines Ereignisses E:

$$P\,(E) = \frac{\text{Anzahl der günstigen Ergebnisse}}{\text{Anzahl der möglichen Ergebnisse}}$$

Alle Ergebnisse, die nicht zum Ereignis E gehören, bilden das Gegenereignis $\overline{E}$. Die Wahrscheinlichkeiten P (E) und P ($\overline{E}$) ergänzen sich zu 1:

$$P\,(E) + P\,(\overline{E}) = 1 \text{ bzw. } P\,(\overline{E}) = 1 - P\,(E)$$

1 a) Jeder der 25 Schüler der Klasse 10a wirft 50-mal den nebenstehenden Würfel. Die Punkte auf der jeweils gegenüberliegenden Seite ergänzen sich zu 7. Zusammen haben sie 281-mal die 6 gewürfelt. Schätze die Wahrscheinlichkeiten für das Würfeln der Augenzahlen 1 bis 5 ab.

b) Begründe: Warum sind für diese Zufallsgeräte keine langen Versuchsreihen zur Bestimmung von Wahrscheinlichkeiten notwendig?

2 Gib die Wahrscheinlichkeit jeweils als Bruch und in Prozent an.
a) Jovan will von fünf verdeckten Streichhölzern das eine kurze ziehen.
b) Von 25 Kugeln in einem Behälter enthält nur eine einen Gewinn.

3 Gib die Wahrscheinlichkeit beim Werfen eines Würfels an.
a) keine 6
b) Augenzahl kleiner als 4
c) Augenzahl gerade
d) Augenzahl durch 2 teilbar und größer als 3

4 a) In einer Lostrommel sind 30 Gewinne und 120 Nieten. Bestimme die Wahrscheinlichkeiten für P (Gewinn) und P (Niete) als Bruch und in Prozent.
b) In einer zweiten Lostrommel liegt zu Beginn die Gewinnwahrscheinlichkeit bei

① $\frac{1}{8}$ ② $\frac{7}{16}$ ③ 9 % ④ 0,04

Gib jeweils eine mögliche Anzahl an Gewinnlosen und Nieten an.

Mehrstufige Zufallsversuche, Baumdiagramme, Pfadregeln

Ein mehrstufiger Zufallsversuch besteht aus mehreren Teilversuchen. Bei der Darstellung im Baumdiagramm entspricht jeder Pfad einem Ergebnis.

5 Aus der Urne werden mit verbundenen Augen zwei Kugeln gezogen. Die Baumdiagramme stellen zwei unterschiedliche Zufallsversuche (A) und (B) dar.

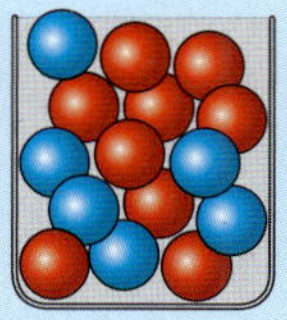

a) Bei welchem Versuch werden die Kugeln wieder zurückgelegt, bei welchem nicht? Begründe.

b) Übertrage die Baumdiagramme und beschrifte sie.

c) Gib an, zu welchem Baumdiagramm die jeweilige Rechnung gehört und beschreibe die Ereignisse.

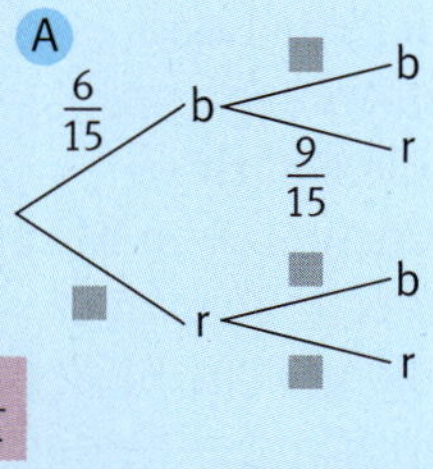

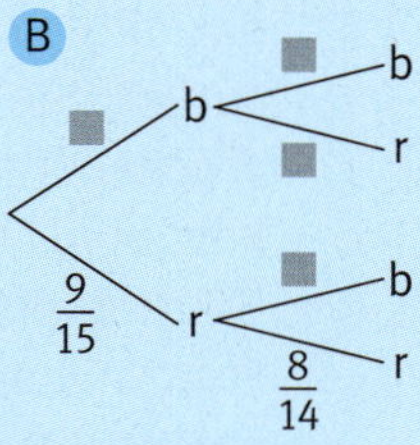

$P(E_1) = \frac{2}{5} \cdot \frac{2}{5}$ $\quad P(E_2) = \frac{3}{5} \cdot \frac{4}{7} + \frac{2}{5} \cdot \frac{5}{14}$

d) Schreibe die zu c) entsprechenden Rechnungen für den jeweiligen anderen Zufallsversuch auf.

e) Berechne für beide Zufallsversuche die Wahrscheinlichkeit, dass die Kugeln nicht gleichfarbig sind.

6 Aus diesem Blatt werden nacheinander zwei Karten gezogen, die erste gezogene Karte behält man in der Hand. Berechne die Wahrscheinlichkeiten für folgende Ereignisse.

a) E_1: schwarz, rot b) E_2: gleiche Farbe

Zeichne dazu ein Baumdiagramm und beschrifte es.

7 Bei einem Glücksrad gibt es drei Gewinnfelder A, B und C. Die Wahrscheinlichkeiten, die Gewinnfelder zu treffen, betragen $P(A) = \frac{1}{4}$, $P(B) = 12{,}5\,\%$ und $P(C) = 0{,}025$. Trifft man das Feld D, gewinnt man nichts.

a) Berechne die Wahrscheinlichkeit, beim Drehen keinen Gewinn zu erzielen.

b) Zeichne ein geeignetes Glücksrad.

c) Es wird dreimal gedreht. Den Hauptgewinn erhält man, wenn man bei allen drei Versuchen eines der Gewinnfelder trifft. Helena behauptet, dass die Wahrscheinlichkeit 6,4 % beträgt. Überprüfe, ob sie recht hat.

Kombinatorik

Mithilfe der Kombinatorik wird bestimmt, wie viele unterschiedliche Möglichkeiten es bei der Anordnung einer bestimmten Anzahl an Objekten gibt.

8 Das Smartphone ist durch eine vierstellige PIN abgesichert.

a) Taifun tippt 3 1 4 richtig ein, die vierte Ziffer hat er vergessen. Berechne die Wahrscheinlichkeit, dass er diese beim ersten Versuch richtig eintippt.

b) Haoura weiß nur noch, dass die Ziffern 5, 7, 9 und 0 vorkommen. Berechne die Wahrscheinlichkeit, dass sie die PIN beim ersten Versuch richtig eintippt.

c) Emily hat verraten, dass alle Ziffern ihrer PIN verschieden sind. Berechne die Wahrscheinlichkeit, dass jemand auf Anhieb ihre PIN erraten kann.

1 a) Auf dieser Karte entsprechen 0,5 cm einer tatsächlichen Entfernung von 1,5 km. Bestimme die ungefähre Entfernung (Luftlinie) in Kilometern zwischen dem Schloss Sanssouci und dem Stadtteil Drewitz.

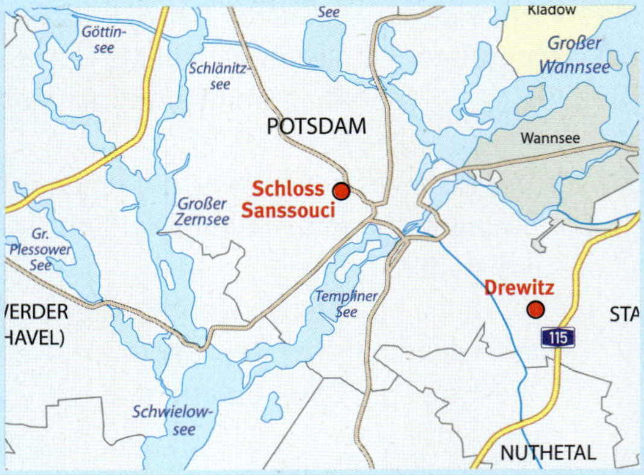

b) Mit ihrem SUV fährt Frau Fiedler 9,1 km von Berlin-Wannsee nach Potsdam zur Arbeit und zurück. Sie arbeitet 5 Tage pro Woche. Ermittle die Benzinkosten für eine Woche, wenn bekannt ist:
Benzinpreis: 1,45 €/l; Verbrauch: 17,4 l pro 100 km

c) Franz nimmt für die gleiche Strecke das Fahrrad. Er startet um 15:20 Uhr, besucht 1 Stunde 30 Minuten seinen Freund und ist um 18:05 Uhr wieder zurück. Bestimme die Durchschnittsgeschwindigkeit in der Fahrzeit.

2 a) Geplant wird seit langem eine bemannte Marsmission. Der Abstand zwischen Mars und Erde schwankt zwischen 56 und 401 Mio. km. Schreibe diese Zahlen in Standardschreibweise.

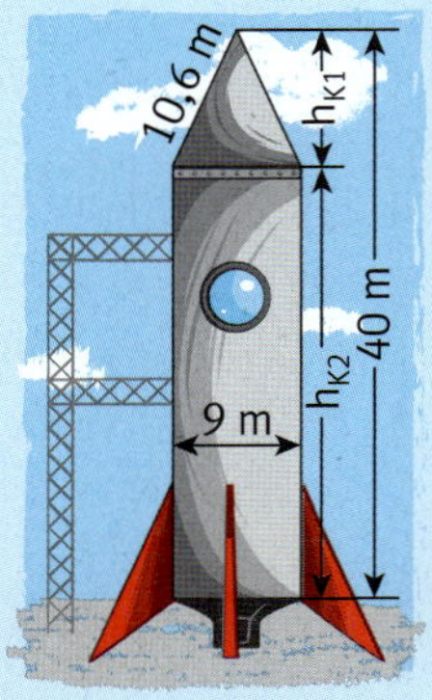

b) Martin hat ein Schrägbild der Rakete mit einer Gesamthöhe von 10 cm skizziert. Gib den Maßstab an.

c) Gib an, aus welchen Körpern die Rakete näherungsweise zusammengesetzt ist. Bestimme deren Höhen h_{K1} und h_{K2}.

d) Die Rakete ist mit Stahlblech ummantelt. Entscheide für jede Formel, ob damit der Mantelflächeninhalt berechnet werden kann.

Ⓐ $A_M = \pi rs + uh_{K2}$ Ⓑ $A_M = \pi rs + \pi rh_{K2}$ Ⓒ $A_M = \pi r(s + 2h_{K2})$

e) Es sollen Frachtmengen mit einem Volumen von 2500 m^3 transportiert werden. Beurteile, ob das mit dieser Rakete möglich ist.

3 Gegeben sind zwei Graphen linearer Funktionen.

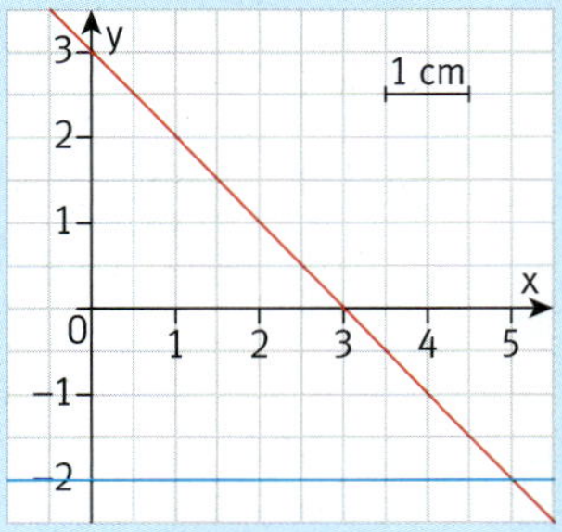

a) Gib zu beiden Graphen die Funktionsgleichung an.

b) Lies die Koordinaten des Schnittpunkt S ab und erkläre, wie man diesen auch berechnen könnte.

c) Die Geraden bilden mit der y-Achse ein Dreieck. Gib dessen Eigenschaften an und berechne Flächeninhalt und Umfang.

4 In einer Lostrommel befinden sich zu Beginn 120 Lose. 40 % der Lose sind Trostpreise. 60 Lose sind Nieten, der Rest sind Hauptgewinne.

a) Tobias kauft die ersten beiden Lose. Berechne die Wahrscheinlichkeit, dass er zwei Nieten erwischt.

b) Zwei Stunden später waren insgesamt 30 Trostpreise und 10 Nieten verkauft. Fabian meint, dass die Wahrscheinlichkeit für einen Hauptgewinn nun 15 % beträgt. Überprüfe.

Quadratische Funktionen und Gleichungen

Das ist die Gedenkstätte „Gateway Arch“ in St. Louis, die 1965 eingeweiht wurde. Sie wurde gebaut zu Ehren des dritten US-Präsidenten Thomas Jefferson, der 1803 die ehemalige Kolonie Louisiana für 15 Millionen US-Dollar von Frankreich kaufte. Dieses größte Grundstücksgeschäft der Geschichte verdoppelte die damalige Fläche der USA und führte letztlich zur Ausbreitung der USA bis an die Pazifikküste.

- Beschreibe die Form des Bauwerks.
- Skizziert die Form mithilfe einer Linie in einem Koordinatensystem. Vergleicht eure Lösungen. Wie seid ihr vorgegangen?

Betrachte beide Brücken. Die rechte heißt Svinesund-Brücke und befindet sich in Norwegen. Die Golden Gate Bridge ist eine Hängebrücke am Eingang zur Bucht von San Francisco in Kalifornien.

- Beschreibe zum Bau der Brücken Gemeinsamkeiten und Unterschiede.
- Skizziere die Bogenform beider Brücken in einem Koordinatensystem. Lege dabei den höchsten bzw. niedrigsten Punkt des Bogens in den Koordinatenursprung.
- Begründe, dass es sich bei der Darstellung um die Graphen zweier Funktionen handelt.
- Finde weitere Informationen über die Brücken heraus.
- Suche in deiner Umgebung, im Internet oder in Büchern nach ähnlichen Bögen.

Quadratzahlen, Potenzen und Wurzeln

Rationale Zahlen quadrieren

Quadratwurzeln berechnen

1 Berechne wenn möglich im Kopf.

a) 17^2 $0{,}2^2$ 100^2 $-1{,}5^2$ $(-\frac{1}{4})^2$

b) $\sqrt{121}$ $\sqrt{1{,}96}$ $\sqrt{1\,000\,000}$ $\sqrt{(\frac{9}{25})}$ $\sqrt{8}$

> Ein Produkt aus lauter gleichen Faktoren kann man als Potenz schreiben.
> Ein Produkt aus 2 gleichen Faktoren schreibt man so: $a \cdot a = a^2$.
> Wenn a eine natürliche Zahl ist ($a \in \mathbb{N}$), dann nennt man $a \cdot a = a^2$ eine Quadratzahl.
>
> Die Umkehrung des Quadrierens ist das Wurzelziehen.
> Unter einer Quadratwurzel aus einer positiven Zahl b versteht man eine Zahl a, die mit sich selbst multipliziert wieder die Zahl b ergibt.
> Es gilt: $\sqrt{b} = a$, wenn $a \cdot a = a^2 = b$

Terme und Gleichungen

Termwerte berechnen

2 Berechne jeweils den Wert des Terms im Kopf.

a) $-2a + 15$ für $a = 5$ (-5) b) $5 \cdot (2b + 5)$ für $b = -6$ $(\frac{1}{2})$

c) $(7 + c)^2$ für $c = 3$ $(-4{,}5)$ d) $\sqrt{(d - 11)}$ für $d = 60$ (132)

Terme vereinfachen

3 Vereinfache die Terme so weit wie möglich.

a) $2x + 3 + 4{,}5x - 0{,}5$ b) $4y - 12{,}5 - 6y + 7{,}5$ c) $3x + 7y + x - 5y$

d) $6x^2 - 9 + 5 \cdot 3 - 4x^2$ e) $7 \cdot 2x + 14 - 3x - 3 \cdot 12$ f) $28 : 4 - 19 : 2 - y^2$

g) $\frac{1}{2}a + \frac{1}{5}b - \frac{1}{4}a + \frac{3}{4}a - 0{,}25a^2$ h) $2\frac{3}{4} + \frac{2}{5}c^2 - \frac{2}{10}c^2 + 0{,}2\,c^2 - 4\frac{1}{4}$

4 Achte auf das richtige Auflösen der Klammern und vereinfache.

a) $24 + (13x + 19) - 44$ b) $8 - (4x - 2) - 6x$

c) $8 + 17x^2 - (5 + 4x^2)$ d) $26x^2 - 18 - (4x^2 + 8) - 7$

> Bei Termen gilt allgemein: Gleiche Variablen kann man zusammenfassen.
> Bei Termen mit Klammern gilt: Steht vor der Klammer ein +, bleiben beim Auflösen der Klammern alle Vor- und Rechenzeichen unverändert. Steht vor der Klammer ein −, werden beim Auflösen der Klammern alle Vor- und Rechenzeichen umgedreht.

Gleichungen lösen

5 Löse die Gleichungen.

a) $5x + 3 = 3x + 7$ b) $0{,}5x - 12 = 0{,}25x - 9$

c) $-16 = 4x - 4$ d) $4{,}5x - 5{,}2 = -7{,}45$

e) $96 - 2y = 288$ f) $4 + \frac{2}{3}b = 3$

g) $6 - (4 - 9c) = 56$ h) $4 + (-x + 4) = -(-6x + 6)$

> Gleichungen kann man durch äquivalente Umformungen in dieser Reihenfolge lösen:
> ① auf beiden Seiten der Gleichung die gleiche Zahl (das gleiche Vielfache der Variablen) addieren oder subtrahieren
> ② auf beiden Seiten der Gleichung mit der gleichen Zahl multiplizieren (durch die gleiche Zahl dividieren)

Lineare Funktionen

6 Gegeben ist eine lineare Funktion mit $f(x) = y = 3x - 2$. Gib die Steigung m und den y-Achsenabschnitt n der zugehörigen Geraden an.

Eigenschaften linearer Funktionen erkennen

7 Gegeben sind die beiden Funktionen mit $f_1(x) = 2x + 1$ und $f_2(x) = -x + 4$.
a) Stelle beide Funktionen grafisch dar.
b) Woran erkennst du an den Funktionsgleichungen, dass die Gerade zu $f_1(x)$ steigt und die Gerade zu $f_2(x)$ fällt?

Bei linearen Funktionen der Form $f(x) = mx + n$ gibt m die Steigung des Graphen und n seine Schnittstelle mit der y-Achse (y-Achsenabschnitt) an. Ist in der Funktionsgleichung m eine positive (negative) Zahl, so ist der Graph eine steigende (fallende) Gerade.

$f_1(x) = \frac{1}{2}x + 1$

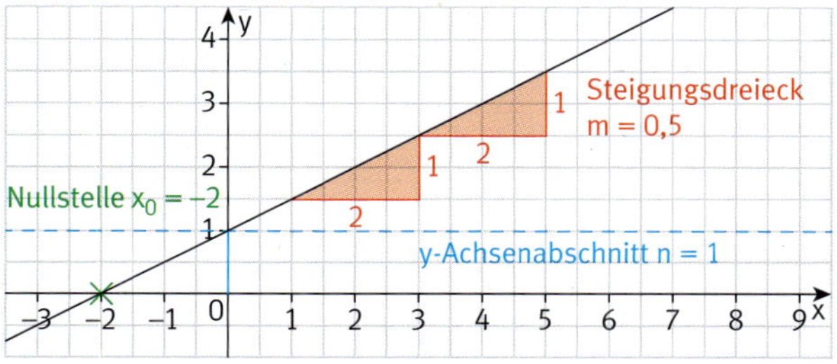

$f_2(x) = -x + 2$

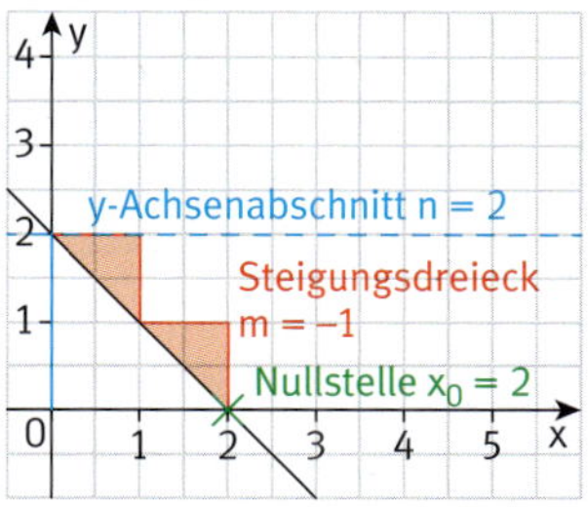

8 a) Lies die Nullstellen beider Graphen aus Aufgabe 7 ab und überprüfe rechnerisch.
b) Lies ebenfalls den Schnittpunkt S ab und überprüfe rechnerisch.

Nullstellen und Schnittpunkte bestimmen

9 Eine Gerade geht durch die Punkte A (2|8,5) und B (6|7,5).
a) Zeichne die Gerade und stelle die zugehörige Funktionsgleichung auf.
b) Berechne die Nullstelle.
c) Eine weitere Gerade verläuft durch den Ursprung mit der Steigung m = 2. Ergänze diese im Koordinatensystem und gib die Funktionsgleichung an.
d) Lies den Schnittpunkt S beider Graphen ab und überprüfe dein Ergebnis rechnerisch.

Den x-Wert des Schnittpunkts N (x_0|0) des Graphen mit der x-Achse nennt man Nullstelle der Funktion. An dieser Stelle gilt immer y = 0.
Der Punkt, in dem sich zwei Graphen schneiden, heißt Schnittpunkt S.
Die Schnittstellen (Schnittpunkte) kann man durch Ablesen im Koordinatensystem oder rechnerisch bestimmen.

Nullstelle der Funktion $f_1(x) = 0{,}5x - 0{,}5$:

$0 = 0{,}5x - 0{,}5 \quad | +0{,}5$
$0{,}5 = 0{,}5x \quad | :0{,}5$
$1 = x$
$\Rightarrow$ N (1|0)

Schnittpunkt der Graphen zu $f_1(x) = 0{,}5x - 0{,}5$ und $f_2(x) = -x + 2{,}5$:

$0{,}5x - 0{,}5 = -x + 2{,}5 \quad | +0{,}5 \; +x$
$1{,}5x = 3 \quad | :1{,}5$
$x = 2$ (einsetzen in $f_1(x)$ oder $f_2(x)$)
$y = 0{,}5 \Rightarrow$ S (2|0,5)

Terme mit Klammern vereinfachen

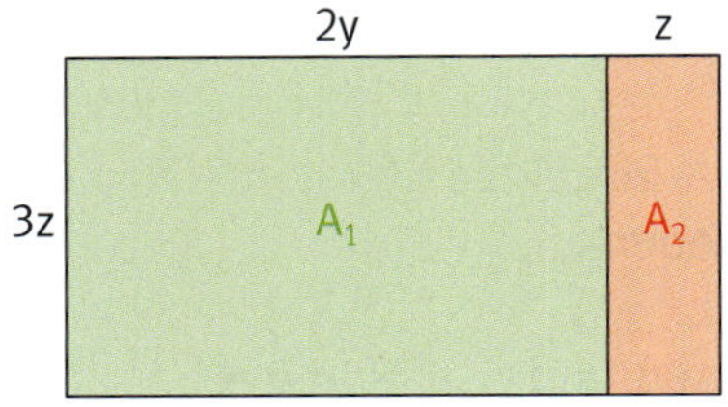

1 a) Bestimme den Flächeninhalt A des gesamten Rechtecks, indem du die Flächeninhalte der Teilflächen addierst.
b) Bestimme A noch einmal, indem du die Summe der Seitenlängen miteinander multiplizierst. Was stellst du fest?

Distributivgesetz

Wird eine Summe mit einem Faktor multipliziert, dann wird **jeder Summand mit dem Faktor (aus-)multipliziert**. Die entstandenen Produkte werden addiert oder subtrahiert.
Kommt in einer Summe von Produkten in jedem Summanden derselbe Faktor vor, dann kann dieser **gemeinsame Faktor ausgeklammert** werden.

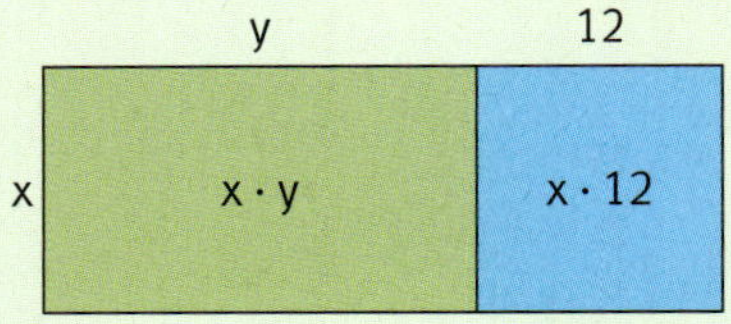

ausmultiplizieren

$x \cdot (y + 12) = x \cdot y + x \cdot 12$

ausklammern

$2 \cdot (4x + y) = 8x + 2y$		
·	4x	y
2	8x	2y

2 Multipliziere die Klammern aus.

a) $5 \cdot (3x + y)$ b) $6 \cdot (\frac{1}{4}x + \frac{1}{2})$ c) $(-3b + a) \cdot 6$ d) $-8 \cdot (-8x + 1{,}5y)$
e) $-9 \cdot (-\frac{1}{9}a - \frac{4}{9})$ f) $2x \cdot (x + 2{,}5)$ g) $y \cdot (-15 - y)$ h) $3z \cdot (3z + \frac{4}{3})$

3 Wie lautet der gemeinsame Faktor? Klammere aus.
a) $21z - 6$ b) $-25 - 75a$ c) $4a + 7a^2$ d) $25y^2 - 19y$
e) $-6{,}25v - 2{,}5v^2$ f) $b + cb - 7b$ g) $16 + 4c^2 - 32b$ h) $4x^3 + 3x^2$

Distributivgesetz mit Summentermen

Werden Summen miteinander multipliziert, dann muss man **jeden Summanden der ersten Summe** mit **jedem Summanden der zweiten Summe** multiplizieren. Die entstandenen Produkte werden addiert oder subtrahiert.

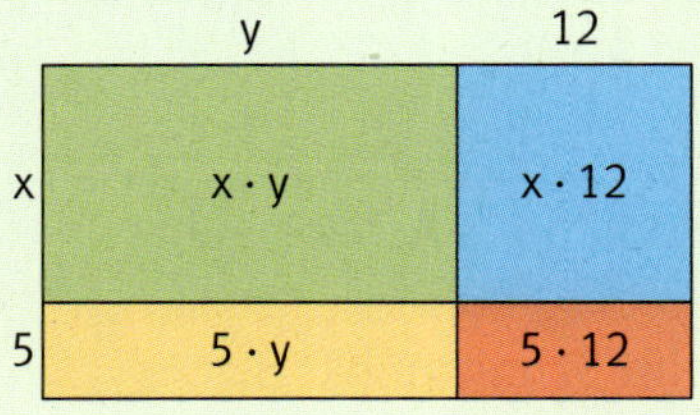

$(x + 5) \cdot (y + 12) = x \cdot y + x \cdot 12 + 5 \cdot y + 5 \cdot 12$
$= xy + 12x + 5y + 60$

4 Multipliziere aus und vereinfache so weit wie möglich.
a) $(a + c) \cdot (b - d)$ b) $(x - y) \cdot (f + 3)$ c) $(8 - x) \cdot (12 + y)$
d) $(x - 7) \cdot (x - 12)$ e) $(2a - 3b) \cdot (4x + 2y)$ f) $(a + 2) \cdot (a - 2)$

5 Löse die Gleichungen.
a) $(x + 4) \cdot (x + 5) = x^2 - 7$ b) $48x^2 + 8 = (6x - 4) \cdot (8x + 6)$

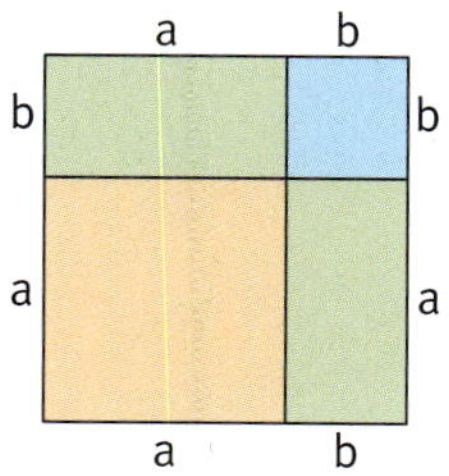

1 Das orangefarbene Quadrat mit der Seitenlänge a wurde auf beiden Seiten um die Strecke b verlängert. Es entsteht ein neues großes Quadrat. Übertrage die Skizze und gib den Flächeninhalt des neuen Quadrats an als …
a) Produkt zweier Summen.
b) Summe der einzelnen Teilflächen. Schreibe die Flächeninhalte der Teilflächen in die Skizze.

Wenn (a + b) mit sich selbst multipliziert (quadriert) wird, kann man auch schreiben: $(a + b)^2$

2 Nun wird ein großes Quadrat mit der Seitenlänge a beidseitig um b verkürzt. Tom behauptet: „Der Flächeninhalt des entstandenen kleineren Quadrats beträgt $a^2 - 2ab + b^2$." Überprüfe, ob Tom Recht hat. Übertrage dazu die Skizze und vervollständige sie wie in Aufgabe 1.

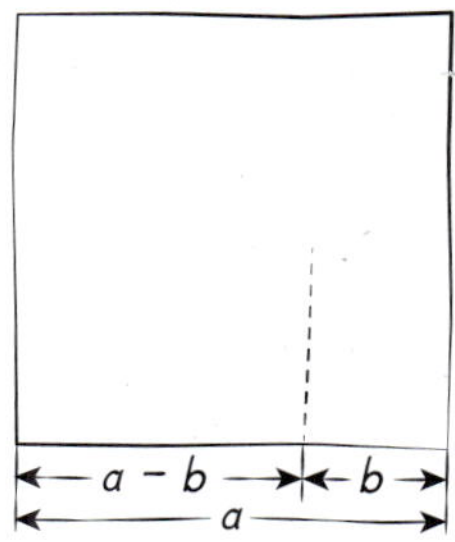

3 Bei einer quadratischen Fläche mit der Seitenlänge a wird eine Seite um b verlängert, die andere um b verkürzt.
a) Welche Form hat die neue Fläche?
b) Vervollständige den Rechenansatz.

$A = (a + b) \cdot (a - b) = ■$

Binomische Formeln

Die **binomischen Formeln** sind ein Sonderfall der Multiplikation von Summen.

		Quadrat 1. Summand		doppeltes Produkt beider Summanden		Quadrat 2. Summand
1.	$(a + b)^2 =$	a^2	+	2ab	+	b^2
2.	$(a - b)^2 =$	a^2	−	2ab	+	b^2
3.	$(a + b) \cdot (a - b) =$	a^2			−	b^2

1. $(x + 3)^2 = x^2 + 2 \cdot x \cdot 3 + 3^2 = x^2 + 6x + 9$

2. $(5 - 2y)^2 = 5^2 - 2 \cdot 5 \cdot 2y + (2y)^2 = 25 - 20y + 4y^2$

3. $(3x + y) \cdot (3x - y) = (3x)^2 - 3 \cdot x \cdot y + 3 \cdot x \cdot y - y^2 = 9x^2 - y^2$

4 Verwende die binomischen Formeln und löse die Klammern auf.
a) $(a + 1) \cdot (a - 1)$
b) $(1 + b)^2$
c) $(x - 0{,}5)^2$
d) $(y - 7) \cdot (y + 7)$
e) $(a + \frac{1}{4}) \cdot (a - \frac{1}{4})$
f) $(4x + 3)^2$
g) $(2x - 3y)^2$
h) $(0{,}5a + 2b)^2$
i) $(5x + 4y) \cdot (5x - 4y)$

5 Übertrage und vervollständige.
a) $(z + 9)^2 = z^2 + ■ + 81$
b) $(12 + a)^2 = ■ + ■ + a^2$
c) $(a + ■) \cdot (a - ■) = ■ - b^2$
d) $(a - ■)^2 = ■ - 2a + ■$
e) $(6a + ■)^2 = ■ + ■ + 36b^2$
f) $(x - ■)^2 = ■ - x + ■$

6 Löse die Gleichungen.
a) $(2x + 5)^2 = 4x^2 - 15$
b) $(-4x + 8)^2 = 16x^2 + 32$
c) $(x - 6)^2 - (2x - 4)^2 = 4 - 3x^2$
d) $(x + 4)^2 - (2x + 6) \cdot (2x - 6) = -3x^2$

Zeit in h	Weg in km
0	0
0,5	2,5
1	10
1,5	22,5
2	40

Zeit in h	Weg in km
0	0
0,5	2
1	4
2	8
3	12

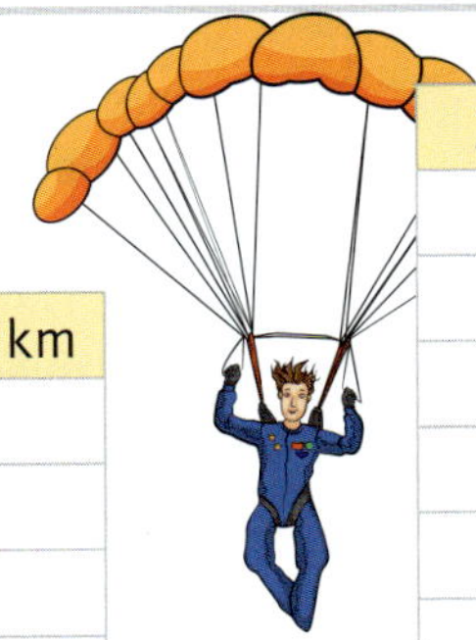

Zeit in s	Höhe in m
0	800
10	750
30	650
60	500
90	350
120	200
160	0

Viele Sachverhalte in Natur und Technik können nicht durch lineare Funktionen beschrieben werden. Eine Möglichkeit Vorgänge zu beschreiben, deren Graphen eine gekrümmte, achsensymmetrische Form aufweisen, sind quadratische Funktionen.

1 In den Tabellen sind Bewegungen aus dem Sport dargestellt.
a) Kannst du eine Regelmäßigkeit erkennen? Was passiert, wenn sich die Zeit verdoppelt?
b) Zeichne die Graphen zu den Wertetabellen und vergleiche deren Verlauf. Welche Bedeutung hat der unterschiedliche Verlauf für die Bewegung?
c) Stelle für die linearen Funktionen die Funktionsgleichungen auf.

2 Welche der Funktionsgleichungen beschreibt die Bewegung des Fahrradfahrers? Probiere aus.
① $f(x) = x^2$ ② $f(x) = 10x^2$ ③ $f(x) = \frac{1}{100}x^2$

3 Die einfachste quadratische Funktion hat die Funktionsgleichung $f(x) = x^2$. Als x-Werte kann man alle reellen Zahlen wählen ($x \in \mathbb{R}$).
a) Übertrage die Tabellen, berechne fehlende Werte und zeichne den Graphen in ein Koordinatensystem.
b) Untersuche den Graphen auf Symmetrie.
c) Zu jedem y-Wert der Funktion gehören zwei x-Werte. Erkläre rechnerisch.
d) Für welchen y-Wert stimmt diese Aussage nicht?

x	−3	−2,5	−2
f(x)	■	■	■

x	2	2,5	3
f(x)	■	■	■

Quadratische Funktionen
Parabeln
Normalparabel
$f(x) = x^2$

Die Graphen quadratischer Funktionen nennt man **Parabeln.**
Der Graph der Funktion $\mathbf{f(x) = x^2}$ heißt **Normalparabel** und hat folgende Eigenschaften:
- Er verläuft „oberhalb" der x-Achse:
  $f(x) \geq 0$ für alle $x \in \mathbb{R}$
- Er ist **achsensymmetrisch** zur y-Achse:
  $f(x) = f(-x)$ für alle $x \in \mathbb{R}$
- Der Punkt **S (0|0)** heißt **Scheitelpunkt (Tiefpunkt).** Er hat den kleinsten Funktionswert:
  $f(0) = 0$ (**minimaler** Funktionswert)

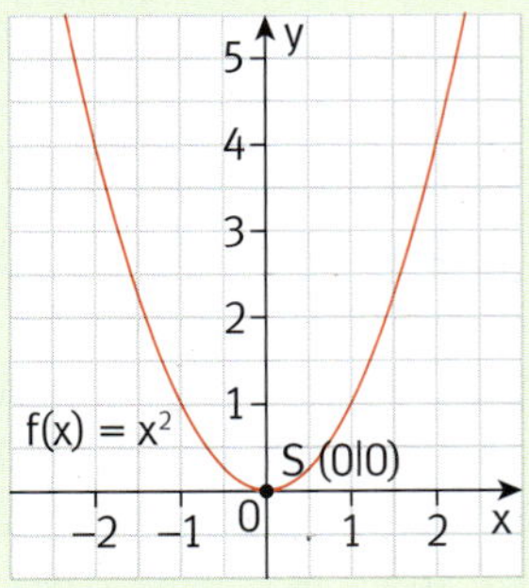

4 Welche dieser Punkte liegen auf der Normalparabel?
a) A (0,5|0,25) b) B (0,3|0,6) c) C (−5|25) d) D (1|−1) e) E (−3|−9)

1 Max wirft einen Basketball.
a) Beschreibe den Wurf und skizziere die Flugbahn in einem Koordinatensystem ohne Achseneinteilung. Lege den höchsten Punkt der Flugbahn in den Ursprung.
b) Welche Unterschiede erkennst du im Vergleich zur Normalparabel?
c) Was ändert sich in der Funktionsgleichung?

Der Graph der quadratischen Funktion $f(x) = -x^2$ ist die an der **x-Achse gespiegelte Normalparabel.** Er hat folgende Eigenschaften:
- Er verläuft „unterhalb“ der x-Achse: $f(x) \leq 0$ für alle $x \in \mathbb{R}$
- Er ist **achsensymmetrisch** zur y-Achse: $f(x) = f(-x)$ für alle $x \in \mathbb{R}$
- Der Punkt **S (0|0)** heißt **Scheitelpunkt (Hochpunkt)**. Er hat den größten Funktionswert: $f(0) = 0$ (**maximaler** Funktionswert)

Quadratische Funktion $f(x) = -x^2$

2 Sarah möchte mithilfe einer Wertetabelle die gespiegelte Normalparabel mit $f(x) = -x^2$ zeichnen.

x	0	0,5	1	1,5	2	2,5	3
f(x)	■	■	■	■	■	■	■

a) Begründe, warum in der Wertetabelle keine negativen x-Werte aufgeführt werden müssen.
b) Zeichne den Graphen im Intervall $-3 \leq x \leq 3$.
c) Zeige, dass der Graph der Funktion $f(x) = -x^2$ achsensymmetrisch ist. Kennzeichne dafür mindestens drei jeweils gleiche Funktionswerte und die Symmetrieachse farbig.

Ein Intervall ist eine Menge von reellen Zahlen zwischen einem Anfangs- und einem Endwert.

3 Die Punkte A bis F liegen auf dem Graphen von $f(x) = -x^2$.
a) Berechne die fehlenden Funktionswerte.
A (−2,8|■) B (−1,4|■) C (−0,3|■) D (0,85|■) E (1,2|■) F (2,3|■)
b) Berechne die fehlenden x-Werte. Findest du mehrere Lösungen?
G (■|−100) H (■|−0,01) I (■|−64) J (■|$-\frac{4}{9}$) K (■|−1,69) L (■|−0,25)

4 a) Bei der Funktion $f_1(x)$ wird jeder Zahl ihr Doppeltes zugeordnet, bei der Funktion $f_2(x)$ jeder Zahl ihre Quadratzahl. Erkläre den Unterschied, indem du je eine Wertetabelle und eine Funktionsgleichung aufstellst und die Graphen in ein gemeinsames Koordinatensystem zeichnest. Benutze die Zeichenschablone.
b) Zeichne zu diesen Wertetabellen die Graphen in ein gemeinsames Koordinatensystem und stelle die Funktionsgleichungen auf.

1

x	−2	0	0,5	4
$f_1(x)$	4	0	−1	−8

2

x	−2	0	0,5	4
$f_2(x)$	−4	0	−0,25	−16

Zeichenschablone

Beim Lösen von Aufgaben rund um die Normalparabel muss immer wieder derselbe Verlauf des Graphen von $f(x) = x^2$ gezeichnet werden. Dazu kann man eine Schablone verwenden, die man kaufen oder sich auch wie folgt leicht selbst herstellen kann:
Zeichne die Normalparabel auf Millimeterpapier. Berechne dazu im Intervall $-3 \leq x \leq 3$ möglichst viele Werte. Klebe deine Zeichnung auf Pappe und schneide die Normalparabel aus.

Eine Parabel strecken, stauchen und spiegeln

1 Da es in der Nacht 15 cm Neuschnee gegeben hat, testen Felix, Charlotte und Didi, wer am schnellsten den Hang hinunter kommt. Felix wählt die Skier. Die Funktion $f_1(x) = x^2$ beschreibt seine Bewegung (x : Zeit in s; $f_1(x)$: Strecke in m). Charlotte benutzt das Snowboard. Sie ist zu jedem Zeitpunkt doppelt so schnell wie Felix. Für Didi bleibt der Schlitten übrig, womit er zu jedem Zeitpunkt nur halb so schnell wie Felix ist.
Die Funktionen $f_2(x)$ bzw. $f_3(x)$ beschreiben die Bewegungen von Charlotte und Didi.

x	$f_1(x)$	$f_2(x)$
0	■	■
■	1	■
2		
■		

a) Übertrage die Tabelle und vervollständige sie.
b) Stelle die Bewegungen der Kinder im Intervall $0 \leq x \leq 3$ grafisch dar.
c) Gib die Funktionsgleichungen zu $f_2(x)$ und $f_3(x)$ an.
d) Ergänze die Graphen auch für negative x-Werte. Denke dabei an die Eigenschaft der Symmetrie.
e) Vergleiche die drei Graphen miteinander. Was stellst du fest?

Quadratische Funktionen der Form $f(x) = ax^2$ ($a \in \mathbb{R}$; $a \neq 0$; $x \in \mathbb{R}$)

Graphen quadratischer Funktionen der Form $\mathbf{f(x) = ax^2}$ sind Parabeln mit dem Scheitelpunkt S (0|0). Die Parabeln sind achsensymmetrisch zur y-Achse (Symmetrieachse).
Ist **a größer als 1**, so ist die Parabel „enger, schmaler" als die Normalparabel, d. h. **gestreckt**.
Ist **a größer als 0 und kleiner als 1**, so ist die Parabel „weiter, breiter" als die Normalparabel, d. h. **gestaucht**.

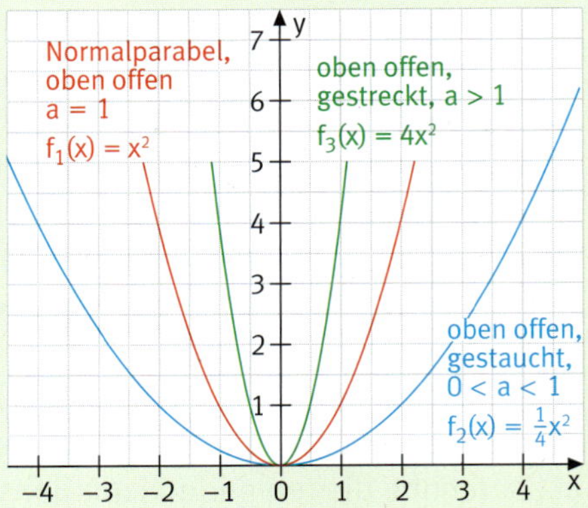

Ist a = 1, so liegt eine Normalparabel vor. Ist a = −1, so liegt eine an der x-Achse gespiegelte Normalparabel vor.

2 Sarah will die Graphen der Funktionen $f_1(x) = 1{,}2x^2$ und $f_2(x) = 0{,}75x^2$ zeichnen.
a) Beschreibe zunächst die Form der Parabeln.
b) Vervollständige die Wertetabelle bis x = 3. Runde geeignet.
c) Zeichne die Graphen im Intervall $-3 \leq x \leq 3$.

x	0	0,5	1	1,5
$f_1(x)$	■	■	■	■
$f_2(x)$	■	■	■	■

3 Zeichne die Graphen der Funktionen $f_2(x) = 4x^2$ und $f_3(x) = \frac{1}{4}x^2$. Gehe dazu folgendermaßen vor.
① Zeichne mithilfe der Zeichenschablone den Graphen der Funktion $f_1(x) = x^2$ im Intervall $-3 \leq x \leq 3$.
② Leite mithilfe des Beispiels aus der Normalparabel den Verlauf der Graphen von $f_2(x) = 4x^2$ und $f_3(x) = \frac{1}{4}x^2$ ab. Beschreibe die Veränderungen auch in Worten.

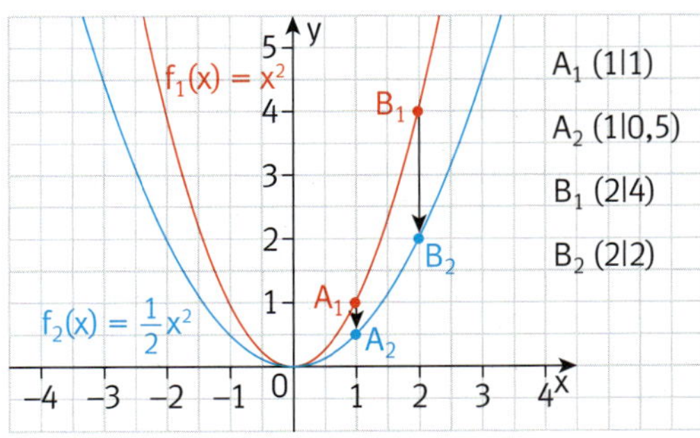

1 a) Beschreibe zunächst die Form der Parabeln.
b) Übertrage die Wertetabelle und ergänzende fehlende Werte. Runde gegebenenfalls geeignet.
c) Zeichne die Graphen im Intervall $-3 \le x \le 3$.

x	0	0,5	1	1,5	2	2,5	3
$f_1(x)$	■	■	■	■	■	■	■
$f_2(x)$	■	■	■	■	■	■	■

2 a) „Einer Zahl wird das 1,5-Fache ihrer Quadratzahl zugeordnet." Gib die passende Funktionsgleichung an und zeichne den Graphen.
b) Spiegele die Parabel an der x-Achse. Beschreibe die entstandene Funktion verbal und gib die Funktionsgleichung an.

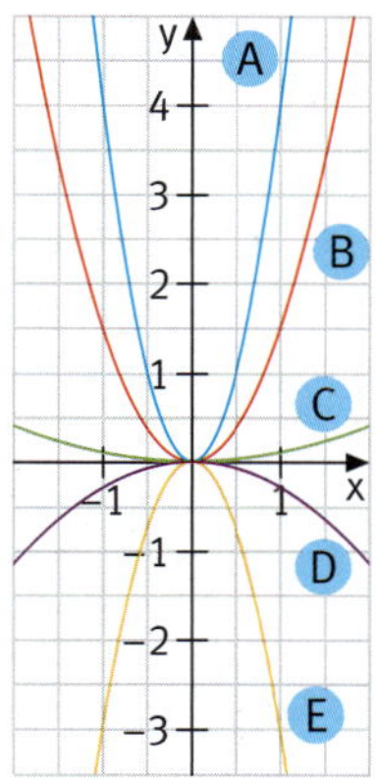

3 Ordne den Graphen die passende Funktionsgleichung zu.

① $f(x) = 0{,}1x^2$ ② $f(x) = -\frac{2}{7}x^2$ ③ $f(x) = -3x^2$ ④ $f(x) = 1{,}5x^2$ ⑤ $f(x) = 4x^2$

4 Gib zu jeder der vier Funktionsgleichungen an, ob die Parabel nach unten oder nach oben geöffnet und enger oder weiter als die Normalparabel ist. Übertrage dazu die Tabelle und vervollständige sie.

Funktionsgleichung	a	Die Parabel ist			
		enger als die Normalparabel	weiter als die Normalparabel	und nach oben geöffnet.	und nach unten geöffnet.
$f_1(x) = 8x^2$	■	■	■	■	■
$f_2(x) = -3x^2$	■	■	■	■	■
$f_3(x) = 1{,}25x^2$	■	■	■	■	■
$f_4(x) = -0{,}6x^2$	■	■	■	■	■

5 a) Der Punkt P (1,2|3,6) liegt auf einer Parabel mit $f(x) = ax^2$. Bestimme a, indem du die Koordinaten von P in die Funktionsgleichung einsetzt.
b) Der Punkt P (1,6|–7,04) liegt auf einer Parabel mit $f(x) = ax^2$. Bestimme a, indem du die Koordinaten von P in die Funktionsgleichung einsetzt.

Eine Parabel verschieben

x	$f_1(x)$	$f_2(x)$	$f_3(x)$
0	0	–2	4
1	1	–1	5
2	4	2	8
3	9	■	■

1 Am nächsten Tag treffen sich Felix, Charlotte und Didi wieder zu einer Wettfahrt. Diesmal haben alle drei Skier dabei. Während Felix am gleichen Punkt wie gestern startet, bekommt Didi vier Meter Vorsprung. Charlotte dagegen muss als Älteste zwei Meter nach oben gehen. Die drei fahren zum gleichen Zeitpunkt los.
Die Funktionen $f_1(x)$, $f_2(x)$ und $f_3(x)$ beschreiben die Bewegungen von Felix, Charlotte und Didi.

a) Übertrage die Tabelle und vervollständige sie. Erkläre die Bedeutung der negativen Funktionswerte in der Tabelle.
b) Stelle die Bewegungen der Kinder im Intervall $0 \le x \le 3$ grafisch dar. Welche Bedeutung hat der Schnittpunkt mit der y-Achse für die Ski-Wettfahrt?
c) Gib die Funktionsgleichungen zu $f_1(x)$, $f_2(x)$ und $f_3(x)$ an.
d) Ergänze die Graphen auch für negative x-Werte. Denke dabei an die Eigenschaft der Symmetrie.
e) Vergleiche die drei Graphen miteinander. Lies die drei Scheitelpunkte ab.

Quadratische Funktionen der Form $f(x) = x^2 + e$ $(e, x \in \mathbb{R})$

Graphen quadratischer Funktionen der Form $\mathbf{f(x) = x^2 + e}$ entstehen durch **Verschiebung der Normalparabel entlang der y-Achse.**
Die Parabeln haben den **Scheitelpunkt S (0|e)** und sind symmetrisch zur y-Achse (Symmetrieachse). Es gilt:
Ist **e = 0**, ergibt sich die **Normalparabel**.
Ist **e < 0**, ist die **Normalparabel nach unten verschoben**.
Ist **e > 0**, ist die **Normalparabel nach oben verschoben**.

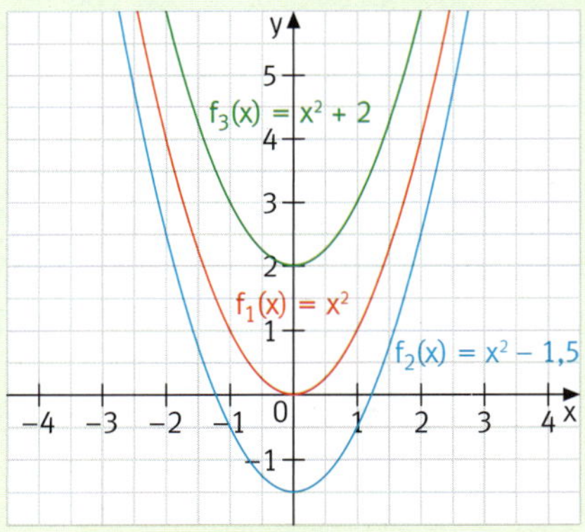

2 a) Gib die Koordinaten der Scheitelpunkte der Graphen an.
① $f(x) = x^2 + 2$ ② $f(x) = x^2 - 2,5$ ③ $f(x) = x^2 + 0,5$
b) Zeichne die Graphen mithilfe der Zeichenschablone. Beschreibe, wie die Parabeln aus der Normalparabel hervorgehen.

3 Der Scheitelpunkt einer verschobenen Normalparabel ist jeweils gegeben. Stelle die Funktionsgleichung auf.
a) S (0|8) b) S (0|–3) c) S $(0|\frac{1}{3})$

1 Felix, Charlotte und Didi veranstalten das nächste Skirennen. Diesmal starten alle vom gleichen Punkt. Didi ist so aufgeregt, dass er eine Sekunde zu früh startet. Charlotte dagegen fährt zwei Sekunden zu spät los.

x	$f_1(x)$	$f_2(x)$	$f_3(x)$
0	0	–	1
1	1	–	4
2	4	0	■
3	9	1	■

a) Übertrage die Tabelle und vervollständige sie. Erkläre, warum in der Wertetabelle von $f_2(x)$ keine Werte für $x = 0$ und $x = 1$ eingetragen sind.

b) Stelle die Bewegungen der Kinder im Intervall $-1 \leq x \leq 3$ grafisch dar. Welche Bedeutung hat der Schnittpunkt mit der x-Achse für die Ski-Wettfahrt?

c) Überlege, welche Funktionsgleichung jeweils Charlottes und Didis Bewegung beschreibt. Probiere aus.

$f(x) = x^2 + 1$ $\qquad$ $f(x) = x^2 - 2$ $\qquad$ $f(x) = (x - 2)^2$ $\qquad$ $f(x) = (x + 1)^2$

Begründe, dass die Terme $(x + 1)^2$ und $x^2 + 1$ nicht gleichwertig sind.

d) Ergänze mithilfe der Zeichenschablone die Graphen zu vollständigen Parabeln.

e) Vergleiche die drei Graphen miteinander. Lies die drei Scheitelpunkte ab.

Quadratische Funktionen der Form $f(x) = (x + d)^2$ $(d, x \in \mathbb{R})$

Graphen quadratischer Funktionen der Form $\mathbf{f(x) = (x + d)^2}$ entstehen durch **Verschiebung der Normalparabel entlang der x-Achse.**
Die Parabeln haben den **Scheitelpunkt S (–d|0)** und sind symmetrisch zu $x = -d$ (Symmetrieachse). Es gilt:
Ist **$d = 0$**, ergibt sich die **Normalparabel**.
Ist **$d < 0$**, ist die **Normalparabel nach rechts verschoben**.
Ist **$d > 0$**, ist die **Normalparabel nach links verschoben**.

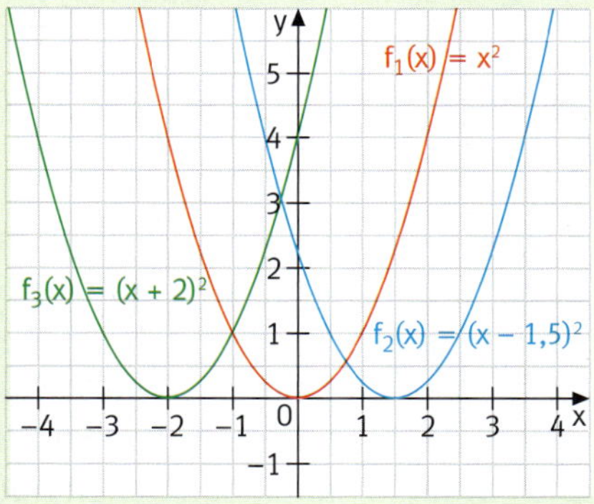

2 a) Gib die Koordinaten der Scheitelpunkte der Graphen an.
(1) $f(x) = (x + 1,5)^2$ $\qquad$ (2) $f(x) = (x - 3)^2$ $\qquad$ (3) $f(x) = (x + 4,5)^2$

b) Zeichne die Graphen mithilfe der Zeichenschablone. Beschreibe, wie die Parabeln aus der Normalparabel hervorgehen.

c) Zeichne jeweils die Symmetrieachse farbig ein.

3 Der Scheitelpunkt einer verschobenen Normalparabel ist jeweils gegeben. Stelle die Funktionsgleichung auf.

a) S (4|0) $\qquad$ b) S (–2,5|0) $\qquad$ c) S (0,5|0)

4 Die Lage einer Normalparabel wurde verändert. Gib jeweils die Funktionsgleichung an und zeichne den Graphen.

a) Die Parabel wurde entlang der y-Achse um drei Einheiten nach oben verschoben.

b) Die Parabel wurde entlang der x-Achse um fünf Einheiten nach links verschoben.

c) Die Parabel wurde entlang der y-Achse um vier Einheiten nach unten und entlang der x-Achse um drei Einheiten nach rechts verschoben.

$f(x) = (x+2)^2 - 1$

$f(x) = (x-3)^2 + 2$

$f(x) = (x+3)^2 + 2$

$f(x) = (x+1)^2 + 3$

$f(x) = (x+2)^2 - 2$

$f(x) = (x-2)^2 - 4$

1 a) Sarah will mithilfe der Zeichenschablone Graphen quadratischer Funktionen zeichnen. Gegeben sind folgende Scheitelpunkte:

① S (−2|−1) ② S (−1|3) ③ S (2|−4) ④ S (3|2)

Übertrage die Tabelle und vervollständige sie. Ordne jeweils die zugehörige Funktionsgleichung zu.

	Scheitelpunkt S (x|y)		
	Verschiebung der Normalparabel entlang der x-Achse	Verschiebung der Normalparabel entlang der y-Achse	Funktionsgleichung
①	−2	−1	$f(x) = (x+2)^2 - 1$
②	■	■	■
③	■	■	■
④	■	■	■

b) Zeichne die Graphen zu ① – ④ in ein gemeinsames Koordinatensystem.

c) Welcher Graph passt zu folgenden Aussagen?

Ⓐ Didi hat einen Vorsprung von zwei Metern und startet aber drei Sekunden zu spät.

Ⓑ Charlotte hat drei Meter Vorsprung und startet eine Sekunde zu früh.

Quadratische Funktionen der Form $f(x) = (x+d)^2 + e$ ($d, e, x \in \mathbb{R}$)

Graphen quadratischer Funktionen der Form $\mathbf{f(x) = (x+d)^2 + e}$ entstehen durch Verschiebung der Normalparabel **entlang der x-Achse nach rechts oder links** und **entlang der y-Achse nach oben oder unten.** Die Parabeln haben den **Scheitelpunkt S (−d|e)** und sind symmetrisch zu $x = -d$ (Symmetrieachse). $f(x) = (x+d)^2 + e$ nennt man **Scheitelpunktform** einer quadratischen Funktion.

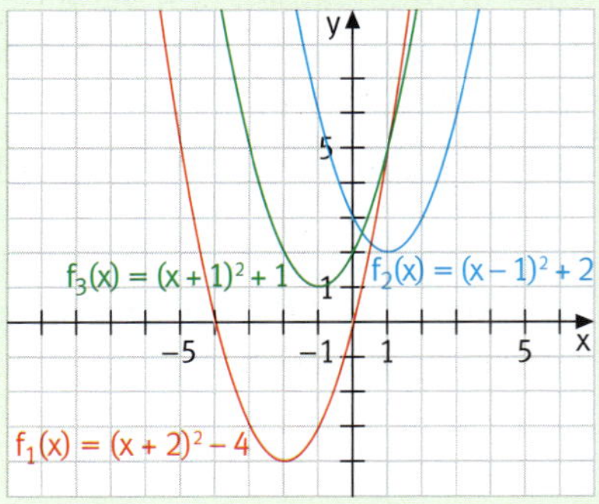

Wird eine in x- und y-Richtung verschobene Normalparabel zusätzlich gestreckt oder gestaucht, lautet die Funktionsgleichung $f(x) = a(x+d)^2 + e$

2 a) Gib die Koordinaten der Scheitelpunkte der Graphen an.

① $f(x) = (x-2)^2 - 3$ ② $f(x) = (x+6)^2 + 4$

③ $f(x) = (x-2)^2$ ④ $f(x) = x^2 - 8$

b) Zeichne die Graphen mithilfe der Zeichenschablone. Beschreibe, wie die Parabeln aus der Normalparabel hervorgehen.

c) Zeichne jeweils die Symmetrieachse farbig ein.

3 a) Der Scheitelpunkt einer verschobenen Normalparabel ist jeweils gegeben. Stelle die Funktionsgleichung auf.

① S (1|6) ② S (2|2) ③ S (−7|5) ④ S (7|−5)

b) Gib die Funktionsgleichungen für die Scheitelpunkte an, wenn außerdem $a = 2{,}5$ ($-0{,}5$) gilt.

1 Gib zu den Graphen der Funktionen f_1 bis f_4 die Funktionsgleichungen an. Lies zunächst die Scheitelpunkte ab.

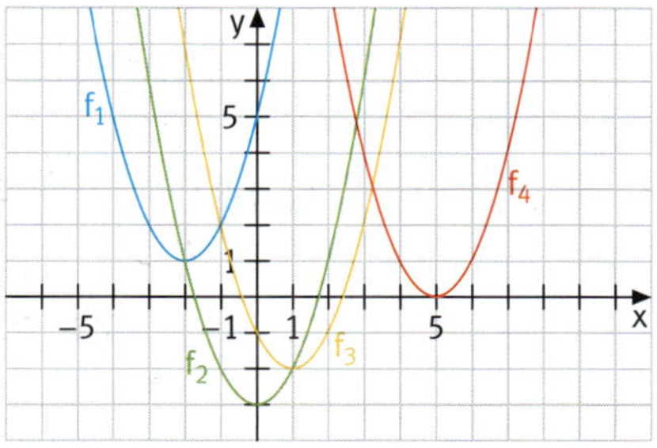

2 Überprüfe, ob der Punkt P (−1|5) auf der verschobenen Normalparabel mit dem Scheitelpunkt S liegt.

a) S (−3|1) b) S (1|−2) c) S (0|4)

3 Wenn man alle Möglichkeiten zum Verändern einer Normalparabel hintereinander ausführt, erhält man Parabeln an verschiedenen Stellen und unterschiedlicher Form im Koordinatensystem.

a) Führe folgende Veränderungen an der Normalparabel schrittweise durch. Vervollständige dazu die Tabelle bis x = 2. Runde geeignet.

① Strecken um den Faktor 2,5
② Verschieben nach oben um 2 Einheiten
③ Verschieben nach links um 1 Einheit

x	$f_1(x) = x^2$	$f_2(x) =$
−2	■	■
−1,5	■	■
−1	■	■
−0,5	■	
0		
0.5		

b) Zeichne alle Parabeln mit verschiedenen Farben in ein Koordinatensystem und markiere jeweils den Scheitelpunkt.

c) Gib die Funktionsgleichungen an.

d) Führe alle Veränderungen in einer neuen Wertetabelle im Intervall $-4 \le x \le 4$ in 0,5er-Schritten noch einmal durch. Stauche jedoch zu Beginn die Normalparabel um −0,25. Runde geeignet.

e) Zeichne die Parabeln in ein neues Koordinatensystem und gib die Funktionsgleichungen an.

Multipliziert man die Scheitelpunktform $f(x) = a(x + d)^2 + e$ aus, erhält man die allgemeine Form $f(x) = ax^2 + bx + c$ (Die Konstanten wurden umbenannt). Parabeln quadratischer Funktionen der Form $f(x) = ax^2 + c$ sind gestreckt oder gestaucht und entlang der y-Achse verschoben.

4 a) Vergleiche die Graphen der Funktionen mit der Normalparabel. Die nebenstehenden Stichpunkte helfen dir dabei.

① $f(x) = -7{,}5x^2 + 3$ ② $f(x) = 3x^2$
③ $f(x) = (x + 1)^2 - 1$ ④ $f(x) = -\frac{1}{2}(x + 0{,}6)^2 + \frac{3}{4}$

b) Forme die Funktionsgleichungen ③ und ④ in die allgemeine Form $f(x) = ax^2 + bx + c$ um.

- gestreckt / gestaucht
- nach oben oder nach unten geöffnet
- nach oben oder nach unten verschoben
- nach rechts oder nach links verschoben

5 René hat die Aufgabe, seinen Mitschülern grafische Darstellungen linearer und quadratischer Funktionen mit seinem bisherigen Wissen zu beschreiben. Kannst du ihm helfen?

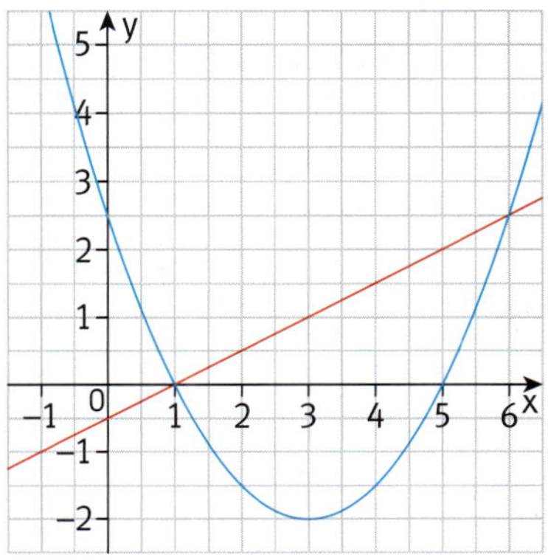

a) Vergleiche den blauen Graphen mit der Normalparabel und nenne weitere Eigenschaften beider Funktionen.

Symmetrie | Scheitelpunkt (Hochpunkt/Tiefpunkt) | fallend/steigend

b) Gib die Funktionsgleichungen an.

c) Lies die Schnittpunkte der beiden Graphen ab.

d) Lies die Schnittpunkte der beiden Graphen mit den Koordinatenachsen ab.

Quadratische Gleichungen grafisch und rechnerisch lösen

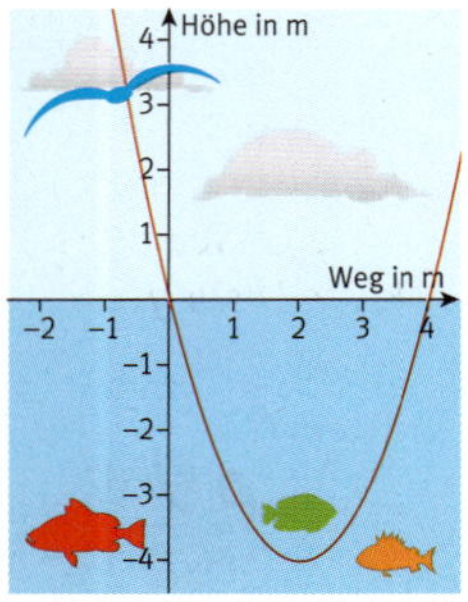

1 Kerstin beobachtet im Hafenbecken von Travemünde einen Seevogel, der ins Wasser taucht, um einen Fisch zu fangen. Auf der Info-Tafel wird seine Flugbahn in einem Koordinatensystem dargestellt.
a) Wie tief taucht der Seevogel?
b) Lies ab, wo der Vogel ins Wasser taucht und wo er wieder auftaucht.
c) Welche Bedeutung haben die Punkte aus a) und b) für die Funktion?
d) Stelle die Funktionsgleichung auf.

Nullstellen quadratischer Funktionen

Quadratische Funktionen können **zwei, eine oder keine Nullstelle(n)** haben.

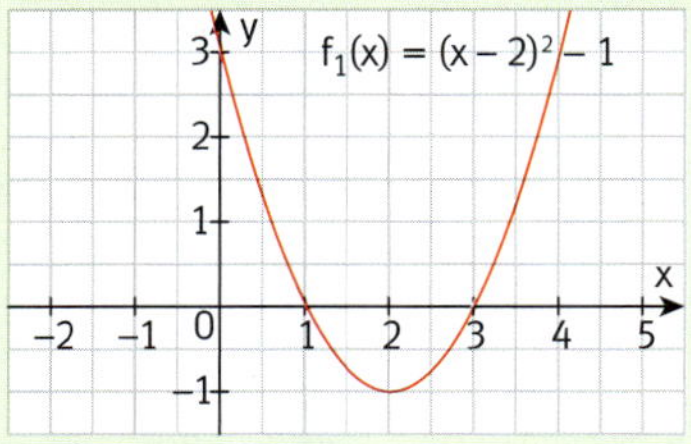

$x_1 = 1$ und $x_2 = 3$

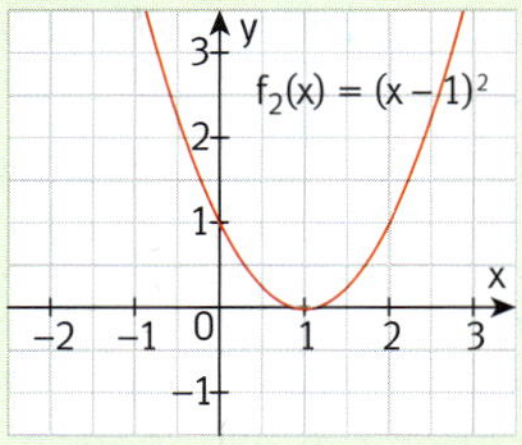

$x_1 = 1$

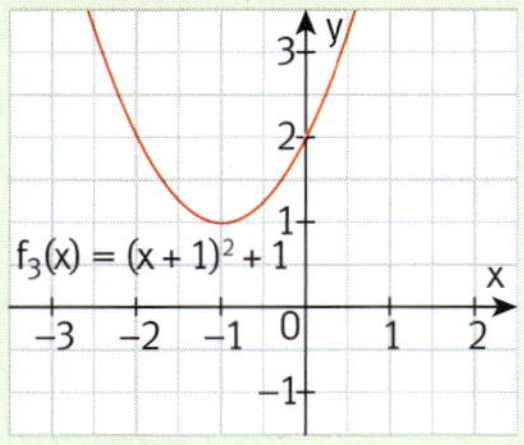

keine Nullstelle

2 Stelle die Funktionen grafisch dar und bestimme die Nullstellen.
a) $f(x) = (x - 1)^2 - 1$
b) $f(x) = (x + 1)^2 - 1$
c) $f(x) = (x - 1{,}5)^2 - 4$
d) $f(x) = (x + 2{,}5)^2$
e) $f(x) = -(x + 1{,}5)^2 - 2$
f) $f(x) = -(x + 3{,}5)^2 + 4$

3 Kerstins Freundin Grit beobachtet gleichzeitig einen Fisch, der aus dem Wasser springt, um eine Fliege zu fangen. Der Bewegungsablauf des Fisches kann durch die Funktion $f(x) = -2x^2 + 1$ beschrieben werden.
a) Stelle die Funktion mithilfe einer Wertetabelle in 0,5er-Schritten im Intervall $-2 \le x \le 2$ grafisch dar. Vergleiche den Graphen mit der Normalparabel.
b) Bestimme die Nullstellen der Funktion. Welche Bedeutung haben sie für den Bewegungsablauf des Fisches?
c) Welchen Nachteil der grafischen Lösung erkennst du?

Rechnerische Lösung quadratischer Gleichungen der Form $ax^2 + c = 0$ $(a, c, x \in \mathbb{R};\ a \neq 0)$

Die Nullstellen quadratischer Funktionen können rechnerisch bestimmt werden. Dazu löst man die zugehörige **quadratische Gleichung**.
Die **Nullstellen quadratischer Funktionen der Form $f(x) = ax^2 + c$** berechnet man, indem man die **quadratische Gleichung der Form $ax^2 + c = 0$** löst.

①	$2x^2 - 18 = 0$	$\mid +18$	① Quadratisches Glied isolieren
	$2x^2 = 18$	$\mid :2$	
②	$x^2 = 9$	$\mid \sqrt{\ }$	② Wurzel ziehen (radizieren)
③	$x_1 = +\sqrt{9} = 3$	$x_2 = -\sqrt{9} = -3$	③ zwei Lösungen beachten
④	$\mathbb{L} = \{-3;\ 3\}$		④ Lösungsmenge angeben
⑤	$2 \cdot 3^2 - 18 = 0$	$2 \cdot (-3)^2 - 18 = 0$	⑤ Probe durchführen

4 Berechne mithilfe der Lösungsschritte im Merkkasten die Nullstellen der quadratischen Funktion mit $f(x) = -2x^2 + 1$.

1 Begründe sowohl grafisch als auch rechnerisch, dass Murat in allen drei Beispielen Recht hat.

(1) Die Gleichung $x^2 - 4 = 0$ hat zwei Lösungen.

(2) Die Gleichung $2x^2 = 0$ hat eine Lösung.

(3) Die Gleichung $x^2 + 6 = 0$ hat keine Lösung.

2 Löse die Gleichungen nach den Lösungsschritten auf der linken Seite.

a) $x^2 - 49 = 0$ b) $x^2 + 121 = 0$ c) $15x^2 + 15 = 15$
d) $0{,}5x^2 - 32 = 0$ e) $4{,}5a^2 - 10{,}125 = 0$ f) $1{,}4y^2 - 0{,}35 = 0$
g) $-5x^2 = -24{,}2$ h) $4x^2 - 8 = 1$ i) $8x^2 + 7 = 9$
j) $1{,}5a^2 + 5{,}5 = 41{,}5 - 2{,}5a^2$ k) $7b^2 + 0{,}8 = b^2 - 35{,}2$ l) $20x^2 + 2{,}4 = 3{,}4 - 5x^2$

3 Multipliziere zuerst die Klammern aus, dann löse die Gleichungen.

a) $(x + 4) \cdot (x - 4) = 20$ b) $(a - 0{,}5) \cdot (a + 0{,}5) = 6$ c) $(1{,}4 + y) \cdot (1{,}4 - y) = 1{,}96$

4 Löse die Gleichungen wie im Beispiel.

$4 \cdot (x + 3)^2 = 36 \quad |:4$
$(x + 3)^2 = 9 \quad |\sqrt{\ }$
$x_1 + 3 = 3 \qquad x_2 + 3 = -3$
$x_1 = 0 \qquad x_2 = -6$
$\mathbb{L} = \{-6; 0\}$

a) $0{,}7 \cdot (x + 2)^2 = 84{,}7$ b) $5 \cdot (y + 2)^2 + 4 = 24$
c) $16 \cdot (x - 4)^2 = 0$ d) $(1{,}5 - 2a)^2 = -1$
e) $0{,}5 \cdot (5 - y)^2 = 0{,}5$ f) $-2 \cdot (x + 2)^2 = -2$
g) $7 = 3 \cdot (2 + x)^2 + 10$ h) $3 \cdot (2{,}5 + x)^2 = 18{,}75$

TRIMM-DICH-ZWISCHENRUNDE

1 Für die Funktion $f(x) = 4x^2 - 40$ wurde der Funktionswert für $x = -3$ berechnet. Nur eine Lösung ist richtig. Begründe.

$f(-3) = 4 \cdot (-3)^2 - 40 = -4$ | $f(-3) = 4 \cdot (-3)^2 - 40 = -76$ | $f(-3) = 4 \cdot (-3)^2 - 40 = 4$

2 Stelle die Funktion $f(x) = 0{,}5x^2 + 4$ mithilfe einer Wertetabelle im Intervall $-4 \le x \le 4$ grafisch dar. Vergleiche den Graphen mit der Normalparabel.

3 a) Lies die Scheitelpunkte ab.

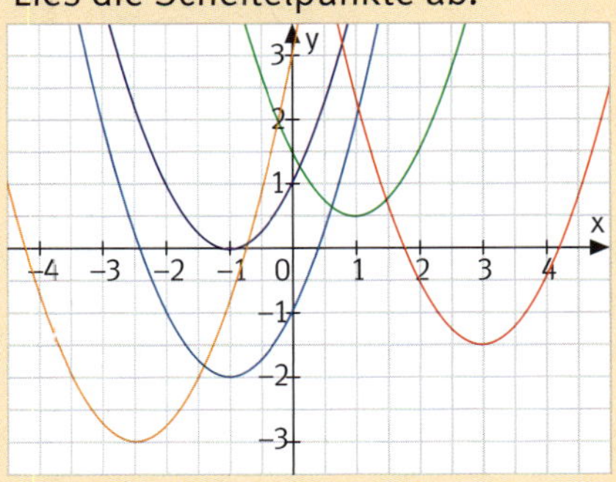

b) Ordne die Funktionsgleichungen den Graphen zu. Für welche Funktionsgleichung fehlt der Graph?
$f_1(x) = (x - 3)^2 - 1{,}5$
$f_2(x) = (x + 1)^2 + 2$
$f_3(x) = (x + 2{,}5)^2 - 3$
$f_4(x) = (x + 1)^2 - 2$
$f_5(x) = (x - 1)^2 + 0{,}5$
$f_6(x) = (x + 1)^2$

4 Bestimme die Nullstellen der Funktionen $f_1(x) = 1{,}5x^2 - 6$ und $f_2(x) = (x - 1)^2 - 4$ grafisch und rechnerisch.

Quadratische Gleichungen grafisch und rechnerisch lösen

1 Felix, Charlotte und Didi möchten ein Iglu bauen. Dafür schaufeln sie eine quadratische Fläche vom Schnee frei. Nachdem sie fertig sind, stellen sie fest, dass diese Fläche zu klein ist und vergrößern jede Seitenlänge um einen Meter. Die neue Fläche hat einen Flächeninhalt von 16 m^2.

a) Begründe, warum die Gleichung $(x+1)^2 = 16$ eine Berechnung für den Flächeninhalt darstellt. Wofür steht die Variable x?

b) Löse die Gleichung rechnerisch. Warum ist hier nur eine Lösung sinnvoll?

c) Gib zu der Gleichung die zugehörige Funktionsgleichung in Scheitelpunktform an. Bestimme die Nullstellen, indem du den Graphen in ein Koordinatensystem zeichnest. Vergleiche mit der rechnerischen Lösung.

2 a) Löse die Gleichungen grafisch und rechnerisch.

① $(x-2)^2 - 1 = 0$ ② $(x+1)^2 - 4 = 0$ ③ $4 \cdot (x-0{,}5)^2 - 1 = 0$

b) Julia löst die Gleichung ① so. Übertrage und vervollständige ihren Lösungsweg.

① $(x-2)^2 - 1 = 0$
$x^2 - 4x + 3 = 0$
$x^2 = 4x - 3$

① *Die quadratische Gleichung wird umgeformt.*

② $f(x) = x^2$ (Graph: Normalparabel)
$g(x) = 4x - 3$ (Graph: Gerade)

② *Jede Seite der Gleichung wird als eine Funktion aufgefasst.*

③ *Die Graphen werden gezeichnet und die x-Koordinaten der Schnittpunkte abgelesen.*

Grafische Lösung quadratischer Gleichungen der Form:
$a(x+d)^2 + e = 0$
($a, d, e, x \in \mathbb{R}$; $a \neq 0$)
$x^2 + px + q = 0$
($p, q, x \in \mathbb{R}$)

Jede quadratische Gleichung der **Form $a(x+d)^2 + e = 0$** kann auf verschiedene Arten grafisch gelöst werden.

- Man bestimmt die **Nullstellen der quadratischen Funktion $f(x) = a(x+d)^2 + e$.** Diese entsprechen den Lösungen der zugehörigen quadratischen Gleichung.
- Man formt die quadratische Gleichung von der **Scheitelpunktform $a(x+d)^2 + e = 0$** mithilfe der binomischen Formeln und Division durch a über die **allgemeine Form** in die **Normalform $x^2 + px + q = 0$** um.

$$2 \cdot (x+7)^2 - 72 = 0 \quad |:2$$
$$(x+7)^2 - 36 = 0$$
$$x^2 + 14x + 49 - 36 = 0$$
$$x^2 + 14x + 13 = 0$$

  Anschließend bestimmt man die **x-Koordinaten der Schnittpunkte** der **Normalparabel** mit **$f(x) = x^2$** und der **Geraden** mit **$g(x) = -px - q$.**

$x^2 = -14x - 13$
$f(x) = x^2$; $g(x) = -14x - 13$
x-Koordinaten der Schnittpunkte: $x_1 = -1$ und $x_2 = -13$

Scheitelpunktform:
$a(x+d)^2 + e = 0$
allgemeine Form:
$ax^2 + bx + c = 0$
Normalform:
$x^2 + px + q = 0$
(Die Konstanten wurden umbenannt.)

3 Forme die Gleichungen ② und ③ aus Aufgabe 2 um und löse sie wie Julia.

1 Elif versucht, die Lösungen dieser Gleichungen grafisch zu bestimmen.

① $(x + 0{,}6)^2 - 0{,}2 = 0$ ② $(x + 16)^2 - 144 = 0$

Welche Nachteile der grafischen Lösung erkennst du bei diesen Beispielen?

Quadratische Gleichungen in der Normalform $\mathbf{x^2 + px + q = 0}$ können auch rechnerisch mithilfe der **p-q-Formel** gelöst werden.

$x_{1/2} = -\frac{p}{2} \pm \sqrt{\left(\frac{p}{2}\right)^2 - q}$

$x^2 + 14x + 13 = 0$ ($p = 14$; $q = 13$)

$x_{1/2} = -\frac{14}{2} \pm \sqrt{\left(\frac{14}{2}\right)^2 - 13}$

$x_{1/2} = -7 \pm \sqrt{49 - 13}$

$x_{1/2} = -7 \pm 6$

$x_1 = -1$ und $x_2 = -13$

$\mathbb{L} = \{-13; -1\}$

Rechnerische Lösung quadratischer Gleichungen der Form $x^2 + px + q = 0$
p-q-Formel

2 Löse die quadratischen Gleichungen aus Aufgabe 1 mithilfe der p-q-Formel noch einmal rechnerisch.

3 ① Ist der Term $\left(\frac{p}{2}\right)^2 - q > 0$, dann gibt es zwei Lösungen.

② Ist der Term $\left(\frac{p}{2}\right)^2 - q = 0$, dann gibt es eine Lösung.

③ Ist der Term $\left(\frac{p}{2}\right)^2 - q < 0$, dann gibt es keine Lösung.

Überprüfe mithilfe der Beispiele sowohl grafisch als auch rechnerisch die Richtigkeit von Murats Behauptung.

a) $x^2 - 4x + 3 = 0$ b) $x^2 - 4x + 4 = 0$ c) $x^2 - 4x + 5 = 0$

4 Bestimme zunächst die Anzahl der Lösungen und löse dann mit der p-q-Formel.

a) $x^2 + 6x + 8 = 0$ b) $x^2 + 14x + 33 = 0$ c) $x^2 + 3x + 2 = 0$
d) $x^2 - 8x + 16 = 0$ e) $x^2 + 2x + 1 = 0$ f) $x^2 + 30x + 300 = 0$
g) $x^2 + 21x + 90 = 0$ h) $x^2 + 4x + 4 = 0$ i) $x^2 + 30x + 125 = 0$

5 Bestimme die Lösungsmenge mithilfe der p-q-Formel. Achte auf die Vorzeichen.

a) $x^2 - 4{,}5x - 9 = 0$ b) $x^2 - 7{,}2x - 8{,}2 = 0$ c) $x^2 - 0{,}9x - 0{,}4375 = 0$
d) $x^2 - 8x + 15 = 0$ e) $x^2 - 13{,}9x + 48 = 0$ f) $x^2 - 12x - 6{,}25 = 0$
g) $x^2 - 0{,}2x - 0{,}08 = 0$ h) $x^2 - 0{,}4x - 0{,}05 = 0$ i) $x^2 - 3{,}8x + 3{,}6 = 0$

6 Bringe die Gleichungen zunächst in die Normalform. Bestimme dann die Lösungsmenge mithilfe der p-q-Formel.

a) $5x^2 + 4x = 6{,}4$ b) $-0{,}5x^2 - 1{,}5x = -2x$ c) $1{,}3x^2 - 2{,}6x + 1{,}3 = 0$
d) $-2x^2 - 10 = 7x$ e) $0{,}2x^2 - x - 60 = 0$ f) $-1{,}5x^2 + 11{,}55 = -1{,}95x$
g) $0{,}01x^2 - 0{,}1x = 132$ h) $-2x^2 = -50{,}8x - 52{,}8$ i) $-x^2 + 0{,}6x + 19{,}27 = 0$

Lösen quadratischer Gleichungen vertiefen

Ⓐ $x^2 - 9 = 0$

Ⓑ $x^2 + 6x = 0$

Spezialfälle quadratischer Gleichungen
$x^2 + q = 0$
$(q, x \in \mathbb{R})$
$x^2 + px = 0$
$(p, x \in \mathbb{R})$

Quadratische Gleichungen der Form $\mathbf{x^2 + q = 0}$ können für $\mathbf{q < 0}$ durch **Wurzelziehen** gelöst werden.

$x^2 - 9 = 0 \qquad (q = -9)$
$x^2 = 9$
$x_{1/2} = \sqrt{9}$
$x_1 = 3$ und $x_2 = -3$
$\mathbb{L} = \{-3; 3\}$

Quadratische Gleichungen der Form $\mathbf{x^2 + px = 0}$ können durch **Ausklammern** gelöst werden.

$x^2 + 6x = 0 \qquad (p = 6)$
$x \cdot (x + 6) = 0$
$x_1 = 0$ und $x_2 + 6 = 0$
$\Leftrightarrow x_2 = -6$
$\mathbb{L} = \{-6; 0\}$

Ein Produkt ist genau dann Null, wenn mindestens ein Faktor Null ist.

1 Bestimme die Lösungsmenge durch Wurzelziehen.

a) $x^2 - 64 = 0$ b) $x^2 - 0{,}25 = 0$ c) $x^2 + 25 = 0$
d) $x^2 + 2 = 18$ e) $x^2 - 5 = -86$ f) $x^2 - 13 = -4$
g) $-x^2 = -81$ h) $2x^2 - 128 = 0$ i) $\frac{5}{9} + x^2 = \frac{2}{3}$

2 Bestimme die Lösungsmenge durch Ausklammern.

a) $x^2 - 0{,}4x = 0$ b) $y^2 + 0{,}4y = 0$ c) $2z^2 - 10z = 0$
d) $3v^2 + 4{,}8v = 0$ e) $0{,}5t^2 - 7{,}5t = 0$ f) $0{,}9x = -1{,}8x^2$
g) $b^2 = 11b$ h) $4c^2 + 3c = 5c^2 + 2c$ i) $b^2 + 4b + 5b^2 = 2b + b^2$

3 Lucia und Florian haben die Gleichung $\frac{1}{2}x^2 - 3x = 2x$ unterschiedlich gelöst. Beurteile die beiden Lösungswege $(x \in \mathbb{R})$.

Lucia:

$\frac{1}{2}x^2 - 3x = 2x \qquad | - 2x$
$\frac{1}{2}x^2 - 5x = 0 \qquad | : x$
$\frac{1}{2}x - 5 = 0$
$\mathbb{L} = \{10\}$

Florian:

$\frac{1}{2}x^2 - 3x = 2x \qquad | - 2x$
$\frac{1}{2}x^2 - 5x = 0 \qquad | \cdot 2$
$x^2 - 10x = 0$
$x \cdot (x - 10) = 0 \qquad \mathbb{L} = \{0; 10\}$

Satz des Vieta

Ein wichtiger Mathematiker des Mittelalters war Francois Viète (1540–1603). Oft ist sein Name als Franciscus Vieta überliefert. Das liegt an der Übersetzung in die damals bestimmende lateinische Sprache.
Vieta war eigentlich Jurist und arbeitete für die französischen Könige Heinrich III. und Heinrich IV. Berühmt und von seinen Königen geschätzt wurde er, weil er es mit großem Geschick verstand, verschlüsselte Nachrichten der Feinde Frankreichs zu entschlüsseln. Die Mathematik war für ihn mehr ein „Hobby".

1 Der Satz des Vieta, eine der wichtigsten mathematischen Entdeckungen von Franziskus Vieta, kann in bestimmten Fällen helfen, quadratische Gleichungen schnell zu lösen oder die Richtigkeit der Ergebnisse zu überprüfen. Vieta erkannte, dass zwischen den Lösungen x_1 und x_2 einer quadratischen Gleichung $x^2 + px + q = 0$ und den Koeffizienten p und q ein Zusammenhang besteht. Entdecke diesen Zusammenhang in der Tabelle und stelle ihn anhand zweier Gleichungen dar.

Gleichung	p	q	x_1	x_2	$x_1 + x_2$	$x_1 \cdot x_2$
$x^2 - 5x + 6 = 0$	−5	6	2	3	5	6
$x^2 + 3x - 4 = 0$	3	−4	−4	1	−3	−4
$x^2 + 2x - 15 = 0$	2	−15	3	−5	−2	−15

2 Ordne die Lösungen den quadratischen Gleichungen zu.
Verwende den Satz des Vieta.

1	$x_1 = 5;\ x_2 = -4$		2	$x_1 = 4;\ x_2 = -1$
3	$x_1 = 5;\ x_2 = -1$		4	$x_1 = 1;\ x_2 = -7$
A	$x^2 + 6x - 7 = 0$		B	$x^2 - 4x - 5 = 0$
C	$x^2 - 3x - 4 = 0$		D	$x^2 - x - 20 = 0$

Satz des Vieta
Wenn x_1 und x_2 die Lösungen einer quadratischen Gleichung $x^2 + px + q = 0$ sind, dann gilt:
$x_1 + x_2 = -p$
$x_1 \cdot x_2 = q$

3 Überprüfe mit dem Satz des Vieta, ob x_1 und x_2 Lösungen der Gleichung sind.

a) $x^2 - 11x + 18 = 0;\ x_1 = 9;\ x_2 = 2$
b) $x^2 - 7x - 44 = 0;\ x_1 = 11;\ x_2 = -4$
c) $x^2 + x + 6 = 0;\ x_1 = 3;\ x_2 = -2$
d) $x^2 - 8x - 48 = 0;\ x_1 = 12;\ x_2 = -4$
e) $x^2 - x + 1 = 0;\ x_1 = 1{,}5;\ x_2 = -0{,}5$
f) $x^2 - 0{,}8x - 5{,}6 = 0;\ x_1 = 2{,}8;\ x_2 = -2$

4 Wie heißt die Normalform der quadratischen Gleichung $x^2 + px + q = 0$ mit den Lösungen x_1 und x_2? Du kannst durch Lösen der Gleichung überprüfen.

	a)	b)	c)	d)	e)	f)	g)	h)	i)	j)
x_1	4	2	−3	−0,5	0,4	4,5	0,5	−1,5	12,5	1,25
x_2	1	−2	−4	−2	0,25	3,5	−0,3	−6,5	−1,5	−3,5

5 Ermittle die Lösungen der Gleichung aus den Koeffizienten p und q durch systematisches Probieren. Zerlege dazu q in ganzzahlige Faktoren x_1 und x_2 und überprüfe deren Summe.

a) $x^2 - 7x + 12 = 0$
b) $x^2 + x = 20$
c) $x^2 - 5x - 24 = 0$

Quadratische Gleichungen anwenden

1 Sandra findet beim Stöbern in einem Mathematikbuch eine 900 Jahre alte Aufgabe.

> *Der achte Teil einer Herde Affen ins Quadrat erhoben hüpft in einem Hain umher und erfreute sich am Spiele. Die anderen 12 sah man auf einem Hügel miteinander schwatzen. Wie groß war die Herde?*

Beschreibe die Lösung von Sandra.
Ordne dabei die angegebenen Schritte der Lösung zu.

① Anzahl Affen: x

② Quadrat 8. Teil: $(\frac{x}{8})^2$ Rest der Affen: 12

③ $(\frac{x}{8})^2 + 12 = x$

④ $(\frac{x}{8})^2 + 12 = x$ $\quad | - x$

$\frac{x^2}{64} - x + 12 = 0$ $\quad | \cdot 64$

$x^2 - 64x + 768 = 0$ $\quad$ | Lösungsformel

$x_{1/2} = 32 \pm \sqrt{32^2 - 768} = 32 \pm 16$

$x_1 = 16$ $\quad x_2 = 48$

⑤ $(\frac{16}{8})^2 + 12 = 16$ wahr $\quad (\frac{48}{8})^2 + 12 = 48$ wahr

⑥ Beide Lösungen sind möglich. Es sind entweder 16 oder sogar 48 Affen in dieser Herde.

Terme bilden | Probe durchführen | Gleichung lösen | Variablen festlegen, evtl. Skizze machen | Gleichung aufstellen | Antwortsatz formulieren

2 Ines merkt sich zwei positive Zahlen, von denen eine um 5 größer als die andere ist. Die Summe der Quadrate der beiden Zahlen ist 97. Wie heißen die Zahlen?

	Zahl 1	Zahl 2
	x	$x + 5$
Quadrate:	x^2	___
Summe:	x^2 +	___ = ___

3 Tobias merkt sich zwei andere positive Zahlen, von denen die zweite um 4 kleiner als die erste ist. Wenn er beide Zahlen um 3 vergrößert, so ergibt das Produkt der entstehenden Zahlen 96. Wie heißen die Zahlen?

4 Stelle eine Gleichung auf und löse.

a) Die Differenz aus dem Quadrat einer Zahl und dem Achtfachen dieser Zahl ist so groß wie die Differenz aus der Zahl und 14.

b) Das doppelte Quadrat einer Zahl ist um eins größer als die Differenz aus dem 24-fachen der Zahl und 55.

c) Das Produkt von zwei direkt aufeinanderfolgenden Zahlen ist 1 260.

①/② Skizze machen, Variable festlegen und Terme bilden:

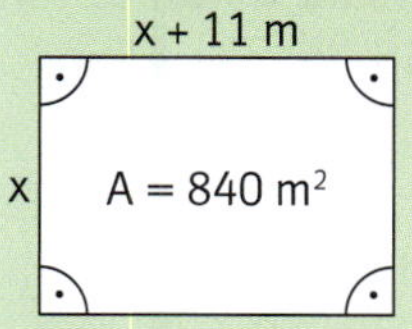

③ Gleichung aufstellen:
$x \cdot (x + 11) = 840$

④ Gleichung in die Normalform bringen und mit der p-q-Formel lösen:
$x_{1/2}$ = ■
…
x_1 = ■; x_2 = ■
$\mathbb{L}$ = {■; ■}

⑤ Probe durchführen und Lösungen beurteilen:
■ · (■ + 11) = ■
…
x_1 = ■ sinnvoll?
x_2 = ■ sinnvoll?

⑥ Antwortsatz formulieren:
Die kurze Seite ist ■ m lang, die lange ■ m.

1 Bei einem rechteckigen Grundstück ist die Länge um 11 m größer als die Breite. Das Grundstück hat einen Flächeninhalt von 840 m². Wie lang sind die Grundstücksseiten? Übertrage die Lösungsschritte aus dem Beispiel und vervollständige sie.

2 Löse wie in Aufgabe 1.

a) Wenn man eine Seite eines Quadrats um 4 cm verkürzt, so beträgt der Flächeninhalt des entstehenden Rechtecks 106,25 cm². Berechne die ursprüngliche Seitenlänge des Quadrats.

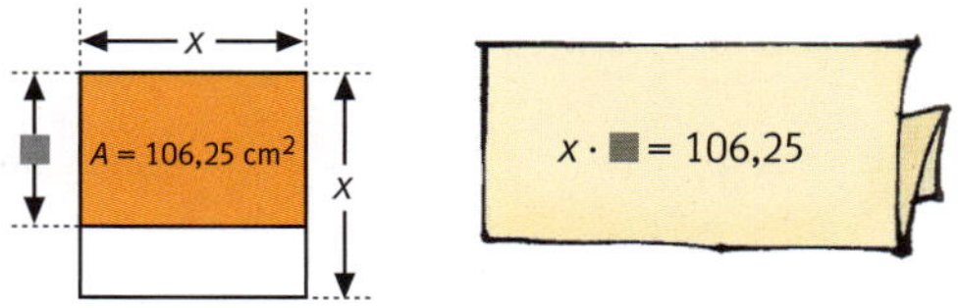

b) Wenn man eine Seite einer quadratischen Fläche um 5 m verlängert und die andere Seite um 5 m verkürzt, so erhält man eine rechteckige Fläche mit einem Flächeninhalt von 936 m². Berechne die Seitenlängen des Rechtecks.

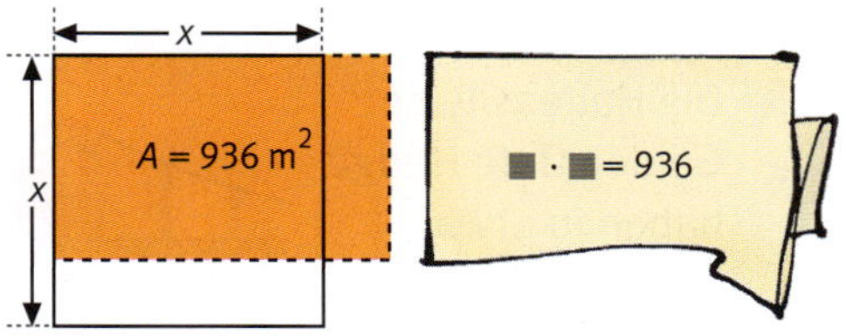

3 Die Hypotenuse eines rechtwinkligen Dreiecks ist 13 cm lang. Die Längen der beiden Katheten unterscheiden sich um 7 cm.

a) Berechne die Länge der Dreiecksseiten.

b) Ermittle den Umfang und den Flächeninhalt des Dreiecks.

Für geometrische Aufgaben brauchst du immer eine Skizze!

4 Die Höhe eines Dreiecks ist um 4 cm kleiner als die Grundseite. Der Flächeninhalt dieses Dreiecks beträgt 160 cm². Berechne die Länge der beiden Strecken.

5 Wenn der Durchmesser eines Kreises um 5 cm vergrößert wird, so beträgt der neue Flächeninhalt 226,865 cm². Wie groß war der Radius des Kreises vorher? Runde geeignet.

6 Wird jede Kante eines Würfels um 10 cm verlängert, so wird der neue Oberflächeninhalt des Würfels doppelt so groß. Wie lang war die Kante vorher? Runde geeignet.

7 Ein rechteckiges Spielgelände ist 80 m lang und 60 m breit. Ein 3 500 m² großer Bolzplatz soll so abgesteckt werden, dass ringsum ein gleich breiter Rand für Zuschauer bleibt. Berechne die Breite des Randes.

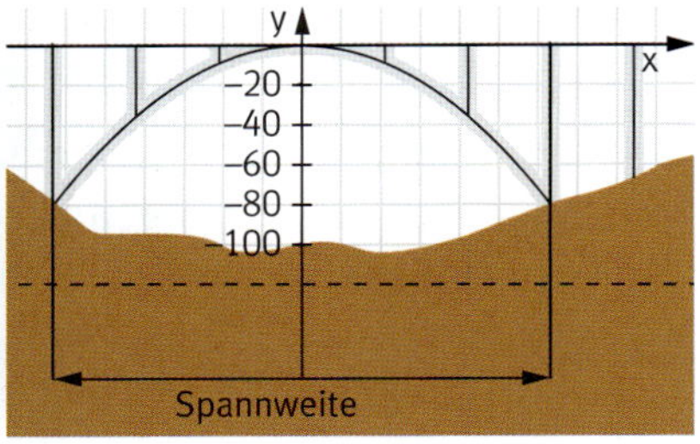

1 Die Spannbögen vieler Brücken können näherungsweise durch Parabeln beschrieben werden. Die Talbrücke „Wilde Gera“ ist eine der größten Brücken Deutschlands aus Stahlbeton.

a) Was kannst du mithilfe des eingezeichneten Koordinatensystems über die Brücke herausfinden?

b) Der Verlauf des Bogens lässt sich annähernd durch die Funktion $f(x) = -0{,}005x^2$ beschreiben. Begründe, dass die Spannweite der Brücke mit der Gleichung $-0{,}005x^2 = -80$ ermittelt werden kann und berechne sie.

c) Martina hat eine andere Idee, die Spannweite zu bestimmen. Sie beschreibt den Bogen der Brücke durch die Funktion $f(x) = -0{,}005x^2 + 80$.
Erkläre Martinas Überlegungen. Welche Stellen des Graphen sind bei dieser Vorgehensweise für die Berechnung der Spannweite wichtig?

2 Übertrage die Tabelle und berechne die fehlenden Größen der Brücken.

	Funktionsgleichung für den Bogen	Höhe des Bogens	Spannweite des Bogens
Fehmarnsundbrücke	$f_1(x) = -0{,}003x^2$	45 m	■
Hoover Dam Bypass Bridge	$f_2(x) = -0{,}00328x^2$	■	320 m

3 Die Halteseile der Golden Gate Bridge haben in etwa die Form einer Parabel.

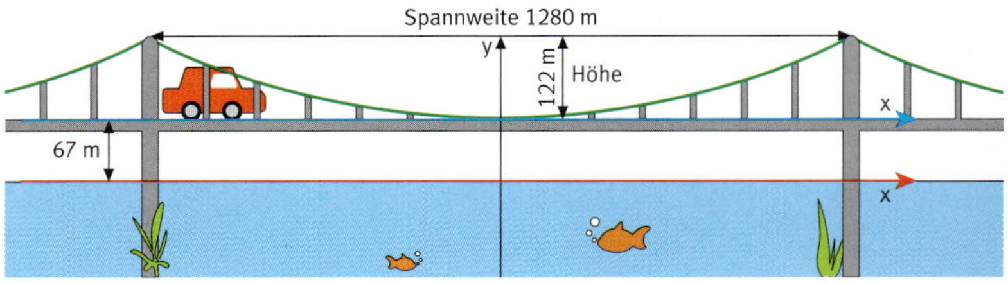

a) Betrachte das Koordinatensystem mit der blauen x-Achse. Stelle mithilfe der Schritte ① bis ④ die Funktionsgleichung für das parabelförmige Halteseil auf.

b) Bearbeite entsprechend Teilaufgabe a) für das Koordinatensystem mit der roten x-Achse.

① Die Parabel ist symmetrisch zur y-Achse mit S(0|0). Also gilt: $f(x) = ax^2$
② Ablesen eines Punktes des Graphen, z. B. P (640|■)
③ Einsetzen in die Funktionsgleichung: ■ = a · ■² ⇒ a = ■ (ggf. runden)
④ Funktionsgleichung: ■

4 Eine parabelförmige Brücke über die Autobahn ist 75 m hoch und insgesamt 270 m breit.

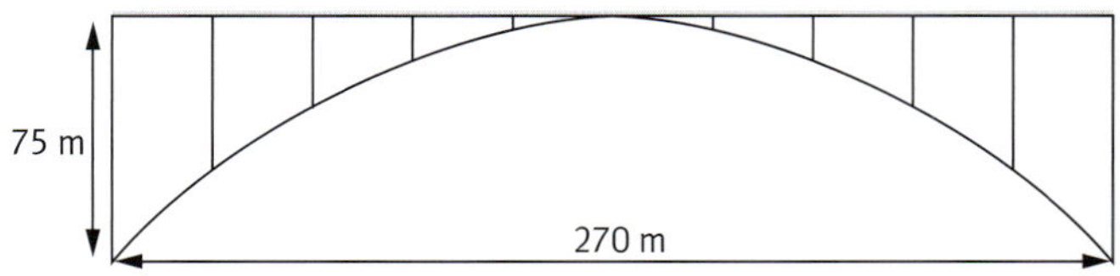

a) Skizziere die Brückenansicht in ein Koordinatensystem. Wähle geschickt die Lage des Ursprungs.

b) Stelle die Funktionsgleichung für den Bogen auf.

c) Für eine bessere Stabilität der Brücke wurden senkrechte Träger in gleichen Abständen eingezogen. Berechne die Länge der einzelnen Träger.

1 In jedem Freizeitpark ist die Fütterung der Delfine eine Attraktion. Die Delfine schwimmen in Richtung Pfleger, springen dann 3 m hoch und 8 m weit aus dem Wasser heraus und schnappen sich den Fisch. Die Flugbahn des Delfins kann annähernd durch eine Parabel beschrieben werden.

a) Übertrage und ergänze die Skizze um die Einteilung der Achsen. Welche Bedeutung haben der Scheitelpunkt und die Nullstellen?
b) Die Funktionsgleichung hat die Form $f(x) = ax^2 + c$. Begründe.
c) Stelle die Funktionsgleichung auf.

2 Bei der Tischtennis-Weltmeisterschaft 2017 in Düsseldorf verteidigte der Chinese Ma Long mit einer sogenannten „Ballonabwehr“. Der Tischtennisball wird dabei in einem 3,8 m hohen Bogen 10,6 m weit zurück auf die Platte gespielt.
Wie lautet eine Funktionsgleichung dieser Flugparabel?

3 Die Bewässerungsanlage auf Sportplätzen schützt die empfindlichen Rasenflächen im Sommer vor dem Austrocknen. Das Wasser, das aus einer Vielzahl von Düsen spritzt, beschreibt einen annähernd parabelförmigen Bogen mit der Funktionsgleichung $f(x) = -0{,}05x^2 + 0{,}5x$.

a) Welche praktische Bedeutung hat die Variable x und der Funktionswert f(x)? Erstelle eine Wertetabelle für das Intervall $0 \le x \le 10$ und zeichne den Graphen.
b) Lies den Scheitelpunkt und die Nullstellen ab. Welche praktische Bedeutung haben diese Stellen?
c) Bestimme die Nullstellen auch rechnerisch.

4 Der Hochseilartist Hans Munkemöller möchte einen neuen Weltrekord aufstellen, indem er auf einem Seil zu einem Punkt des Bogens einer Talbrücke balanciert. Der Bogen der Talbrücke kann ungefähr durch die Funktion $f(x) = -0{,}05x^2 + 45$ beschrieben werden, der Verlauf des Seils durch die Funktion $g(x) = \frac{1}{2}x + 15$.
a) Stelle beide Funktionen mithilfe einer Wertetabelle grafisch dar. Wähle eine geeignete Einteilung der Achsen.
b) Welche Bedeutung haben der Start- und der Zielpunkt von Hans Munkemöller für die Funktionen? Erläutere und gib die Koordinaten der Punkte an.

1 Die Graphen der Funktionen $f(x) = (x - 1)^2 + 2$ und $g(x) = x + 3$ haben zwei Schnittpunkte.

a) Lies die Koordinaten der Schnittpunkte aus der Zeichnung ab.

b) Übertrage die Graphen und ergänze die zwei Geraden mit $g_1(x) = 2x - 1$ und $g_2(x) = -0{,}5x + 2$.

c) Lies aus deiner Zeichnung die Schnittpunkte der Geraden mit der Parabel ab.

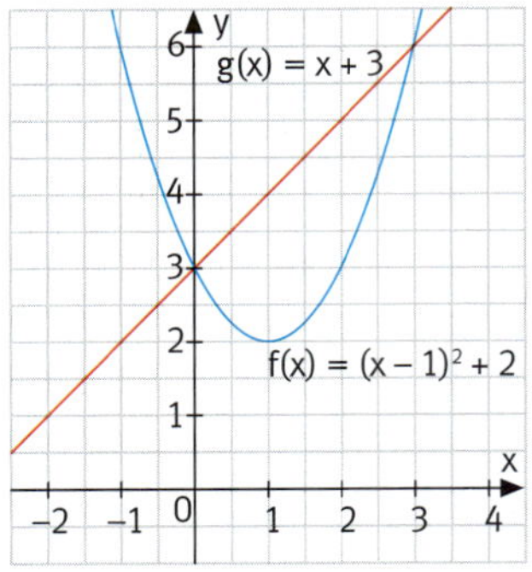

2 Das Lösungsschema zeigt, wie die Schnittpunkte aus Aufgabe 1a) berechnet werden können.

Schnittpunkte haben bei gleichem x-Wert den gleichen y-Wert.

$f(x) = (x - 1)^2 + 2$ $= x^2 - 2x + 3$	Die Funktionsgleichung f(x) in die Normalform umformen
$f(x) = g(x)$	Funktionsterme gleichsetzen
$x^2 - 2x + 3 = x + 3 \quad \mid -x$ ...	Quadratische Gleichung lösen
$x_1 = ■ \quad x_2 = ■$	Die Lösungen entsprechen den x-Koordinaten der Schnittpunkte.
Für x_1: $g(■) = ■ \Rightarrow P_1\,(■\mid■)$ ...	Einsetzen der x-Koordinaten in eine der Funktionsgleichungen

a) Erkläre, übertrage und vervollständige das Lösungsschema.

b) Bestätige nun ebenso deine grafische Lösung aus Aufgabe 1c) rechnerisch.

3 Bestimme, falls vorhanden, rechnerisch die Schnittpunkte der Parabel mit der Geraden. Überprüfe grafisch.

a) $f(x) = (x + 1{,}5)^2 + 2{,}5 \qquad g(x) = 0{,}5x + 2$

b) $f(x) = -(x - 2)^2 + 2 \qquad g(x) = 0{,}5x - 2$

c) $f(x) = (x - 4)^2 - 2 \qquad g(x) = -2x + 5$

d) $f(x) = -(x + 2)^2 + 3 \qquad g(x) = x + 6$

4 Gib eine Gleichung an, die hier grafisch gelöst wurde. Löse sie rechnerisch und überprüfe.

a)

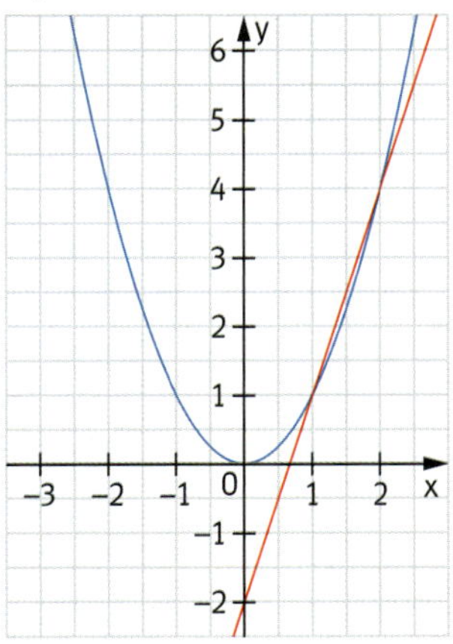

b)

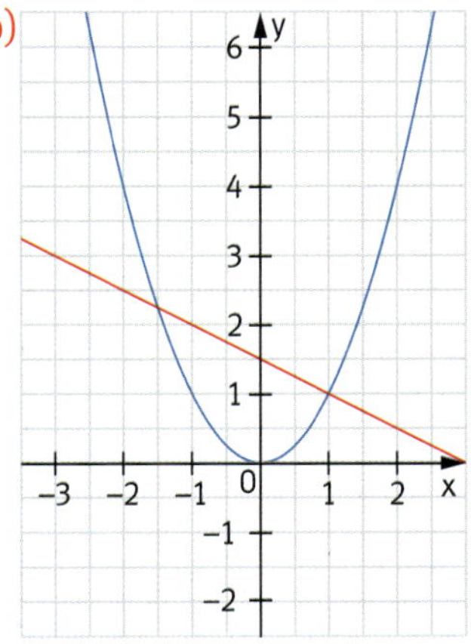

c)

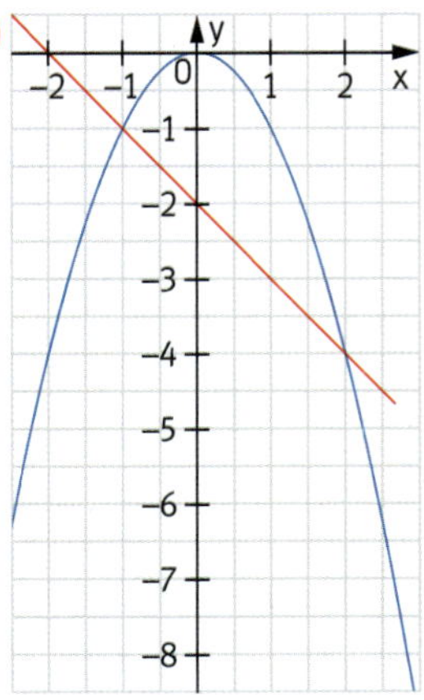

1 Hans Munkemöller hat immer noch vor, seinen Plan, auf einem Seil zu einem Punkt des Bogens einer Talbrücke zu balancieren, durchzuführen.

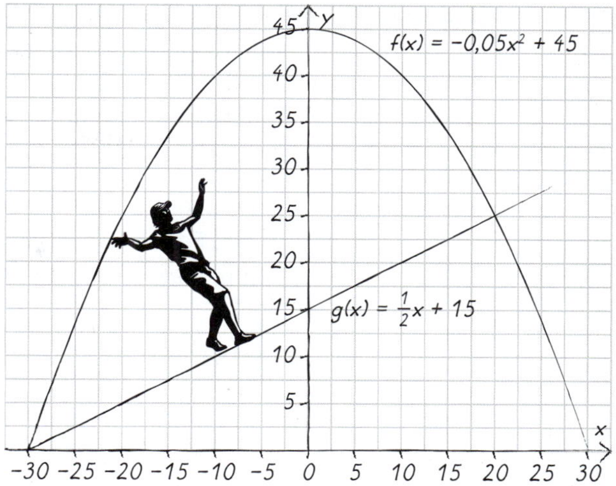

a) Bestimme die Koordinaten der Schnittpunkte der beiden Funktionsgraphen rechnerisch.
b) Für sein Vorhaben kann man Herrn Munkemöller nur Glück wünschen. Begründe, indem du die praktische Bedeutung des Faktors m in der Funktionsgleichung erläuterst. Ist dieser Wert realistisch?
c) Sein Sohn Andrej hat die Situation grafisch dargestellt und macht sich Sorgen. Er schlägt vor: „Es reicht doch, wenn wir das Seil so spannen, dass es durch den Punkt P (0|6) verläuft. Der Startpunkt bleibt gleich.“ Übertrage Andrejs Skizze und zeichne den neuen Seilverlauf ein. Lies die Höhe des neuen Zielpunkts ab.
d) Stelle zu der Geraden die Funktionsgleichung auf und bestimme die Höhe des neuen Zielpunkts rechnerisch. Vergleiche mit dem ersten Zielpunkt.

2 Eine Brücke verbindet die beiden Seiten eines Tales. Die rot markierte Fahrbahn verläuft durch die Punkte A (−30|11) und C (20|21). Der parabelförmige Brückenbogen verläuft durch die Punkte D (−40|0), E (0|16) und F (30|7). Der Brückenbogen und die Straße berühren sich im Punkt B und sind durch vier senkrechte Stützpfeiler miteinander verbunden.

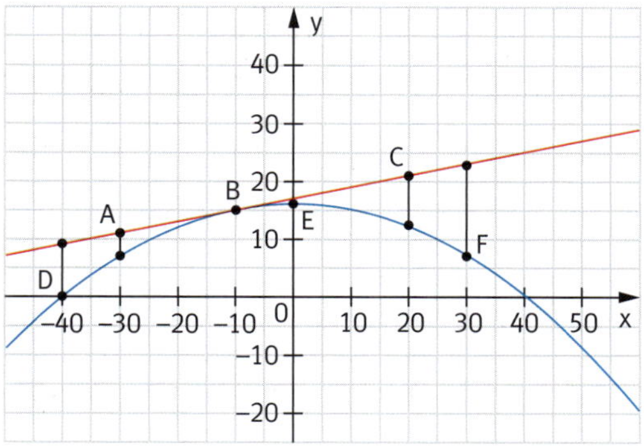

a) Der Verlauf der Straße ist annähernd linear. Stelle die Funktionsgleichung auf.
b) Stelle für den Verlauf des Bogens die Funktionsgleichung auf.
c) Berechne die Koordinaten des Berührpunktes B.
d) Berechne die Länge der Stützpfeiler.

3 Das Wurfscheibenschießen ist eine Präzisionssportart bei Olympischen Spielen. Dabei wird eine Wurfscheibe von einem Punkt abgeworfen und muss dann mit einer Gewehrkugel abgeschossen werden. Die Flugbahn der Wurfscheibe kann mit einer Parabel beschrieben werden. Die Wurfscheibe erreicht eine maximale Höhe von 10 m und fliegt 50 m weit. Der Sportschütze schießt seine Gewehrkugel geradlinig durch den Punkt A (7,5|1).
a) Skizziere die beiden Flugbahnen in einem Koordinatensystem. Beide beginnen im Koordinatenursprung.
b) Stelle die Funktionsgleichungen für die beiden Flugbahnen auf.
c) An welcher Stelle trifft der Schütze die Wurfscheibe? Bestimme rechnerisch.

Quadratische Funktionen und Gleichungen wiederholen

Multiplikation von Summentermen/Binomische Formeln

Summenterme multiplizieren Binomische Formeln anwenden S. 28 f.

Werden Summen miteinander multipliziert, dann muss man jeden Summanden der ersten Summe mit jedem Summanden der zweiten Summe multiplizieren.

1. bin. Formel: $(a + b)^2 = (a + b) \cdot (a + b) = a^2 + ab + ab + b^2 = a^2 + 2ab + b^2$
2. bin. Formel: $(a - b)^2 = (a - b) \cdot (a - b) = a^2 - ab - ab + b^2 = a^2 - 2ab + b^2$
3. bin. Formel: $(a + b) \cdot (a - b) = a^2 - ab + ab - b^2 = a^2 - b^2$

Quadratische Funktionen

Quadratische Funktionen untersuchen S. 30 ff.

1. Die einfachste quadratische Funktion hat die Funktionsgleichung $f_1(x) = x^2$. Der Graph heißt Normalparabel.
2. Graphen quadratischer Funktionen der Form $f_2(x) = ax^2$ sind gestreckt, gestaucht oder an der x-Achse gespiegelt.
3. Graphen quadratischer Funktionen der Form $f_3(x) = x^2 + e$ bzw. $f_4(x) = (x + d)^2$ sind entlang der y-Achse nach oben oder unten bzw. entlang der x-Achse nach rechts oder links verschoben.

Die Funktionsgleichung $f_5(x) = (x + d)^2 + e$ nennt man Scheitelpunktform.
Alle Parabeln sind achsensymmetrisch zur y-Achse (x = 0) oder zu x = –d.
Der Tief- bzw. Hochpunkt einer Parabel heißt Scheitelpunkt S.

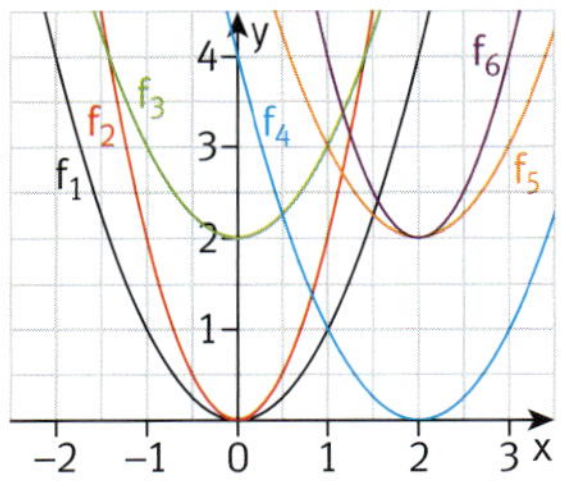

$f_1(x) = x^2$	$S_1(0\|0)$	Scheitelpunktform
$f_2(x) = ax^2$	$S_2(0\|0)$	$(a \neq 1)$:
$f_3(x) = x^2 + e$	$S_3(0\|e)$	$f(x) = a(x + d)^2 + e$
$f_4(x) = (x + d)^2$	$S_4(-d\|0)$	↓ ausmultiplizieren
$f_5(x) = (x + d)^2 + e$	$S_5(-d\|e)$	allgemeine Form:
$f_6(x) = a(x + d)^2 + e$	$S_6(-d\|e)$	$f(x) = ax^2 + bx + c$

Nullstellen quadratischer Funktionen / Quadratische Gleichungen

Quadratische Gleichungen grafisch oder rechnerisch lösen S. 38

Quadratische Funktionen können zwei, eine oder keine Nullstelle(n) besitzen. Die Nullstellen quadratischer Funktionen der Form $f(x) = ax^2 + c$, deren Parabeln gestreckt / gestaucht und entlang der y-Achse verschoben sind, berechnet man, indem man die zugehörige quadratische Gleichung $ax^2 + c = 0$ löst.

$4x^2 - 16 = 0 \quad | + 16$
$4x^2 = 16 \quad | : 4$
$x^2 = 4 \Rightarrow x_1 = 2;\ x_2 = -2 \quad \mathbb{L} = \{-2; 2\}$

Die Funktion $f(x) = 4x^2 - 16$ hat zwei Nullstellen: diese liegen bei $x_1 = 2$ und $x_2 = -2$.

Er-Wissen: Quadratische Gleichungen grafisch oder rechnerisch lösen S. 40 ff.

Nullstellen quadratischer Funktionen der Form $f(x) = a(x + d)^2 + e$ berechnet man, indem man die zugehörige quadratische Gleichung $a(x + d)^2 + e = 0$ in die Normalform $x^2 + px + q = 0$ bringt und mithilfe der p-q-Formel löst.

$3x^2 + 18x - 21 = 0 \quad | : 3$
$x^2 + 6x - 7 = 0 \quad (p = 6;\ q = -7)$

$x_{1/2} = -\frac{p}{2} \pm \sqrt{\left(\frac{p}{2}\right)^2 - q} = -\frac{6}{2} \pm \sqrt{\left(\frac{6}{2}\right)^2 - (-7)}$
$x_1 = -7;\ x_2 = 1 \quad \mathbb{L} = \{-7; 1\}$

Aufgaben zur Differenzierung

Basis-Aufgaben | **Vertiefende Aufgaben**

1 Bilde wertgleiche Paare. Schreibe so: ■ = ■. Zwei Terme bleiben übrig.

$(4-a)^2$ | $(4+a)\cdot(4-a)$ | $16+8a+a^2$ | $16-a^2$ | $(2+a)^2$ | $4+2a+a^2$ | $(4+a)^2$ | $16-8a+a^2$ | $4+4a+a^2$ | $16-4a+a^2$

Vereinfache so weit wie möglich.

a) $(x+1)^2+(x+2)^2$
b) $(a+3)^2-(a-1)^2$
c) $(5a-3b)^2-(2a+b)^2$
d) $(9x-7y)^2-(2x+3y)\cdot(2x-3y)$
e) $(12a+5b)\cdot(12a-5b)-(3a-8b)^2$
f) $(a+b)^2-(a-b)^2-4ab$

2 Prüfe rechnerisch, ob die Punkte auf der Normalparabel liegen.

a) A (–12,5|156,25) b) B (–3,8|–14,44)
c) C (–0,2|0,4) d) D (0,8|0,64)

Entscheide, ob die Punkte auf, oberhalb oder unterhalb der Normalparabel liegen.

a) A (–9,8|96) b) B (–2,8|7,84)
c) C (–0,6|0,4) d) D (0,25|0,0625)

3 Stelle die Funktionen mit verschiedenen Farben grafisch dar. Vergleiche die Graphen mit der Normalparabel und gib die Scheitelpunkte an.

Lege für das Intervall $-3 \le x \le 3$ eine Wertetabelle in 0,5er-Schritten an.

a) $f(x) = x^2 + 1{,}5$ b) $f(x) = 2x^2 - 1{,}5$
c) $f(x) = -x^2 + 5$ d) $f(x) = (x-4)^2$

a) $f(x) = 0{,}25x^2 - 2$ b) $f(x) = -1{,}5\,x^2 + 0{,}5$
c) $f(x) = (x-\frac{1}{2})^2$ d) $f(x) = -(x+1{,}5)^2$
e) $f(x) = -(x-2)^2 + 3$ f) $f(x) = (x+0{,}1)^2 - 0{,}2$

4 Ist die Aussage für die Funktion $f(x) = ax^2 + c$ richtig oder falsch? Begründe ggf. mit einer Skizze und verbessere falsche Aussagen.

a) Wenn a negativ ist, ergibt sich eine nach unten geöffnete Parabel.
b) Für a > 0 ist der Scheitelpunkt der Tiefpunkt der Parabel.
c) Je größer c ist, desto weiter ist die Parabel nach rechts verschoben.

a) Für a = 0 ist der Graph eine Gerade parallel zur x-Achse.
b) Jede Gerade mit $g(x) = mx + n$ schneidet die Normalparabel in zwei Punkten.
c) Kennt man die Koordinaten des Scheitelpunkts einer Parabel, kann man die Funktionsgleichung angeben.

5 Ordne die Funktionsgleichungen den Graphen zu. Begründe.

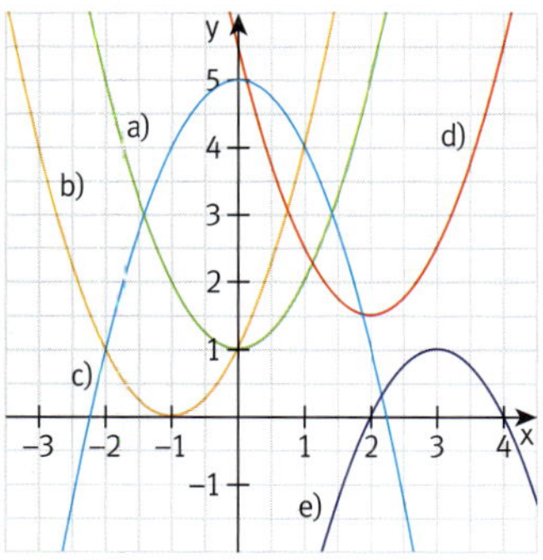

$f_1(x) = (x+1)^2$

$f_2(x) = x^2 + 1$

$f_3(x) = (x-2)^2 + 1{,}5$

$f_4(x) = -(x-3)^2 + 1$

$f_5(x) = -x^2 + 5$

Gib den Scheitelpunkt und die Funktionsgleichung der Parabeln an.

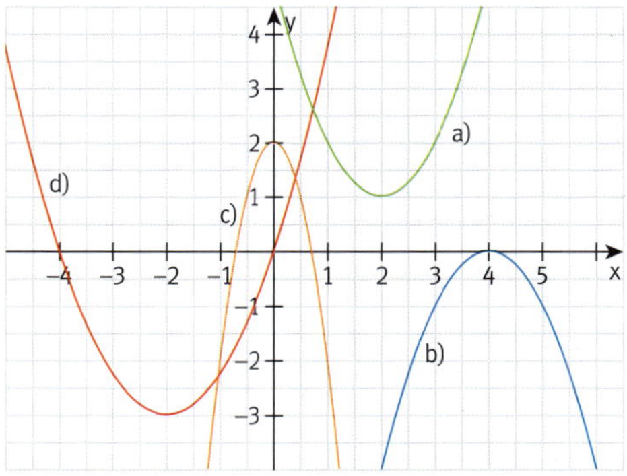

1 Rechne im Kopf. Wende die binomischen Formeln an.

a) $(2u + v)^2$ b) $(4x - 5y)^2$
c) $(s + \frac{1}{2})^2$ d) $(x^2 - 15)^2$
e) $(x + 4) \cdot (x - 4)$ f) $(\frac{4}{9} - y) \cdot (\frac{4}{9} + y)$

2 Die Funktionen $f_1(x) = 12x$, $f_2(x) = x^2$ und $f_3(x) = 6x^2$ beschreiben verschiedene Größen rund um den Würfel.

a) Wofür steht die Variable x und der Funktionswert f(x)?
b) Lege für x = 0; 0,5; 1; 1,5; …; 4 jeweils eine Wertetabelle an.
c) Stelle die Funktionen grafisch dar. Beschreibe die Unterschiede zwischen den Graphen.

3

1 $f(x) = x^2 - 1$
2 $f(x) = x^2 - 0{,}25$
2 $f(x) = x^2 + 5$
4 $f(x) = -x^2 + 4$

a) Zeichne die Graphen der Funktionen im Intervall $-3 \leq x \leq 3$.
b) Gib die Koordinaten des Scheitelpunkts an und lies die Nullstellen der Parabel ab, falls vorhanden.

4 Zeichne eine Normalparabel und in das gleiche Koordinatensystem die Graphen quadratischer Funktionen der Form $f(x) = ax^2$.
Beschreibe jeweils den Unterschied zur Normalparabel und gib die Funktionsgleichung an.
Die Graphen von $f_1(x)$, $f_2(x)$, $f_3(x)$ und $f_4(x)$ gehen durch …

a) P_1 (2|8) und Q_1 (−2|8)
b) P_2 (2|2) und Q_2 (−2|2)
c) P_3 (1|−4) und Q_3 (−1|−4)
d) P_4 (4|−4) und Q_4 (−4|−4)

5 Gib die Scheitelpunkte der Parabeln an und stelle sie grafisch dar. Vergleiche die Graphen mit der Normalparabel.

a) $f(x) = x^2 - 0{,}5$ b) $f(x) = -x^2 + 1$
c) $f(x) = (x + 0{,}5)^2$ d) $f(x) = (x - 1{,}5)^2$
e) $f(x) = (x - 3)^2 - 2$ f) $f(x) = (x + 0{,}5)^2 - 1$

6 Welche Funktionsgleichungen haben Normalparabeln mit diesen Scheitelpunkten?

a) S (2|0) b) S (−1,5|0)
c) S (0|0,5) d) S (0|−0,5)
e) S (1|2) f) S (−1|−2,5)

7 Gib jeweils den Scheitelpunkt und die Funktionsgleichung an.

a) Die Parabel wurde um vier Einheiten nach rechts verschoben.
b) Die Parabel ist nach unten geöffnet und wurde um fünf Einheiten nach oben verschoben.
c) Die Parabel wurde um eine halbe Einheit nach rechts und um eine Viertel Einheit nach unten verschoben.
d) Die Parabel ist gestaucht um den Faktor $\frac{1}{2}$ und um zwei Einheiten nach rechts sowie um vier Einheiten nach unten verschoben.

8 Sonja hat die Nullstelle der Funktion $f(x) = \frac{1}{4}x^2 - 4$ berechnet. Überprüfe die Lösung und verbessere sie.

$\frac{1}{4}x^2 = 4 \quad | \cdot 4$
$x^2 = 16$
$x = 4$
$\mathbb{L} = \{4\}$

9 Überprüfe rechnerisch, wie viele Lösungen die Gleichungen haben. Kontrolliere durch eine Skizze.

a) $-5x^2 = 0$ b) $\frac{1}{2}x^2 - 8 = 0$
c) $\frac{1}{4}x^2 - 8 = -4$ d) $4x^2 + 9 = -7$

10 Stelle als Gleichung dar und löse.

a) Das Netz des Würfels hat einen Flächeninhalt von 486 cm².

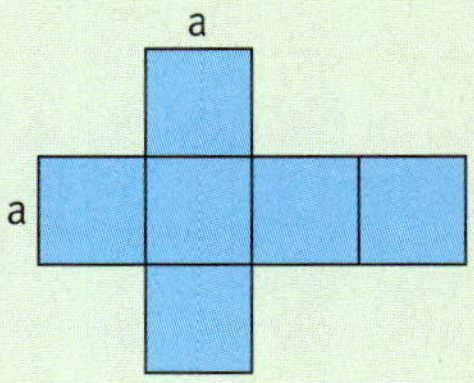

b) Das kreisförmige Kirchenfenster überdeckt eine Fläche von 1018 dm².

11 Übertrage und vervollständige.

a) $x^2 + 4x + \blacksquare = (x + \blacksquare)^2$
b) $x^2 - 6x + \blacksquare = (x - \blacksquare)^2$
c) $x^2 + x + \blacksquare = (x + \blacksquare)^2$
d) $x^2 + 0{,}1x + \blacksquare = (x + \blacksquare)^2$
e) $x^2 - 0{,}5x + \blacksquare = (x - \blacksquare)^2$

12 a) Gib die Koordinaten der Scheitelpunkte und die Funktionsgleichungen an.
b) Berechne die Nullstellen der Funktionen und vergleiche mit der grafischen Darstellung.

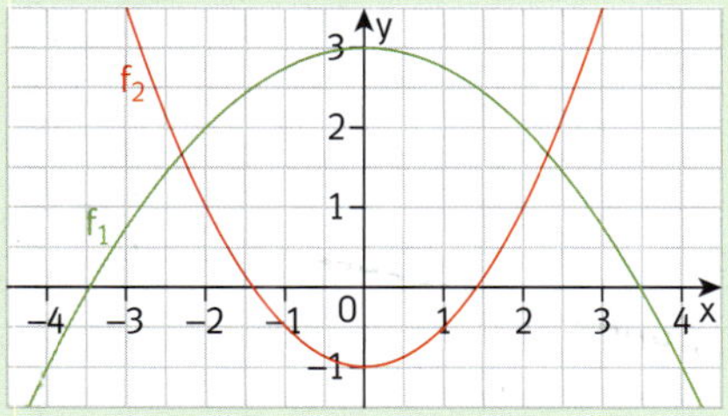

13 Gib die Funktionsgleichungen zu den Parabeln in Scheitelpunktform an.

a) Lies, wenn möglich, die Schnittpunkte mit den Koordinatenachsen ab.
b) Bestätige deine Ergebnisse rechnerisch.
c) Gib zu jedem Graphen mindestens drei weitere Eigenschaften an.

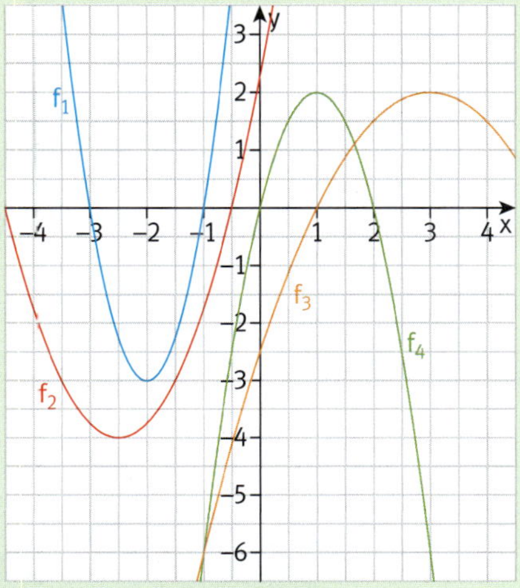

14 Bestimme die Lösungsmenge.

a) $(y + 1{,}5) \cdot (y - 1{,}5) = 0$
b) $(0{,}5 - a) \cdot (0{,}5 + a) = -6{,}51$
c) $4 \cdot (x + 3)^2 = 484$
d) $-7{,}2 = -0{,}2 \cdot (x - 0{,}5)^2$
e) $(1 + x)^2 + 2 = 11$

15 Stelle als Gleichung dar und löse.

a) Addiert man 33 zum Quadrat einer natürlichen Zahl, erhält man 154.
b) Multipliziert man eine ganze Zahl mit sich selbst und subtrahiert 88, erhält man 696.
c) Multipliziert man das Dreifache einer natürlichen Zahl mit dem Fünffachen dieser Zahl, erhält man 375.
d) Das Fünffache einer natürlichen Zahl multipliziert mit ihrer Hälfte ergibt 250.

16 Bestimme die Lösungsmenge.

a) $(x + 12) \cdot (x - 23) = 0$
b) $2x^2 - 8x = 330$
c) $0{,}5x^2 = 2x - 38{,}5$
d) $\frac{1}{2}x^2 - \frac{3}{10}x = \frac{9}{25}$

17 Löse die Gleichungen grafisch.

a) $x^2 = 3x - 2$
b) $x^2 - 3x = -4$
c) $2x^2 + x = 3$
d) $x^2 + x + 0{,}25 = 0$

18 Wenn man eine Seite eines Quadrats um 2 cm verkürzt und die andere um 1 cm verlängert, erhält man ein Rechteck mit einem Flächeninhalt von 18 cm^2. Welche Seitenlänge hat das Quadrat?

19 Die Carrick-a-Rede ist eine Insel in Nordirland, die man nur zu Fuß über eine schmale Hängebrücke erreichen kann. Sie überspannt eine Meerenge von 20 m, der tiefste Punkt der Brücke liegt 30 m über der Wasseroberfläche.

a) Skizziere den Graphen in einem geeigneten Koordinatensystem.
b) Ermittle eine Gleichung für die parabelförmige Hängebrücke, wenn sie 0,4 m durchhängt.

20 a) Stelle die beiden Funktionsgleichungen auf.
b) Gib die Koordinaten des sichtbaren Schnittpunkts der Geraden und der Parabel an.
c) Berechne die Koordinaten des zweiten Schnittpunkts.

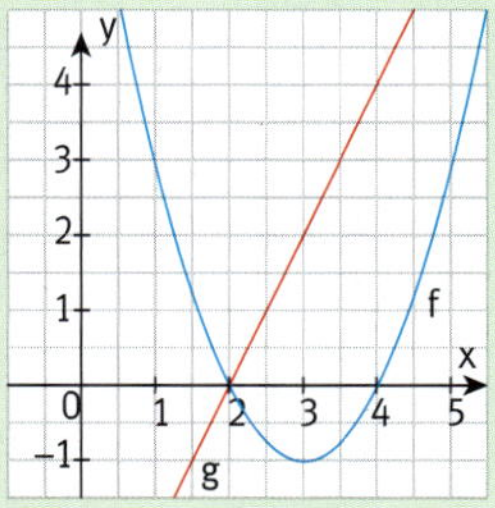

1 Beschreibe bei jeder Funktion, ob die zugehörige Parabel …
(1) nach oben oder unten geöffnet ist. (2) gestreckt oder gestaucht ist.
a) $f(x) = 1{,}5x^2$ b) $f(x) = -0{,}9x^2$ c) $f(x) = \frac{5}{4}x^2$ d) $f(x) = -3{,}2x^2$

2 Stelle die Funktionen im Intervall $-3 \le x \le 3$ grafisch dar. Vergleiche die Graphen mit der Normalparabel und gib die Scheitelpunkte an.
a) $f(x) = x^2 + 4$ b) $f(x) = \frac{1}{2}x^2 + 4$ c) $f(x) = (x-1)^2$ d) $f(x) = (x-2)^2 + 3$

3 Bestimme die fehlenden Angaben a und e so, dass der Punkt auf dem Graphen liegt. Kontrolliere dein Ergebnis grafisch. Vergleiche die Graphen mit der Normalparabel und gib den Scheitelpunkt an.
a) $f(x) = (x+5)^2 + e$ A (−3|3) b) $f(x) = ax^2 + 4$ B (−1|3)
c) $f(x) = a \cdot (x+1)^2 + 3$ C (1|5) d) $f(x) = 2 \cdot (x-2)^2 + e$ D (1|0)

4 Bestimme die Lösungsmenge.
a) $x^2 - 64 = 0$ b) $\frac{1}{4}x^2 - 9 = 0$ c) $5x^2 + 25 = 0$
d) $72 - 2x^2 = 0$ e) $2x^2 + 72 = 40$ f) $\frac{2}{3}x^2 - 4 = x^2 - 2$
g) $(x + 0{,}3)^2 + 0{,}25 = 0{,}5$ h) $5 = 5 + 2 \cdot (x+1)^2$ i) $(x-2)^2 \cdot 0{,}5 = 34 - 2x$

5 Ein Fußballfeld ist doppelt so lang wie breit. Der Flächeninhalt beträgt 6 272 m². Fertige eine Skizze an und berechne die Maße des Fußballfelds.

Er

6 Bestimme die Lösungsmenge.
a) $(x+4) \cdot (x-4) = 0$ b) $-2x^2 - 5x = 0$ c) $(x+3)^2 = -1$
d) $0{,}5x^2 - 0{,}5x - 3 = 0$ e) $2x^2 + 6x = x^2 - 5$ f) $(x+7) \cdot (x+3) = (x-3) \cdot (x+1)$

7 Ermittle eine Funktionsgleichung der Form $y = ax^2$ mit $a < 0$ für die Brücken.
a) Bogenbrücke im Kromlauer Park
Höhe: 6,5 m, Spannweite: 15,6 m

b) Müngstener Brücke
Höhe: 69 m, Spannweite: 79 m

8 Die Abbildung zeigt den parabelförmigen Querschnitt eines U-Bahn-Tunnels.
a) Stelle eine Funktionsgleichung der Form $f(x) = ax^2 + c$ auf.
b) Eine U-Bahn ist 2,30 m breit. Würden zwei Bahnen aneinander vorbeipassen?

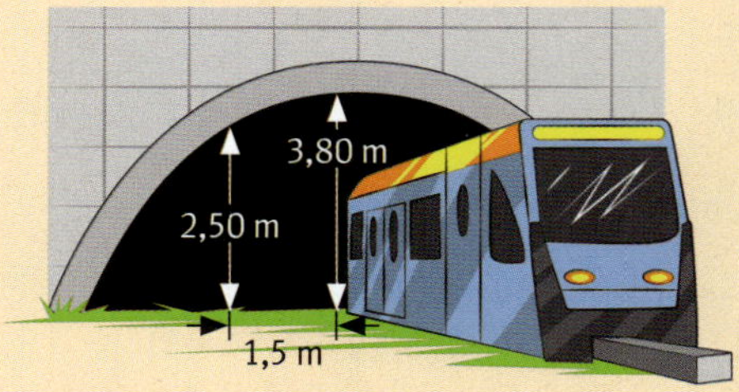

9 Bestimme die Schnittpunkte, falls vorhanden, rechnerisch und überprüfe grafisch.
a) $f(x) = (x+1)^2 - 2$ $g(x) = x + 1$
b) $f(x) = (x+2)^2 - 3$ $g(x) = 2x$
c) $f(x) = 2 \cdot (x-2)^2 - 3$ $g(x) = -x - 2$

Trigonometrie

Tobias und Hanne machen eine Fahrradtour an der Elbe. Sie unterhalten sich: „Ich habe eine App für mein Smartphone, mit der man Winkelgrößen bestimmen und Entfernungen bis zu 100 m messen kann. Wozu braucht man das eigentlich?“ „Wir können damit und mit einer Zeichnung die Breite der Elbe bestimmen.“

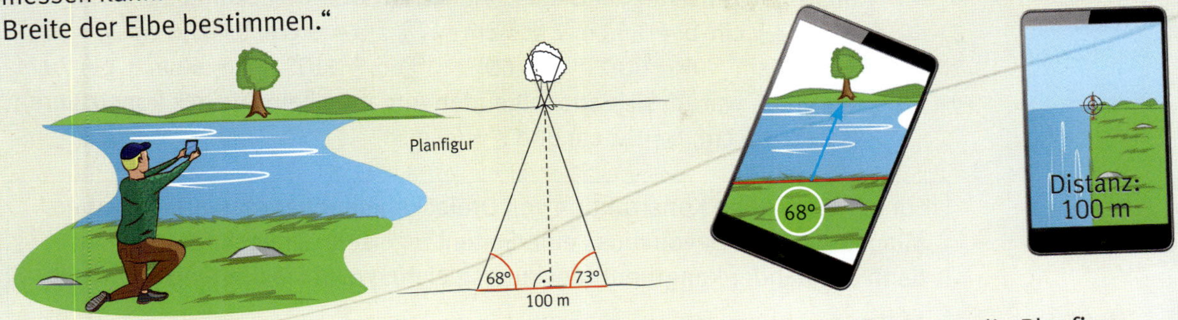

- Erkläre, wie man mit dem Smartphone notwendige Größen ermitteln kann, um die Planfigur zeichnen zu können. Welche Größen kann man für die Zeichnung übernehmen, welche muss man maßstäblich verkleinern?
- Welcher Teil der Planfigur entspricht der Breite des Flusses?
- Konstruiere das Dreieck und bestimme die ungefähre Breite der Elbe an dieser Stelle.

Mit der Entwicklung präziser Winkelmessgeräte im 18. Jahrhundert wurde es erst möglich, ganze Landschaften zu vermessen und damit genaue Landkarten zu erstellen.
Carl Friedrich Gauß bekam den Auftrag, das Königreich Hannover zu vermessen. Das Laufen durch unwegsames Gelände bei schlechtem Wetter verdarb ihm die Laune. Also berechnete er mithilfe der Trigonometrie Längen und Flächen.

- Recherchiere die Bedeutung des Begriffs Trigonometrie.
- Recherchiere die Funktion der Messgeräte Theodolit und Hodometer. Wann wurden sie erfunden?

Zur Messung von Höhenwinkeln wurde früher ein Quadrant verwendet, ein einfach zu bauendes Gerät, das recht genaue Werte lieferte.

- Baue mithilfe der mittleren Abbildung aus Karton einen Quadranten (Radiuslänge: 20 cm) mit Gradeinteilung und z. B. einem Stein als Senklot. Beschreibe, wie man mithilfe des Quadranten den Höhenwinkel bestimmen kann.
- Bestimme nun mithilfe des Quadranten nach Messung geeigneter Streckenlängen und mit einer Konstruktion die Höhe deines Schulhauses oder anderer Gebäude. Recherchiere zum Vergleich tatsächliche Höhen. Beurteile die Genauigkeit deiner Messung.

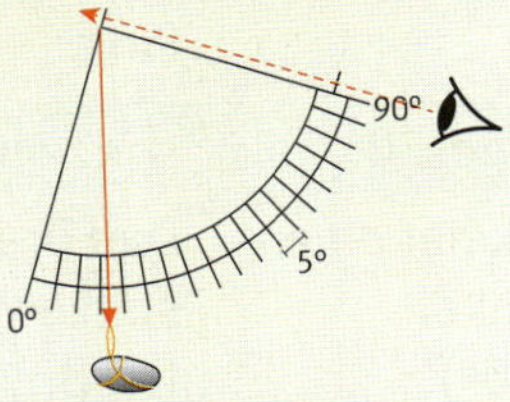

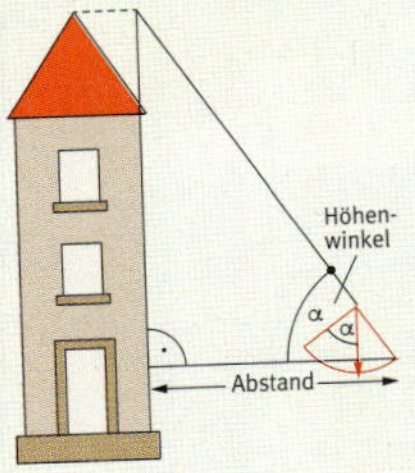

Dreieckskonstruktionen / Kongruenzsätze

Dreiecke aus gegebenen Seiten und Winkeln konstruieren

1 a) Zeichne eine Planfigur und markiere gegebene Größen farbig. Konstruiere anschließend die Dreiecke mit Geodreieck und Zirkel.

Ⓐ $a = 3{,}5$ cm $b = 3{,}5$ cm $c = 5$ cm Ⓑ $a = 4{,}5$ cm $b = 5{,}6$ cm $\gamma = 70°$

Ⓒ $c = 8$ cm $\alpha = 60°$ $\beta = 60°$ Ⓓ $\alpha = 110°$ $b = 6$ cm $c = 7$ cm

b) Begründe, warum sich aus folgenden Angaben kein Dreieck konstruieren lässt: $a = 5$ cm, $b = 12$ cm und $c = 6$ cm.

Für die eindeutige Konstruktion von Dreiecken benötigt man drei Angaben. Mindestens eine davon muss eine Seitenlänge sein. Dreiecke sind genau dann zueinander kongruent (deckungsgleich), wenn sie übereinstimmen in

der Länge einer Seite und der Größe der beiden anliegenden Winkel. (Kongruenzsatz WSW)

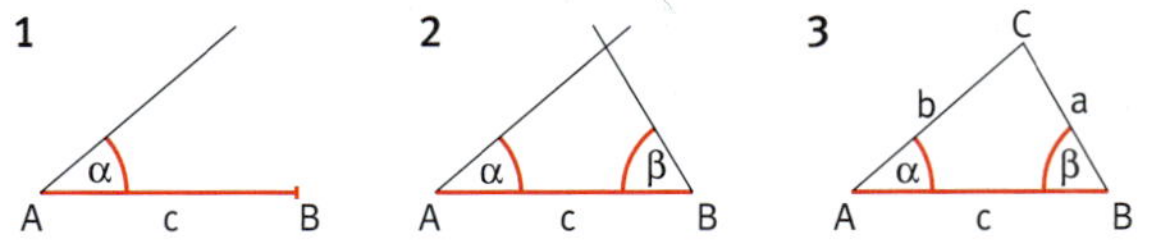

der Länge zweier Seiten und der Größe des eingeschlossenen Winkels. (Kongruenzsatz SWS)

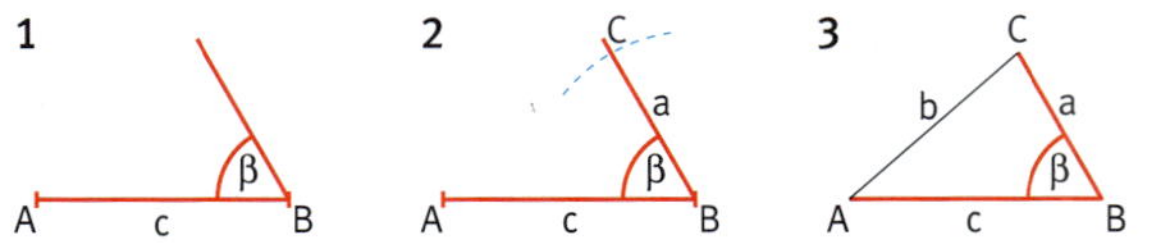

der Länge der drei Seiten. (Kongruenzsatz SSS)

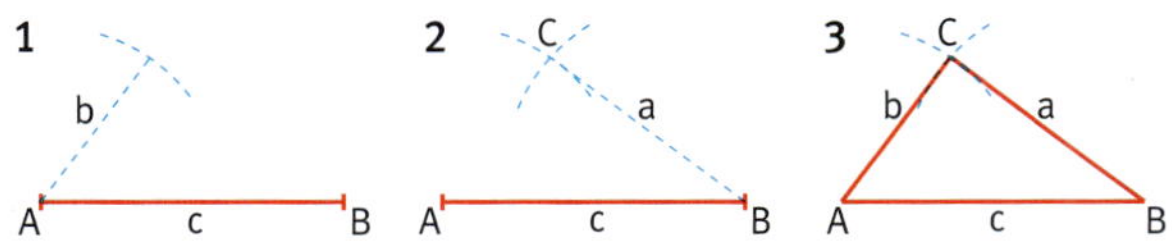

In jedem Dreieck ist die Summe zweier Seitenlängen größer als die Länge der dritten Seite: $a + b > c$ bzw. $a + c > b$ bzw. $b + c > a$

Winkelsumme im Dreieck und Dreiecksarten

Winkel im Dreieck berechnen und Dreiecksarten bestimmen

2 Berechne jeweils die fehlende Winkelgröße und benenne die Dreiecksart.

	a)	b)	c)	d)	e)	f)	g)	h)	i)
α	50°	45°	■	90°	60°	35°	71°	132°	■
β	110°	■	70°	45°	60°	■	19°	■	73°
γ	■	60°	40°	■	■	53°	■	24°	34°

Die Winkelsumme beträgt in jedem Dreieck 180°: $\alpha + \beta + \gamma = 180°$
Man unterscheidet folgende Dreiecksarten:

gleichseitiges D.	gleichschenkliges D.	allgemeines D.
Alle Seiten sind gleich lang.	Zwei Seiten sind gleich lang.	Alle Seiten sind unterschiedlich lang.

rechtwinkliges D.	spitzwinkliges D.	stumpfwinkliges D.
Das Dreieck hat einen rechten Winkel (z. B. $\alpha = 90°$).	Das Dreieck hat nur spitze Winkel ($\alpha, \beta, \gamma < 90°$).	Das Dreieck hat einen stumpfen Winkel (z. B. $90° < \alpha < 180°$).

Satz des Pythagoras

3 Berechne die Längen der rot markierten Seiten. Runde sinnvoll.

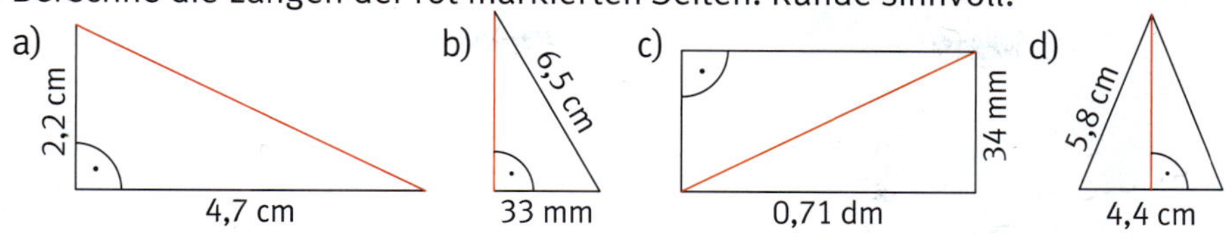

Den Satz des Pythagoras anwenden

Bei rechtwinkligen Dreiecken ist die Summe der Flächeninhalte der Quadrate an den Katheten (hier: a und b) genauso groß wie der Flächeninhalt des Quadrats an der Hypotenuse (hier: c).
Es gilt: $a^2 + b^2 = c^2$.

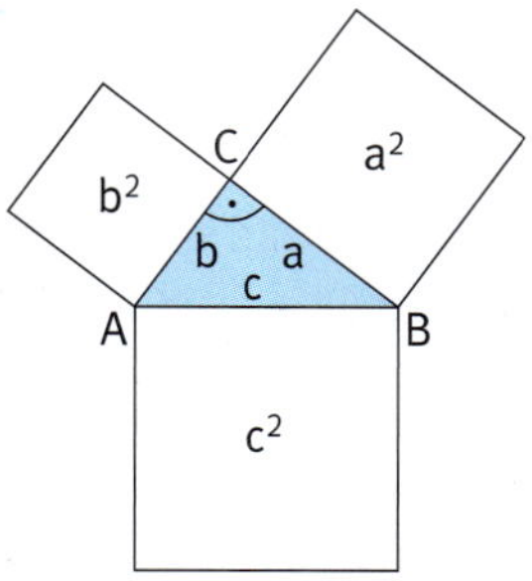

geg.: b = 2,8 cm; c = 6,4 cm
ges.: Länge der Kathete a
$a^2 = c^2 - b^2 = 6{,}4^2 - 2{,}8^2 \Rightarrow a = \sqrt{33{,}12} \approx 5{,}8$ (cm)

Der Maßstab

4 Vergrößere oder verkleinere die Figuren im angegebenen Maßstab.

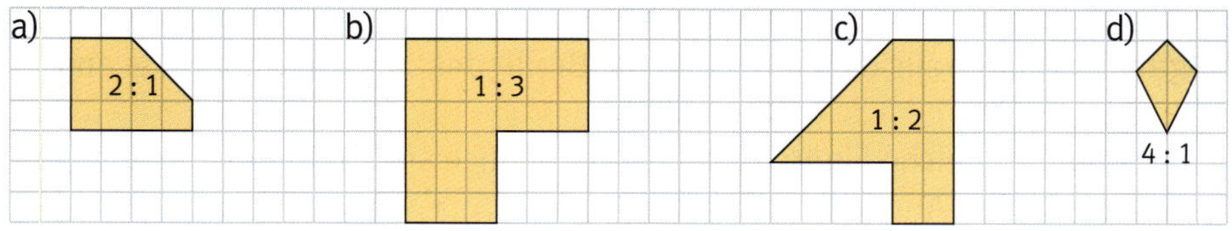

Im Maßstab rechnen und zeichnen

5 Berechne fehlende Angaben und gib an, ob es sich gegenüber dem jeweiligen Original um eine Vergrößerung (Vg) oder Verkleinerung (Vk) handelt.

a)

		A	B	C	D	E
	Original	Vg	■	■	■	■
Länge	35 cm	70 cm	■	8,75 m	■	105 m
Maßstab	1 : 1	■	1 : 50	■	1 : 25	■

b)

		A	B	C	D	E
	Original	■	■	■	■	■
Länge	15 dm	■	15 m	75 cm	■	7,5 km
Maßstab	■	1 : 3	■	■	20 : 1	■

Der Maßstab vergrößert oder verkleinert Längen im angegebenen Verhältnis.
Dabei bedeutet z. B.:

Maßstab 2 : 1	Maßstab 1 : 3
In einer vergrößerten Figur wurden gegenüber dem Original alle Seitenlängen verdoppelt.	In einer verkleinerten Figur wurden gegenüber dem Original alle Seitenlängen durch 3 dividiert.

Ähnliche Figuren entdecken

1 Das Schülerfoto mit den Originalmaßen 15 cm x 10 cm wurde vergrößert. Mit dem Ergebnis sind die Schüler nicht zufrieden.
a) Woran liegt es, dass die Darstellung so verzerrt ist?
b) Mache einen Vorschlag, wie man das vermeiden kann.

Ähnlichkeit

Wenn man alle Seitenlängen in einer Figur mit demselben Faktor k multipliziert, bezeichnet man die Originalfigur und die vergrößerte bzw. verkleinerte Figur (**Bildfigur**) als **ähnlich** zueinander.

$k < 1$: Die Originalfigur wird verkleinert.
$k > 1$: Die Originalfigur wird vergrößert.
k nennt man **Ähnlichkeitsfaktor**.

Bestimmung von k: $k = \frac{\text{Länge der Bildstrecke}}{\text{Länge der Originalstrecke}}$

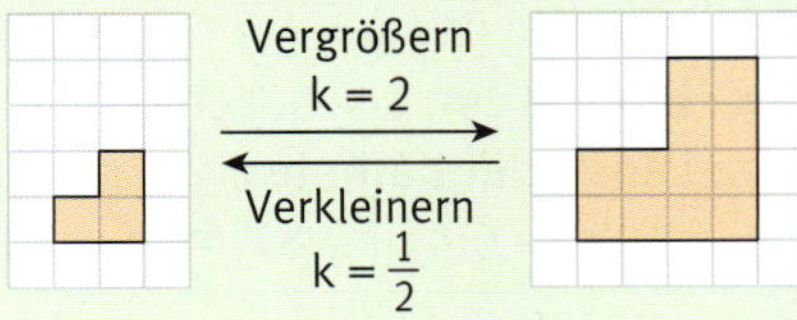

Farbe und Lage der Figuren sind für die Ähnlichkeit in der Mathematik ohne Bedeutung.

2 Bestimme drei verschiedene sinnvolle Faktoren k für die Bildvergrößerung aus Aufgabe 1. Gib jeweils die Länge und die Breite des vergrößerten Bilds an.

3 a) Untersuche, welche Figuren zueinander ähnlich sind, und bestimme gegebenenfalls den Ähnlichkeitsfaktor k.

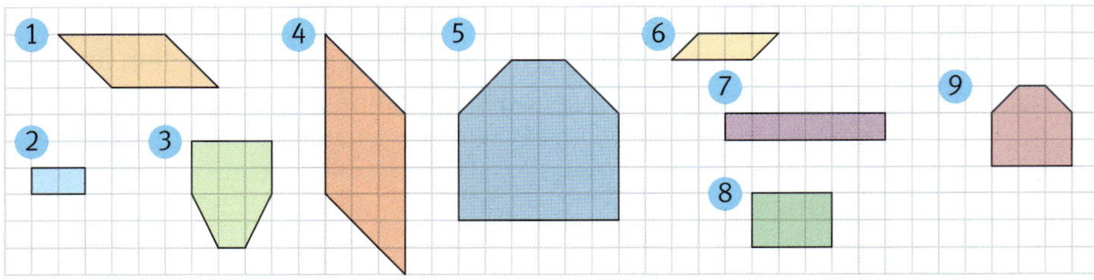

b) Bashar behauptet, dass in ähnlichen Figuren auch die einander entsprechenden Winkel gleich groß sind. Überprüfe diese Behauptung.

4 Übertrage die Figur. Eine äußere Seitenlänge wurde bereits vergrößert oder verkleinert. Bestimme den Ähnlichkeitsfaktor und zeichne die Bildfigur.

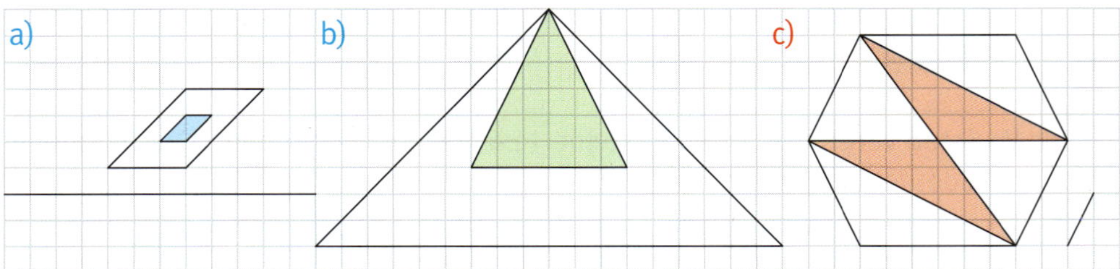

5 a) Begründe die Aussage: „Quadrate sind immer zueinander ähnlich."
b) Nenne weitere Figuren, auf die diese Aussage zutrifft.

1 Bei dem chinesischen Legespiel Tangram kann man aus den sieben Grundelementen eine Vielzahl von neuen Figuren legen. Fünf der sieben Grundelemente sind Dreiecke. Sind die Dreiecke zueinander ähnlich? Wenn du ein Tangram-Spiel hast, lege die Dreiecke aufeinander. Du kannst auch Seitenlängen und Winkel messen.

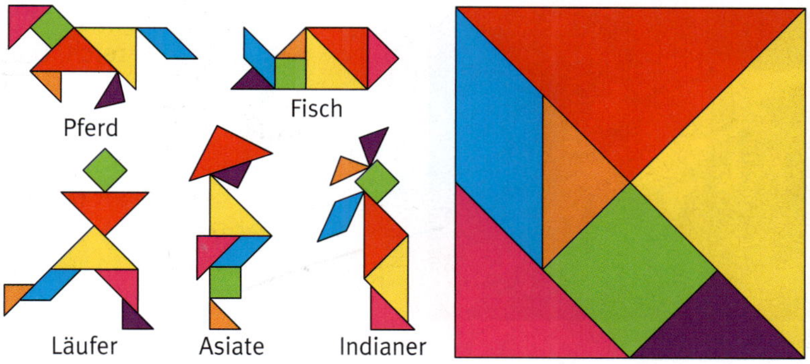

2 Prüfe die Dreiecke $A_1B_1C_1$ ($A_2B_2C_2$) auf Ähnlichkeit, indem du

a) die einander entsprechenden Winkel vergleichst.

b) die Länge der Katheten sowie der Hypotenusen misst.

① Bestimme damit den Ähnlichkeitsfaktor k.

② Dividiere dann jeweils die Länge a_1 durch c_1 sowie a_2 durch c_2. Was fällt dir auf?

c) Führe die zu ② entsprechenden Berechnungen $a_1 : b_1$ und $a_2 : b_2$ bzw. $b_1 : c_1$ und $b_2 : c_2$ durch.

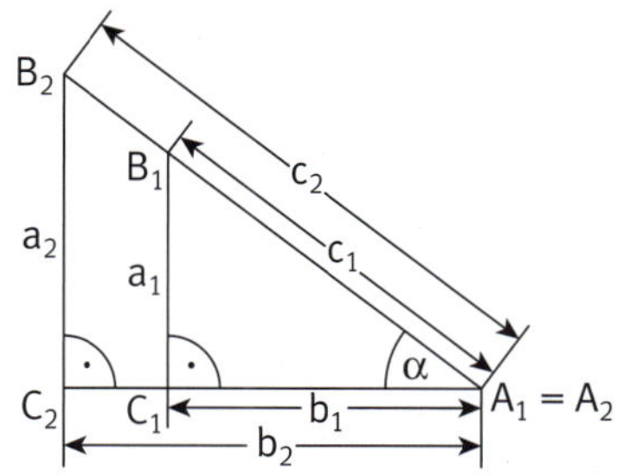

Ähnliche Dreiecke

Zwei Dreiecke sind zueinander ähnlich, wenn
- sie in zwei Winkeln (und nach dem Winkelsummensatz damit auch im dritten) übereinstimmen.
- alle Seitenlängen mit dem gleichen Faktor k vergrößert/verkleinert sind.
- die Verhältnisse einander entsprechender Seitenlängen gleich sind.

Damit gilt: $k = \frac{a_2}{a_1} = \frac{b_2}{b_1} = \frac{c_2}{c_1}$ bzw. auch: $\frac{a_1}{b_1} = \frac{a_2}{b_2}$; $\frac{a_1}{c_1} = \frac{a_2}{c_2}$; $\frac{b_1}{c_1} = \frac{b_2}{c_2}$

Verhältnisse von Seitenlängen werden in der Verhältnisschreibweise oder als Bruch angegeben: $a : b = \frac{a}{b}$

3 Welche Dreiecke sind zueinander ähnlich? Begründe deine Entscheidungen.

a)

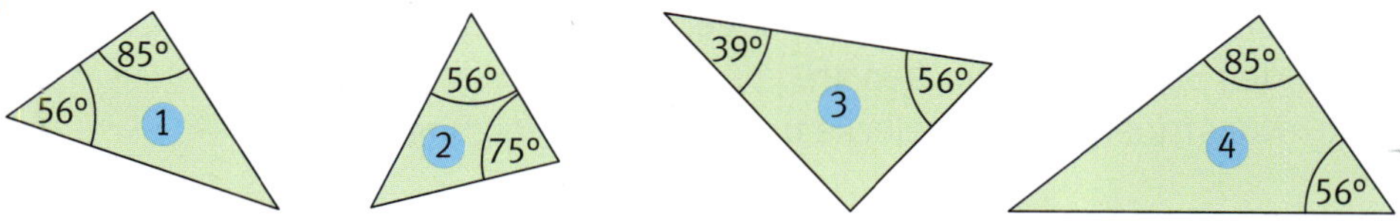

b)

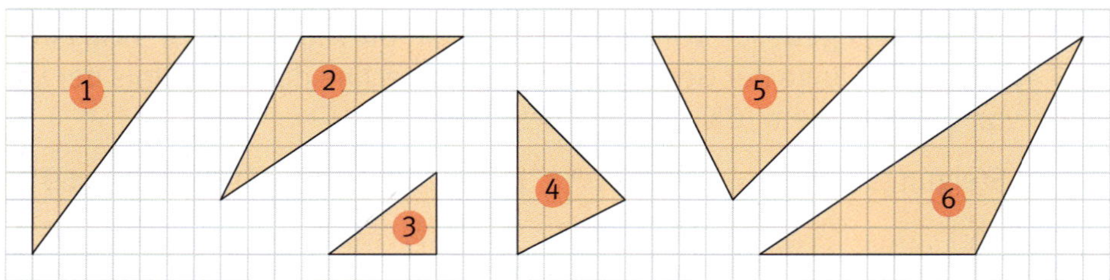

4 Gegeben ist ein Dreieck ABC mit a = 5 cm, b = 3 cm und c = 6 cm. Die Dreiecke ① bis ④ sollen zum Dreieck ABC ähnlich sein. Eine Seitenlänge ist jeweils bekannt. Berechne die anderen beiden Seitenlängen.

① a = 7,5 cm ② b = 2,25 dm ③ c = 12 mm ④ a = 0,625 m

Mit der Steigung und dem Steigungswinkel arbeiten

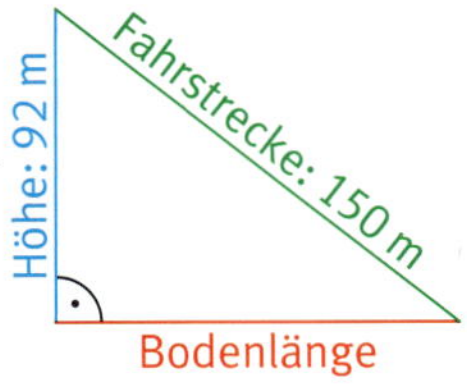

1 Eine steile Skiabfahrt in den Alpen liegt in Österreich. Die „Harakiri" überwindet in einem Teilstück auf einer Fahrstrecke von 150 m einen Höhenunterschied von 92 m.

a) Berechne mithilfe des Satz des Pythagoras die fehlende Streckenlänge. Runde sinnvoll.

b) Konstruiere das Dreieck (Kongruenzsatz SWS), das diese Steigung grafisch beschreibt, im Maßstab 1 : 1000 auf ein Blatt Papier.

Beispiel:
$25\% = \frac{25}{100}$ bedeutet 25 Höhenmeter auf 100 m in der Ebene

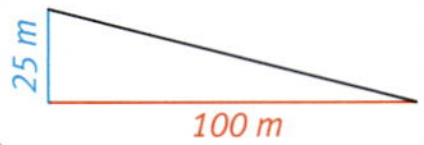

2 Die Gemeinde Mayrhofen wirbt für die Harakiri mit einer Steigung von 78 %.

a) Konstruiere das Steigungsdreieck analog dem Beispiel im Maßstab 1 : 1000.

b) Daniel behauptet, dass die Steigungsdreiecke aus 1b) und 2a) ähnlich sind. Überprüfe. Schneide dazu beide Dreiecke aus und lege sie auf verschiedene Weisen übereinander. Miss in beiden Dreiecken den Steigungswinkel α.

c) Bestimme auch beim Dreieck aus Aufgabe 1 die Steigung in Prozent.

Steigung und Steigungswinkel
Gegenkathete
Ankathete

Die Steigung in rechtwinkligen Dreiecken kann in Prozent oder mithilfe des **Steigungswinkels α** angegeben werden. Rechtwinklige Dreiecke mit dem gleichen Steigungswinkel α sind ähnlich zueinander.

Die Verhältnisse der Längen von **Gegenkathete** zu **Ankathete** sind in allen zueinander ähnlichen Dreiecken gleich. Es gilt:

$$\frac{\text{Länge Gegenkathete}}{\text{Länge Ankathete}} = \frac{a_1}{b_1} = \frac{a_2}{b_2}$$

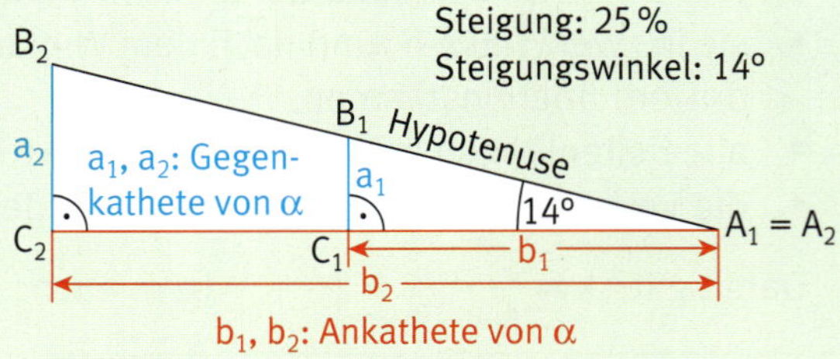

3 Andere Skipisten haben teilweise Steigungen von 102 %, 85 % oder 95 %.

a) Gib mögliche Längen für die Gegenkathete und die Ankathete in entsprechenden Steigungsdreiecken an.

b) Konstruiere diese Dreiecke und miss den Steigungswinkel.

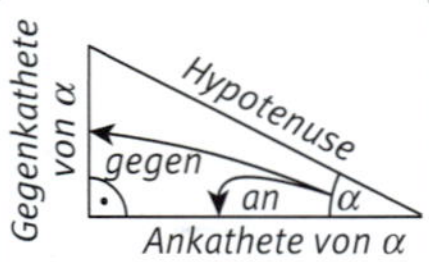

4 a) Übertrage und vervollständige die Tabelle, indem du rechtwinklige Dreiecke mit den angegebenen Winkeln konstruierst. Die Ankathete ist 4 cm lang. Miss jeweils die Länge der Gegenkathete und berechne das Verhältnis der Längen von Gegenkathete (GK) zu Ankathete (AK).

Steigungswinkel α	5°	10°	15°	20°	30°	40°	50°	60°	70°
GK	■	■	■	■	■	■	■	■	■
Verhältnis $\frac{GK}{AK}$	■	■	■	■	■	■	■	■	■

b) Elvisa meint, dass man nun nicht mehr alle Dreiecke konstruieren muss, um den Steigungswinkel zu ermitteln. Hat Elvisa recht?
Bestimme dazu mithilfe der Tabelle die ungefähre Größe des Steigungswinkels α, wenn die Gegenkathete 2,8 cm (1,7 cm) und die Ankathete 10 cm (3 cm) lang ist. Überprüfe dann nochmals grafisch.

1 Überprüfe Hannas Behauptung. Gehe dazu wie folgt vor.

1. Klebe die Steigungsdreiecke der Aufgaben 1b) und 2a) von der linken Seite auf.
2. Beschrifte die Dreiecke mit den Begriffen Höhe, Fahrstrecke und Bodenlänge.
3. Bestimme jeweils die Verhältnisse aus folgenden Seitenlängen: Höhe/Bodenlänge, Höhe/Fahrstrecke sowie Bodenlänge/Fahrstrecke. Was stellst du fest?
4. Beschrifte nun zusätzlich beide Dreiecke mit den Begriffen Hypotenuse, Gegenkathete und Ankathete zum Steigungswinkel α.

In **ähnlichen rechtwinkligen Dreiecken** sind die Verhältnisse der Längen von **Gegenkathete zu Ankathete, Ankathete zu Hypotenuse** sowie **Gegenkathete zu Hypotenuse** jeweils gleich.

Seitenverhältnisse in rechtwinkligen Dreiecken

2 a) Übertrage und vervollständige die Tabelle, indem du Steigungsdreiecke mit den angegebenen Winkeln konstruierst. Die Ankathete ist 3 cm lang. Miss jeweils die Länge der Gegenkathete und der Hypotenuse und berechne das Verhältnis der Längen von Gegenkathete (GK) zu Hypotenuse (HY) sowie Ankathete (AK) zu Hypotenuse (HY).

Steigungswinkel α	5°	10°	15°	20°	30°	40°	50°	60°	70°
GK	■	■	■	■	■	■	■	■	■
HY	■	■	■	■	■	■	■	■	■
Verhältnis $\frac{GK}{HY}$	■	■	■	■	■	■	■	■	■
Verhältnis $\frac{AK}{HY}$	■	■	■	■	■	■	■	■	■

Zur besseren Übersichtlichkeit verwenden wir in Aufgaben und Rechenwegen „Gegenkathete" und „Länge der Gegenkathete" gleichbedeutend.

b) Bestimme mithilfe der Tabelle die ungefähre Größe des Steigungswinkels α.

1. Hypotenuse: 16,5 cm Gegenkathete: 10,5 cm
2. Hypotenuse: 19 cm Ankathete: 9,5 cm

3 Der Flying Fox ist eine Stahlseilrutsche, mit der Abenteurer Schluchten mit einer Geschwindigkeit von bis zu 130 km/h durchqueren können.

a) Aus Sicherheitsgründen darf das Verhältnis aus Höhe und Bodenlänge den Wert 0,4 nicht überschreiten. Zeichne für diesen Wert ein passendes Steigungsdreieck in einem geeigneten Maßstab und bestimme die ungefähre Größe des Steigungswinkels.

b) Eine Schlucht hat eine Länge von 800 m. Berechne, wie lang die Fahrstrecke maximal sein kann.

1 Marco lernt gerade in der Fahrschule die Bedeutung der Straßenschilder.
a) Erkläre die Bedeutung dieses Schildes, das in den Bergen in Südtirol steht.
b) Konstruiere ein geeignetes Steigungsdreieck und bestimme den Steigungswinkel der Straße. Was musst du gegenüber dem Schild beachten?
c) Erweitere das Steigungsdreieck, um den Höhenunterschied bei einer Bodenlänge von 130 m (150 m) zu bestimmen.
d) Julia behauptet, dass bei anderen Bodenlängen die Prozentangabe auf dem Straßenschild geändert werden muss. Nimm dazu Stellung.

Tangens eines Winkels

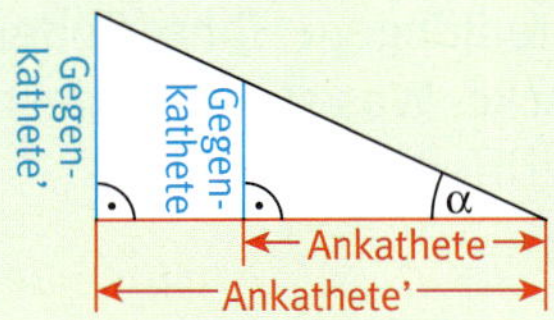

In ähnlichen rechtwinkligen Dreiecken ist bei gleichem Winkel α das Verhältnis der Längen von Gegenkathete zur Ankathete von α stets gleich. Man bezeichnet diesen Quotienten als **Tangens des Winkels α (tan α)**.

$\tan\alpha = \frac{\text{Gegenkathete}}{\text{Ankathete}}$

tan α sprich: „Tangens von α“ oder „Tangens α“

2 Überprüfe mithilfe der Steigungsdreiecke aus Aufgabe 1c) den nebenstehenden Zusammenhang:

$\tan 13^\circ \approx \frac{GK}{AK} = \frac{GK'}{AK'} = \frac{GK''}{AK''}$

α = 26,6° tan α = ?
[26,6] [tan]
Anzeige: **0,5007 ...**
$\tan\alpha \approx 0{,}5 = \frac{1}{2} = \frac{5}{10} = \frac{20}{40} = \frac{50}{100} = \ldots$
Steigung: 50 %
Wie rechnet dein Taschenrechner?

3 Mit dem Taschenrechner in der Einstellung DEG (degree; engl.: Grad) kann man Tangenswerte von Winkeln ermitteln.
a) Bestimme jeweils den Tangenswert. Runde auf eine Stelle nach dem Komma.
① α = 35° ② β = 16,7° ③ γ = 21,8° ④ ω = 58°
b) Welche Längen können die Gegenkathete und die Ankathete im jeweiligen rechtwinkligen Dreieck haben? Bestimme die Steigung auch in Prozent.

4 Umgekehrt kann man auch die Größe der Innenwinkel bei bekannten Tangenswerten bestimmen.
a) Bestimme für α und β jeweils den Quotienten aus Gegenkathete und Ankathete. Runde auf vier Stellen nach dem Komma. Was fällt dir auf?

tan α ≈ 0,8098 α = ?
[0,8098] [SHIFT] [$\tan^{-1}$]
Anzeige: **39,0005 ...**
α ≈ 39°

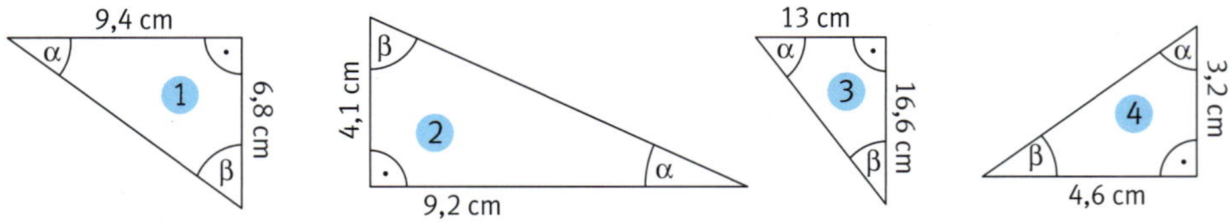

b) Berechne die Größen der Winkel α und β.

5 Berechne die Größen der Winkel α und β für das Dreieck ABC mit γ = 90°. Wie kannst du deine Lösung überprüfen?
a) a = 8,3 cm; b = 6,7 cm b) a = 73 mm; b = 113 mm c) a = 12,4 m; b = 19,8 m

6 In den Alpen überwindet ein Pass auf einer Bodenlänge von 150 m eine Höhe von 27 m. Berechne den Steigungswinkel der Straße. Welche Prozentangabe steht auf dem Straßenschild?

1 Ein Schwimmer will die Havel an einer 48 m breiten Stelle auf dem kürzesten Weg durchqueren. Durch die starke Strömung wird er um insgesamt 19 m abgetrieben. Wie groß ist der Winkel α zwischen geplanter und tatsächlich geschwommener Strecke?

a) Zeichne eine Skizze des Dreiecks und markiere den rechten Winkel. Bezeichne die Ankathete von α mit b und die Gegenkathete von α mit a. Kennzeichne mit zwei verschiedenen Farben, was gegeben und was gesucht ist.

b) Berechne die Größe des Winkels α.

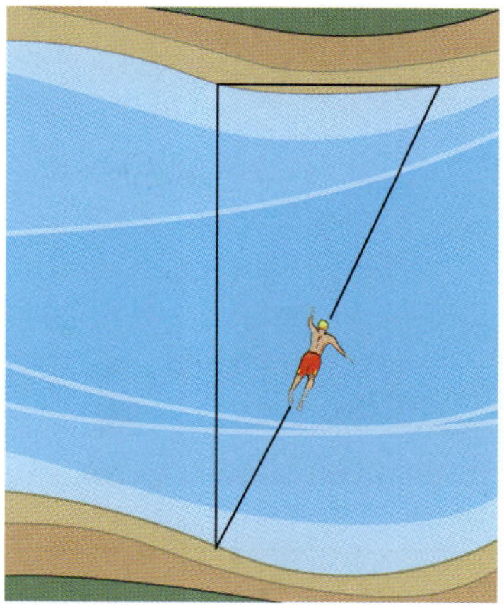

2 Fertige zur Veranschaulichung dieser Sachverhalte eine Skizze an. Kennzeichne farbig, was gegeben und was gesucht ist.

a) Bei geringerer Strömung startet der Schwimmer an der gleichen Stelle einen weiteren Versuch, die Havel in neuer Bestzeit zu durchqueren. Dieses Mal wird er nur um 15° von seiner idealen Schwimmstrecke abgetrieben. Wie weit entfernt von seinem geplanten Zielpunkt gelangt er an das andere Ufer?

b) An einer ruhigeren Stelle der Havel wird der Schwimmer nur um 10° abgetrieben. Er gelangt 9 m flussabwärts von seinem geplanten Zielpunkt an das andere Ufer. Wie breit ist die Havel an dieser Stelle?

3 Mithilfe des Tangens können gesuchte Seitenlängen berechnet werden.

a) Übertrage die Beispielrechnungen und vervollständige sie.

Lösungsweg zur Berechnung	der Länge der GK	der Länge der AK
Ansatz: $\tan\alpha = \frac{GK}{AK}$	geg.: AK = 22,4 m α = 18°	geg.: GK = 8,2 cm α = 35°
Lösungsschritte:	ges.: GK	ges.: AK
(1) Setze die gegebenen Größen in die Gleichung ein.	(1) $\tan 18° = \frac{GK}{■}$	(1) $\tan 35° = \frac{8,2}{■}$
(2) Stelle die Gleichung nach der gesuchten Größe um.	(2) GK = ■ · ■	(2) $AK = \frac{■}{■}$
(3) Berechne mit dem TR.	(3) GK = 7,278201 ... m	(3) AK = ■ cm
(4) Runde geeignet und prüfe, ob das Ergebnis realistisch ist.	(4) GK ≈ ■ m	(4) AK ≈ ■ cm

b) Berechne nun genauso für Aufgabe 2 die Abweichung vom Zielpunkt und die Breite des Flusses.

4 Berechne jeweils die Länge der rot markierten Seite (Maße in cm).

a)
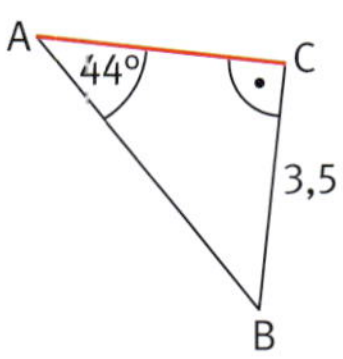

b)
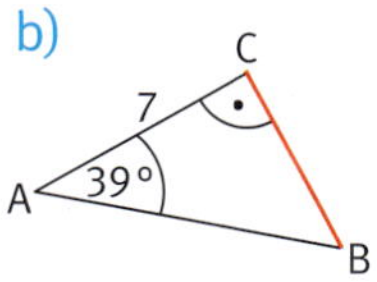

c)
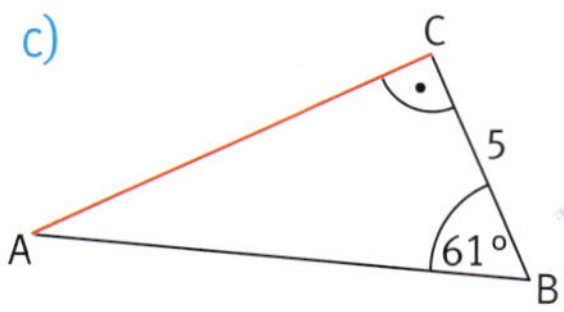

d)
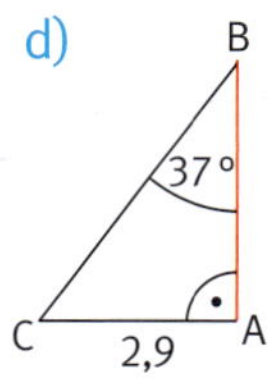

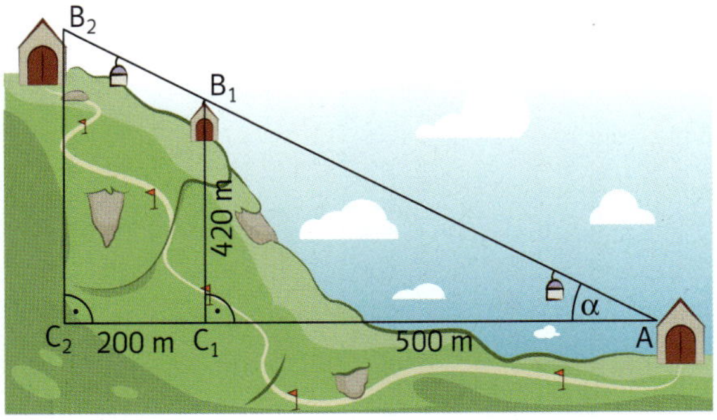

1 Die Seilbahn ist auf dem Weg zur Bergstation. Unterwegs hält sie noch an der Almhütte.

a) Berechne den Steigungswinkel α und die Höhe ($\overline{B_2C_2}$) der Bergstation.

b) Berechne mithilfe des Satz des Pythagoras die Länge der Fahrstrecke zur Almhütte ($\overline{AB_1}$) und zur Bergstation ($\overline{AB_2}$).

c) Bilde für beide Dreiecke jeweils den Quotienten aus Gegenkathete und Hypotenuse bzw. Ankathete und Hypotenuse.

Sinus und Kosinus eines Winkels

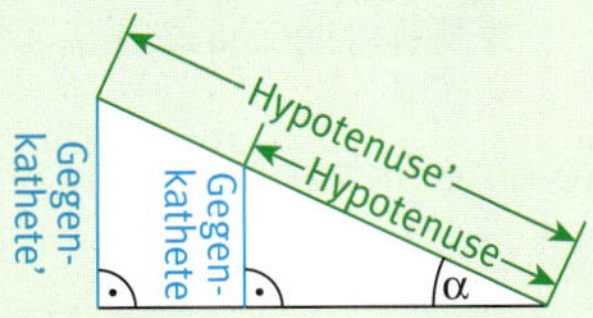

In ähnlichen rechtwinkligen Dreiecken ist bei gleichem Winkel α das Verhältnis der Längen von Gegenkathete von α zur Hypotenuse stets gleich. Man bezeichnet diesen Quotienten als **Sinus des Winkels α (sin α).**

$\sin\alpha = \frac{\text{Gegenkathete}}{\text{Hypotenuse}}$

$\sin 44{,}5° \approx 0{,}7 = \frac{7}{10} = \frac{14}{20} = \ldots$

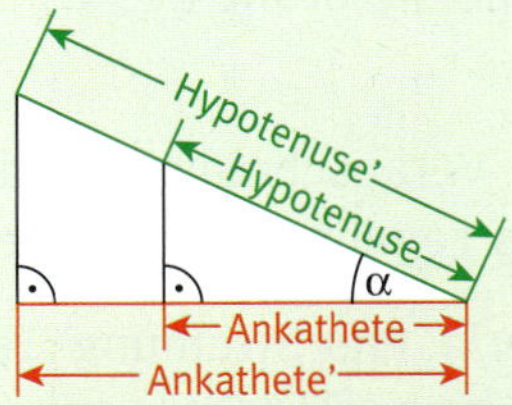

In ähnlichen rechtwinkligen Dreiecken ist bei gleichem Winkel α das Verhältnis der Längen der Ankathete von α zur Hypotenuse stets gleich. Man bezeichnet diesen Quotienten als **Kosinus des Winkels α (cos α).**

$\cos\alpha = \frac{\text{Ankathete}}{\text{Hypotenuse}}$

$\cos 36{,}8° \approx 0{,}8 = \frac{8}{10} = \frac{16}{20} = \ldots$

2 Überprüfe, ob die Sinus- und Kosinuswerte aus Aufgabe 1 den gleichen Steigungswinkel α beschreiben.

3 a) Übertrage die Tabelle und bestimme die Werte mit dem Taschenrechner.

b) Vergleiche die Werte. Was fällt dir auf?

α	10°	20°	30°	40°	50°	60°	70°	80°
sin α	■	■	■	■	■	■	■	■
cos α	■	■	■	■	■	■	■	■

4 a) Bestimme den Sinuswert bzw. den Kosinuswert von α als Quotienten der entsprechenden Seitenlängen und berechne den dazugehörigen Winkel α.

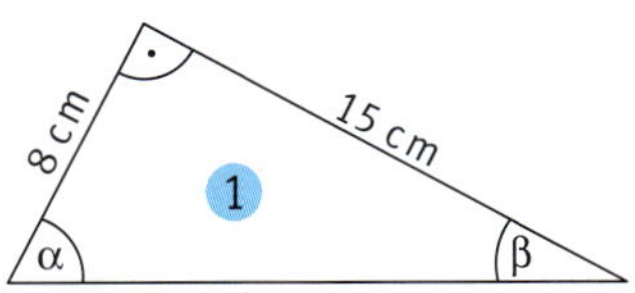

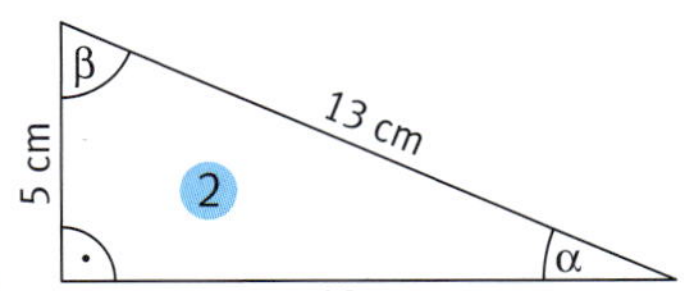

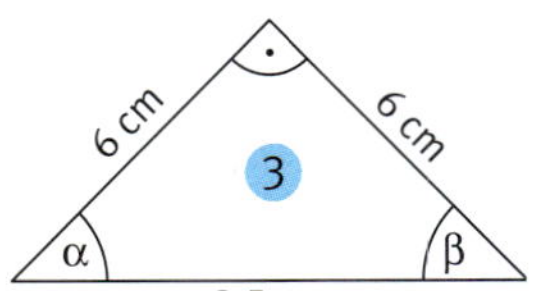

b) Begründe, warum man entsprechende Berechnungen für den Winkel β nicht machen muss.

sin α ≈ 0,5736
α = ?
[0,5736] [SHIFT] [$\sin^{-1}$]
Anzeige: 35,001 …
α ≈ 35°
Wie rechnet dein Taschenrechner?

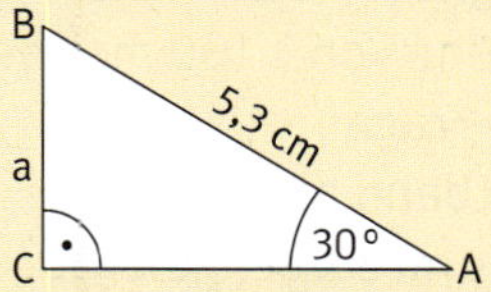

Berechnung der Länge der Seite a:

$\sin 30° = \frac{a}{5{,}3} \quad | \cdot 5{,}3$

$5{,}3 \cdot \sin 30° = a$

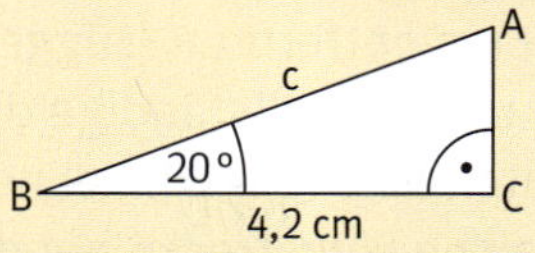

Berechnung der Länge der Seite c:

$\cos 20° = \frac{4{,}2}{c} \quad | \cdot c$

$c \cdot \cos 20° = 4{,}2 \quad | : \cos 20°$

1 a) Übertrage die Lösungswege und vervollständige sie.
b) Berechne jeweils genauso die Länge der rot markierten Seite.

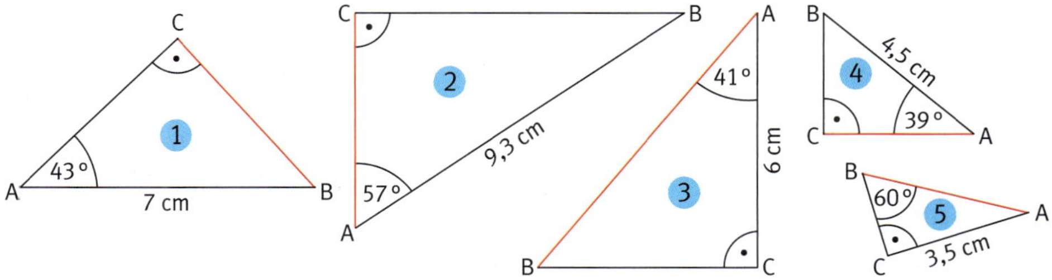

2 Übertrage die Tabelle und berechne die fehlenden Werte.

	a	b	c	α	β	γ
a)	■	5,2 cm	■	30°	60°	■
b)	1,9 cm	■	18,1 cm	■	■	90°
c)	■	■	10,2 cm	90°	■	38°
d)	12,3 cm	■	■	■	90°	63°

Fertige zunächst eine Skizze an und markiere farbig, was gegeben und was gesucht ist.

TRIMM-DICH-ZWISCHENRUNDE

1 Welche Dreiecke sind zueinander ähnlich? Begründe.

a) b = 6,3 cm β = 52° γ = 81°
b) a = 9 cm β = 81° γ = 47°
c) c = 2,4 cm α = 80° β = 48°
d) b = 9,9 cm α = 47° β = 52°
e) a = 7,2 cm α = 52° γ = 48°
f) b = 6 cm α = 47° γ = 80°

2 Bestimme mithilfe des Sinus die Größe der Winkel α und β. Überprüfe durch Berechnung über den Kosinus.

a)
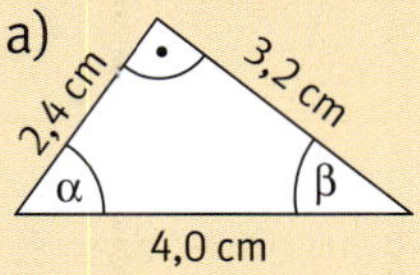

b)
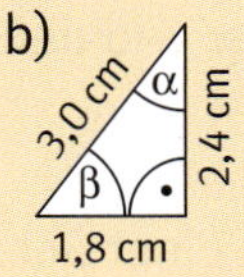

c)
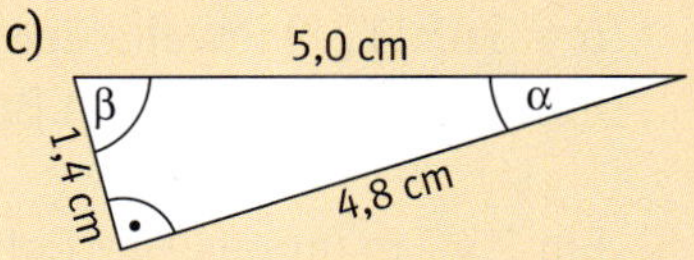

3 Das Dreieck ABC ist wie üblich benannt. Der rechte Winkel ist γ. Berechne alle fehlenden Seitenlängen.

a) a = 5,6 cm
α = 30°
b) c = 7,6 cm
β = 59°
c) b = 9,2 cm
β = 74°
d) a = 18 cm
β = 35°

Mit Sinus, Kosinus und Tangens rechnen

1 Vom Flughafen in Berlin startet ein Flugzeug unter einem gleichbleibenden Winkel. Den 9 km entfernten Müggelturm überfliegt es in einer Höhe von 1 100 m. Übertrage und vervollständige die Lösungswege zu folgenden Fragen:

① Unter welchem Winkel hebt das Flugzeug von der Startbahn ab?
② Welche Flugstrecke hat das Flugzeug bis zum Müggelturm zurückgelegt?
③ In welcher Entfernung vom Flughafen wird die Reiseflughöhe von 10 000 m erreicht?

Skizze anfertigen	Winkelbeziehung auswählen	gesuchte Größe berechnen	Antwortsatz formulieren
① 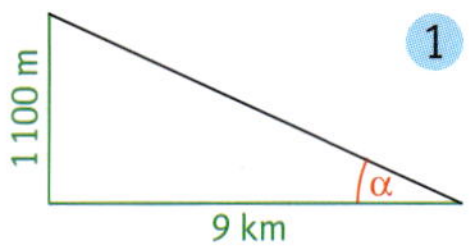	Tangens $\tan\alpha = \frac{GK}{AK}$	$\tan\alpha = \frac{1\,100\text{ m}}{9\,000\text{ m}}$ $\alpha \approx 6{,}97° \approx 7°$	Das Flugzeug hebt unter einem Winkel von ungefähr 7° ab.
② 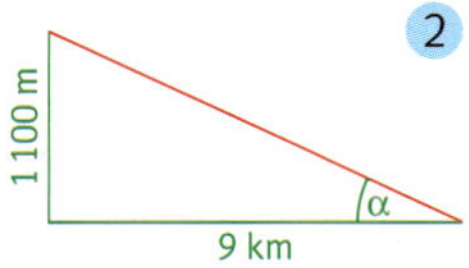	Sinus/Kosinus $\sin\alpha = \frac{GK}{HY}$ $\cos\alpha = \frac{AK}{HY}$	$\sin 7° = \frac{1\,100\text{ m}}{HY}$	

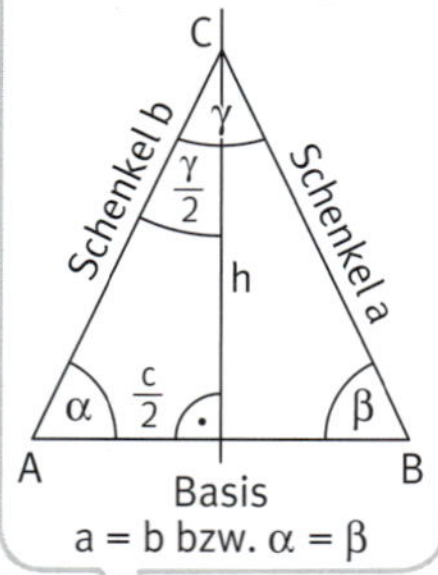

2 Berechne die gesuchten Seitenlängen bzw. Winkel.

a) 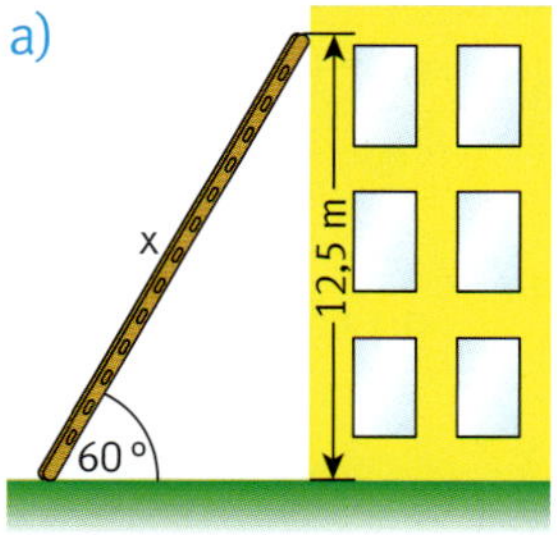

b) 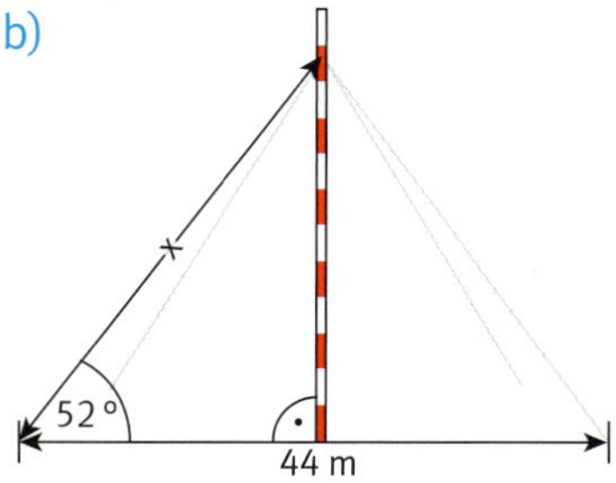

c) 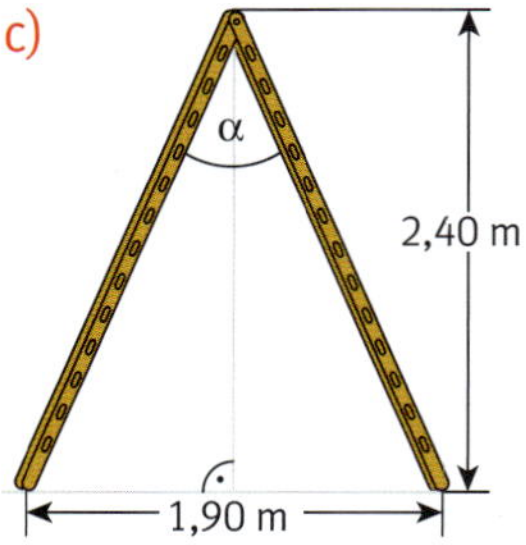

3 a) Ein Schiff fährt auf einem See von A über B nach C und wieder zurück. Berechne die Länge der insgesamt zurückgelegten Strecke.
b) Berechne die gesamte Fahrzeit, wenn das Schiff mit einer Durchschnittsgeschwindigkeit von 30 $\frac{\text{km}}{\text{h}}$ unterwegs ist.

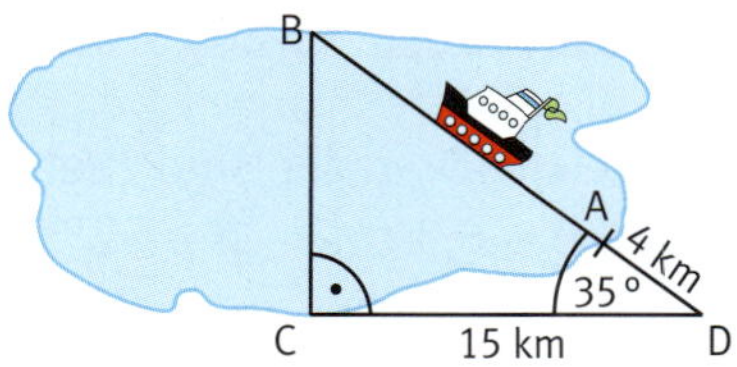

4 Herr Palmer installiert in seiner Decke einen Halogenstrahler. Berechne für den Winkel $\alpha = 36°$ (12°) jeweils den Durchmesser und den Inhalt der beleuchteten Bodenfläche.

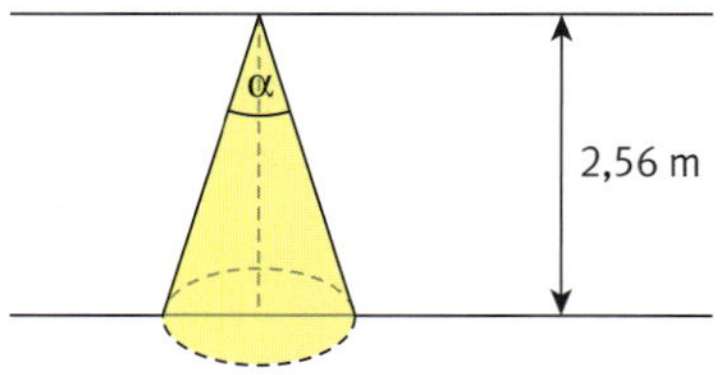

5 Ein 2,40 m langes Brett steht im Lager einer Schreinerei schräg an einer Wand. Das Brett schließt mit dem Boden einen Winkel von 81° ein. Fertige eine Skizze an.
a) Berechne den Abstand des Brettes am Boden zur Wand.
b) Bestimme die Höhe, in der das Brett die Wand berührt.
c) Murat behauptet, dass man zur Lösung der Teilaufgabe b) auch den Satz des Pythagoras verwenden kann. Überprüfe und rechne.

1 Die Schüler, die mit dem Bus kommen und an der Haltestelle aussteigen, sollen bis zur Schule die Gehwege entlang der Hauptstraße und der Schulstraße benutzen. Allerdings nehmen die meisten von ihnen lieber die Abkürzung durch die Grünanlage.

a) Berechne, wie lang der Schulweg auf den Gehwegen entlang der Straßen ist.

b) Berechne die Distanz, die beim Weg durch die Grünanlage eingespart wird.

c) Berechne, wie viel Zeit die Schüler auf der Abkürzung sparen, wenn man eine durchschnittliche Geschwindigkeit von 4,5 $\frac{km}{h}$ annimmt. Rechne dazu zuerst $\frac{km}{h}$ in $\frac{m}{s}$ um.

d) Welche Argumente könnten trotzdem für den längeren Weg sprechen?

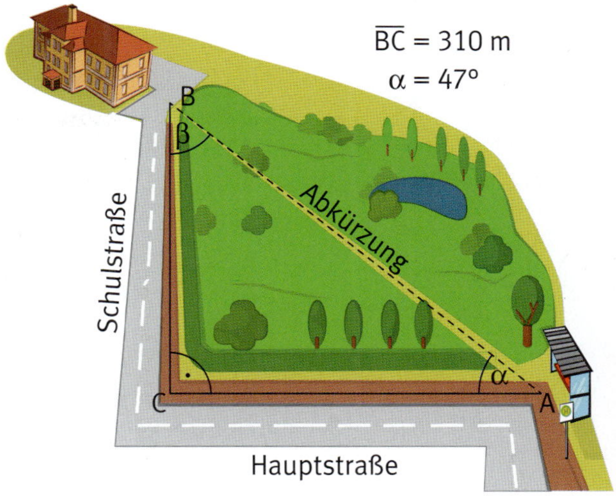

2 Entlang eines Autobahnstücks soll ein Deich aus Erde aufgeschüttet werden. Der Querschnitt des Deiches hat die Form eines gleichschenkligen Trapezes. Am Boden soll der Deich 16 m und an seiner höchsten Stelle 4 m breit werden. Die Längen der Böschungsschrägen betragen jeweils 7 m.

a) Übertrage und vervollständige die Skizze.

b) Berechne den Winkel α und die Höhe h des Deiches.

c) Wie viele Kubikmeter Erdreich werden zum Bau des Deiches benötigt, wenn dieser 500 m lang werden soll?

d) Auf der Baustelle werden LKW mit einem Ladevolumen von jeweils 24 m^3 eingesetzt. Wie viele Fahrten sind für die Errichtung des Deiches notwendig?

3 In einem Feriencamp stehen Holzhütten, deren Vorderseiten die Form von gleichschenkligen Dreiecken besitzen (Maßangaben in m).

a) Berechne die Breite und die Höhe einer Hütte.

b) Berechne den Flächeninhalt des Fensters und der Tür.

c) Vor der Feriensaison möchte der Platzwart die vorderen Wände von sechs Hütten mit einem neuen Farbanstrich versehen. In einem Baumarkt informiert er sich über die Preisangebote. Welches ist die preiswerteste Variante für den Kauf der benötigten Farbmenge?

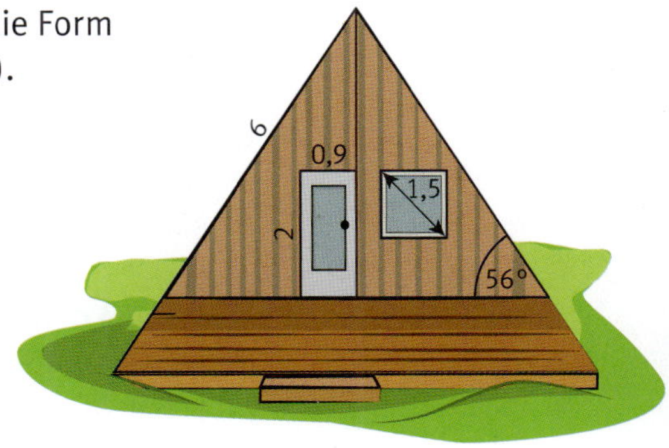

Farbeimer	Inhalt	reicht für	Einzelpreis
A	2,5 l	5 m^2	19,99 €
B	5,0 l	10 m^2	37,99 €
C	7,5 l	15 m^2	49,99 €

Sinus, Kosinus und Tangens untersuchen

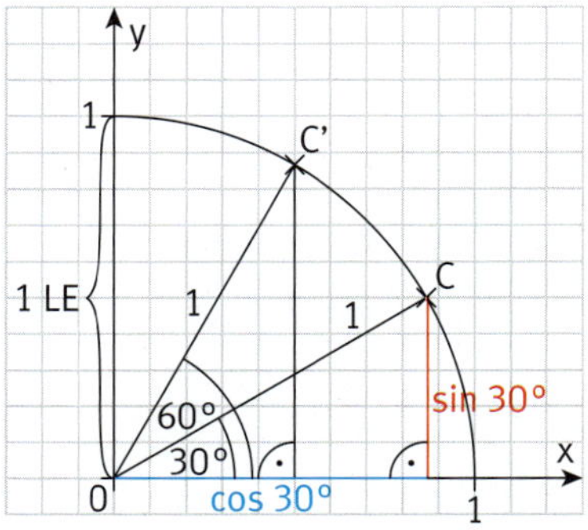

1 Ein Kreis mit dem Radius von einer Längeneinheit (LE) heißt Einheitskreis. Der Mittelpunkt liegt im Koordinatenursprung.

a) Übertrage den Viertelkreis mit allen Beschriftungen. Wähle als Maßeinheit 1 LE = 5 cm.

b) Erkläre anhand der Abbildung, wie an einem Einheitskreis die Sinus- und Kosinuswerte der Winkel am Kreismittelpunkt ablesbar sind, und gib die Koordinaten von C und C' an.

c) Beschreibe, wie sich der Wert sin α (cos α) verändert, wenn α vergrößert oder verkleinert wird.

Sinus und Kosinus am Einheitskreis

Am **Einheitskreis** lassen sich die Sinus- und Kosinuswerte eines Winkels α durch Streckenlängen darstellen und ablesen.

Im nebenstehenden rechtwinkligen Dreieck ist b die Hypotenuse, a die Gegenkathete von α und c die Ankathete von α.
Für die Länge der Hypotenuse gilt: $b = \overline{AC} = 1$.
Für die Koordinaten des Punktes C (c | a) gilt:

$$\left.\begin{array}{l} c = \frac{c}{1} = \frac{AK}{HY} = \cos\alpha \text{ (x-Koordinate von C)} \\ a = \frac{a}{1} = \frac{GK}{HY} = \sin\alpha \text{ (y-Koordinate von C)} \end{array}\right\} \Rightarrow C\,(\cos\alpha \,|\, \sin\alpha)$$

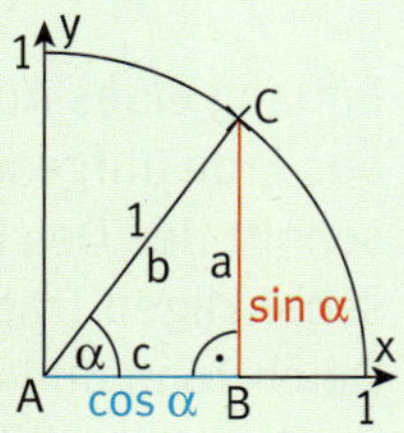

Weiterhin ist ablesbar:

① sin 0° = cos 90° = 0 ② sin 90° = cos 0° = 1

2 a) Zeichne einen Viertelkreis wie in Aufgabe 1. Trage anschließend die Winkel α = 20° (40°; 75°) ab. Markiere die entsprechenden Punkte C (C'; C'').

b) Bestimme durch Messen jeweils die Werte sin α und cos α und gib die Koordinaten der Punkte C, C' und C'' an. Kontrolliere mit dem Taschenrechner.

3 Zeige mithilfe selbst gewählter Beispiele am Einheitskreis:

cos α = sin (90° – α) und sin α = cos (90° – α)

4 Übertrage und vervollständige die Lücken.

a) cos 80° = sin ■ b) cos 20° = sin ■ c) sin 75° = cos ■
d) sin 45° ■ cos 45° e) sin 20° ■ sin 70° f) cos 40° ■ cos 60°

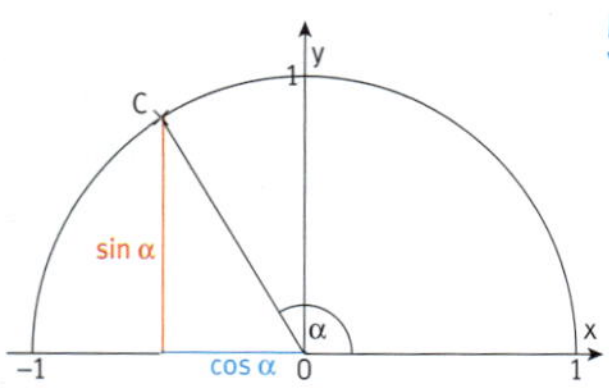

5 Wenn man den Viertelkreis zu einem Halbkreis im 1. und 2. Quadranten des Koordinatensystems erweitert, kann man auch Sinus- und Kosinuswerte für Winkel α zwischen 90° und 180° bestimmen.

a) Beschreibe, was dir bei den Kosinuswerten für α > 90° auffällt.

b) Übertrage die Zeichnung (1 LE = 5 cm). Trage anschließend die Winkel α = 100° (130°; 160°) ab. Markiere die entsprechenden Punkte C (C'; C'').

c) Bestimme durch Messen jeweils die Werte sin α und cos α und gib die Koordinaten der Punkte C, C' und C'' an. Kontrolliere mit dem Taschenrechner.

d) Begründe am Einheitskreis: sin 180° = 0 und cos 180° = –1.

1 Selma entdeckt einen Zusammenhang zwischen den Sinus- und Kosinuswerten am Einheitskreis und dem Satz des Pythagoras.

a) Übertrage die Grafiken und markiere gleich lange Seiten mit derselben Farbe.

b) Ersetze in der zweiten Grafik die Bezeichnungen der Seitenlängen a, b und c durch die von Grafik ①. Welche Formel hat Selma entdeckt?

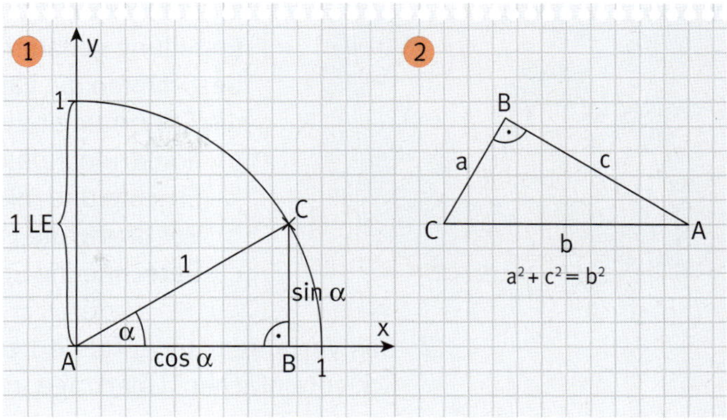

2 Hubert und Adnan entdecken einen weiteren Zusammenhang zwischen Tangens, Sinus und Kosinus: $\tan\alpha = \frac{\sin\alpha}{\cos\alpha}$.

a) Sie begründen diesen Zusammenhang mithilfe der Grafik ① aus Aufgabe 1 unterschiedlich. Übertrage ihre Argumentationen und vervollständige sie.

Hubert:
Im rechtwinkligen Dreieck mit $\beta = 90°$ gilt: $\tan\alpha = \frac{a}{c}$.
Ich erweitere den Bruch $\frac{a}{c}$ mit $\frac{1}{b}$, dann folgt daraus:
$\tan\alpha = \frac{a}{c} = \frac{a \cdot ■}{■ \cdot \frac{1}{b}} = \frac{\frac{a}{■}}{\frac{■}{b}} = \frac{\sin\alpha}{\cos\alpha}$

Adnan:
Für ein Dreieck im Einheitskreis mit $\beta = 90°$ und der Hypotenuse $b = 1$ gilt:
$\sin\alpha = \frac{■}{■} = ■$ *und* $\cos\alpha = \frac{■}{■} = ■$
Daraus folgt:
$\tan\alpha = \frac{■}{■} = \frac{\sin\alpha}{\cos\alpha}$

b) Erkläre mithilfe der Gleichung $\tan\alpha = \frac{\sin\alpha}{\cos\alpha}$, dass
① der Tangens des Winkels $\alpha = 45°$ gleich 1 ist.
② der Tangens des Winkels $\alpha = 90°$ nicht bestimmbar, d.h. nicht definiert ist.

3 a) Von einem spitzen Winkel α ist bekannt, dass $\sin\alpha = 0{,}6$ ist. Selma berechnet cos α und tan α, ohne vorher α zu ermitteln. Beschreibe ihr Vorgehen.

①
$(\sin\alpha)^2 + (\cos\alpha)^2 = 1$
$0{,}36 + (\cos\alpha)^2 = 1$
$(\cos\alpha)^2 = 0{,}64$
$\cos\alpha = 0{,}8$

②
$\tan\alpha = \frac{\sin\alpha}{\cos\alpha}$
$= \frac{0{,}6}{0{,}8} = \frac{6}{8} = \frac{3}{4}$
$\tan\alpha = 0{,}75$

b) Arbeite wie Selma. Übertrage und vervollständige die Tabelle. Kontrolliere zuletzt deine Einträge in den ersten drei Zeilen, indem du den Winkel α bestimmst.

	①	②	③	④
sin α	0,2588	■	■	0,5
cos α	■	0,7193	0,5	■
tan α	■	■	■	■
α	■	■	■	■

Mit dem Sinussatz in allgemeinen Dreiecken rechnen

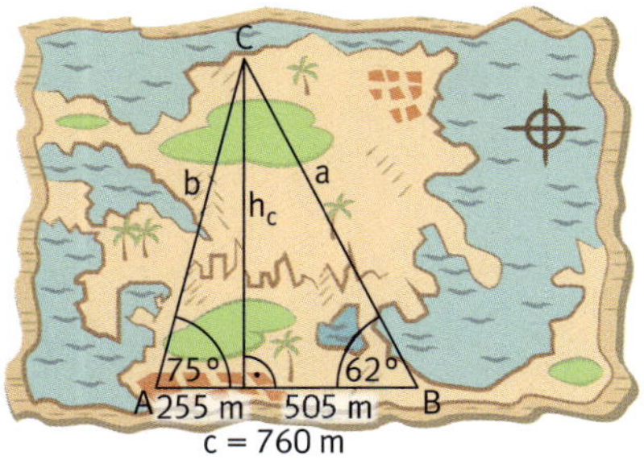

1 Mithilfe von Winkelmessgeräten war ab dem 18. Jahrhundert die Erstellung genauer Landkarten möglich. Mit hölzernen Messlatten bestimmten die Landvermesser zunächst in tagelanger Arbeit exakt die Entfernung c zwischen zwei Punkten A und B im Gelände.

a) Konstruiere das Dreieck ABC in einem geeigneten Maßstab. Errichte und miss die Höhe h_c.

b) Bestimme die Länge der Höhe h_c auch rechnerisch.

c) Berechne die Steckenlängen $\overline{AC}$ und $\overline{BC}$. Überprüfe durch Messen.

2 Das Verfahren aus Aufgabe 1 zur Berechnung der Entfernungen lässt sich wesentlich vereinfachen. Übertrage und vervollständige die Überlegungen.

① $\sin\alpha = \frac{h_c}{■} \Leftrightarrow h_c = ■ \cdot \sin\alpha$

② $\sin\beta = \frac{h_c}{■} \Leftrightarrow h_c = ■ \cdot \sin\beta$

③ Gleichsetzen der Terme liefert:
$■ \cdot \sin\beta = ■ \cdot \sin\alpha$ bzw. $\frac{■}{\sin\alpha} = \frac{b}{■}$

Der Sinussatz für allgemeine Dreiecke

Für ein allgemeines Dreieck ABC mit den Seiten a, b und c und den jeweils gegenüberliegenden Winkeln α, β und γ gilt der **Sinussatz**:

$$\frac{a}{\sin\alpha} = \frac{b}{\sin\beta} = \frac{c}{\sin\gamma} \quad \text{bzw.} \quad \frac{\sin\alpha}{a} = \frac{\sin\beta}{b} = \frac{\sin\gamma}{c}$$

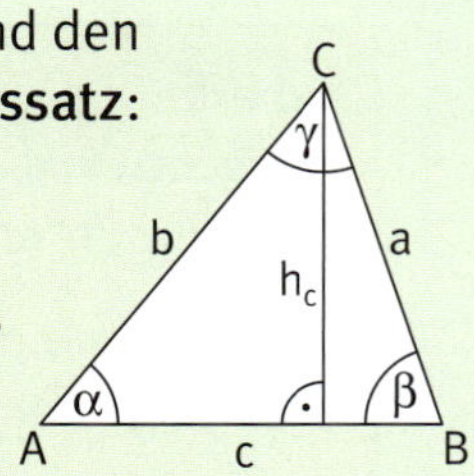

Durch Umformen dieser Verhältnisgleichungen erkennt man, dass das Verhältnis der Sinuswerte zweier Winkelgrößen gleich dem Verhältnis der Längen der beiden gegenüberliegenden Seiten ist:

$$\frac{\sin\alpha}{\sin\beta} = \frac{a}{b} \quad \text{bzw.} \quad \frac{\sin\alpha}{\sin\gamma} = \frac{a}{c} \quad \text{bzw.} \quad \frac{\sin\beta}{\sin\gamma} = \frac{b}{c}$$

geg.: b = 5 cm; a = 7 cm; α = 50° ges.: β; γ; c

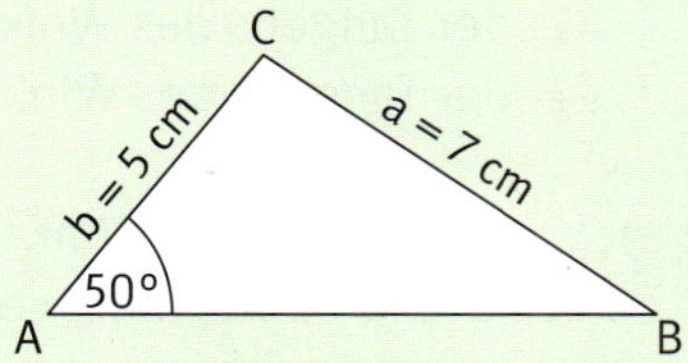

❶ $\frac{\sin\beta}{b} = \frac{\sin\alpha}{a} \Leftrightarrow \sin\beta = b \cdot \frac{\sin\alpha}{a}$

$\sin\beta = 5\text{ cm} \cdot \frac{\sin 50°}{7\text{ cm}} \Rightarrow \beta \approx 33°$

❷ $\gamma = 180° - 50° - 33° = 97°$

❸ $\frac{c}{\sin\gamma} = \frac{a}{\sin\alpha} \Leftrightarrow c = \sin\gamma \cdot \frac{a}{\sin\alpha} = \sin 97° \cdot \frac{7\text{ cm}}{\sin 50°} \approx 9{,}1\text{ cm}$

3 Berechne die Steckenlängen $\overline{AC}$ und $\overline{BC}$ aus Aufgabe 1 mit dem Sinussatz.

Für stumpfe Winkel α gilt: sin α = sin (180° − α)

4 Berechne die fehlenden Seitenlängen und Winkelmaße.

a)

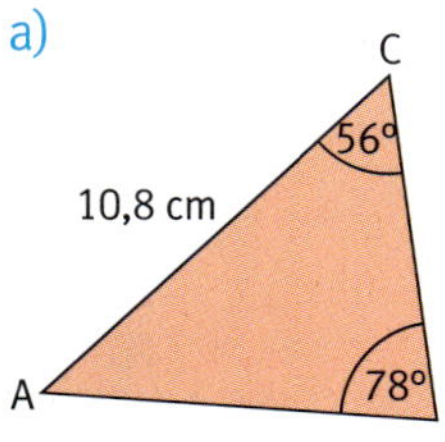

b)

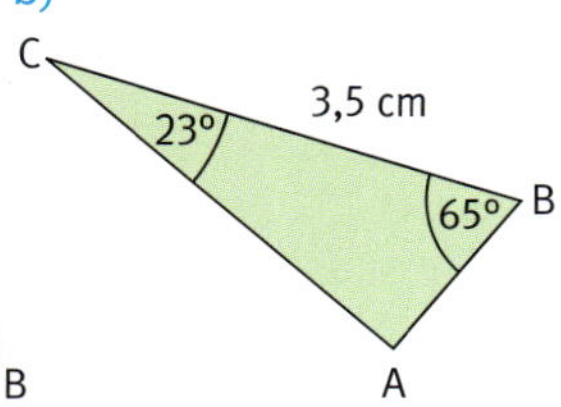

c)

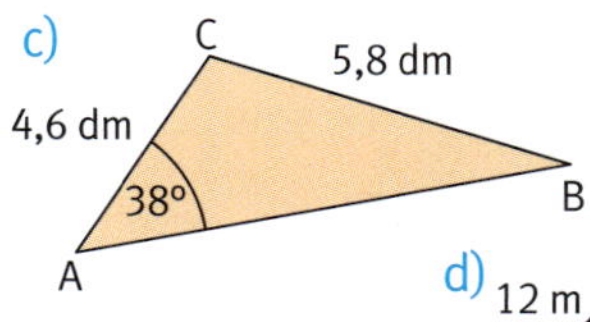

d)

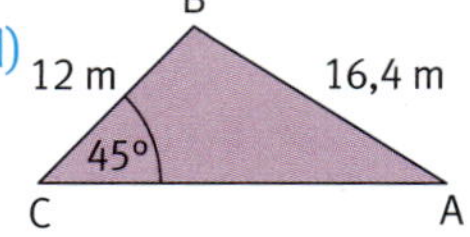

5 Begründe, dass der Sinussatz auch für rechtwinklige Dreiecke gilt.

1 Ein Landvermesser soll den Abstand zwischen den Punkten M und K, die durch einen See voneinander getrennt sind, bestimmen. Dazu steckt er Messlatten in die Punkte K, L und M. Die Punkte L und M wählt er so, dass sie exakt 200 m voneinander entfernt liegen. Mit dem Theodoliten bestimmt er die Winkel 55,5° und 79,4°. Berechne die Entfernung zwischen den Punkten M und K.

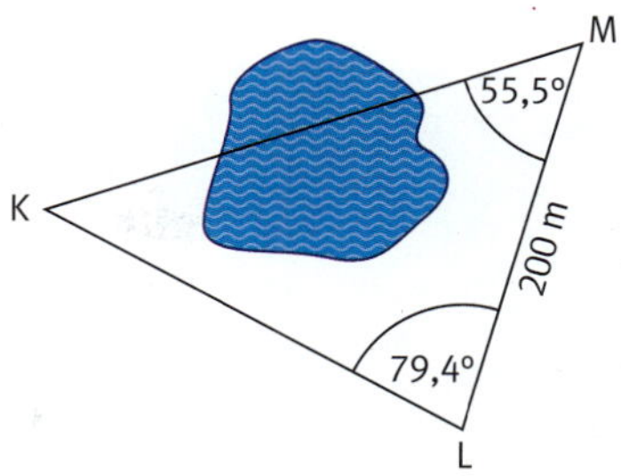

2 Um die Breite eines Flusses zu bestimmen, steckt man am Ufer eine Strecke [AB] ab und misst die Länge dieser Strecke sowie die Winkel α und β. Berechne die Breite des Flusses.

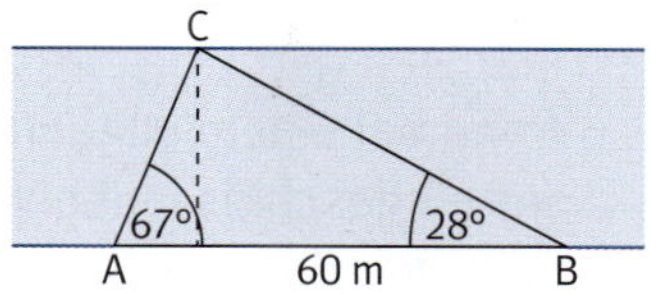

3 Durch das Anpeilen sichtbarer Geländepunkte und Winkelmessungen an verschiedenen Orten entsteht nach und nach ein ganzes Netz von Dreiecken.

a) Berechne die Entfernungen zwischen den einzelnen Geländepunkten, wo möglich.

b) Zwischen der Kirche und dem Felsen haben die Landvermesser eine Entfernung von 2 310 m bestimmt. Berechne damit die Größe der Winkel δ und ε und die Entfernung zwischen Turm und Felsen.

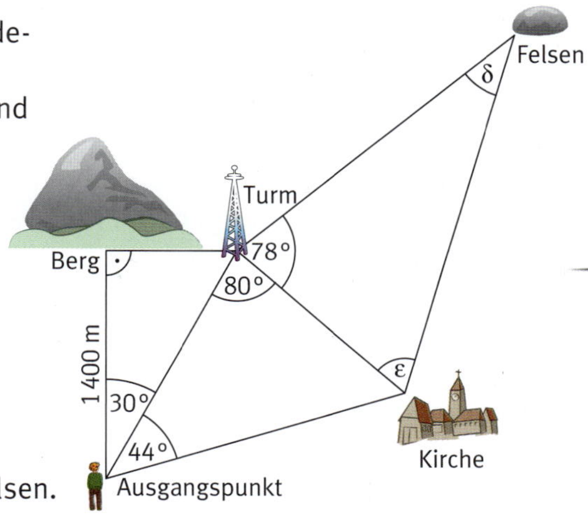

4 Segelregatten werden oft auf dem „Olympischen Dreieckskurs" ausgetragen. Dabei wird die Rennstrecke durch drei Bojen A, B und C abgesteckt und muss mehrfach durchfahren werden. Der Abstand zwischen A und B beträgt 940 m, der Winkel α beträgt 66°, der Winkel γ ist 72° groß.

a) Konstruiere das Dreieck in einem geeigneten Maßstab.

b) Welche Strecke müssen die Segler zurücklegen, wenn sie den Kurs einmal durchfahren?

c) Wie oft muss der Dreieckskurs durchfahren werden, wenn die Länge der Rennstrecke 7,5 km betragen soll?

d) Eine Runde auf dem Dreieckskurs soll möglichst genau 2000 m lang sein. Verdeutliche in einer Skizze, wie die Bojen dazu verankert werden können.

5 Die Geschwister Philip und Juliane erben gemeinsam ein Grundstück. Jeder erhält einen dreieckigen Teil. Das Grundstück wurde bereits in Teilen vermessen.

a) Philip möchte wissen, wie lang die Seite seines Grundstücks zur Straße hin ist.

b) Der gesamte Grundbesitz hat eine Größe von 2 387 m^2. Berechne den Flächeninhalt beider Grundstücke.

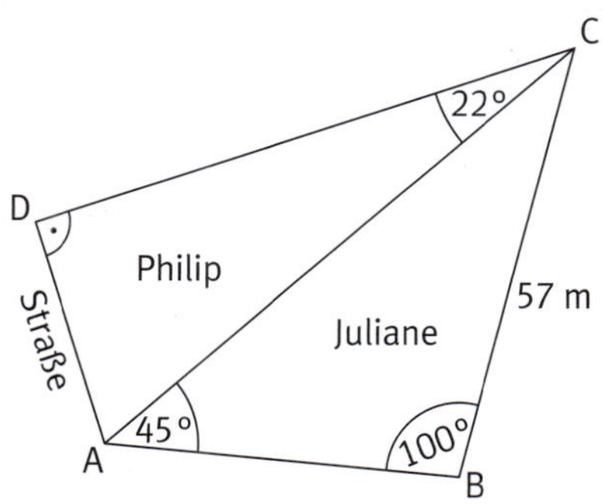

Mit dem Kosinussatz in allgemeinen Dreiecken rechnen

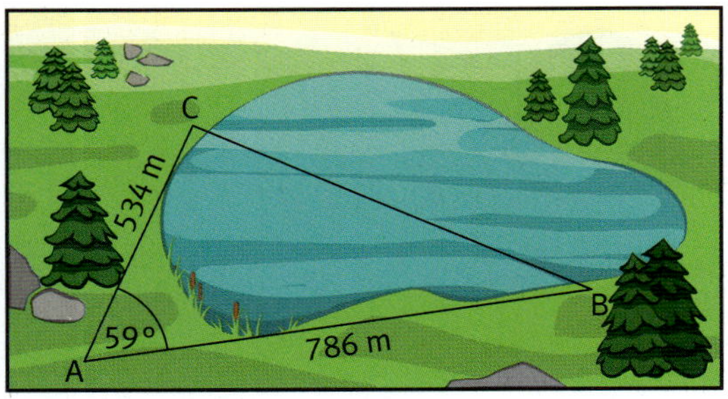

1 Um die Entfernung zwischen den Punkten B und C zu ermitteln, wurden die Streckenlängen $\overline{AB}$ und $\overline{AC}$ sowie der Winkel α gemessen.

a) Begründe, warum die gesuchte Streckenlänge nicht mit dem Sinussatz berechnet werden kann.

b) Bestimme die Entfernung zwischen den Punkten B und C mithilfe einer Zeichnung. Wähle dazu einen geeigneten Maßstab.

Der Kosinussatz für allgemeine Dreiecke

Wenn bei einem allgemeinen Dreieck ABC zwei Seitenlängen und die Größe des eingeschlossenen Winkels gegeben sind, dann lässt sich die dritte Seitenlänge mit dem **Kosinussatz** berechnen:

$a^2 = b^2 + c^2 - 2bc \cdot \cos\alpha$

$b^2 = a^2 + c^2 - 2ac \cdot \cos\beta$

$c^2 = a^2 + b^2 - 2ab \cdot \cos\gamma$

geg.: $a = 5$ cm; $b = 7$ cm; $\gamma = 65°$ ges.: c

$c^2 = a^2 + b^2 - 2ab \cdot \cos\gamma$

$c^2 = (5\text{ cm})^2 + (7\text{ cm})^2 - 2 \cdot 5\text{ cm} \cdot 7\text{ cm} \cdot \cos 65°$

$\approx 44{,}42\text{ cm}^2 \quad \Rightarrow c = \sqrt{44{,}42\text{ cm}^2} \approx 6{,}7\text{ cm}$

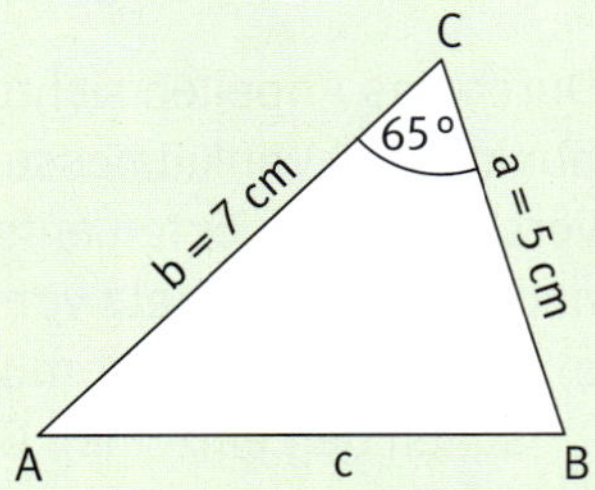

Merktipp: Vom Satz des Pythagoras zweimal das Produkt der bekannten Seiten und des Kosinus des zugehörigen Winkels zur gesuchten Seite abziehen

Für stumpfe Winkel α gilt: $\cos(180° - \alpha) = -\cos\alpha$

2 Berechne die Entfernung zwischen den Punkten B und C aus Aufgabe 1 mit dem Kosinussatz.

3 Berechne die jeweils fehlende Seitenlänge.

a)

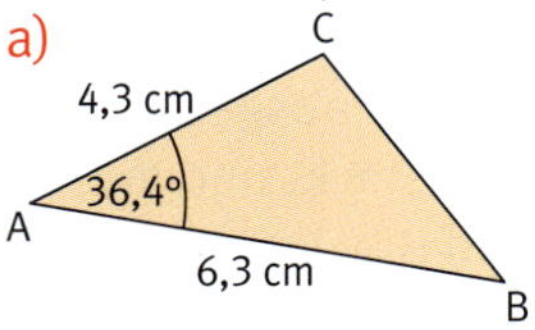

b)

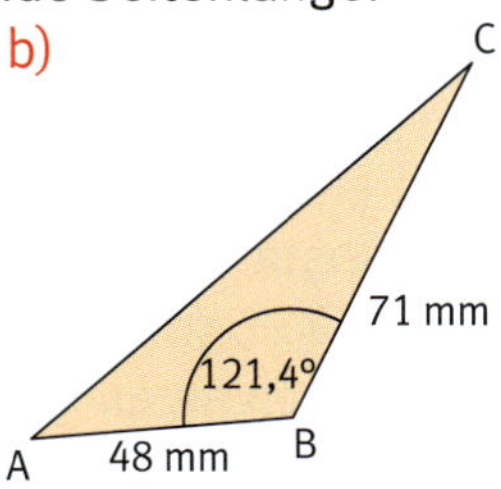

c)

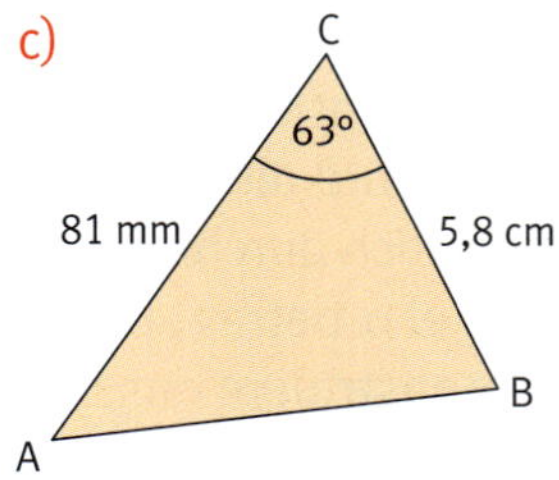

4 Wenn in einem Dreieck ABC alle drei Seitenlängen gegeben sind, lässt sich jeder Winkel berechnen. Nayden hat die Gleichungen aus dem Merkkasten nach dem Kosinuswert von α umgeformt und erhält $\cos\alpha = \frac{b^2 + c^2 - a^2}{2bc}$.

a) Überprüfe und leite ähnliche Formeln für $\cos\beta$ und $\cos\gamma$ her.

b) Berechne nun die fehlenden Winkel in den Dreiecken.

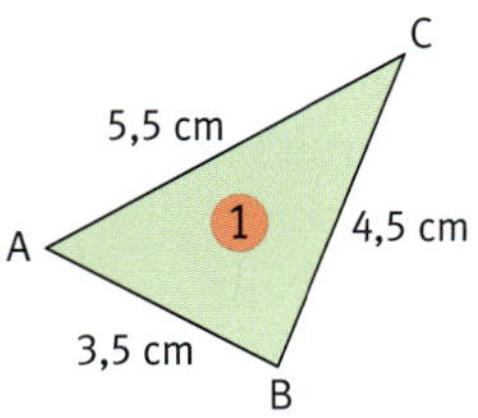

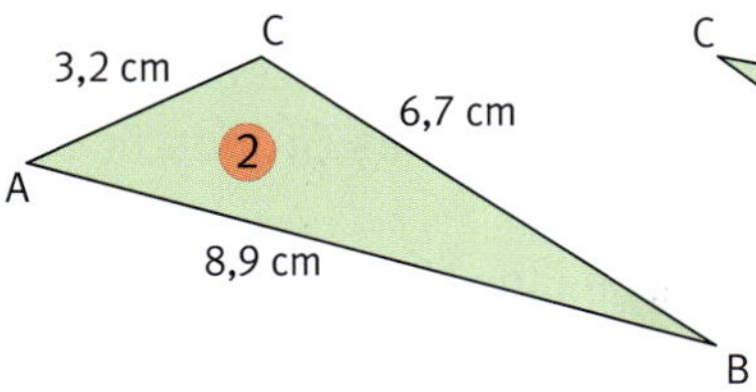

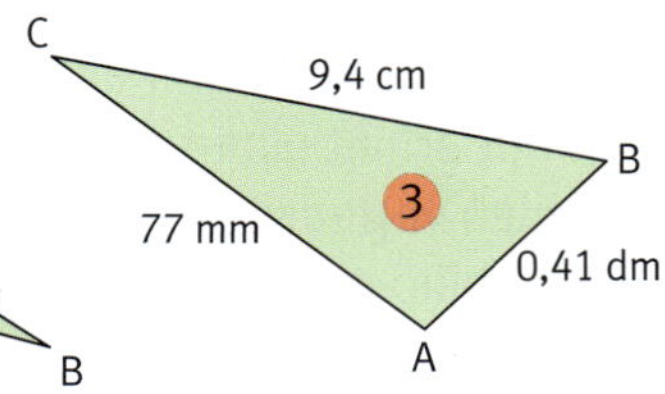

5 „Der Satz des Pythagoras ist ein Spezialfall des Kosinussatzes."
Was meinst du dazu? Begründe.

1 Im Internet kann man Sonnensegel bestellen, die sich im Garten als Schattenspender aufspannen lassen. Ein Händler bietet dabei ein Segel in Form eines gleichseitigen Dreiecks mit einer Seitenlänge von 4,5 m an.

a) Skizziere das Dreieck und zerlege es in zwei rechtwinklige Dreiecke.

b) Berechne den Flächeninhalt des Dreiecks auf zwei verschiedene Arten, indem du
① die trigonometrischen Beziehungen nutzt.
② den Satz des Pythagoras verwendest.

2 Das Verfahren aus Aufgabe 1 zur Berechnung des Flächeninhalts lässt sich vereinfachen. Übertrage und vervollständige die Überlegungen.

① Jedes Dreieck lässt sich durch das Einzeichnen ___ in ___ zerlegen.
② Im nebenstehenden Dreieck gilt für den Flächeninhalt: ___.
③ Im Dreieck ADC gilt $\sin\alpha = \frac{\_}{\_} \Leftrightarrow h_c = \_ \cdot \_$.
④ Nun kann man in der Flächeninhaltsformel für h_c diese Umformung einsetzen: ___.

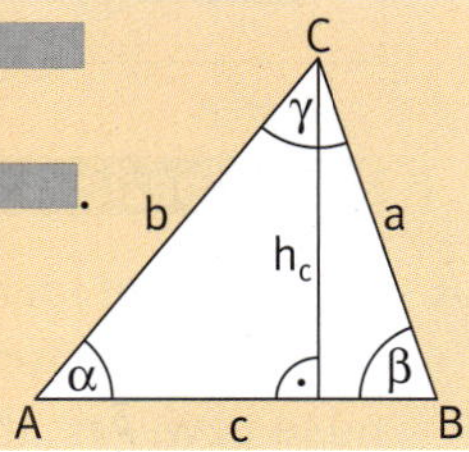

Für den **Flächeninhalt eines allgemeinen Dreiecks ABC** gilt:

$A = \frac{1}{2} \cdot b \cdot c \cdot \sin\alpha = \frac{1}{2} \cdot a \cdot c \cdot \sin\beta = \frac{1}{2} \cdot a \cdot b \cdot \sin\gamma$

geg.: c = 12 cm; b = 8 cm; α = 58° ges.: Flächeninhalt

$A = \frac{1}{2} \cdot b \cdot c \cdot \sin\alpha$

$A = \frac{1}{2} \cdot 8\text{ cm} \cdot 12\text{ cm} \cdot \sin 58° \approx 40{,}7\text{ cm}^2$

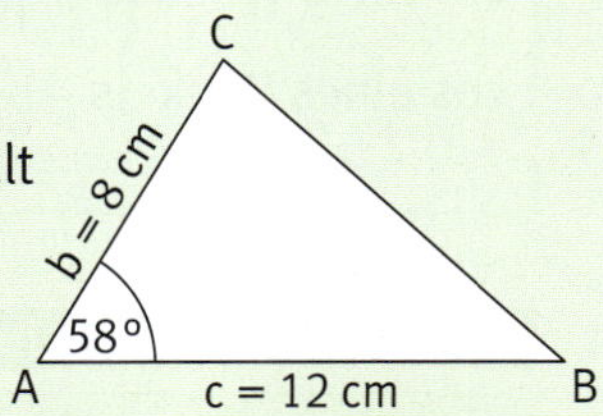

Flächeninhaltsformel für allgemeine Dreiecke

3 Begründe, warum man die Formel für den Flächeninhalt dreimal unterschiedlich aufschreiben kann.

Merktipp:
$A = \frac{1}{2}$ · Seite · Seite · Sinus des eingeschlossenen Winkels

4 Berechne den Flächeninhalt des Dreiecks ABC. Bestimme gegebenenfalls zunächst fehlende Größen.

a) a = 2,5 cm; b = 6,9 cm; γ = 32°
b) a = 42 mm; b = 26 mm; α = 77°; β = 37°
c) a = 21 cm; c = 29 cm; β = 90°
d) c = 7,2 cm; α = 54°; β = 46°
e) a = 6,3 cm; b = 4,5 cm; α = 40°
f) a = 12,3 cm; b = 8,4 cm; c = 6,5 cm

5 a) Zeige, dass die Flächeninhaltsformel auch für stumpfwinklige Dreiecke gilt. Verwende die nebenstehende Skizze.

b) Erkläre, wie man aus der Flächeninhaltsformel für beliebige Dreiecke den Spezialfall für rechtwinklige Dreiecke erhält: $A = \frac{1}{2} \cdot a \cdot b$.

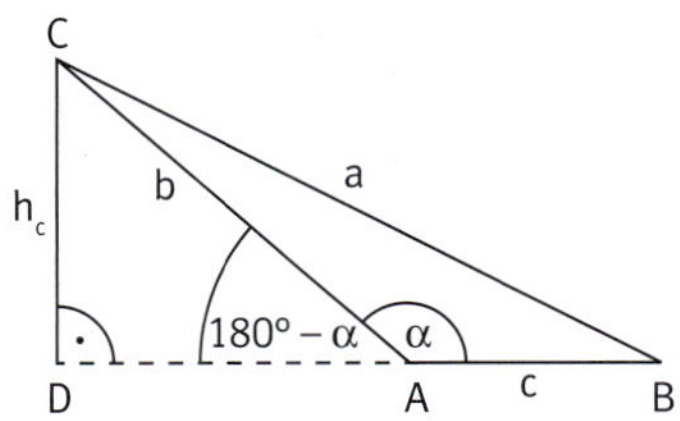

Trigonometrie wiederholen

Ähnlichkeit

Mit ähnlichen Figuren arbeiten S. 58 f.

Zwei Figuren sind zueinander ähnlich, wenn
- sie in allen Innenwinkeln übereinstimmen.
- alle Seitenlängen mit dem gleichen Faktor k multipliziert werden.
- die Verhältnisse einander entsprechender Seitenlängen gleich sind.

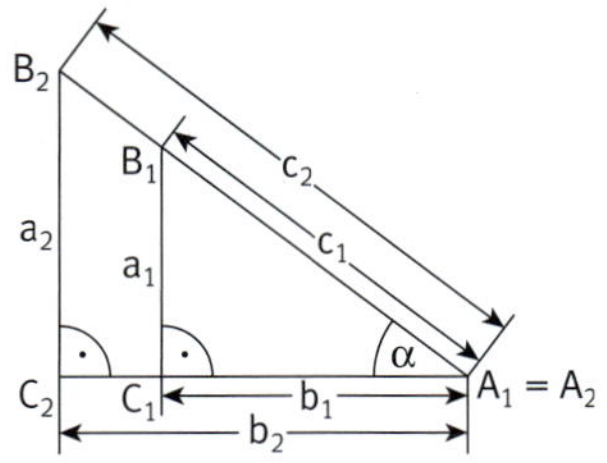

Die beiden Dreiecke $A_1B_1C_1$ und $A_2B_2C_2$ sind zueinander ähnlich.

Ähnlichkeitsfaktor: $k = \frac{a_2}{a_1} = \frac{b_2}{b_1} = \frac{c_2}{c_1}$

Damit gilt auch:

$\frac{a_1}{b_1} = \frac{a_2}{b_2}$ bzw. $\frac{a_1}{c_1} = \frac{a_2}{c_2}$ bzw. $\frac{b_1}{c_1} = \frac{b_2}{c_2}$ ...

Winkelbeziehungen in rechtwinkligen Dreiecken

Mit Sinus, Kosinus und Tangens in rechtwinkligen Dreiecken rechnen S. 62 ff.

In ähnlichen rechtwinkligen Dreiecken sind bei gleichem Winkel α die Verhältnisse der Längen von Gegenkathete zu Ankathete, Gegenkathete zu Hypotenuse bzw. Ankathete zu Hypotenuse jeweils gleich.

tan eines Winkels = $\frac{GK}{AK}$

sin eines Winkels = $\frac{GK}{HY}$

cos eines Winkels = $\frac{AK}{HY}$

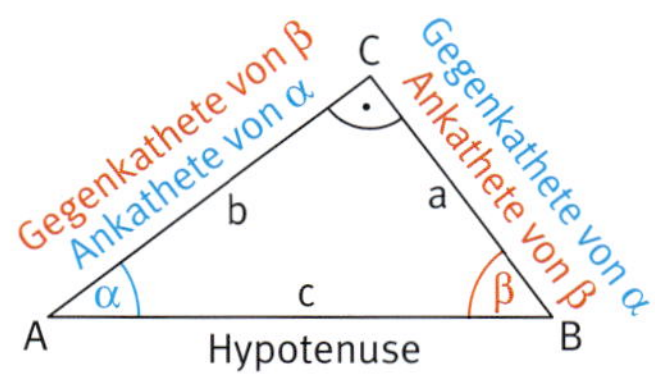

$\tan \alpha = \frac{a}{b}$ $\tan \beta = \frac{b}{a}$

$\sin \alpha = \frac{a}{c}$ $\sin \beta = \frac{b}{c}$

$\cos \alpha = \frac{b}{c}$ $\cos \beta = \frac{a}{c}$

Winkelbeziehungen in allgemeinen Dreiecken

Mit dem Sinussatz rechnen S. 70

Der Sinussatz	Der Kosinussatz
In einem allgemeinen Dreieck ABC ist das Verhältnis der Sinuswerte zweier Winkelgrößen gleich dem Verhältnis der Längen der beiden gegenüberliegenden Seiten.	Mithilfe des Kosinussatzes kann man in einem allgemeinen Dreieck ABC bei zwei gegebenen Seitenlängen und der Größe des eingeschlossenen Winkels die dritte Seitenlänge berechnen.

Er-Wissen: Mit dem Kosinussatz rechnen S. 72

$\frac{\sin \alpha}{\sin \beta} = \frac{a}{b}$ bzw. $\frac{a}{\sin \alpha} = \frac{b}{\sin \beta}$

$\frac{\sin \alpha}{\sin \gamma} = \frac{a}{c}$ bzw. $\frac{a}{\sin \alpha} = \frac{c}{\sin \gamma}$

$\frac{\sin \beta}{\sin \gamma} = \frac{b}{c}$ bzw. $\frac{b}{\sin \beta} = \frac{c}{\sin \gamma}$

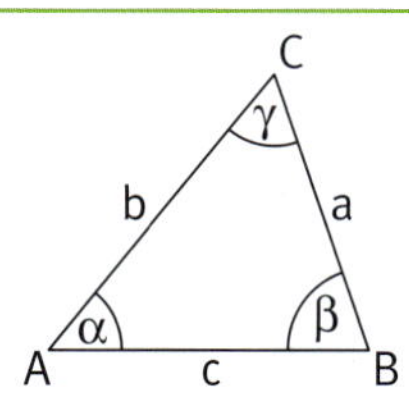

$a^2 = b^2 + c^2 - 2bc \cdot \cos \alpha$

$b^2 = a^2 + c^2 - 2ac \cdot \cos \beta$

$c^2 = a^2 + b^2 - 2ab \cdot \cos \gamma$

Er-Wissen: Flächeninhalte allgemeiner Dreiecke berechnen S. 73

Jedes Dreieck kann man entlang einer Höhe in zwei rechtwinklige Teildreiecke zerlegen. Damit lässt sich mithilfe des Sinus der Flächeninhalt berechnen.

$A = \frac{1}{2} \cdot b \cdot c \cdot \sin \alpha = \frac{1}{2} \cdot a \cdot c \cdot \sin \beta = \frac{1}{2} \cdot a \cdot b \cdot \sin \gamma$

Aufgaben zur Differenzierung

Basis-Aufgaben | **Vertiefende Aufgaben**

1 Gib für die Winkel α und β alle möglichen Seitenverhältnisse sin, cos und tan an.

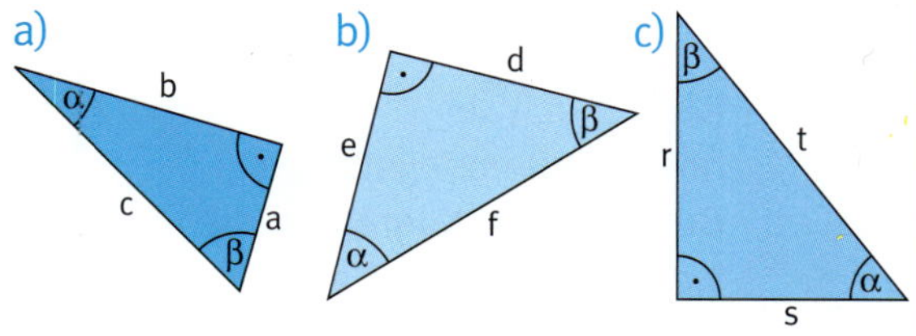

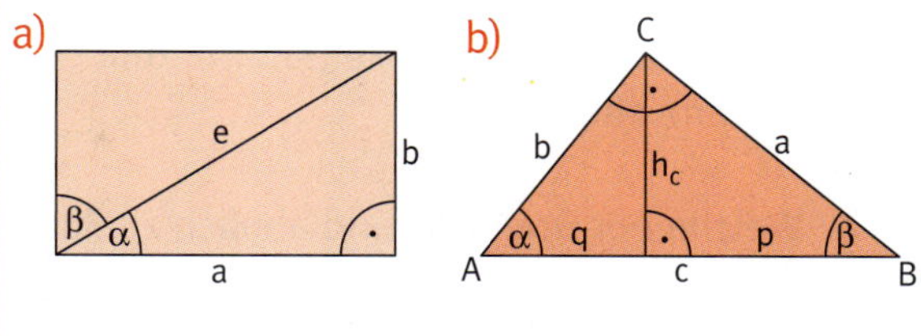

2 Sind die folgenden Aussagen für ein rechtwinkliges Dreieck richtig oder falsch? Begründe mithilfe einer Skizze und korrigiere falsche Aussagen.

Basis-Aufgaben:

a) Sinus, Kosinus und Tangens eines Winkels sind immer kleiner als 1.

b) Für die beiden Winkel α und β gilt: $\sin \alpha = \cos \beta$ bzw. $\cos \alpha = \sin \beta$.

Vertiefende Aufgaben:

a) Für Winkel, die größer sind als 45°, ist der Tangenswert größer als 1.

b) Für Winkel α mit $45° < \alpha < 90°$ gilt: $\cos \alpha > \sin \alpha$.

3 Berechne fehlende Seitenlängen und Winkel (Maße in cm).

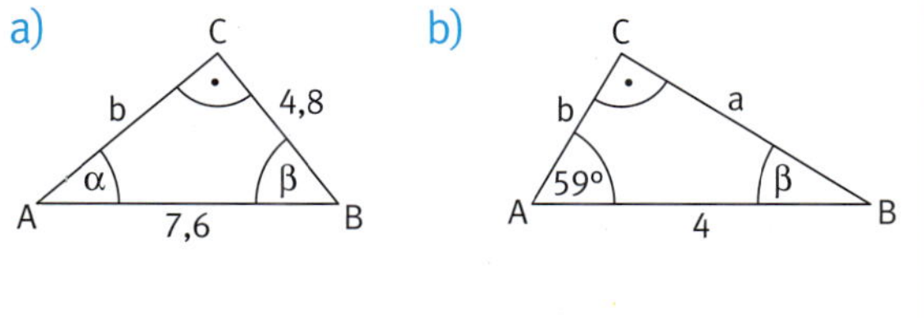

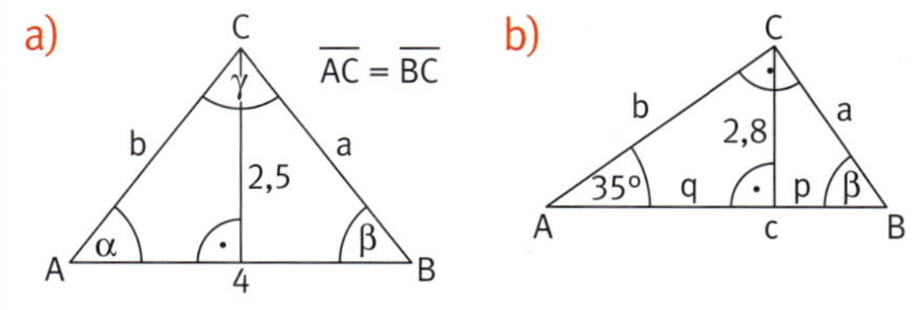

4 *Basis-Aufgaben:* Eine 7 m lange Leiter soll an einer Wand 6,7 m hoch reichen. Nach Sicherheitsvorschriften muss der Winkel, den die Leiter mit dem waagrechten Erdboden bildet, zwischen 68° und 75° groß sein. Ermittle mithilfe einer Skizze rechnerisch, ob die Vorgabe eingehalten wurde.

Vertiefende Aufgaben: Die Gesamtlänge einer Klappleiter beträgt 5 m.

a) Berechne, wie weit die Fußpunkte der Leiter auseinander stehen, wenn der Winkel an der Spitze 50° beträgt.

b) Berechne den Winkel an der Spitze, wenn man mit der Leiter eine Höhe von 2,2 m erreichen möchte.

5 Ein Schiff peilt auf seinem Kurs aus zwei Positionen A und B einen Leuchtturm an.

a) Konstruiere jeweils das Dreieck in einem geeigneten Maßstab: 1 sm (Seemeile) = 1,852 km.

b) Berechne, wie weit das Schiff jeweils vom Leuchtturm entfernt ist. Überprüfe durch Messen.

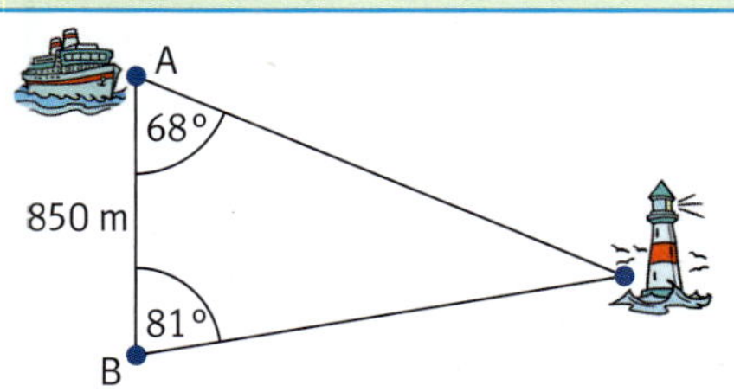

c) Berechne mithilfe einer Skizze die kürzeste Entfernung des Schiffes zum Leuchtturm auf seiner Fahrt.

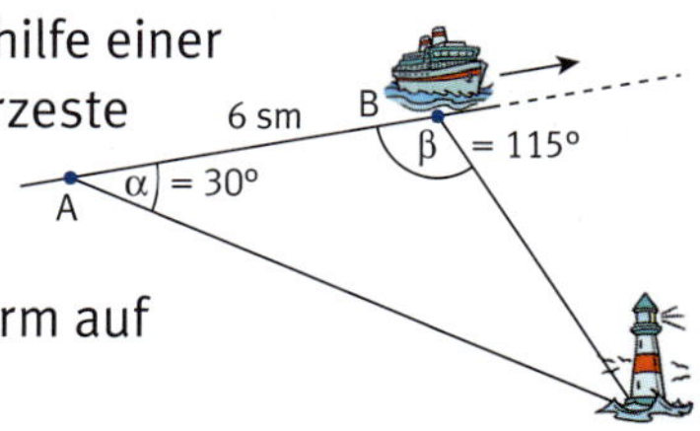

1 Ein rechtwinkliges Dreieck hat die Kathetenlängen a = 4 cm und b = 8 cm. Eine Seitenlänge eines jeweils dazu ähnlichen Dreiecks ist bekannt:
① a_1 = 6 cm ② b_2 = 2 cm ③ a_3 = 3,6 cm
Berechne den Ähnlichkeitsfaktor und zeichne alle Dreiecke.

2 Welche der Dreiecke sind ähnlich zueinander? Gib ggf. den Ähnlichkeitsfaktor an.

① ② ③

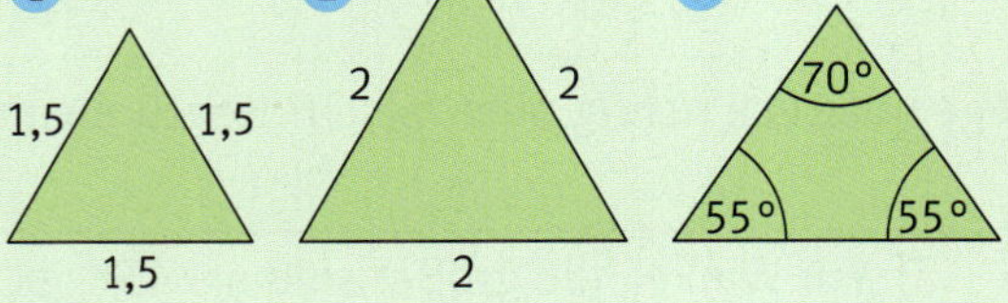

3 Bestimme die Größe des Winkels α. Zeichne dazu ein passendes rechtwinkliges Dreieck.
a) sin α = 0,6 b) cos α = 0,8
c) tan α = 3,0 d) sin α = 0,5
e) cos α = 0,4 f) tan α = 2,0

4 Berechne die Größe der Winkel α, β und γ.
a) b) c)

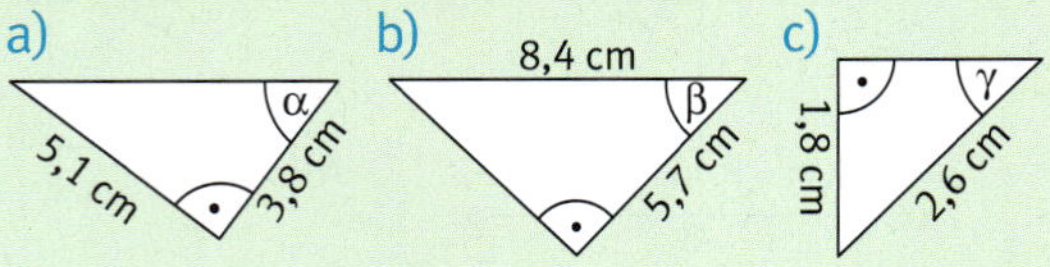

5 Berechne die fehlenden Seitenlängen und Winkel.
a) b) c)

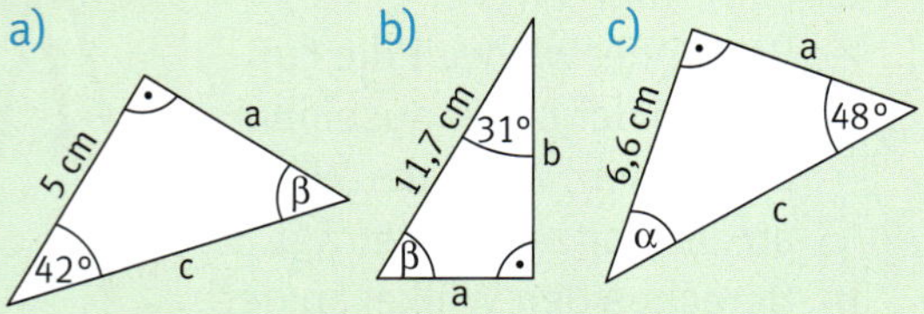

6 Berechne die fehlenden Werte.
Fertige zunächst eine Skizze an.

	a)	b)	c)
a	■	5,5 cm	■
b	■	7,3 cm	23 cm
c	14 cm	■	■
α	62°	■	■
β	■	■	90°
γ	90°	90°	58°

7 Neben einer Treppe soll eine Rampe für Rollstuhlfahrer aus Beton angebracht werden.

a) Berechne, wie hoch die Rampe ist.
b) Berechne die Kosten für die Rampe, wenn diese 1,20 m breit ist und ein Kubikmeter Fertigbeton 95 € kostet.

8 a) Die Seilbahn in den Berliner Gärten der Welt legt von der Talstation bis zur Zwischenstation einen Weg von 700 m zurück und überwindet dabei einen Höhenunterschied von 59 m.

Fertige eine beschriftete Skizze an und berechne den Steigungswinkel der Bahn.
b) Von der Zwischenstation fährt die Seilbahn unter einem Steigungswinkel von 2,8° hinauf zur Bergstation. Dabei überwindet sie einen Höhenunterschied von 39 m. Berechne die Länge der Strecke, die die Gondeln zurücklegen.
c) Berechne für die Abschnitte aus a) und b) die Steigung in Prozent.

9 a) Berechne die Streckenlängen $\overline{AB}$ und $\overline{AC}$.

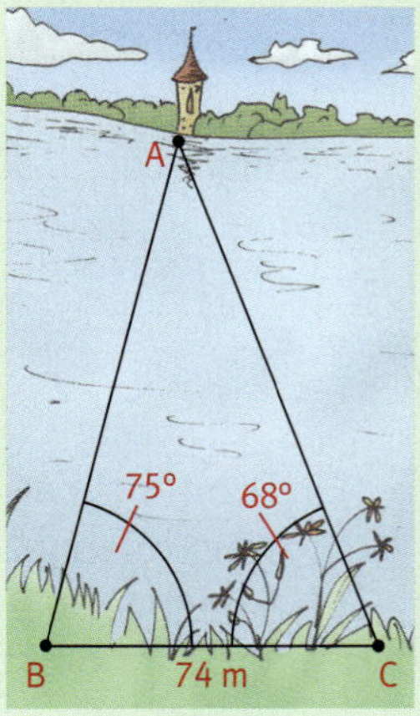

b) Konstruiere das Dreieck in einem geeigneten Maßstab und überprüfe damit dein Ergebnis aus a).
c) Eine alte Fähre überquert den Fluss von B nach A täglich von 10 bis 18 Uhr. Sie fährt mit einer Geschwindigkeit von 5 $\frac{km}{h}$. Ermittle, wie oft sie pro Tag maximal hin- und her fahren kann.

10 Konstruiere ein Dreieck ABC mit den gegebenen Maßen und anschließend ein zweites dazu ähnliches Dreieck A'B'C'.

a) $a = 6$ cm; $b = 4{,}5$ cm; $\gamma = 80°$ $a' = 4$ cm

b) $a = 5$ cm; $b = 4{,}5$ cm; $c = 7$ cm $a' = 3$ cm

11 Naydens Digitalkamera nimmt Bilder im Format 4 : 3 auf. Er lässt Abzüge drucken. Die kurze Seite der Fotos beträgt 13 cm. Wie lang sind die Fotos?

12 Berechne die Größe der benannten Winkel.

a)

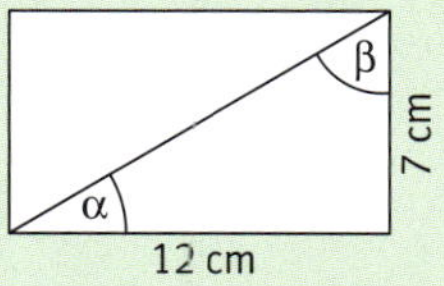

b)

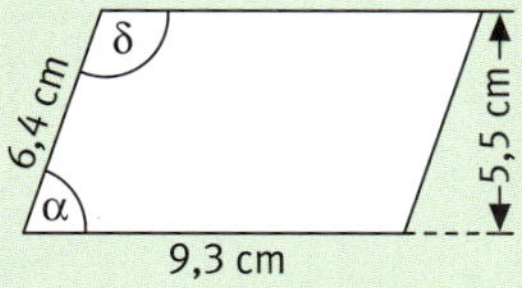

13 In einem Rechteck sind die Diagonalen 9,6 cm lang und schneiden sich unter einem Winkel von 56°. Fertige eine Skizze an und berechne die Längen der Seiten a und b.

14 Das Dreieck ABC ist gleichschenklig mit Basis c. Bestimme die fehlenden Seitenlängen sowie die Maße aller Winkel.

a) $b = 5{,}2$ cm; $\alpha = 62{,}3°$

b) $c = 4{,}5$ cm; $\gamma = 42°$

c) $a = 1{,}8$ dm; $c = 2{,}9$ dm

15 a) Bereits 12 Jahre nach der Grundsteinlegung (1173) begann der schiefe Turm von Pisa sich zu neigen. Heute ist er 55,8 m hoch und um 4° geneigt. Berechne mithilfe der Skizze, um wie viele Meter der Turm über seine Standfläche hinausragt.

b) Das Capital Gate in Abu Dhabi gilt als das „schiefste" Bauwerk der Welt. Es ist 160 m hoch und ragt rund 60 m über seine Standfläche hinaus. Berechne den Winkel, um den das Hochhaus geneigt ist, und vergleiche mit dem Turm von Pisa.

16 Ein Ballon schwebt 55 m über der Erde. Vom Ballon aus werden die Spitze des Turmes sowie sein Fußpunkt angepeilt.

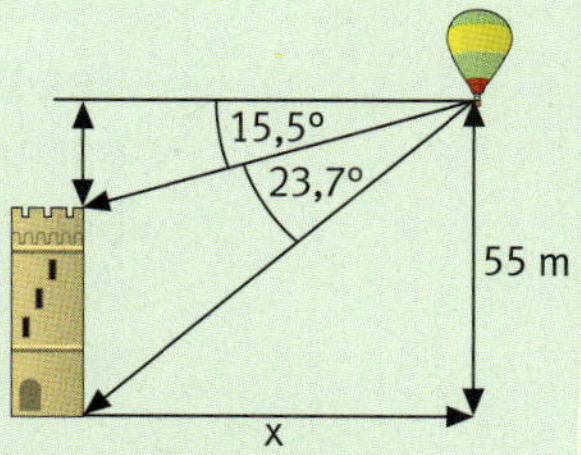

a) Berechne die Entfernung des Ballonkorbs von der Turmspitze.

b) Bestimme die Turmhöhe.

17 Georgie und Kevin stehen 250 m voneinander entfernt am Ufer der Havel. Georgie sieht ein Schlauchboot unter einem Winkel von $\alpha = 40°$, Kevin gleichzeitig unter einem Winkel von $\beta = 62°$.

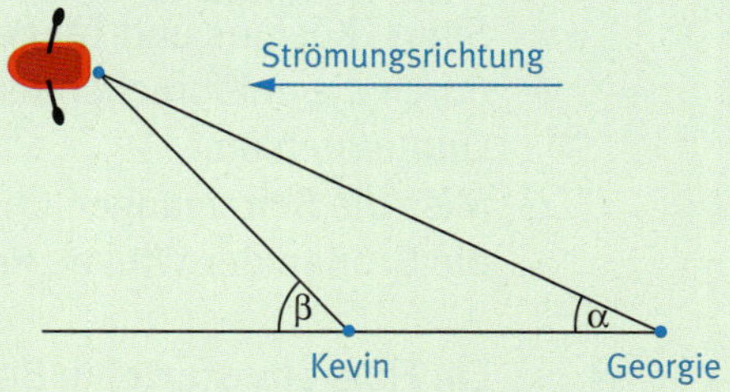

a) Berechne die kürzeste Entfernung des Schlauchboots vom Ufer.

b) Die Strömung treibt das Schlauchboot mit 3 $\frac{km}{h}$ geradlinig an. Berechne, wie viele Meter Georgie von ihrem Ausgangspunkt am Ufer entlang laufen muss, um das Schlauchboot einzuholen, wenn das Boot 10 Minuten getrieben ist.

18 Berechne die fehlenden Seitenlängen bzw. Winkel für ein Dreieck ABC.

a) $b = 7{,}4$ cm; $c = 5{,}6$ cm; $\alpha = 30{,}1°$

b) $a = 18{,}1$ cm; $c = 34{,}5$ cm; $\beta = 31{,}2°$

c) $a = 8{,}1$ cm; $b = 7{,}1$ cm; $c = 5{,}8$ cm

19 Zwischen zwei Straßen, die einen Winkel von 72° miteinander bilden, liegt ein dreieckiges Grundstück. Die Seiten zur Straße sind 23 m und 19,5 m lang. Pro Quadratmeter Bauland müssen 75 € bezahlt werden.

a) Kann sich die Familie Rifat das Grundstück leisten, wenn sie nicht mehr als 18 000 € ausgeben können?

b) Berechne, welchen Betrag sie noch für die Umzäunung des Grundstücks zurücklegen müssten (Kosten für 10 m: 225 €).

1 Gegeben ist ein Dreieck mit a = 5 cm, b = 3 cm und c = 6 cm. Überprüfe rechnerisch, ob folgende Dreiecke zum Ausgangsdreieck ähnlich sind. Gib gegebenenfalls den Ähnlichkeitsfaktor k an.

(1) a = 15 cm b = 9 cm c = 18 cm
(2) a = 7,5 cm b = 4,5 cm c = 9 cm
(3) a = 10 cm b = 6 cm c = 12 cm
(4) a = 6,25 cm b = 3,75 cm c = 7,25 cm

2 Geländefahrzeuge werden miteinander verglichen.

a) Bestimme den Steigungswinkel der Straße, auf der Fahrzeuge mit einer Steigfähigkeit von 54 % (60 %; 90 %) fahren können.

b) Berechne die Steigung in Prozent für Steigungswinkel von 30° (35°; 58°).

3 a) Benenne für die Winkel β, γ, δ und ε jeweils Hypotenuse, Ankathete und Gegenkathete.

b) Gib für diese Winkel jeweils Sinus, Kosinus und Tangens durch die entsprechenden Quotienten an.

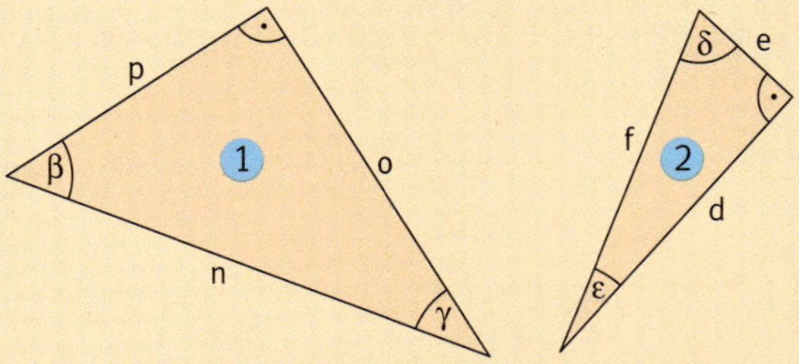

c) Miss die Seitenlängen und berechne mithilfe von Sinus, Kosinus und Tangens die Größen der Winkel. Prüfe deine Ergebnisse mit der Zeichnung.

4 a) Ein Flugzeug startet in Berlin-Schönefeld. Nach 41 Flugkilometern befindet es sich in einer Höhe von genau 8 km. Fertige eine beschriftete Skizze an und berechne, unter welchem Steigungswinkel das Flugzeug gestartet ist.

b) Ein anderes Flugzeug startet mit einem durchschnittlichen Steigungswinkel von 3,5°. Welche Flugstrecke hat es zurückgelegt, wenn es die vorgesehene Reiseflughöhe von 9 500 m erreicht hat?

5 Das Dreieck ABC ist wie üblich benannt. Berechne zunächst fehlende Seitenlängen und Innenwinkel und überprüfe durch eine Konstruktion.

a) b = 6,2 cm; c = 5,5 cm; β = 42°
b) a = 6,5 cm; β = 45°; γ = 106°
c) a = 4,4 cm; c = 3,6 cm; α = 74°
d) a = 6 cm; α = 80°; β = γ

6 Von zwei 5 km auseinanderliegenden Punkten A und B wird ein Ballon zum selben Zeitpunkt angepeilt. Berechne die Höhe des Ballons über der Erde.

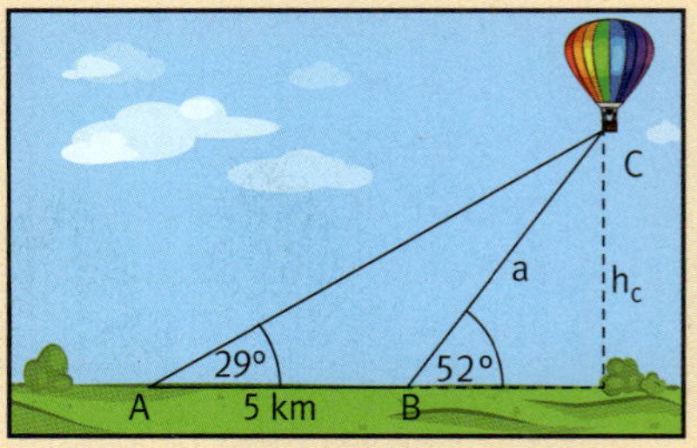

Er

7 In einem Park wird ein dreieckiges Rasenstück neu eingesät. Zwei Seiten sind 5 m bzw. 12 m lang, der von ihnen eingeschlossene Winkel beträgt 50°.

a) Bestimme die Kosten für die Samen, wenn pro Quadratmeter 40 g gesät werden und 500 g Grassamen 3,99 € kosten.

b) Ein Absperrband soll zunächst das Betreten der Rasenfläche verhindern. Berechne dessen Länge.

Berechnungen an Kugeln und zusammengesetzten Körpern

Berlin ist das beliebteste Städtereiseziel für Touristen in Deutschland.

Fernsehturm
Der Fernsehturm ist das höchste freistehende Bauwerk Europas und wurde 1969 fertig gestellt. Pro Jahr kommen über eine Million Besucher. Damit gehört der Fernsehturm zu den zehn beliebtesten Sehenswürdigkeiten in Deutschland.

Reichstagsgebäude
Nachdem im Jahr 1999 die Regierung von Bonn nach Berlin umgezogen ist, tagt im Reichstagsgebäude der deutsche Bundestag. Im selben Jahr erhielt das Gebäude wieder eine Kuppel wie vor dem zweiten Weltkrieg. Im oberen Teil der Kuppel gibt es eine 200 m^2 große Aussichtsplattform, die man zu Fuß erreichen kann.

Zeiss-Planetarium
Das Zeiss-Großplanetarium wurde anlässlich der 750-Jahr-Feier Berlins im Jahr 1987 errichtet. Das Planetarium hat einen großen Saal mit 307 Plätzen. Im Kino finden 160 Personen Platz. Interessierte für Astronomie und Wissenschaft kommen hier voll auf ihre Kosten. Neben spannenden Vorträgen finden aber auch Theatervorführungen und Konzerte statt.

- Welche mathematischen Grundkörper kannst du an den Gebäuden erkennen?
- Skizziere die Gebäude.
- Welche Größen kann man an den Gebäuden berechnen? Welche Maße werden dazu benötigt? Recherchiere diese im Internet. Du kannst Maße, die du nicht findest, auch schätzen.
- Überlege, wie man vorgehen müsste, um das Gesamtvolumen der Gebäude zu berechnen.

Grundbegriffe und Berechnungen an Körpern

Grundbegriffe an Körpern wiederholen

1 Übertrage die Tabelle und fülle sie aus (Maße in cm).

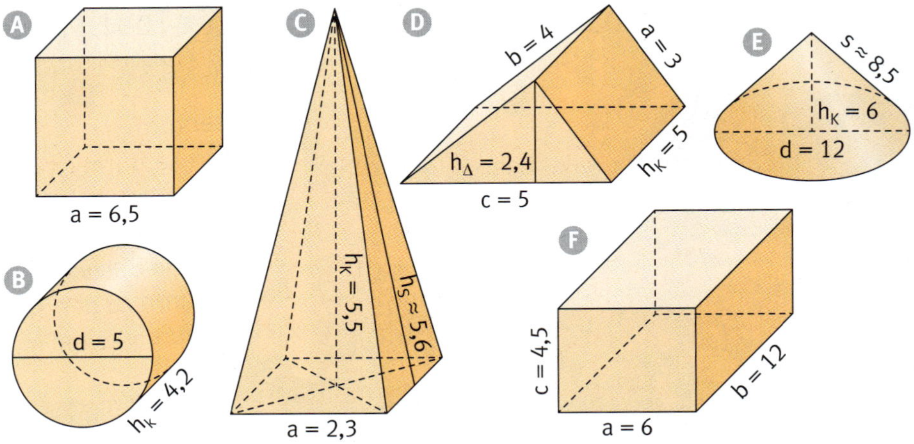

Körper	Art der Grundfläche	Art der Deckfläche	Art und Anzahl der Seitenflächen

Zu den geometrischen Grundkörpern zählen Würfel, Quader, Prisma, Zylinder, Pyramide, Kegel und Kugel. Würfel und Quader sind spezielle Prismen. Alle Seitenflächen zusammen bilden die Mantelfläche eines Körpers.

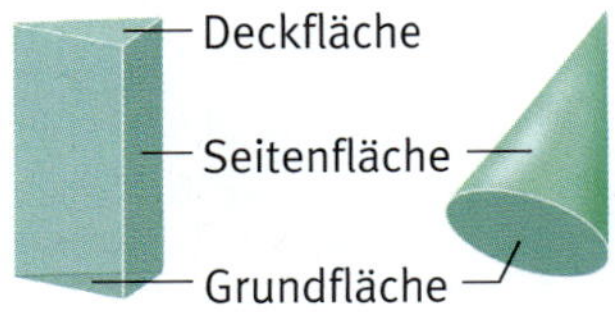

Oberflächeninhalt und Volumen von Körpern berechnen

2 a) Ordne die folgenden Formeln jeweils einem Kegel oder einer Pyramide zu. Welche Größen werden mit diesen Formeln berechnet?

$V = \frac{1}{3} \cdot a^2 \cdot h_k$ | $A = a^2$ | $A = \pi \cdot r^2$ | $A = \pi \cdot r \cdot s$

$A = a^2 + 2 \cdot a \cdot h_s$ | $V = \frac{1}{3} \cdot \pi \cdot r^2 \cdot h_k$ | $A = \pi \cdot r^2 + \pi \cdot r \cdot s$

b) Erkläre an einer Skizze einer Pyramide den Unterschied zwischen h_k und h_s.

c) Erkläre an einer Skizze eines Kegels, wo die Mantellinie s liegt.

3 Berechne Grund- und Mantelflächeninhalt, Oberflächeninhalt und Volumen der Körper aus Aufgabe 1.

Der Oberflächeninhalt A_O eines Körpers ist die Summe der Flächeninhalte aller Netzflächen (Grundflächeninhalt A_G, Mantelflächeninhalt A_M).
Das Volumen eines Körpers ist abhängig vom Flächeninhalt der Grundfläche und der Länge der Körperhöhe h_K.

Für Prismen und Zylinder gilt: $A_O = 2 \cdot A_G + A_M$ $\quad V = A_G \cdot h_K$

Für Pyramiden und Kegel gilt: $A_O = A_G + A_M$ $\quad V = \frac{1}{3} \cdot A_G \cdot h_K$

Maßeinheiten

Maßeinheiten umrechnen

4 Rechne in die in Klammern stehenden Einheiten um.

a) 3,2 cm (mm)	0,47 dm (mm)	20 dm (m)	24 m (km)
b) 87 dm^2 (m^2)	0,56 dm^2 (mm^2)	230 cm^2 (dm^2)	0,64 km^2 (m^2)
c) 400 dm^3 (cm^3)	6,8 m^3 (cm^3)	7,9 m^3 (dm^3)	4 000 000 m^3 (km^3)
d) 9,1 hl (l)	4,8 l (ml)	430 l (m^3)	0,39 cm^3 (l)

Die Umrechnungszahl bei Längenmaßen ist 10.
Zusätzlich gilt: 1 km = 1 000 m

mm	→ : 10 / ← · 10	cm	→ : 10 / ← · 10	dm	→ : 10 / ← · 10	m	→ : 1 000 / ← · 1 000	km	Längenmaße

Die Umrechnungszahl bei Flächenmaßen ist 100.
Zusätzlich gilt: 1 km^2 = 1 km · 1 km = 1 000 m · 1 000 m = 1 000 000 m^2

mm^2	→ : 100 / ← · 100	cm^2	→ : 100 / ← · 100	dm^2	→ : 100 / ← · 100	m^2	→ : 1 000 000 / ← · 1 000 000	km^2	Flächenmaße

Die Umrechnungszahl bei Volumenmaßen ist 1000. Zusätzlich gilt:
1 km^3 = 1 km · 1 km · 1 km = 1 000 m · 1 000 m · 1 000 m = 1 000 000 000 m^3

mm^3	→ : 1000 / ← · 1000	cm^3	→ : 1000 / ← · 1000	dm^3	→ : 1000 / ← · 1000	m^3	→ : 1 000 000 000 / ← · 1 000 000 000	km^3	Volumenmaße

Hohlmaße und Volumenmaße sind eng verbunden. Es gilt:
1 l = 1 dm^3 = 1 000 cm^3 und 1 cm^3 = 1 ml
1 l = 1 000 ml und 1 hl = 100 l

Satz des Pythagoras in Körpern

Den Satz des Pythagoras in Körpern anwenden

5 Berechne die Längen der rot markierten Seiten bzw. Diagonalen.

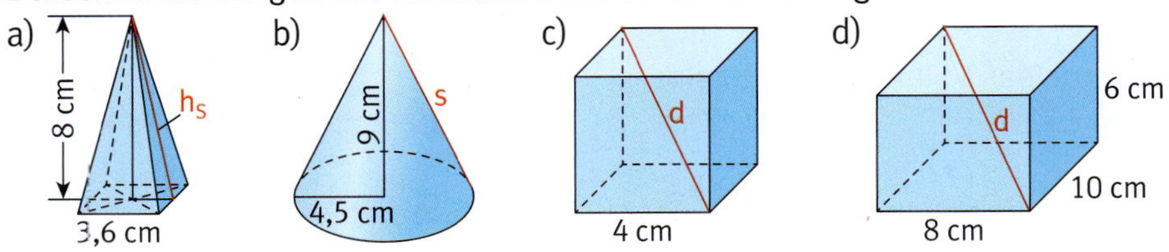

Seitenlängen in Körpern können mithilfe des Satz des Pythagoras berechnet werden. Dazu denkt man sich im Körper ein oder gegebenenfalls zwei rechtwinklige Dreiecke.
Die Länge der Raumdiagonalen in einem Würfel und einem Quader ergibt sich durch zweimaliges Anwenden des Satz des Pythagoras.

$d = a \cdot \sqrt{3}$ bzw. $d = \sqrt{a^2 + b^2 + c^2}$

Länge der Raumdiagonalen d in einem Quader:
a = 7 cm, b = 3 cm, c = 2 cm: $d = \sqrt{7^2 + 3^2 + 2^2} = \sqrt{62} \approx 7{,}9$ (cm)

Volumen von Kugeln berechnen

Mein Fußball hat keine Ecken und Kanten; eine Grundfläche kann ich auch nicht erkennen. Kann man so überhaupt das Volumen berechnen?

Archimedes sollte den Goldgehalt der Krone des Königs prüfen, ohne sie zu beschädigen. Dazu tauchte er einmal die Krone und dann einen Goldbarren, der genauso viel wog wie die Krone, in einen vollen Wasserbehälter und bestimmte die Menge des überlaufenden Wassers. Die Krone verdrängte mehr Wasser als der Goldbarren, sie hatte also bei gleichem Gewicht ein größeres Volumen. Daraus schloss Archimedes, dass diese nicht ganz aus Gold gefertigt war.

Archimedes, ein griechischer Mathematiker, lebte von 287 bis 212 v.Ch. in Syrakus.

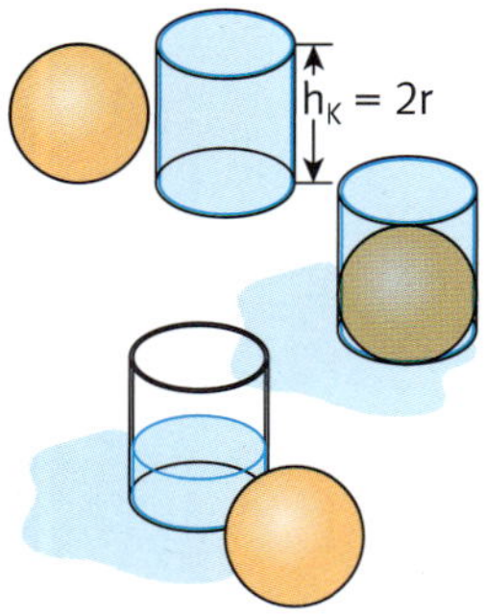

1 Wie kann Julian die Erkenntnis von Archimedes nutzen? Versuche, das Volumen einer Kugel mithilfe von Archimedes' Überlegungen zu bestimmen. Gehe dazu folgendermaßen vor:

1. Suche einen zylinderförmigen Behälter. Stelle aus Knetmasse eine Kugel her. Die Kugel soll den gleichen Durchmesser haben wie der Zylinder. Die Höhe des Zylinders soll doppelt so groß sein wie der Kugelradius.
2. Fülle den Zylinder bis zum oberen Rand mit Wasser. Tauche die Kugel ein.
3. Nimm die Kugel wieder heraus und bestimme den Anteil des Wassers, das herausgelaufen und den Anteil des Wassers, das im Zylinder verblieben ist.
4. Leite aus der Volumenformel des Zylinders mithilfe deiner Erkenntnisse eine Formel zur Berechnung des Volumens einer Kugel ab.

Volumen einer Kugel

Das **Volumen einer Kugel** ist abhängig vom Radius der Kugel.

Es gilt: $V = \frac{4}{3} \cdot \pi \cdot r^3$

Für r = 6 cm: $V = \frac{4}{3} \cdot \pi \cdot 6^3 \approx 904{,}8\ (\text{cm}^3)$

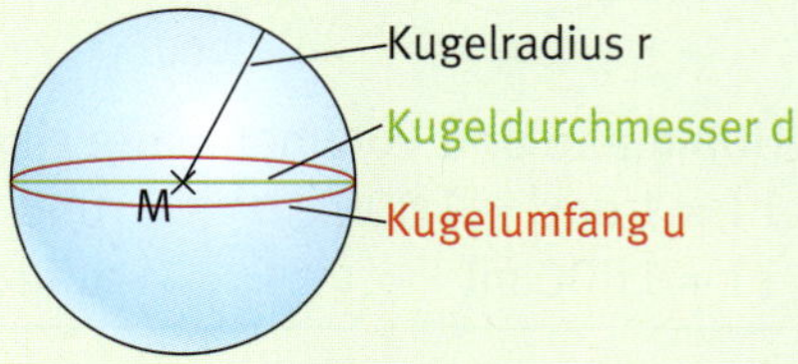

2 Berechne das Volumen von Julians Fußball mit dem Radius r = 11 cm.

3 Berechne das Volumen der Kugeln.

a) r = 7,2 cm b) r = 0,35 m c) d = 18,6 mm d) d = 2,7 dm

Tippe $\frac{4}{3}$ in den Taschenrechner so ein:
[:] [3] [x] [4]
oder so:
[4] [a b/c] [3]

4 Berechne die fehlenden Größen einer Kugel. Runde sinnvoll.

	a)	b)	c)	d)	e)	f)
r	3 cm	■	5,6 m	■	■	■
d	■	90 mm	■	377 dm	■	■
u	■	■	■	■	62,8 m	0,94 km
V	■	■	■	■	■	■

5 Berechne den Kugelradius. Runde sinnvoll.

a) $V = 600\ \text{cm}^3$ b) $V = 4525\ \text{mm}^3$ c) $V = 0{,}265\ \text{m}^3$ d) V = 915 l

1 Hat die Eisdiele ihre Preise sinnvoll kalkuliert? Begründe durch eine Rechnung.

2 Sandy ist mit ihren Freundinnen am Strand. Sie möchten mit dem Wasserball spielen. Wie viele Liter Luft muss Sandy in den Ball blasen, damit er einen Durchmesser von 40 cm hat?

3 Ein Anbieter im Internet verkauft drei verschiedene halbkugelförmige Schalen mit den Durchmessern von 20 cm, 25 cm und 30 cm.
Laut Hersteller sollen in die Schalen 2 Liter, 4 Liter bzw. 6 Liter passen. Überprüfe, ob die Angaben korrekt sind.

4 Der Koch im Kindergarten hat 20 l Linsensuppe gekocht. Er gibt jedem Kind eine Suppenkelle voll auf den Teller. Berechne, welche Suppenkelle der Koch wählen soll, wenn 100 Portionen ausgeteilt werden sollen. Es stehen Suppenkellen mit den Durchmessern 7 cm, 9 cm und 11 cm zur Auswahl.

5 Kann die Prinzessin im Märchen „Der Froschkönig“ die goldene Kugel wirklich werfen?
a) Schätze mithilfe der Abbildung den Durchmesser der Kugel.
b) Berechne die Masse der Kugel. Die Dichte von Gold beträgt $19{,}3\ \frac{g}{cm^3}$.

6 Immer 60 Weihnachtsbaumkugeln mit einem Durchmesser von 5,5 cm werden in ein quaderförmiges Paket verpackt.
a) Welche Maße muss das Paket mindestens haben? Finde zwei verschiedene Möglichkeiten.
b) Berechne, wie viel Prozent des Verpackungsraums die Kugeln einnehmen.

7 Beim Kegeln werden Kugeln aus Kunststoff (Dichte ca. $1{,}3\ \frac{g}{cm^3}$) verwendet. Kinder spielen mit den kleinsten Kugeln, die einen Durchmesser von 120 mm haben. Jugendliche spielen mit Kugeln mit einem Durchmesser von 14 cm.
a) Berechne die Masse der beiden Kugeln.
b) Um wie viel Prozent vergrößert sich die Masse von der Kinder- zur Jugendkugel?
c) Kugeln für Erwachsene wiegen bis zu 2,9 kg. Berechne den Durchmesser dieser Kugeln.

Oberflächeninhalt von Kugeln berechnen

Klassische Fußbälle werden in Handarbeit angefertigt. Die fünf- bzw. sechseckigen Waben werden gestanzt und mit einem mit Wachs getränkten Faden zusammengenäht. Für einen Ball sind durchschnittlich drei Stunden Nähzeit nötig, so dass ein Arbeiter etwa drei Bälle pro Tag nähen kann. Etwa 75 % von mehr als 40 Millionen Stück pro Jahr der Weltproduktion stammen aus Pakistan. Die Fußbälle werden von schlecht bezahlten Nähern hergestellt, oft auch von Kindern unter 14 Jahren. Die seit 2004 hergestellten Kunststoffbälle werden nicht mehr vernäht, sondern nur noch geklebt.

1 Bestimme den Oberflächeninhalt einer Kugel mithilfe eines Experiments. Gehe dazu folgendermaßen vor:

1. Besorge dir einen großen Apfel und miss den Umfang in der Mitte des Apfels. Berechne mithilfe dieser Maßzahl den Durchmesser d des Apfels.
2. Zeichne dann auf ein Blatt Papier mehrere Kreise mit diesem Durchmesser.
3. Schäle den Apfel und bestimme, wie viele Kreise du mit der Schale maximal vollständig bedecken kannst.
4. Leite aus der Formel des Flächeninhalts des Kreises mithilfe deiner Erkenntnisse eine Formel zur Berechnung des Oberflächeninhalts einer Kugel ab.

Oberflächeninhalt einer Kugel

Der **Oberflächeninhalt einer Kugel** ist abhängig vom Radius der Kugel.

Es gilt: $A_O = 4 \cdot \pi \cdot r^2$

Für r = 6 cm: $A_O = 4 \cdot \pi \cdot 6^2 \approx 452{,}4\ (\text{cm}^2)$

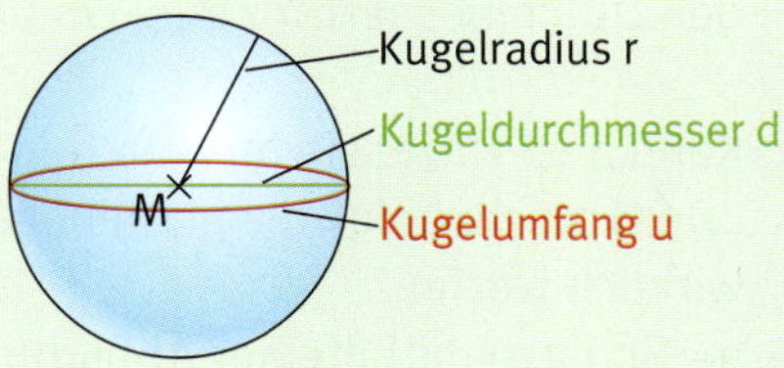

2 Berechne den Oberflächeninhalt von Julians Fußball mit u = 69 cm.

3 Berechne den Oberflächeninhalt der Kugeln.
a) r = 8 cm b) r = 160 mm c) d = 5,4 m d) d = 3,2 cm

4 Berechne die fehlenden Größen einer Kugel. Runde sinnvoll.

	a)	b)	c)	d)	e)	f)
r	80 cm	■	122 mm	■	■	■
d	■	24 m	■	0,25 m	■	■
u	■	■	■	■	188,5 dm	0,63 km
A_O	■	■	■	■	■	■

5 Berechne den Kugelradius. Runde sinnvoll.
a) $A_O = 856\ \text{m}^2$ b) $A_O = 72\ \text{cm}^2$ c) $A_O = 0{,}75\ \text{m}^2$ d) $A_O = 0{,}0018\ \text{km}^2$

Volumen und Oberflächeninhalt von Kugeln berechnen

1 Die Fußball-WM 2018 in Russland hatte 64 Spiele. Pro Spiel wurden fünf Bälle bereitgestellt. Wie viel Material wurde für die Herstellung aller Bälle benötigt? Der Umfang eines Fußballs beträgt 70 cm. Berücksichtige 13 % Mehrbedarf für Klebestellen.

2 Die Reichstagskuppel hat eine Höhe von 23,5 m. Dreimal im Jahr ist die Kuppel für die Besucher gesperrt. Zwei Glasreiniger putzen sie eine Woche von außen.
a) Berechne näherungsweise die Größe der zu putzenden Fläche.
b) Die Gebäudereinigungsfirma berechnet pro Quadratmeter 12,90 € zuzüglich 19 % Mehrwertsteuer. Berechne die jährlichen Kosten.

3 Im Tischtennis wurden im Jahr 2001 Regeln geändert. Der Durchmesser der Bälle vergrößerte sich von 38 mm auf 40 mm. Um wieviel Prozent vergrößerte sich
a) der Oberflächeninhalt der Bälle? b) das Volumen der Bälle?

4 Ein als kugelförmig angenommener Heißluftballon hat einen Oberflächeninhalt von 1 934 m^2.
a) Berechne das Volumen des Heißluftballons.
b) Welche Masse kann man maximal an den Ballon hängen, wenn man mit 1 000 m^3 heißer Luft ungefähr 300 kg Tragfähigkeit erreicht?

5 a) Wie verändert sich das Volumen und der Oberflächeninhalt einer Kugel, wenn der Radius verdoppelt (halbiert, verdreifacht, gedrittelt) wird?
b) Für das Volumen einer Kugel gilt: $V = \frac{1}{6} \cdot \pi \cdot d^3$. Begründe.
c) Für den Oberflächeninhalt einer Kugel gilt: $A_O = \pi \cdot d^2$. Begründe.

TRIMM-DICH-ZWISCHENRUNDE

1 Berechne das Volumen und den Oberflächeninhalt.

a)
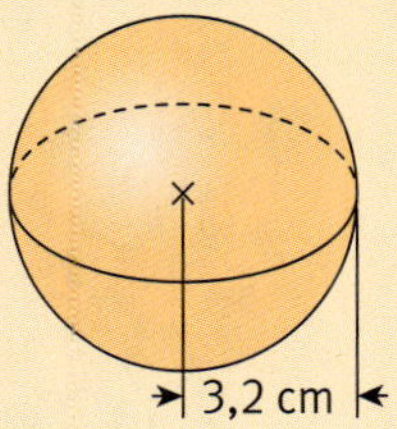

b)
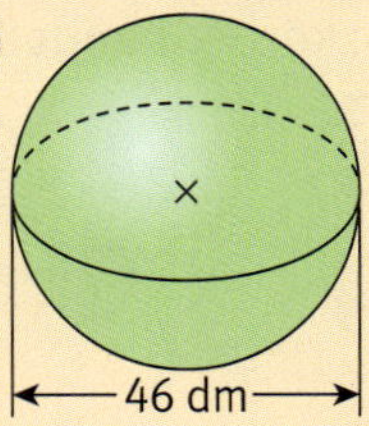

c)
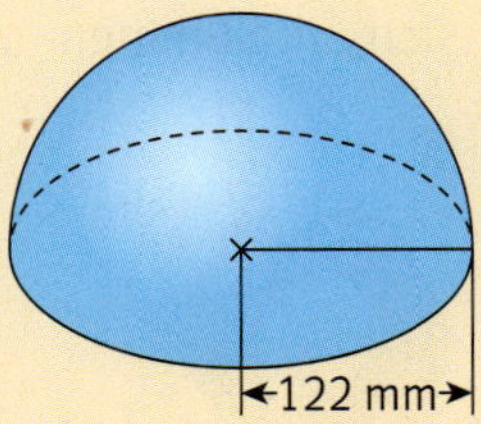

2 Lukas spielt Handball. Der Umfang eines Jugendhandballs beträgt 55 cm. Berechne das Volumen und den Oberflächeninhalt des Balls.

3 Auf dem Dach einer Schule wurde eine Astrokuppel errichtet. Die Halbkugel hat einen Durchmesser von 6 m.
a) Berechne den Oberflächeninhalt und das Volumen der Kuppel.
b) Die Firma Astromax berechnet für die Herstellung der Kuppel pro Quadratmeter 149 € zuzüglich 19 % Mehrwertsteuer.

Zusammengesetzte Körper untersuchen

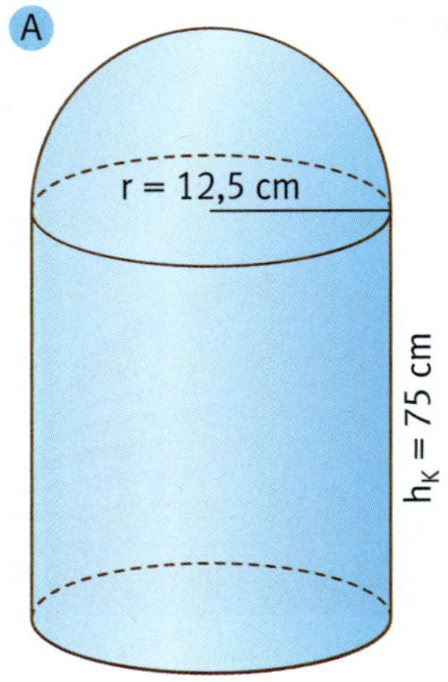

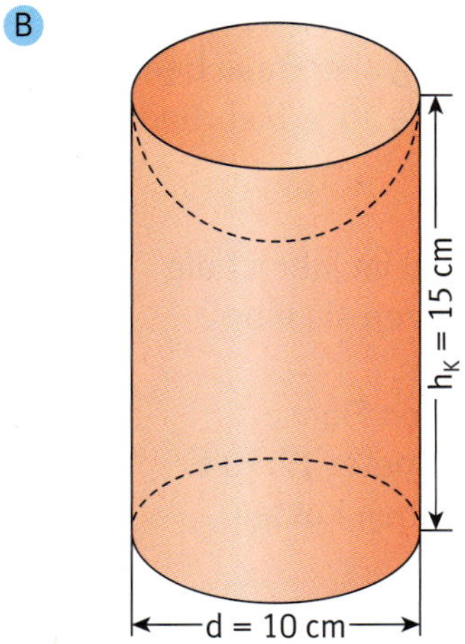

1 Niklas und Lara haben die Aufgabe, das Volumen und den Oberflächeninhalt der beiden Körper zu berechnen. Gib die Anzahl und die Art der Grundkörper, aus denen die Körper (A) und (B) bestehen, an.

Summen- und Differenzkörper

Besteht ein Körper aus mindestens zwei Teilkörpern, so spricht man von einem **zusammengesetzten Körper** oder **Summenkörper**. Wird aus einem Körper ein anderer Körper herausgeschnitten, so spricht man von einem **ausgehöhlten Körper** oder **Differenzkörper**.

Summenkörper:
Quader +
Zylinder

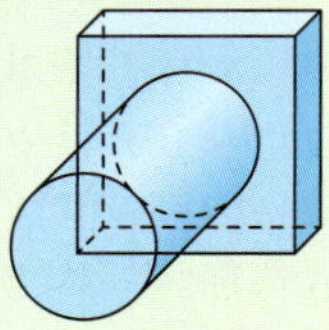

Differenzkörper:
Quader –
Zylinder

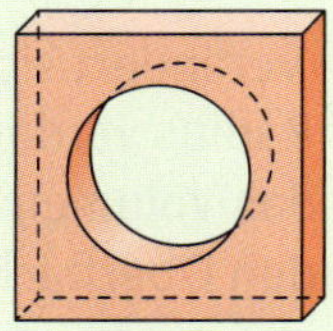

2 Ordne den Körpern (A) und (B) von Aufgabe 1 die Fachbegriffe aus dem Merkkasten zu.

3 Benenne die Grundkörper, aus denen die Körper (A) bis (D) bestehen. Gib an, ob es sich um Summen- oder Differenzkörper handelt.

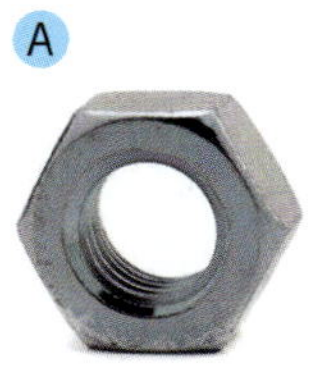

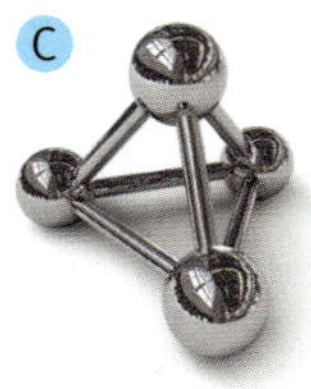

4 a) Beschreibe die Besonderheit dieser Körper.
b) Benenne die Grundkörper, aus denen die Körper (A) bis (C) bestehen.

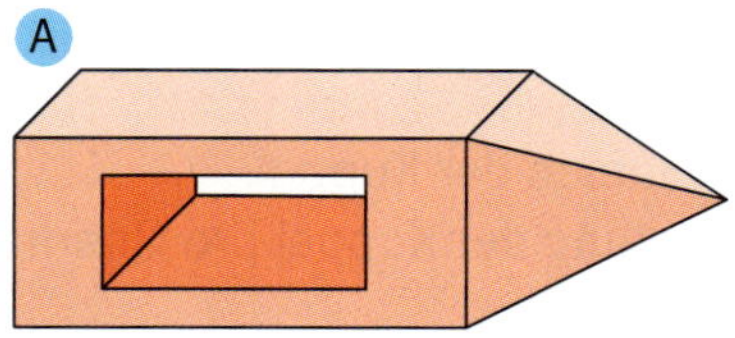

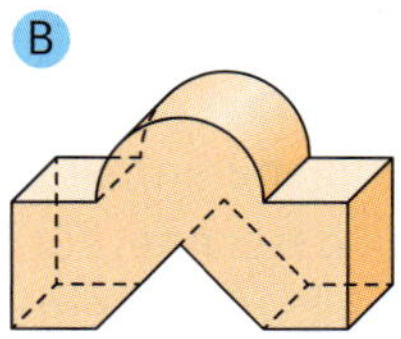

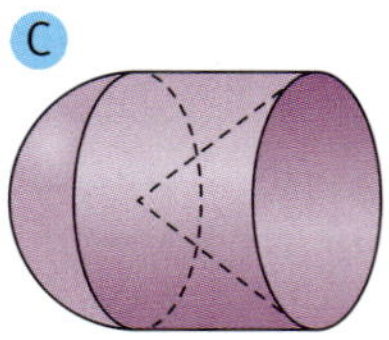

Zusammengesetzte Körper untersuchen

1 Lara weiß nun, wie sie rechnen muss, um das Volumen der Körper von S. 86 zu bestimmen.
a) Überprüfe Laras Rechnung.
b) Berechne das Volumen des Körpers (B).
c) Niklas meint: „Wenn du jetzt den Oberflächeninhalt berechnen willst, musst du aufpassen.“ Was meint Niklas mit dieser Bemerkung?

Volumen und Oberflächeninhalt zusammengesetzter Körper

> Das Volumen eines zusammengesetzten (ausgehöhlten) Körpers berechnet man als **Summe (Differenz) der Volumen der Teilkörper.**
> Der Oberflächeninhalt zusammengesetzter oder ausgehöhlter Körper setzt sich aus der **Summe der Flächeninhalte aller sichtbaren Einzelflächen** zusammen.
>
> 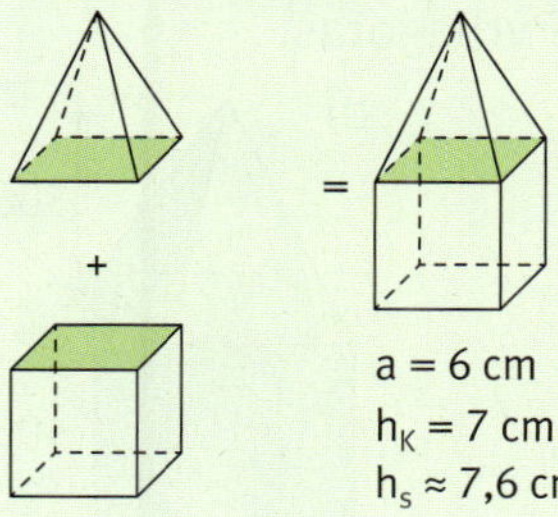
>
> a = 6 cm
> $h_K = 7$ cm
> $h_s \approx 7{,}6$ cm
>
> $V_{Gesamt} = V_{Würfel} + V_{Pyramide}$
> $V_{Gesamt} = a^3 + \frac{1}{3} \cdot a^2 \cdot h_K$
> $V_{Gesamt} = 6^3 + \frac{1}{3} \cdot 6^2 \cdot 7$
> $V_{Gesamt} = 300\ (cm^3)$
>
> $A_{O\ Gesamt} = A_{O\ Würfel} + A_{O\ Pyramide} - 2 \cdot A_{Quadrat}$
> $A_{O\ Gesamt} = 6 \cdot a^2 + a^2 + 4 \cdot \frac{1}{2} \cdot a \cdot h_s - 2 \cdot a^2$
> $A_{O\ Gesamt} = 6 \cdot 6^2 + 6^2 + 4 \cdot \frac{1}{2} \cdot 6 \cdot 7{,}6 - 2 \cdot 6^2$
> $A_{O\ Gesamt} = 271{,}2\ (cm^2)$

2 Berechne den Oberflächeninhalt der Körper aus Aufgabe 1 von S. 86.

3 a) Benenne die Grundkörper, aus denen die Körper (A) bis (C) bestehen. Gib an, ob es sich um Summen- oder Differenzkörper handelt.
b) Berechne Volumen und Oberflächeninhalt der Körper (alle Maße in cm). Runde sinnvoll. Suche die zugehörigen Formeln aus der Formelsammlung.

(A)
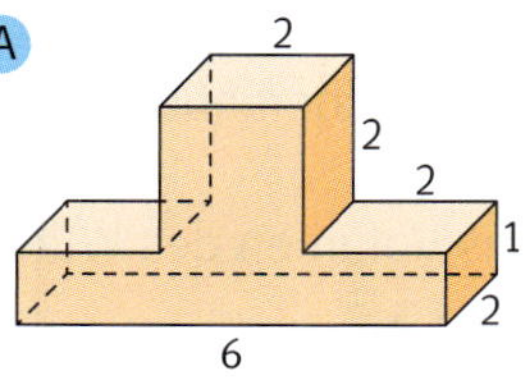

(B)
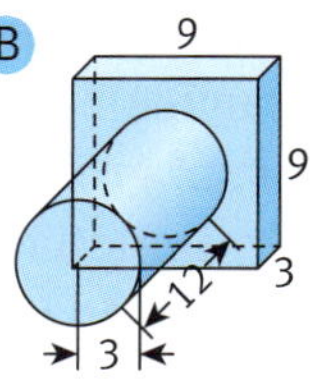

(C)
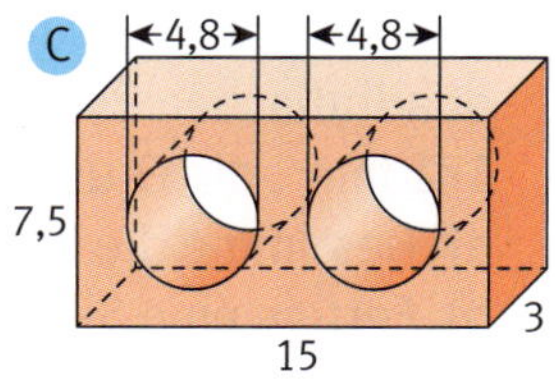

4 Berechne Volumen und Oberflächeninhalt der Körper. Runde sinnvoll.

a)
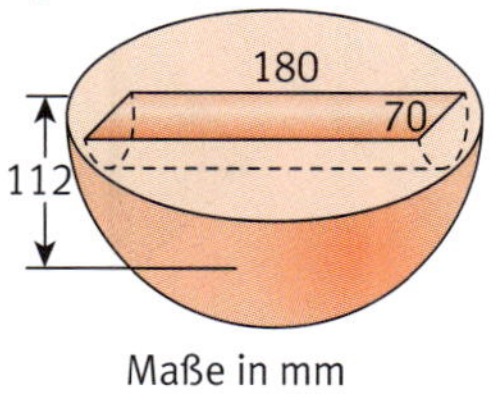

b)
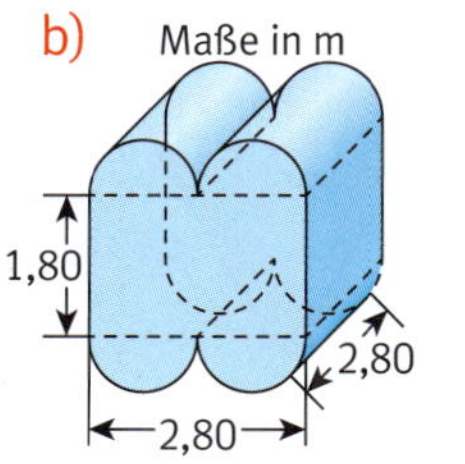

c)
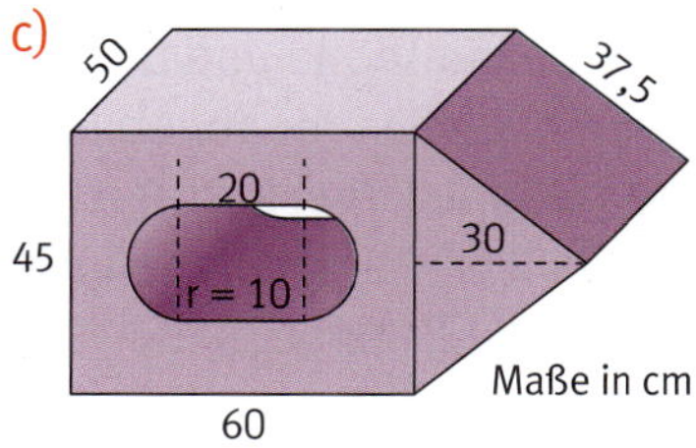

5 „Haben Körper Hohlräume, so muss man die Volumina subtrahieren, aber die Oberflächeninhalte addieren.“ Richtig oder falsch? Begründe.

Mit zusammengesetzten Körpern rechnen

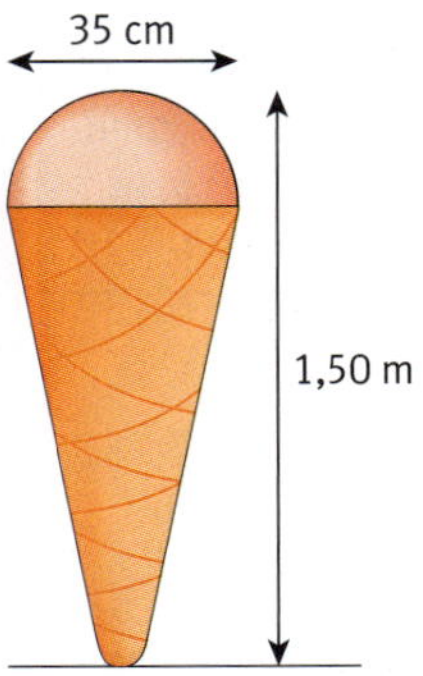

1 Niklas und Lara diskutieren über Produktwerbung am Beispiel einer Rieseneistüte. Ein solcher Werbeaufsteller wird aus Kunststoff hergestellt und anschließend lackiert.

a) Fertige eine beschriftete Skizze des zusammengesetzten Körpers an.

b) Wie schwer ist der Aufsteller? Lara hat die Dichte dieses Kunststoffs herausgesucht: $2\,\frac{g}{cm^3}$.

c) Niklas: „Für den Oberflächeninhalt brauchen wir die Länge der Mantellinie s."
Lara: „Du kannst sie mit dem Satz des Pythagoras berechnen."
Erkläre anhand der Skizze, was Lara damit meint.

d) Niklas hat nun die zu lackierende Fläche für den Werbeaufsteller berechnet: $A_O = 0{,}93\ m^2$. Überprüfe. Runde dabei geeignet.

2 Bestimme den Oberflächeninhalt und das Volumen der Körper (Maße in mm). Berechne fehlende Seitenlängen mithilfe des Satz des Pythagoras.

a)
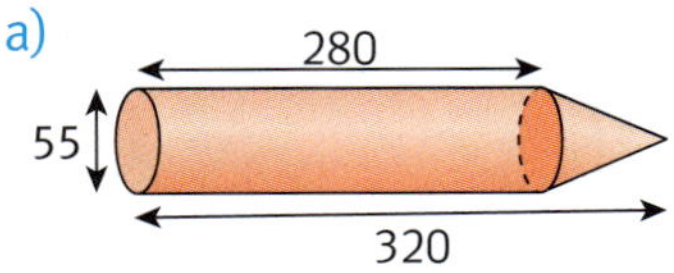

b)
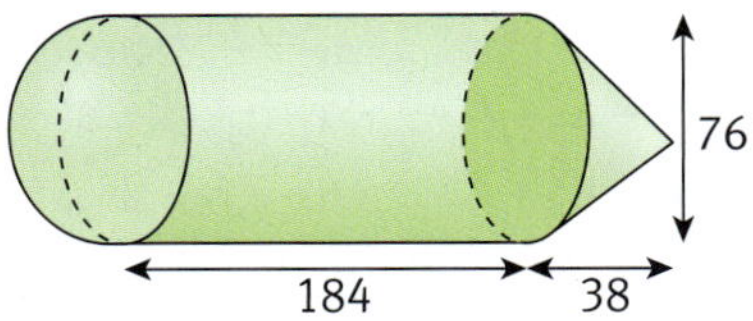

c)
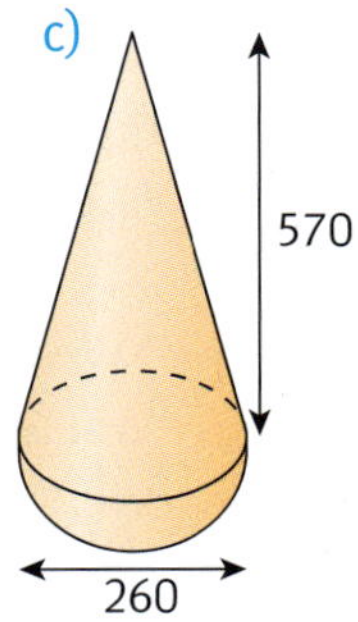

d)
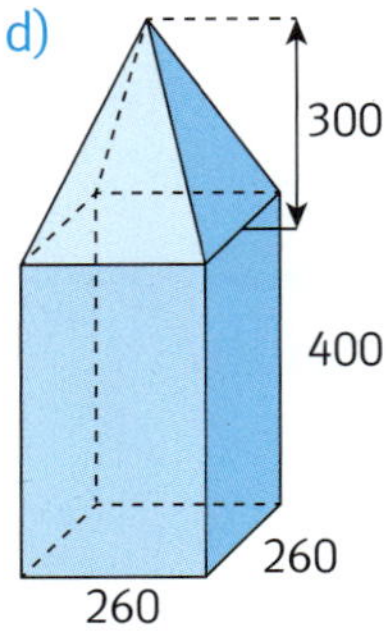

3 a) Aus welchen Teilkörpern ist das Oberteil dieses Hammers zusammengesetzt?

b) Berechne das Volumen des Körpers.

c) Das Werkstück wird aus Stahl gefertigt. Bestimme seine Masse in kg (Dichte von Stahl: $7{,}85\,\frac{g}{cm^3}$).

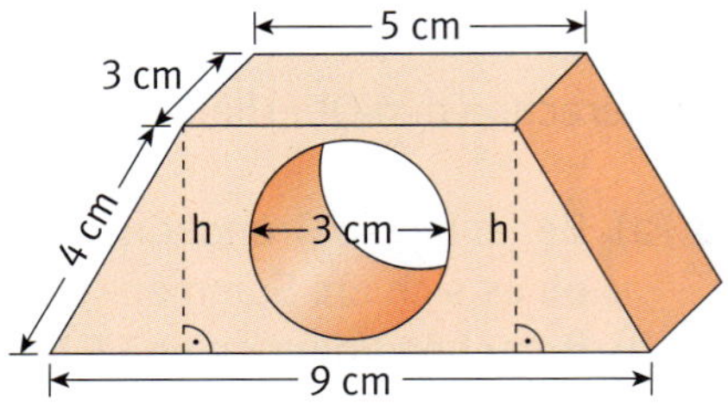

Eine Schrägbildskizze ist eine auf das Wesentliche beschränkte Zeichnung. Sie verschafft einen groben Überblick und sollte in den Proportionen in etwa stimmen.

4 Eine Verpackung für Parfüm besteht aus einem Würfel mit einer aufgesetzten quadratischen Pyramide. Die Pyramide hat einen Mantelflächeninhalt von $171\ mm^2$, die Grundfläche ist $81\ mm^2$ groß.

a) Bestimme die Kantenlänge der Grundfläche und das Volumen des Würfels.

b) Fertige eine Skizze der Verpackung an und beschrifte sie.

c) Berechne für die Pyramide die Höhe der Seitenflächen und die Körperhöhe.

d) Berechne nun das Volumen und den Oberflächeninhalt der Verpackung.

5 Die Gesamthöhe und der Durchmesser der abgebildeten Doppelkegel betragen jeweils 2 m. Ahmad behauptet, dass alle Doppelkegel das gleiche Volumen und den gleichen Oberflächeninhalt haben. Überprüfe Ahmads Behauptung.

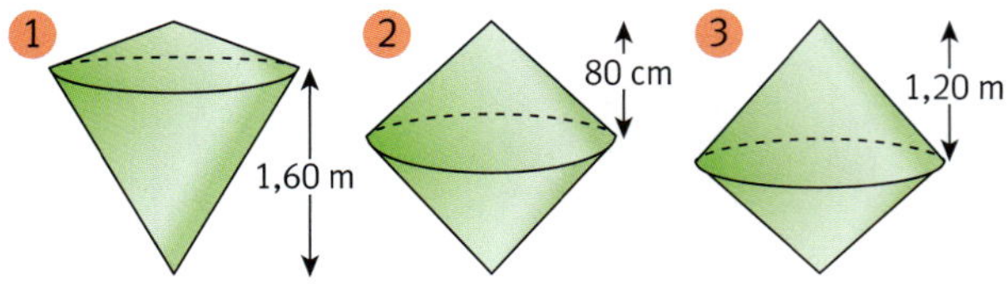

1 Für einen Brunnen wurde eine Betonschale gegossen.
a) Wie viele Liter Wasser passen in die Schale?
b) Die Betonschale wird komplett mit einem Schutzanstrich versehen. Wie viele Quadratmeter müssen gestrichen werden?
c) Welche Masse hat die Betonschale? 1 m^3 Beton wiegt ungefähr 2,4 t.

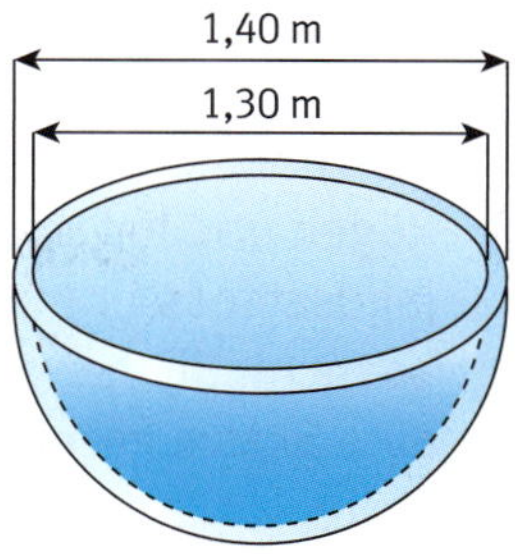

2 Für ein Katzenspielhaus aus Holz wird aus einem Würfel ein Zylinder herausgeschnitten. Aufgesetzt ist ein pyramidenförmiges Dach (Maßangaben in cm).
a) Berechne das Volumen des Hauses.
b) Die seitlichen Außenwände des Würfels und das Dach des Hauses sollen mit Jutestoff bespannt werden. Berechne die benötigte Stoffmenge. Plane durch Verschnitt einen Mehrbedarf von 12 % ein.

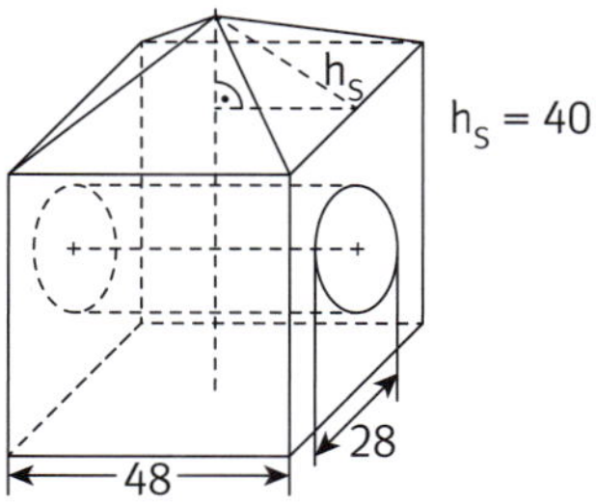

3 Familie Steinbeck hat sich einen Swimmingpool bauen lassen. Der Pool ist auf den ersten zwei Metern 0,75 m und dann überall 1,50 m tief. Er wird das erste Mal befüllt. Die Abbildung zeigt den Grundriss des Pools.
a) Berechne, wie viele Liter Wasser der Pool fasst, wenn er randvoll ist.
b) Berechne die Kosten für eine Füllung. Der Preis für 1 m^3 Wasser beträgt 1,60 €.

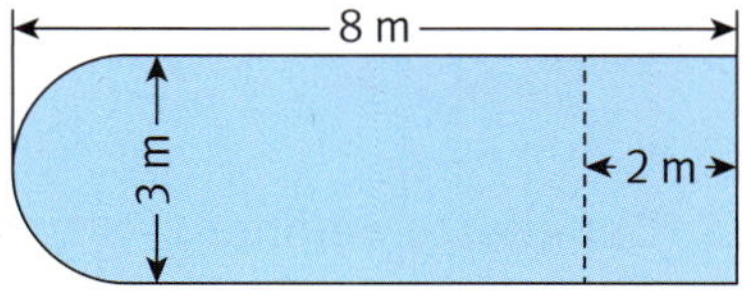

TRIMM-DICH-ZWISCHENRUNDE

1 Berechne das Volumen und den Oberflächeninhalt der Körper.

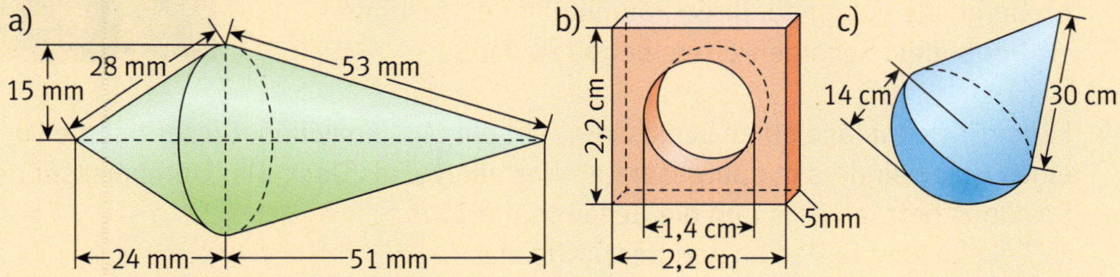

2 a) Berechne die Höhe des Dachgiebels des Einfamilienhauses (Maßangaben in m).
b) Das Volumen eines Hauses bezeichnet man auch als umbauten Raum. Berechne diesen.
c) Die dreieckigen Dachgiebel sowie die Dachfläche sollen neu verputzt bzw. gedeckt werden. Berechne dazu die Größe der gesamt zu renovierenden Fläche.
d) Für einen Quadratmeter Renovierung muss man ungefähr mit 85 € zuzüglich 19 % Mehrwertsteuer rechnen. Reichen die 10 000 € aus dem Bausparvertrag?

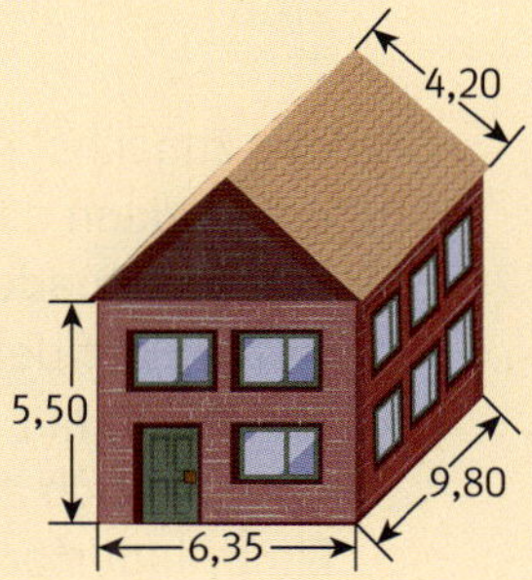

Berechnungen an zusammengesetzten Körpern vertiefen

1 Valentina war im letzten Sommer mit ihren Eltern auf der Insel Rügen und hat das Jagdschloss Granitz besucht. Sie hat dazu eine Skizze gezeichnet.

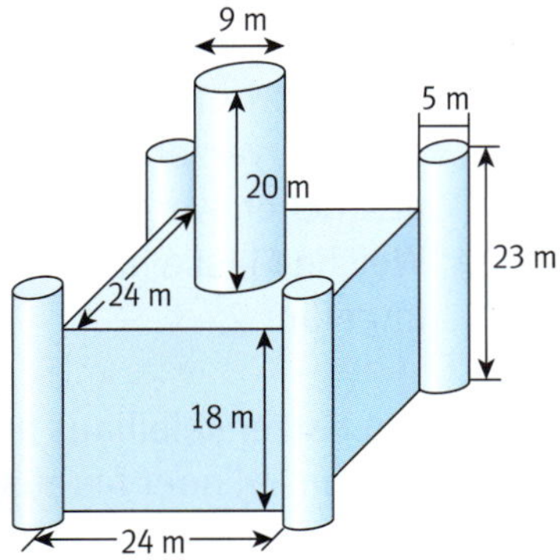

a) Beschreibe, was die Skizze vom Original unterscheidet.
b) Berechne den ungefähren Rauminhalt des Jagdschlosses.

2 Ein Partyzelt hat die Form eines Zylinders mit aufgesetztem Kegel. Der Durchmesser der Grundfläche beträgt 7,5 m, die Gesamthöhe 3,5 m. Die Seitenwand ist 2,6 m hoch. Lara hat dazu eine Skizze angefertigt.

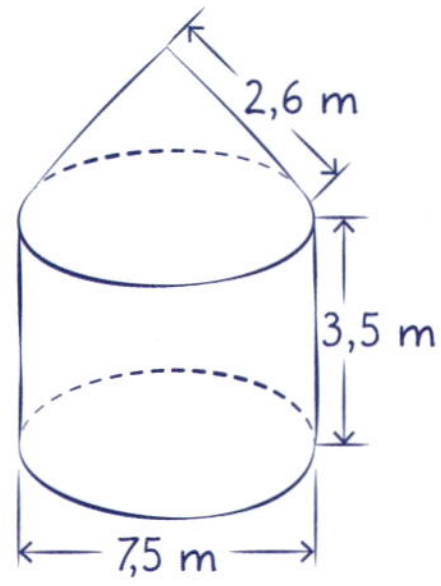

a) Was hat sie falsch gemacht? Übertrage die Skizze und korrigiere.
b) Berechne die Fläche der Zeltplane, wenn der Boden frei bleibt.

3 Der älteste Berliner Wasserturm befindet sich im Bezirk Prenzlauer Berg. Elke hat die nebenstehenden Maße geschätzt.

Gesamthöhe: 44 m
Höhen der einzelnen „Abschnitte“:
30 m, 5 m, 5 m, 4 m
d_{unten} = 25 m d_{oben} = 20 m

a) Fertige eine Skizze an und beschrifte sie.
b) Berechne den ungefähren Rauminhalt des gesamten Gebäudes. Schätze weitere benötigte Maße.

4 In der Gartenanlage eines Schlosses steht ein Musikpavillon. Dieser hat die Form eines Halbzylinders mit aufgesetzter Viertelkugel als Dach. Der Durchmesser des Pavillons beträgt 10 m und die Gesamthöhe 15 m.
a) Fertige eine Skizze an und beschrifte sie.
b) Dieser Pavillon benötigt innen und außen einen neuen Anstrich. Berechne, wie groß die zu streichende Fläche ist.

5 Fertige zunächst eine beschriftete Skizze des beschriebenen Körpers an. Berechne dann das Volumen und den Oberflächeninhalt.
a) In einen Quader mit den Seitenlängen a = 8 cm, b = 2,4 cm und c = 5,6 cm wurden auf der größten Seite zwei Löcher mit je 3 cm Durchmesser gebohrt.
b) Eine Niete hat die Form eines Zylinders (r = 2 mm und h_K = 7 mm) mit einer symmetrisch aufgesetzten Halbkugel (r = 4 mm).
c) Ein zylinderförmiger Stab mit einem Radius von 7,3 cm und einer Höhe von 42 cm wurde an beiden Enden halbkugelförmig abgedreht.

Berechnungen an zusammengesetzten Körpern vertiefen

1 Fabian und Karo haben ihr neues Zelt aufgestellt. Es ist 1,50 m hoch, der Winkel α beträgt 65°.

a) Übertrage die Skizze und beschrifte sie mit den gegebenen Maßen.
b) Berechne die Breite b des Zeltes.
c) Wie viele Kubikmeter Luft fasst das Zelt?
d) Berechne den Materialbedarf für die äußere Zeltplane ohne Boden.

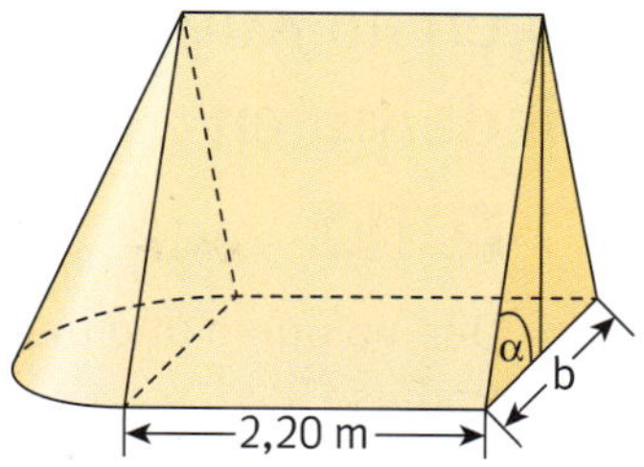

2 Eine Kerze hat die Form eines Zylinders mit einem aufgesetzten Kegel. Die Gesamthöhe beträgt 11 cm, der Durchmesser 7 cm. Der Winkel α, den die Mantellinie mit dem Radius bildet, beträgt 50°.

a) Fertige eine Skizze an und beschrifte sie.
b) Berechne das Volumen der Kerze.
c) Immer 50 Kerzen zusammen sollen zum Verkauf verpackt werden. Reicht ein Karton, der maximal 10 kg aufnehmen kann?
Die Dichte von Wachs beträgt $0{,}9\ \frac{g}{cm^3}$.

3 Der Hindenburgdamm verbindet die Nordseeinsel Sylt mit dem Festland. Der Damm wurde 1927 nach einer Bauzeit von vier Jahren eröffnet und dient ausschließlich dem Eisenbahnverkehr. Der Damm war zum Zeitpunkt der Erbauung 11,3 km lang. Aufgrund von späteren Landgewinnungsmaßnahmen verlaufen heute davon nur noch 8,1 km durch das Wattenmeer. Der Querschnitt durch den Damm ist ein gleichschenkliges Trapez ABCD mit dem Winkel $\alpha = 28°$, $\overline{AB} = 50$ m und $\overline{CD} = 11$ m.

a) Fertige eine Skizze an und beschrifte sie.
b) Berechne die Höhe des Damms.
c) Berechne das Volumen des Damms zum Zeitpunkt seiner Erbauung und heute.
d) Um wie viel Prozent hat sich das Volumen verringert?

4 Auf dem Kinderbauernhof wird das Maisfutter für die Kühe in einem Doppelkegel-Silo gelagert. Mit einem Zollstock wurden die angegebenen Maße ermittelt. Sie sind die Katheten eines rechtwinkligen Dreiecks.

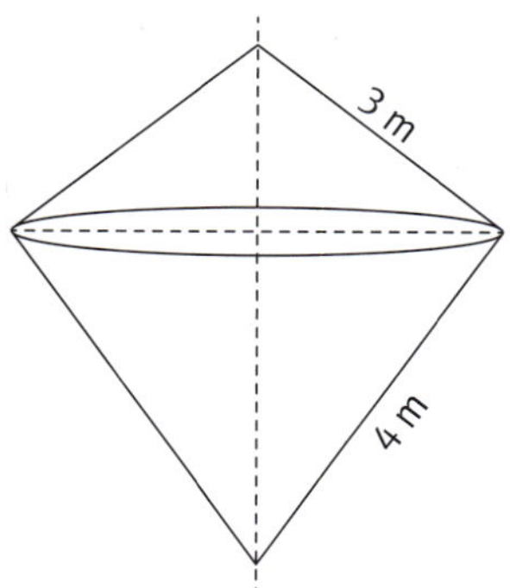

a) Berechne das Fassungsvermögen des Silos.
b) Wie schwer ist die Futtermenge, wenn das Silo voll gefüllt ist? Die Dichte von grobkörnigem Mais beträgt $0{,}75\ \frac{kg}{l}$.
c) Eine Kuh frisst 16 kg Mais am Tag. Wie lange reicht der Vorrat für 22 Kühe?

Berechnungen an Kugeln und zusammengesetzten Körpern wiederholen

Kugeln

Volumen und Oberflächeninhalt von Kugeln berechnen
S. 82 ff.

Das Volumen und der Oberflächeninhalt einer Kugel sind abhängig von ihrem Radius.

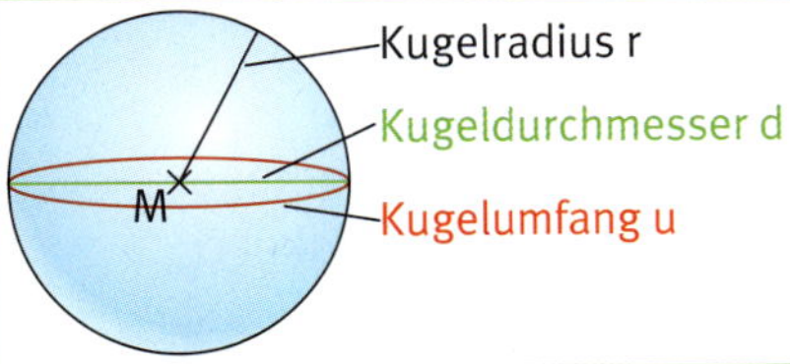

Volumen: $V = \frac{4}{3} \cdot \pi \cdot r^3$

Oberflächeninhalt: $A_O = 4 \cdot \pi \cdot r^2$

Zusammengesetzte Körper

Zusammengesetzte Körper untersuchen
S. 86

Besteht ein Körper aus mindestens zwei Teilkörpern, so spricht man von einem zusammengesetzten Körper oder Summenkörper. Wird aus einem Körper ein anderer Körper herausgeschnitten, so spricht man von einem ausgehöhlten Körper oder Differenzkörper.

Summenkörper: Quader + Zylinder

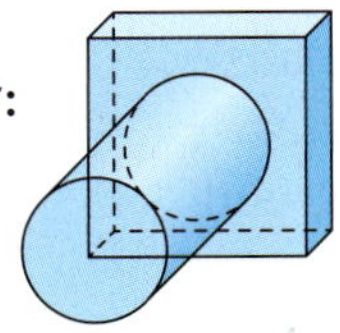

Differenzkörper: Quader – Zylinder

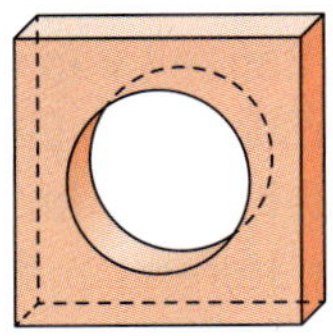

Volumen und Oberflächeninhalt zusammengesetzter Körper berechnen
S. 87

Das Volumen eines zusammengesetzten (ausgehöhlten) Körpers berechnet man als Summe (Differenz) der Volumen der Teilkörper.
Der Oberflächeninhalt zusammengesetzter oder ausgehöhlter Körper setzt sich aus der Summe der Flächeninhalte aller sichtbaren Einzelflächen zusammen.

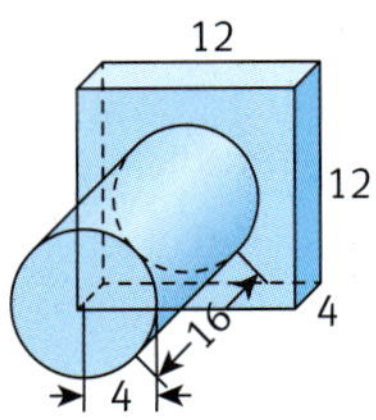

Maße in cm

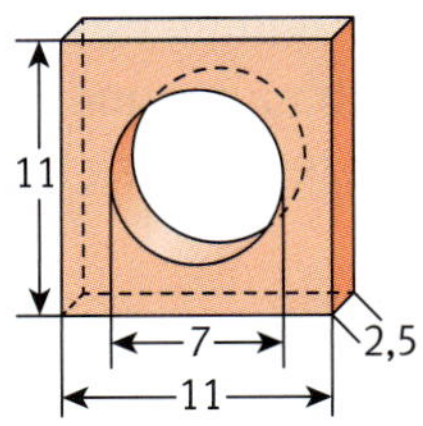

$V_{Gesamt} = V_{Quader} + V_{Zylinder}$
$V_{Gesamt} = a \cdot b \cdot c + \pi \cdot r^2 \cdot h_K$
$V_{Gesamt} \approx 1\,380{,}2\ (cm^3)$

$A_{O\ Gesamt} = A_{O\ Quader} + A_{O\ Zylinder} - 2 \cdot A_{Kreis}$
$A_{O\ Gesamt} = 2 \cdot (ab + ac + bc) + 2 \cdot \pi \cdot r^2 + 2 \cdot \pi \cdot r \cdot h_K - 2 \cdot \pi \cdot r^2$
$A_{O\ Gesamt} \approx 882{,}1\ (cm^2)$

$V_{Gesamt} = V_{Quader} - V_{Zylinder}$
$V_{Gesamt} = a \cdot b \cdot c - \pi \cdot r^2 \cdot h_K$
$V_{Gesamt} \approx 206{,}3\ (cm^3)$

$A_{O\ Gesamt} = A_{O\ Quader} + A_{M\ Zylinder} - 2 \cdot A_{Kreis}$
$A_{O\ Gesamt} = 2 \cdot (ab + ac + bc) + 2 \cdot \pi \cdot r \cdot h_K - 2 \cdot \pi \cdot r^2$
$A_{O\ Gesamt} \approx 330\ (cm^2)$

Aufgaben zur Differenzierung

Basis-Aufgaben — **Vertiefende Aufgaben**

1 Übertrage die Tabelle und berechne die fehlenden Angaben der Kugeln. Runde sinnvoll.

Basis-Aufgaben:

	a)	b)	c)
r	7,5 cm	28 mm	0,68 dm
V	■	■	■
A_O	■	■	■

Vertiefende Aufgaben:

	a)	b)	c)
r	420 mm	■	■
V	■	7 238 m^3	■
A_O	■	■	1 257 cm^2

2 Eine Spielzeugfirma stellt Glasmurmeln mit verschiedenen Durchmessern (11 mm, 14 mm, 16 mm) her.

a) Berechne für jede Größe den ungefähren Glasbedarf für 100 000 Murmeln.

b) Die Murmeln werden in Beuteln mit je 20 Stück verkauft. Wie schwer ist ein Beutel ungefähr (Dichte von Glas: 2,2 $\frac{g}{cm^3}$)?

An Weihnachten werden Glaskugeln an den Weihnachtsbaum gehängt. Eine Glaskugel hat ein Volumen von 380 cm^3.

a) Berechne den Durchmesser einer Kugel.

b) Die Kugeln werden außen mit einer roten Glanzfolie beklebt. Berechne, wie viele Kugeln sich mit einem Quadratmeter Folie bekleben lassen.

3 Berechne das Volumen und den Oberflächeninhalt der zusammengesetzten Körper. Berechne fehlende Seitenlängen mithilfe des Satz des Pythagoras (alle Maße in cm).

a)

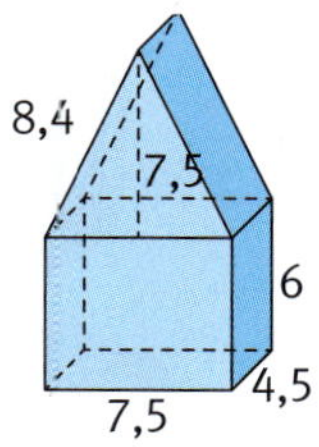

b)

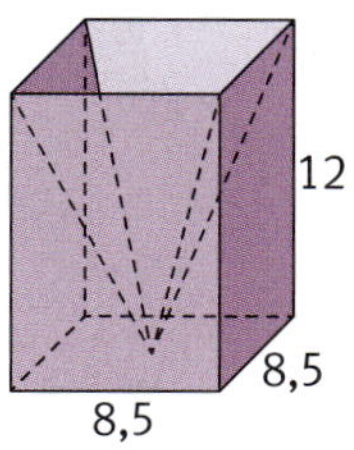

c)

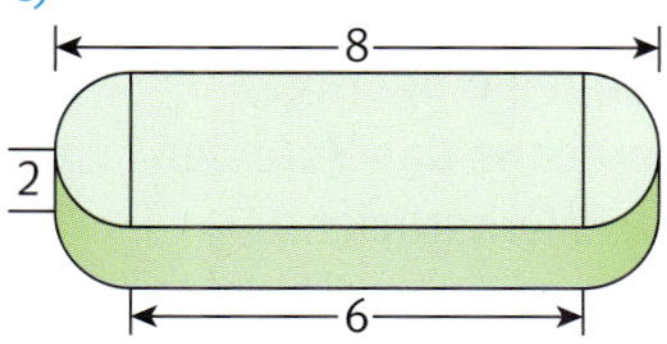

a)

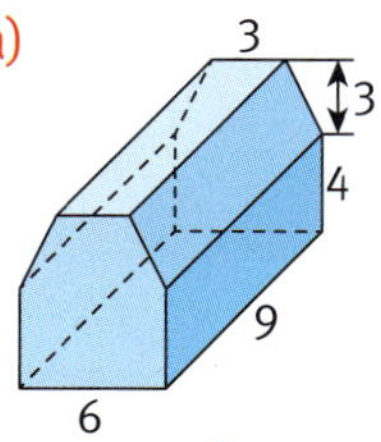

b)

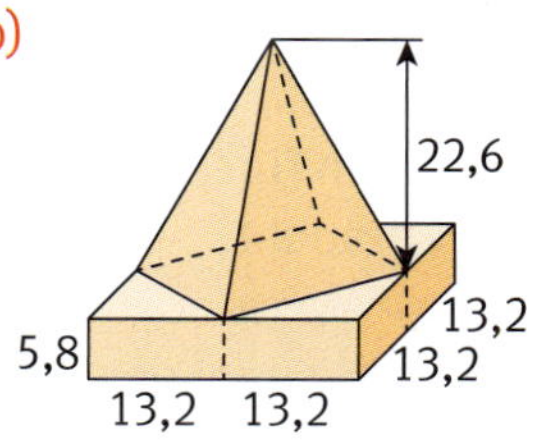

c)

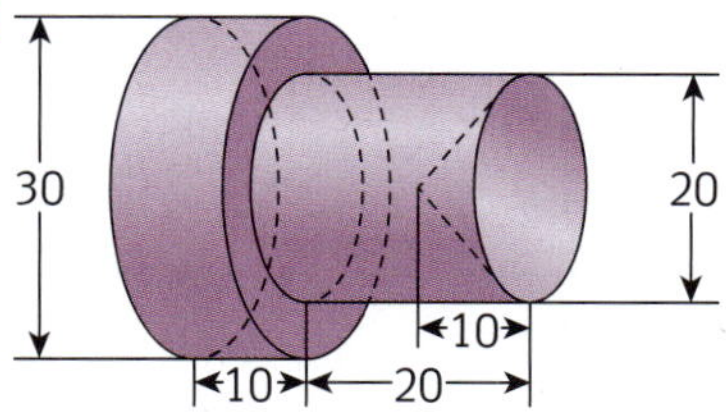

4 Für ein Brettspiel sollen verschiedene neue Spielsteine aus Holz produziert werden (Maße in cm).

a) Berechne die Masse eines Spielsteins (Dichte von Holz: 0,7 $\frac{g}{cm^3}$).

b) Berechne die Größe der rot zu lackierenden Dachflächen.

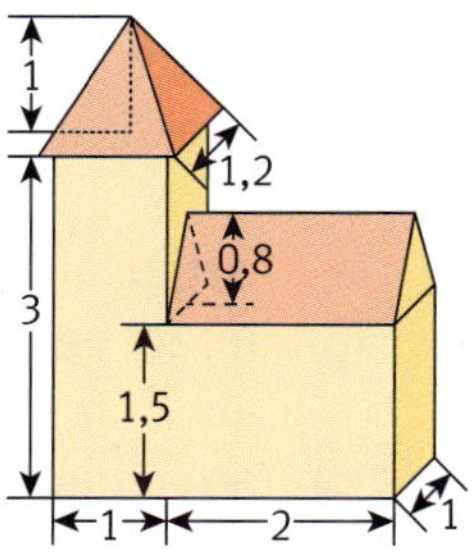

a) Bestimme den ungefähren Holzbedarf für einen Spielstein.

b) Bestimme für einen Spielstein die Größe der grau zu lackierenden Fläche.

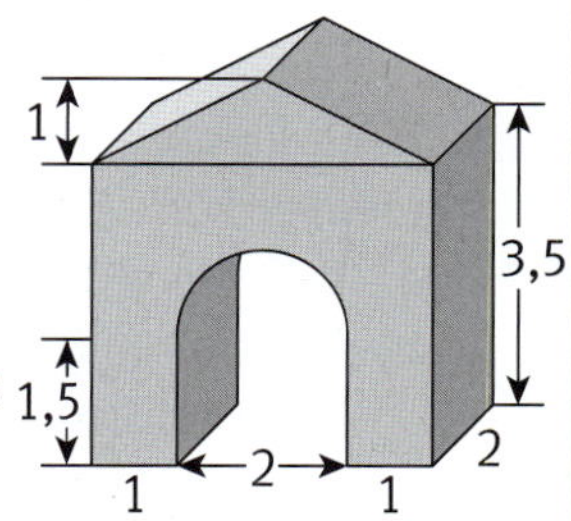

1 Der Abfallbehälter Bubble steht in Berlin. Er hat einen Durchmesser von 90 cm. Berechne, wie viele Liter Abfall maximal hinein passen.

2 Ein annähernd kugelförmiger Luftballon mit einem Radius von 12 cm ist mit Helium gefüllt.
a) Berechne das Volumen und den Oberflächeninhalt des Ballons.
b) 1 m^3 Helium hat eine Masse von 179 g, 1 m^2 Ballonhaut wiegt 150 g. Berechne die Masse des gefüllten Luftballons.

3 Das Atomium in Brüssel besteht aus 9 Stahlkugeln mit je einem Durchmesser von 18 m. Berechne, wie viele Tage 2 (4) Arbeiter für die Außenreinigung der Kugeln brauchen, wenn man für 1 m^2 5 Minuten braucht.

4 Die Kugel des Berliner Fernsehturms (d = 32 m) wurde zur Fußball-WM 2006 mit Folie beklebt. Die beklebte Fläche entsprach der Hälfte eines Fußballfeldes, das 90 m lang und 45 m breit ist.

a) Berechne die Größe der beklebten Fläche.
b) Berechne, wie viel Prozent der Fläche der Fernsehturmkugel beklebt waren.

5 Ein halbkugelförmiger Grill hat einen Durchmesser von 35 cm.
a) Berechne das Volumen des Grills.
b) Für einmal Grillen muss der Grill zu einem Drittel mit Kohle gefüllt sein. Berechne, wie oft mit einem 50-l-Sack Holzkohle gegrillt werden kann.

6 Die Grafik zeigt den vereinfachten Querschnitt eines Rohdiamanten. Ein in Afrika gefundener Diamant hatte ursprünglich einen Durchmesser von ca. 14 mm und eine Gesamthöhe von ca. 15 mm.

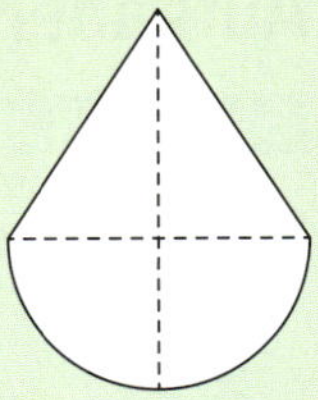

a) Berechne sein Volumen.
b) Berechne seine Masse in Gramm (Dichte: 3,51 $\frac{g}{cm^3}$) und in Karat (1 Karat = 0,2 g).
c) Nach dem Schleifen hat er ca. 5 % seines Gewichtes verloren. Wie schwer ist der Diamant dann noch?

7 a) Beschreibe, aus welchen Teilkörpern sich diese Körper zusammensetzen.
b) Berechne das Volumen (Maße in mm).
c) Berechne die Masse der Körper aus Kupfer (Dichte: 8,96 $\frac{g}{cm^3}$).

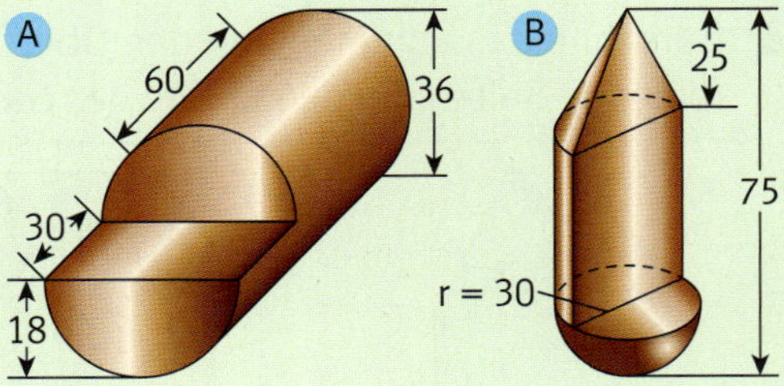

8 In das zylinderförmige Werkstück wurden zwei identische kegelförmige Bohrungen eingefügt.

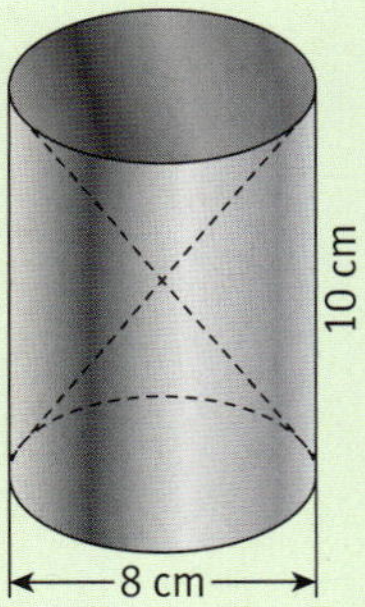

a) Berechne das Volumen des Werkstücks.
b) Berechne den Oberflächeninhalt.

9 Ein Partyzelt hat eine rechteckige Grundfläche mit einer Länge von 6 m und einem Umfang von 22 m. Die Gesamthöhe beträgt 5 m. Das Dach ist pyramidenförmig und 2 m hoch.
a) Fertige eine beschriftete Skizze an.
b) Berechne das Luftvolumen im Inneren des Zeltes.
c) Berechne den Flächeninhalt des Stoffes des Daches und der Seitenteile.

10 Am Ortseingang der Porzellanstadt Selb steht diese kugelförmige Teekanne. Sie hat außen einen Umfang von 8,40 m und eine Wanddicke von 15 cm.

a) Berechne das Fassungsvermögen in l.
b) Wie teuer wäre der Tee in dieser Kanne, wenn man für ein Kännchen Tee (350 ml) 3,20 € bezahlt?
c) Wie schwer ist die Kanne ohne Griff, wenn 1 dm^3 Porzellan 2,3 kg wiegt?
d) Auf der Oberfläche der Kanne ist die Erde abgebildet. 70 % der Erdoberfläche sind mit Wasser bedeckt. Berechne, wie viele Quadratmeter der Kanne blau gefärbt sind.

11 Ein kugelförmiger Heißluftballon hat ein Volumen von 5 000 m^3. Berechne, wie viele Quadratmeter Stoff man zur Herstellung der Hülle benötigt. Plane für Verschnitt und Überlappung 4 % Mehrbedarf ein.

12 Von einer Holzkugel mit einem Oberflächeninhalt von 531 cm^2 wird gleichmäßig eine Schicht von 2 mm abgehobelt. Wie viel Prozent Abfall sind entstanden?

13 Eine halbkugelförmige Schüssel mit einem Durchmesser von 25 cm ist randvoll gefüllt. Der Inhalt wird in einen zylinderförmigen Behälter (d = 8 cm) umgefüllt. Berechne, wie hoch die Flüssigkeit im Zylinder steht.

14 Der Schraubverschluss einer Schaumbadflasche mit einem Inhalt von 1 l kann zum Dosieren benutzt werden. Berechne, wie viele Bäder man nehmen kann, wenn man pro Bad eine Verschlusskappe füllt (Maße in mm).

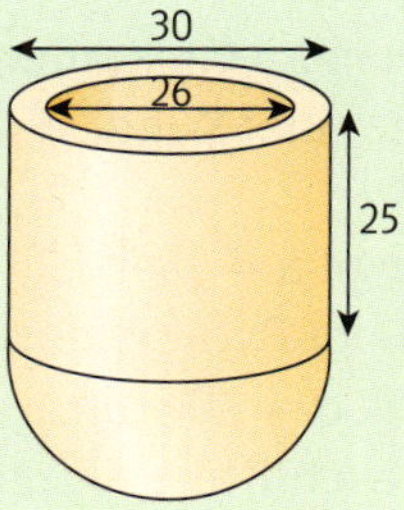

15 Eine Firma für Holzspielzeug stellt kleine Tannenbäumchen her.

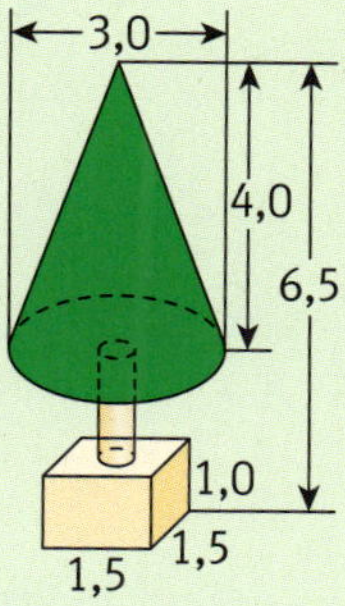

Maße in cm

a) Berechne den ungefähren Holzbedarf für 10 000 Bäumchen. Der Radius des Stamms beträgt 0,5 cm.
b) Die Spitze soll aus einem möglichst kleinen Quader hergestellt werden. Berechne den entstehenden Abfall in Prozent.
c) Die gesamte Spitze wird grün gestrichen. Berechne den Farbbedarf für 10 000 Bäume, wenn 1 l Farbe für 2 m^2 reicht.

16 Ein Tank besteht aus einem Zylinder mit aufgesetztem Kegel. Beide Teilkörper sind jeweils 2,5 m hoch.
a) Fertige eine beschriftete Skizze an.
b) Der gesamte Tank hat ein Volumen von 36,8 m^3. Berechne den Durchmesser des Tanks.
c) Der Tank benötigt außen einen neuen Anstrich. Berechne die Größe der zu streichenden Fläche.

17 Der Mathematiker Herr Seiler kauft seiner Frau einen goldenen Kettenanhänger in Form eines Oktaeders.

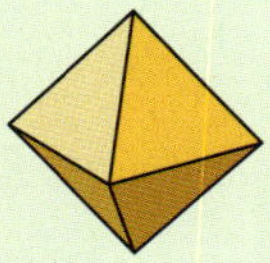

a) Berechne die Masse des Schmuckstücks, wenn es aus 750er-Gold gefertigt ist (Dichte: 16,9 $\frac{g}{cm^3}$). Alle Kanten sind 1,2 cm lang.
b) Um wie viel Prozent wäre der Anhänger in 825er-Silber leichter (Dichte: 10,5 $\frac{g}{cm^3}$)?

18 Ein Würfel wird in drei Teilkörper zerlegt. Berechne das Volumen des blau gefärbten Teilkörpers.

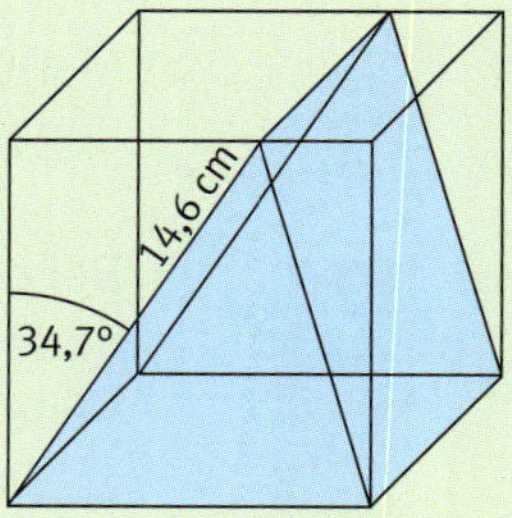

1 Berechne die fehlenden Größen einer Kugel. Runde sinnvoll.

	a)	b)	c)	d)	e)	f)
r	9 mm	0,67 m	2,7 dm	■	■	■
u	■	■	■	17,6 cm	■	■
A_O	■	■	■	■	79 dm^2	■
V	■	■	■	■	■	268 m^3

2 Ein Holzwürfel hat eine Kantenlänge von 20 cm. Aus ihm soll eine möglichst große Kugel hergestellt werden.
a) Gib den Radius der Kugel an.
b) Berechne das Volumen und den Oberflächeninhalt der Kugel.
c) Wie viel Prozent Abfall sind entstanden?

3 a) Gib an, aus welchen Teilkörpern sich die Körper zusammensetzen.
b) Berechne das Volumen und den Oberflächeninhalt der Körper.

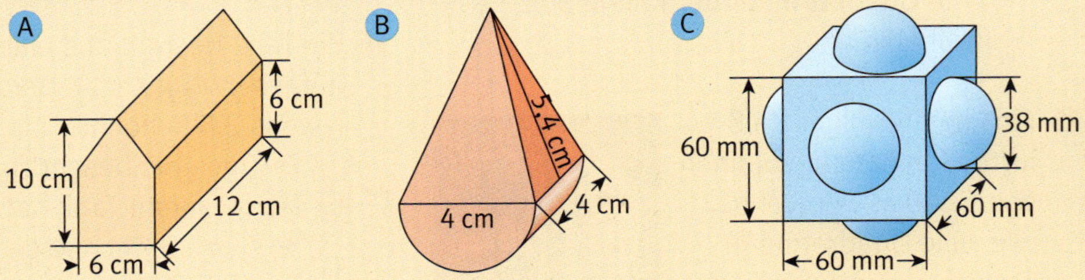

4 Ein Piercingstab aus Stahl ist insgesamt 16 mm lang und setzt sich aus einem Zylinder mit aufgesetzten Kegeln an den Enden zusammen.
Die Kegel haben jeweils einen Durchmesser 5,5 mm und eine Höhe von 4 mm, der Zylinder hat einen Durchmesser von 2,5 mm.
a) Fertige eine beschriftete Skizze an und berechne das Volumen des Stabs.
b) Wie schwer ist der Stab? Die Dichte von Chirurgenstahl beträgt 7,95 $\frac{g}{cm^3}$.

5 Die Skizze zeigt den Grundfläche eines Heizöltanks der Höhe 2,2 m.
a) Berechne das Fassungsvermögen des Tanks (Maße in cm).
b) Bei einer Füllung wird der Tank zu 90 % gefüllt. Wie teuer ist diese, wenn 100 Liter Heizöl 72 € kosten?
c) Für ein Mehrfamilienhaus werden fünf Tanks mit einer farbigen Schutzschicht versehen. Wie viel kostet der Farbanstrich, wenn eine Dose Farbe für 7,5 m^2 reicht und 12,99 € kostet?

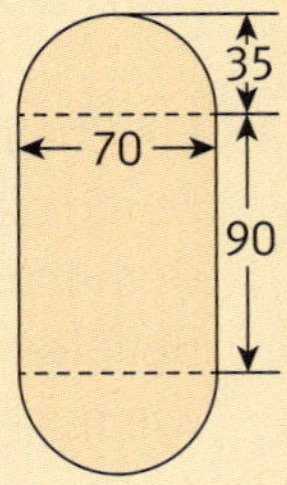

6 Mario formt aus einem Knet-Würfel mit 5 cm Kantenlänge drei gleich große Kugeln. Berechne den Durchmesser einer Kugel.

Er

7 Bei einem Würfel mit der Kantenlänge a = 5 cm ist jeder Seitenfläche eine Pyramide aufgesetzt. Die Seitenkanten der Pyramiden schließen mit der jeweiligen Seitenkante des Würfels den Winkel $\alpha = 70°$ ein.
a) Fertige eine vereinfachte und beschriftete Skizze an.
b) Berechne das Volumen und den Oberflächeninhalt des Körpers.

Daten und ihre Auswertung

Von zehn Euro gibt der deutsche Durchschnittsbürger einen Euro für Essen und Trinken aus.

Pro Kopf isst er durchschnittlich 99 Kilogramm Gemüse und 88 Kilogramm Fleisch im Jahr.

Im Schnitt nimmt sich der Deutsche viel Zeit zum Schlafen (8,29 Stunden am Tag). Das Essen muss allerdings schnell gehen: Nur 1,41 Stunden seines Tages gehen für die Mahlzeiten drauf. Für soziales Leben und Unterhaltung bleiben nach der Arbeit dann noch 1,5 Stunden Zeit.

Die Deutschen sind reisefreudig: Für Urlaube werden durchschnittlich pro Person und Reise 1050 € ausgegeben. Im Mittel waren die Urlauber dabei 13 Tage unterwegs.

Wer in Deutschland Vollzeit arbeitet, verdient im Monat durchschnittlich knapp über 3000 € brutto.

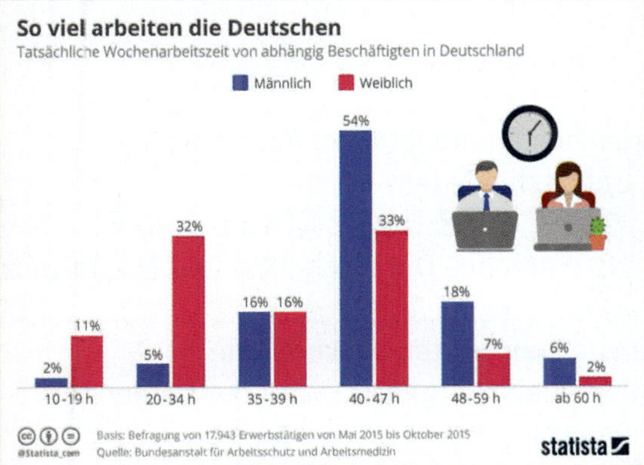

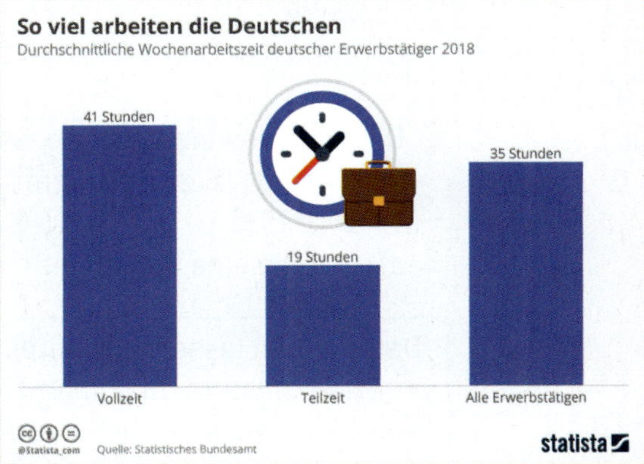

Betrachte die Aussagen und die Diagramme:

- Welche Aussagen haben dich am meisten überrascht?
- Stimmen die Aussagen auch für dich und deine Familie?
- Was stellst du dir unter einem „deutschen Durchschnittsbürger“ vor?
- Wie kommt man zu diesen Aussagen?
- Warum erhebt man diese Daten?
- Informiere dich über das Statistische Bundesamt und die Shell-Studien.

Absolute und relative Häufigkeiten

Strichlisten und Häufigkeitstabellen erstellen

Absolute und relative Häufigkeiten berechnen

1 Yagmur fragt seine Freunde, wie ihnen der letzte Urlaub gefallen hat. Er bekommt folgende Antworten:
„sehr gut“; „ging so“; „gut“; „sehr gut“; „gut“; „sehr gut“; „sehr gut“
a) Formuliere die Bewertungen als Schulnote um und fertige eine Strichliste sowie eine Häufigkeitstabelle an.
b) Bestimme die relativen Häufigkeiten der einzelnen Beurteilungen und gib sie auch in Prozentschreibweise an.

Strichlisten sind Tabellen, in denen man mit Strichen erfasst, wie oft etwas vorkommt. Schreibt man diese Anzahl als Zahl, erhält man eine Häufigkeitstabelle.

Strichliste	//	////	///
Anzahl	2	4	3

absolute Häufigkeit: tatsächliche Anzahl eines Wertes (eines Ergebnisses)
relative Häufigkeit: Anteil eines Ergebnisses in Bezug auf die Gesamtanzahl

$$= \frac{\text{absolute Häufigkeit}}{\text{Gesamtanzahl der Werte}}$$

absolute Häufigkeit des grünen Smileys: 2
relative Häufigkeit des grünen Smileys: $\frac{2}{9} = 2 : 9 = 0{,}22\ldots \approx 22{,}2\,\%$

Statistische Kennwerte

Statistische Kennwerte berechnen

2 Gegeben ist folgende Datenreihe: 105; 78; 70; 88; 87; 99; 102; 78; 68; 94; 78
a) Erstelle eine Rangliste und bestimme Maximum, Minimum und Spannweite.
b) Berechne Durchschnitts- und Zentralwert.

3 Die Mädchen einer Klasse vergleichen ihr monatliches Taschengeld miteinander. Sie stellen große Unterschiede fest.
15 € 25 € 20 € 15 € 45 € 10 € 15 € 60 € 15 € 30 €
a) Erstelle eine Rangliste. b) Berechne Durchschnitts- und Zentralwert.

Datenreihen lassen sich mithilfe von Kennwerten beschreiben:
- Das Minimum (Maximum) ist der kleinste (größte) Wert der Datenreihe.
- Die Spannweite s ist die Differenz aus Maximum und Minimum.
- Der Durchschnittswert (arithmetisches Mittel) $\bar{x}$ ist die Summe aller Einzelwerte dividiert durch die Anzahl der Einzelwerte.
- Der Zentralwert (Median) z ist bei einer ungeraden Anzahl von Werten der Wert, der genau in der Mitte einer Rangliste liegt. Bei einer geraden Anzahl ist er der Durchschnittswert der beiden mittleren Werte.

Rangliste (Zensuren): 1; 1; 1; 1; 2; 2; 2; 2; 3; 3; 3; 3; 4; 4; 5; 5
Minimum: 1 Maximum: 5 Spannweite: $s = 5 - 1 = 4$

Durchschnittswert der Zensuren: $\bar{x} = \frac{4 \cdot 1 + 4 \cdot 2 + 4 \cdot 3 + 2 \cdot 4 + 2 \cdot 5}{16} = \frac{42}{16} \approx 2{,}6$

Zentralwert der Zensuren: 1; 1; 1; 1; 2; 2; 2; 2; 3; 3; 3; 3; 4; 4; 5; 5 $\Rightarrow z = 2{,}5$

Diagramme

4 Das nebenstehende Säulendiagramm zeigt die Entwicklung der Anzahl neu zugelassener Elektroautos in Berlin.

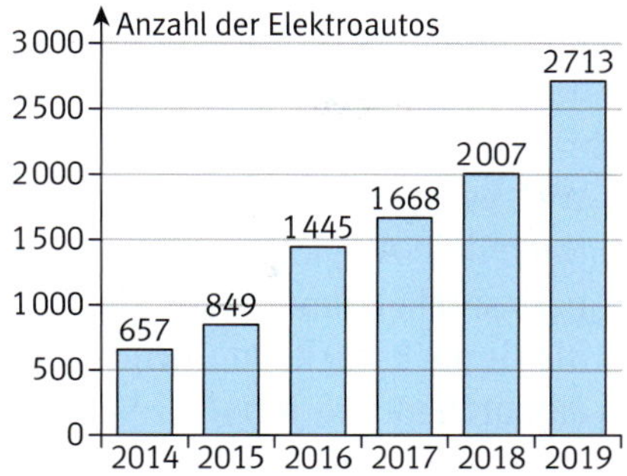

a) Welcher Zeitraum wird in diesem Diagramm betrachtet?
b) Bestimme Maximum, Minimum und Spannweite.
c) Zeichne für diesen Sachverhalt ein Verlaufsdiagramm. Runde geeignet.
d) „Elektroautos werden in Berlin bald Benzinautos ablösen." Kann aus dem Diagramm diese Aussage bestätigt werden? Begründe.

Säulen-, Balken- und Verlaufsdiagramme untersuchen und zeichnen

Absolute Häufigkeiten stellt man in Säulen- oder Balkendiagrammen dar. Verlaufs- oder Liniendiagramme stellen deutlich die Entwicklung von Daten über einen Zeitraum dar.

Entwicklung der Schülerzahlen einer Gemeinschaftsschule in Berlin:

Darstellung im Balkendiagramm

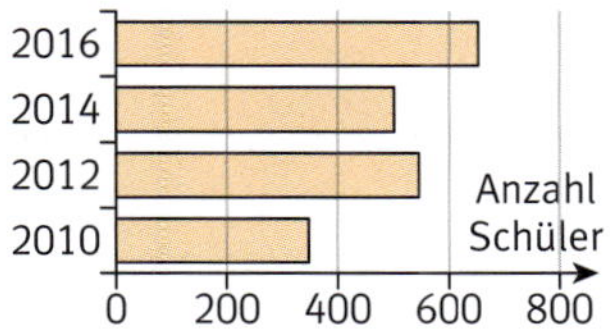

Darstellung im Verlaufsdiagramm

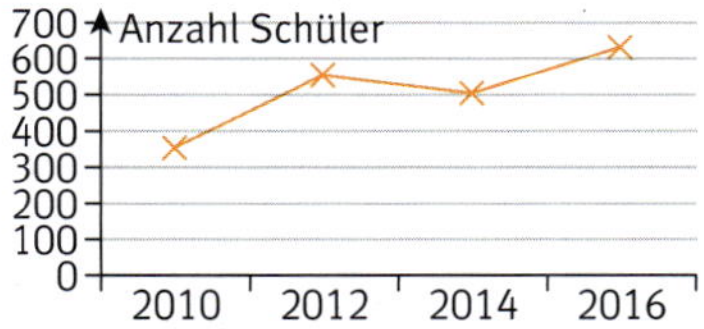

5 Das Streifendiagramm gibt für 50 befragte Erwachsene an, wie lange sie die Schule besucht haben.

a) Entnimm dem Streifendiagramm die relativen Häufigkeiten der Schulbesuchsdauer und berechne die zugehörigen absoluten Häufigkeiten.
b) Zeichne ein Säulendiagramm der absoluten Häufigkeiten.
c) Zeichne ein Kreisdiagramm. Runde die Winkelgrößen geeignet.
d) Berechne die durchschnittliche Schulbesuchsdauer.

Streifen- und Kreisdiagramme untersuchen und zeichnen

Relative Häufigkeiten stellt man in Streifen- oder Kreisdiagrammen dar.

Ergebnisse einer Befragung von 10 Schülern nach ihrer täglichen Fernsehschaudauer in h: 1; 2; 2; 2; 2; 2; 2; 3; 3; 3

Relative Häufigkeiten: 10 %, 60 %, 30 %

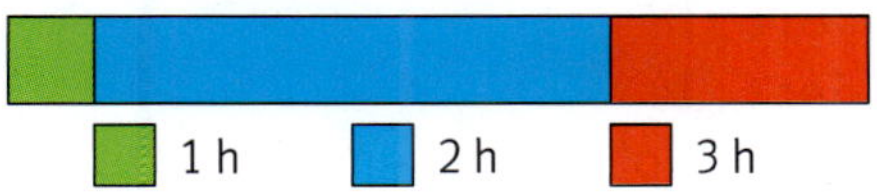

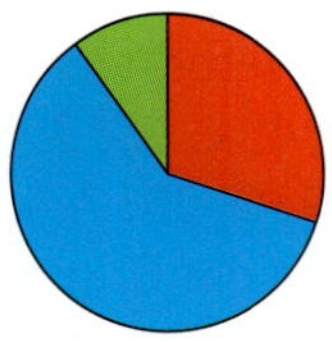

Das Ganze entspricht meist 10 cm.
Streifenlängen bei Gesamtlänge 10 cm:
0,1 · 10 cm = 1 cm (bzw. 6 cm; 3 cm)

Das Ganze entspricht 360°.
Winkelgrößen:
0,1 · 360° = 36° (bzw. 216°; 108°)

Deutsche sind reisefreudig

Sie reisen weltweit am meisten mit dem Flugzeug ins Ausland.

1 Mahmut macht ein Praktikum auf dem Flughafen. Es werden Gepäckstücke gewogen und Mahmut hat sich folgende Angaben in kg notiert. In seinem Bericht soll er die Ergebnisse in einem Diagramm darstellen.

10,2; 19,8; 19,5; 16,2; 14,7; 13,8; 24,9; 16,2; 12,5; 17; 17,1; 18,1; 18,8; 19,2; 14,7; 16,1; 17,4; 18,7; 19,6; 19

a) Welche Schwierigkeit gibt es dabei?

b) Nach dem Abwiegen der ersten 20 Gepäckstücke kommt Mahmut die Idee, die Gepäckstücke in Gewichtsgruppen einzuteilen. Die Tabelle zeigt eine Einteilung der Gepäckstücke in drei gleich große Gruppen. Zeichne dazu ein Säulendiagramm.

kg	> 10 - 15	> 15 - 20	> 20 - 25
Anzahl	5	14	1

c) Teile die gleichen Gepäckstücke in zwei (sechs) Gruppen ein und zeichne die Säulendiagramme. Welche Einteilung würdest du auswählen? Begründe.

Die Klasseneinteilung

Um Datensätze übersichtlich darstellen zu können, müssen die Werte manchmal in Gruppen, sogenannte **Klassen**, eingeteilt werden. Je weniger Klassen gebildet werden, desto mehr Informationen über die genaue Verteilung gehen verloren. Je mehr Klassen gebildet werden, desto präziser sind zwar die Angaben, aber dafür wird das Diagramm unübersichtlicher.

Ergebnisse einer Befragung zur Entfernung des Urlaubsorts in der 10a:

Einteilung in zwei Klassen

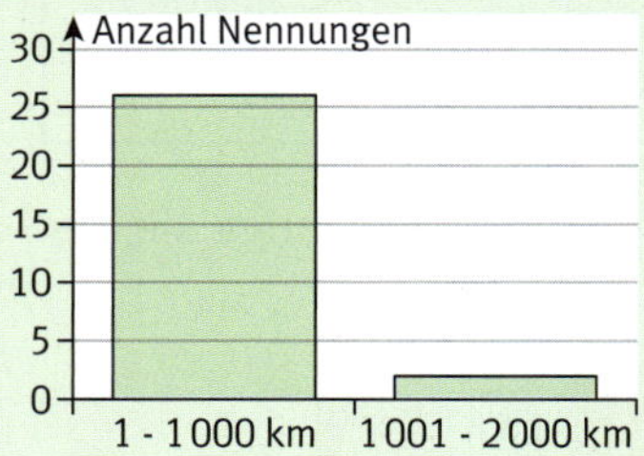

Einteilung in vier Klassen

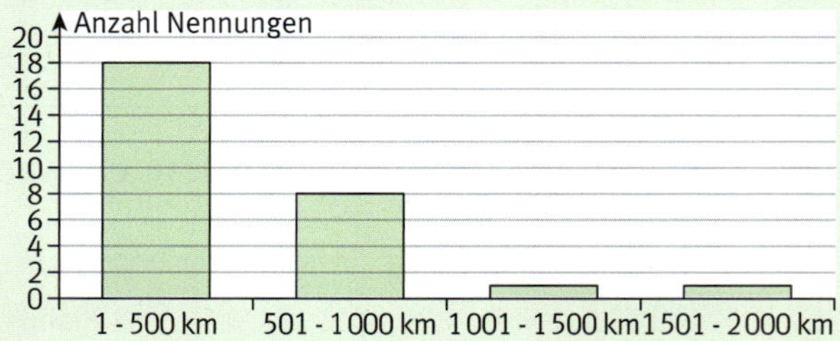

2 Stelle die Angaben der Umfrage übersichtlich in einer Häufigkeitstabelle und einem Säulendiagramm dar, indem du sie in fünf gleich breite Klassen einteilst: > 0 € – 1 000 €, ...

Wie viel habt ihr im Urlaub ausgegeben?
820 €; 135 €; 1 200 €; 450 €; 3 000 €; 4 300 €; 750 €; 2 000 €; 500 €; 1 500 €; 200 €; 80 €; 300 €; 1 000 €; 500 €; 2 000 €; 300 €; 70 €; 120 €; 400 €

3 Die Schüler einer zehnten Klasse wurden befragt, wie viele Stunden sie pro Woche mit Videospielen verbringen. Folgende Daten (in h) wurden angegeben:

Jungen: 0; 3; 14; 20; 1; 9; 25; 29; 11; 14; 8; 6; 18

Mädchen: 7; 3; 0; 5; 19; 0; 20; 7; 4; 9; 13; 14; 6; 14

a) Ordne die Angaben beider Gruppen jeweils sinnvoll in Klassen und zeichne dazu zwei Säulendiagramme.

b) Formuliere Aussagen über die Zeiten, die Jungen bzw. Mädchen mit Videospielen verbringen und eine Aussage über den Vergleich zwischen Jungen und Mädchen.

1 Reisen werden oft online gebucht. Wie wird sich das in den kommenden Jahren entwickeln? Betrachte dazu das Diagramm und beurteile die Aussagen:

1. Reisen werden zunehmend im Internet gebucht.
2. Der Anteil der Pauschalreisen ist gering, aber gleichbleibend.
3. Den größten Zuwachs bekommen die Buchungen von Ferienwohnungen.
4. Die Buchungen von Hotels werden sich nur leicht verändern.

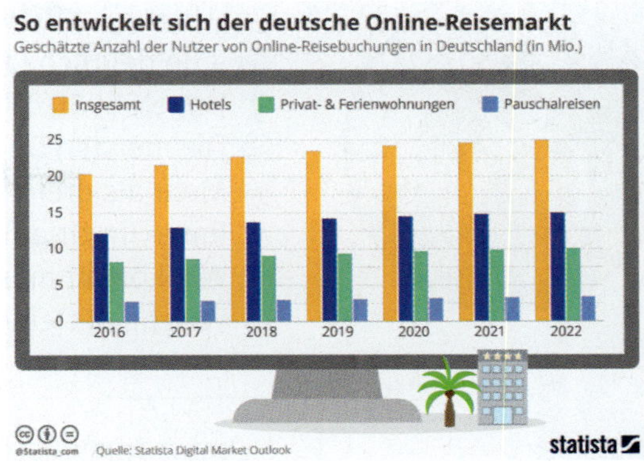

2 Reisebüros haben 640 Kunden aus Berlin befragt, wie lange sie im letzten Jahr verreist sind.

a) Bestimme mithilfe des Diagramms die relativen Häufigkeiten der jeweiligen Dauer einer Reise.
b) Berechne die absoluten Häufigkeiten und zeichne ein Balkendiagramm. Wähle eine geeignete Achseneinteilung.
c) Formuliere drei Aussagen über die Reisedauer von Berlinern.
d) Berechne die ungefähre durchschnittliche Reisedauer. Beschreibe dein Vorgehen.

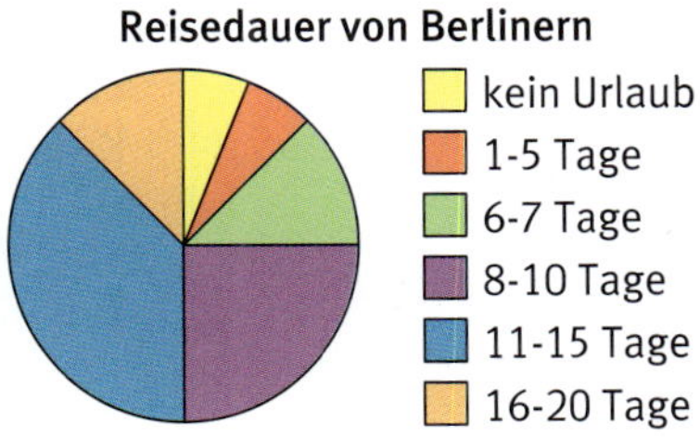

3 Ein Reisebüro fragt drei unterschiedliche Gruppen aus Brandenburg, wie ihnen der Urlaub gefallen hat. Die Kunden dürfen Punkte von 1 (sehr unzufrieden) bis 6 (sehr zufrieden) geben. Nach einem Monat entsteht diese Aufstellung:

Alleinreisende	3 5 3 5 6 4 6 6 1 6
Paare	3 6 6 6 4 5 6 6 3
Familien mit Kind(ern)	2 2 5 2 6 6 6 1 2 6 6

a) Bestimme für jede der drei Gruppen Minimum, Maximum, Spannweite, arithmetisches Mittel und Median.
b) Zeichne für jeden der fünf Kennwerte ein Säulendiagramm mit drei Säulen. Verwende die Farben für die Gruppen wie in der Tabelle.
c) Nimm Stellung zur Aussage der Chefin Frau Sonnenschein: „Wir haben alle Kundengruppen gleich zufrieden gestellt."
d) Teile die Bewertungen für jede Gruppe in drei Klassen ein, bestimme dann jeweils die relativen Häufigkeiten der Klassen und zeichne drei Kreisdiagramme.

4 Welche Diagrammarten eignen sich zur Darstellung folgender Sachverhalte? Begründe.

a) Die Abschlussklasse vergleicht die Ausbildungsvergütungen in verschiedenen Berufen.
b) Der Berufsberater stellt die Ausbildungswahl der Schulabgänger des letzten Jahres in verschiedenen Berufsfeldern vor.
c) Zwei Freundinnen vergleichen ihre Gehälter in den letzten 10 Jahren.
d) Der Schulleiter informiert die Eltern der Schüler der Abschlussklasse über die erreichten Schulabschlüsse.

Mittelwerte bestimmen

1 Der Urlaub ist für viele Deutsche die schönste Zeit im Jahr.

① Jede deutsche Familie fährt durchschnittlich 1,5-mal im Jahr in den Urlaub.
② Ungefähr 50 % aller Deutschen geben über 1 000 € für ihren Urlaub aus.
③ Die meisten Deutschen planen einen Urlaub an irgendeinem Sonnenstrand.
④ Mehr als drei Viertel der Deutschen antworten auf die Frage „Wie wichtig ist Ihnen Ihr Urlaub?“ mit „sehr wichtig“.

a) Wie kommt man zu diesen Aussagen? Beschreibe eine mögliche Umfrage.
b) Welche Mittelwerte können dann gebildet werden?

Modalwert

Neben arithmetischem Mittel und Median ist der **Modalwert m** ein weiterer Mittelwert. Er kann bei einer Datenreihe aus Merkmalen, die keine Rangordnung aufweisen, gebildet werden. Er ist der **am häufigsten vorkommende Wert**. Kommen mehrere Werte gleich häufig vor, dann gibt es mehrere Modalwerte.

Lieblingsreiseziele in Onurs Familie: Türkei, Italien, Italien, Frankreich
Der Modalwert ist Italien.

2 Bei welchen Aussagen von Aufgabe 1 wurde der Modalwert gebildet?

3 Begründe, welche Mittelwerte hier gebildet werden können.
a) Nachgefragteste Städtereisen der Japaner in Europa
b) Flugzeiten einer Airline zu 20 Urlaubszielen von Berlin
c) Anzahl der verspäteten Abflüge vom Flughafen Leipzig pro Tag für 2019

4 Bestimme zu den Datenreihen jeweils alle drei Mittelwerte.
a) 13; 4; 7; 2; 7; 2; 3; 1; 12
b) 2,5; 12,6; 28,3; 14,1; 27,9; 1,0; 14,8
c) −5; −3; −2; 0, 0; 0; 0; 2; 4; 4
d) −10 000; 20 000; 10 000; −10 000; 40 000

5 Ergänze jeweils eine weitere Zahl, sodass
a) der Median 100 ist. ① 50; 99; 100; 101 ② 50; 99; 101; 102
b) die Spannweite 13 ist. ① 10 000; 9 991; 10 001 ② 27; 28; 40; 32
c) der Modalwert 21 ist. ① 99; 21; 13 000; 11 ② 22; 23; 23; 21
d) das arithmetische Mittel 25 ist. ① 3; 19; 30; 44 ② 17; 22; 23

6 Das Hotel „Sonnenschein“ bittet seine Gäste, den Aufenthalt mit einem Smiley zu bewerten. Die Auswertung von 70 der 80 Gäste ergibt die nebenstehende Tabelle:

18	28	20	2	2

a) Begründe, dass das arithmetische Mittel und der Median hier nicht gebildet werden können.
b) Bestimme den Modalwert.
c) Verändere die Angaben, sodass ein arithmetrisches Mittel und ein Median ermittelt werden kann und bestimme diese Kennwerte.
d) Die Bewertung der restlichen 10 Gäste steht noch aus. Um eine Empfehlung in Hotelsuchmaschinen zu bekommen, müsste eine Durchschnittsnote von 2,0 oder besser erreicht werden. Beurteile: ist das realistisch?

1 Um die Ausstattung und die Servicequalität eines Hotels zu kennzeichnen, werden Sterne vergeben. Eine Stadt veröffentlicht zu ihren Hotels die nebenstehende Übersicht:

a) Bestimme alle Mittelwerte.

b) Vervollständige mit deinen Ergebnissen folgende Aussagen. Welche sollte die Stadtverwaltung verwenden? Begründe.

Kategorie	Anzahl Hotels
☆	10
☆☆	0
☆☆☆	13
☆☆☆☆☆	1

„Unsere Hotels haben durchschnittlich … .“

„Mehr als die Hälfte unserer Hotels … .“

„Die meisten unserer Hotels bekamen … .“

2 Die täglichen Besucherzahlen im kleinen Waldbad waren zu Beginn der Sommerferien besonders hoch. Bei einem Besuch von durchschnittlich 300 Personen pro Tag muss noch ein weiterer Mitarbeiter eingestellt werden.

280	195	220	380	125
148	173	245	332	247
235	312	236	197	576
238	198	432		

a) Berechne das arithmetische Mittel.

b) Am Sonntagabend gab es ein Freiluftkonzert. Zusätzlich zu den 432 Besuchern tagsüber kamen noch 3 331 Personen abends dazu. Berechne nun das arithmetische Mittel.

c) Beurteile: Wird noch ein weiterer Mitarbeiter eingestellt?

Ein Wert, der sich stark von den übrigen Werten einer Datenreihe unterscheidet, nennt man „Ausreißer“.

3 Für einen Flug nach Mallorca wurde von den ersten zehn Passagieren das Fluggepäck gewogen (Angaben in kg):

12,3	31,2	15,9	12,8	30,5	14,2	14,3	15,5	16,2	17,4

a) Bestimme das Minimum, das Maximum und die Spannweite der Werte.

b) Bestimme das arithmetische Mittel und vergleiche mit den Werten.

c) Bestimme den Median. Warum ist er aussagekräftiger? Begründe.

d) Warum ist es nicht sinnvoll, den Modalwert anzugeben?

4 Um den Erfolg eines Kinofilms in der Altersgruppe der 20- bis 40-Jährigen zu untersuchen, werden 50 Besucher nach ihrem Alter gefragt. Das Diagramm zeigt die Altersverteilung dieser Gruppe.

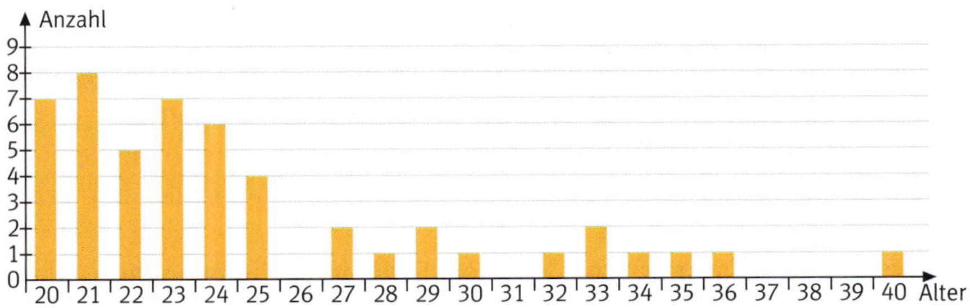

a) Welche Zuschauer haben sich besonders für den Film interessiert?

b) Bestimme den Median, den Modalwert, das Minimum, das Maximum und die Spannweite zu dieser Verteilung.

c) Mit welchen Kennwerten aus b) lässt sich deiner Meinung nach die Verteilung besonders gut beschreiben? Begründe.

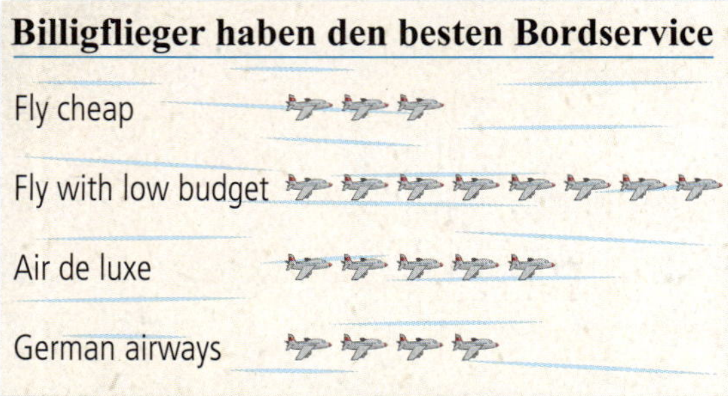

Warum wurden nur so wenige befragt?

Der Billigflieger Fly cheap war doch der Schlechteste!

1 Das Magazin „Nichts wie weg!“ hat für eine Umfrage zum Bordservice 200 Reisende am Berliner Flughafen befragt.
a) Wofür stehen die Bildsymbole?
b) Ist die Überschrift berechtigt? Begründe.
c) Nimm Stellung zu diesen Meinungen:

Es wurden wieder nur die Berliner gefragt!

Ich fliege am liebsten mit German airways – aber mich fragt ja keiner!

2 Meinungsforscher haben insgesamt 4 000 Reisende an vier deutschen Flughäfen befragt, welche Fluggesellschaft ihrer Meinung nach den besten Service an Bord bietet.
a) Passt die Überschrift? Erkläre.
b) Vergleiche die Ergebnisse dieser Befragung mit der ersten. Welche gibt eher die Meinung der Menschen wieder?
c) Worauf kommt es an, wenn Befragungen gesicherte Ergebnisse bringen sollen?

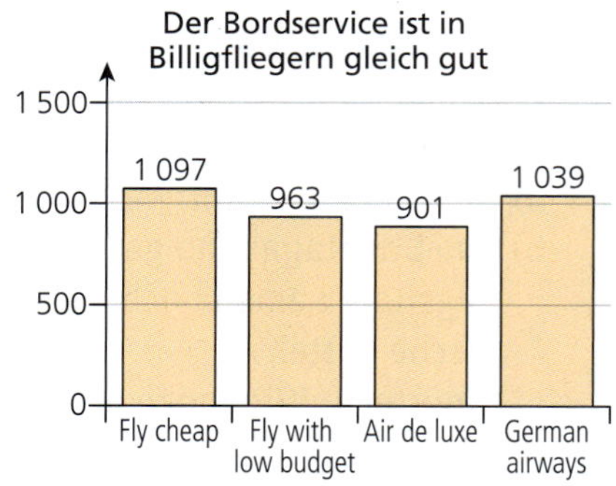

Grundgesamtheit
Stichprobe

Oftmals möchte man Aussagen über eine **Grundgesamtheit** (z. B. alle Einwohner einer Stadt) machen. Alle zu befragen ist in der Regel kaum möglich. Deshalb wählt man einen Teil, die sogenannte **Stichprobe**, aus. Aus dem Ergebnis der Stichprobe kann man **Rückschlüsse auf die Grundgesamtheit** ziehen.

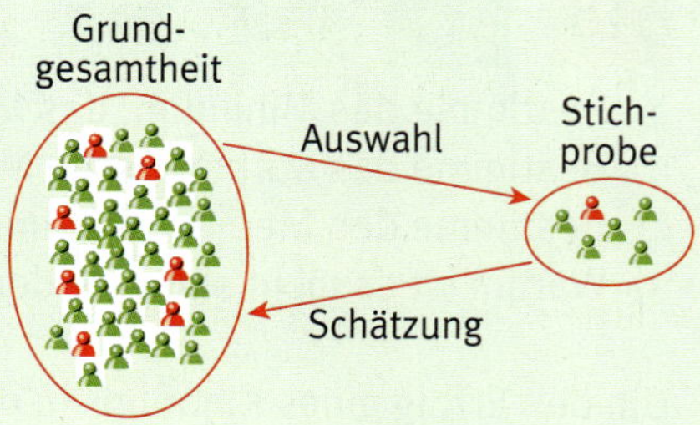

Repräsentative Stichprobe:
– Stichprobenumfang nicht zu klein wählen
– Zusammensetzung der Gesamtheit berücksichtigen

3 Handelt es sich um eine repräsentative Stichprobe? Begründe.
a) Um ein Meinungsbild über die Notwendigkeit von Smartphones zu erhalten, werden 100 Jugendliche im Alter zwischen 10 und 20 Jahren befragt.
b) Um das Durchschnittsgehalt in einer Firma zu ermitteln, werden die Reinigungskräfte, die Azubis, die Angestellten und die Abteilungsleiter befragt.

4 In einer Umfrage soll erfasst werden, wie viele Schüler Produkte online kaufen. Bewerte diese Vorschläge:

Ich würde in den Raum nebenan gehen und die dort anwesenden Schüler befragen. Keine Ahnung, welche Klasse das ist.

Wir verteilen einen Fragebogen an alle Schüler unserer Schule.

1 Die neue Mitarbeiterin der Fluggesellschaft hat sich für eine Umfrage zum Bordservice Fragen überlegt. Ihre Chefin ist damit nicht einverstanden. Begründe.

1. Wie gefällt Ihnen unser All-for-one-Service auf den Standard-by-way-lines?
2. Fliegen Sie auch so gern mit unserer Airline?
3. Wie beurteilen Sie die Rettungsschwimmweste?
4. Trinken Sie gerne Tomatensaft und essen dazu Chips an Bord?

2 Beurteile diese Fragebögen zur Zufriedenheit mit dem Bordservice. Welche Fragen sind leicht, welche schwer auszuwerten?

Fragebogen 1:
Ihre Meinung ist uns wichtig.
Kreuzen Sie an:
Die Flugbegleiter sind
unfreundlich nett
← — — — — →
Bordservice ist mir
unwichtig wichtig
← — — — — →

Fragebogen 2:
Ihre Meinung ist uns wichtig.
Wie schmackhaft war das Bordessen?
______
Haben Sie bequem gesessen?
______

Fragebogen 3:
Ich bin ○ männlich
○ weiblich
Das würde ich für einen Flug ausgeben:
______ €
Speisen im Flugzeug: ______ €
Getränke im Flugzeug: ______ €
Sonstiges: ______ €

Fragebogen 4:
Lieblingsflugziel
______
Lieblingsairline
______
Flüge pro Jahr
○ Höchstens einmal
○ 2- bis 3-mal
○ 4- bis 8-mal
○ mehr als 8-mal

Fragetechniken

Bei Umfragen kann man unterschiedliche Fragetechniken verwenden.
Bei **offenen Fragen**, den sogenannten W-Fragen, erfährt man zwar viel über die Meinung einer befragten Person, sie sind aber statistisch schwer auszuwerten. Das geht bei **geschlossenen Fragen**, die nur die Antwortmöglichkeiten ja oder nein oder Abstufungen zulassen, leichter.

3 Elena hat insgesamt 60 Schüler und Schülerinnen der 10. Klassen ihrer Schule zur Internetnutzung befragt und möchte die Ergebnisse ihrer Umfrage vorstellen.

a) Welche Frage hat sie gestellt?
b) Werte die Daten mithilfe von geeigneten Kennwerten und Diagrammen aus und schreibe mithilfe der Satzanfänge aus Elenas Sicht einen kurzen Text.
c) Überlege dir mindestens drei weitere Fragen zu diesem Thema. Führe die Umfrage in deiner Klasse durch und werte sie wie Elena aus.

Ich wollte herausfinden ...
Ich habe ... befragt.
Es waren keine/folgende Antworten vorgegeben: ...
Man durfte nur eine Antwort geben/ Es waren mehrere Antworten möglich ...
Als Grafikart habe ich gewählt: ...
Es ergab sich folgende Reihenfolge: ...
Die meisten/ wenigsten ...
Das sind mehr/ weniger als ...
Mir ist aufgefallen ...
Überraschend fand ich: ...

Anzahl Länder	8a	10a
1	6	7
2	5	8
3	8	10
4	3	1
5	4	0
6	2	1
7	0	2

1 Herr Tan fragt die Schüler in einer achten und in einer zehnten Klasse, wie viele Länder sie schon besucht haben.

a) Vervollständige die begonnene Rangliste für die 28 Schüler der 8a und erstelle genauso die Rangliste für die 10a.
1 1 1 1 1 1 2 …

b) Herr Tan stellt die Verteilung der Daten in einer Kastengrafik (Boxplot) dar. Welche Kennwerte kann man daraus ablesen?

c) Murat liest ab: „Bei der 8a ist z = 3.“ Überprüfe und bestimme auch den Median für die 10a.

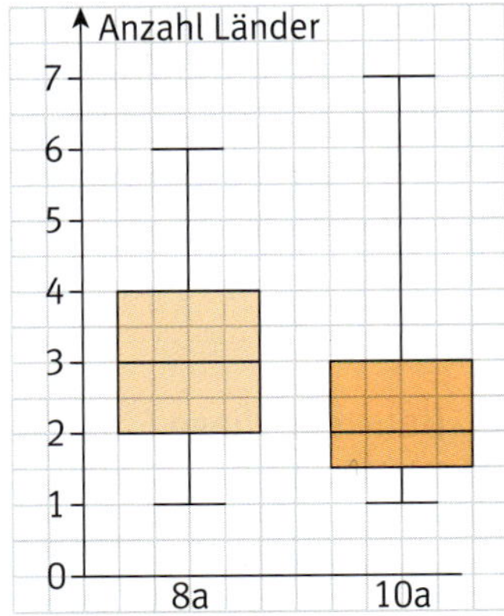

Boxplot

oberes Quartil: Drei Viertel aller Werte sind kleiner oder gleich.
Median: Die Hälfte aller Werte ist kleiner oder gleich.
unteres Quartil: Ein Viertel aller Werte sind kleiner oder gleich.

Die Verteilung von Daten kann man in einem **Boxplot** in senkrechter oder waagrechter Richtung veranschaulichen. Der Median und die **Quartile** (Median der oberen und unteren Hälfte) teilen die Datenreihe in vier Teile. In jedem dieser vier Teile liegen gleich viele Daten. Die mittlere Hälfte der Daten wird als Box markiert. Die Antennen reichen jeweils von Minimum bzw. Maximum bis zu den Außengrenzen der Box.

Zehn Schüler wurden nach der Anzahl ihrer Geschwister befragt:
2; 3; 1; 1; 2; 0; 0; 2; 2; 1

Analyse der Daten und Veranschaulichung im Boxplot:

0 0 1 1 1 2 2 2 2 3

unteres Quartil: 1 — Median: 1,5 — oberes Quartil: 2

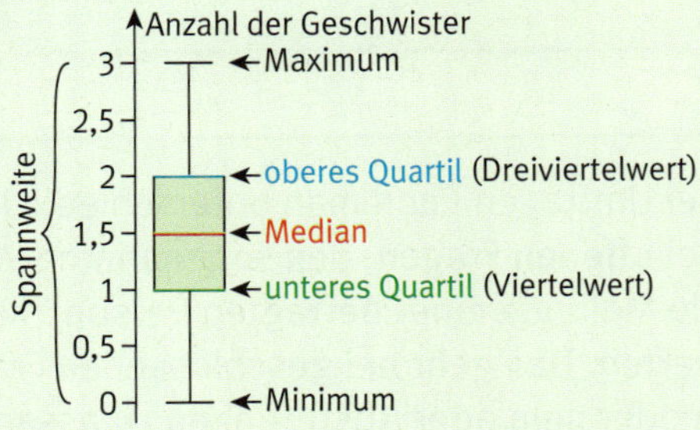

2 a) Markiere in den Ranglisten von Aufgabe 1 die Kennwerte wie im Merkkasten.
b) Zeichne die Boxplots aus Aufgabe 1 und beschrifte sie wie im Merkkasten.

3 Zeichne für jede Datenreihe einen Boxplot, indem du folgende Schritte ausführst:
1. Ordne die Daten der Größe nach zu einer Rangliste.
2. Bestimme Maximum, Minimum, Median, unteres und oberes Quartil.
3. Markiere diese Werte neben einem Zahlenstrahl und vervollständige zum Boxplot.

a) 7; 13; 5; 8; 9; 2; 6; 6; 10; 12
b) 6; 2; 12; 9; 4, 9; 8; 7; 6; 0; 1; 7
c) 25,5; 23; 27; 24,5; 28,5; 25; 23,5; 27; 28,5; 28; 25,5
d) 1,0; 0,7; 1,6; 1,2; 0,1; 0,5; 1,2; 1,6; 0,8; 1,4; 0,1; 1,3; 1,5; 0,9

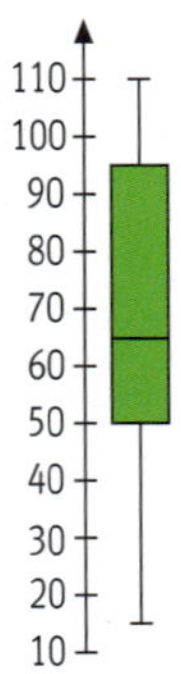

4 Welche Datenreihen passen zum Boxplot in der Randspalte? Begründe.
a) 15; 15; 60; 60; 80, 95; 100; 110
b) 15; 40; 60; 60; 70; 90; 100; 110
c) 10; 15; 50; 60; 80; 95; 100; 110
d) 15; 15; 50; 65; 65; 95; 95; 110

1 Die Boxplots zeigen die Ergebnisse der Klassen 10a und 10b beim 100-m-Lauf. Beurteile die folgenden Aussagen:

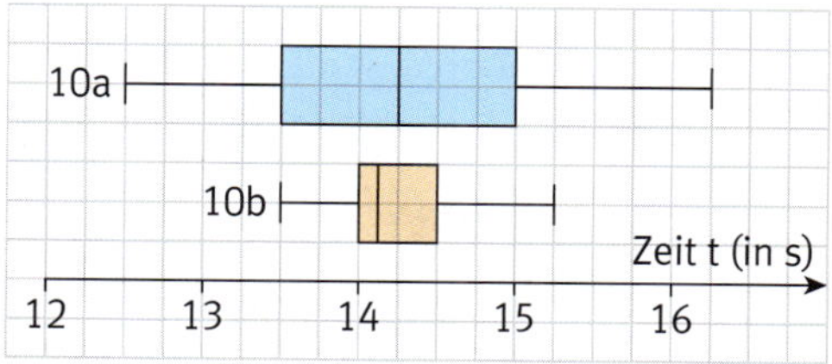

1. Aus der 10b kommen die schnellsten Läufer.
2. Aus der 10a kommen die langsamsten Läufer.
3. Die Laufzeit von 13,5 s ist die Bestzeit in der 10a.
4. Die Ergebnisse der Klasse 10b sind insgesamt ausgeglichener als die der 10a.

2 9 Jungen und 16 Mädchen einer 10. Klasse haben geschätzt, wie oft sie sich am Tag in einem sozialen Netzwerk aufhalten.

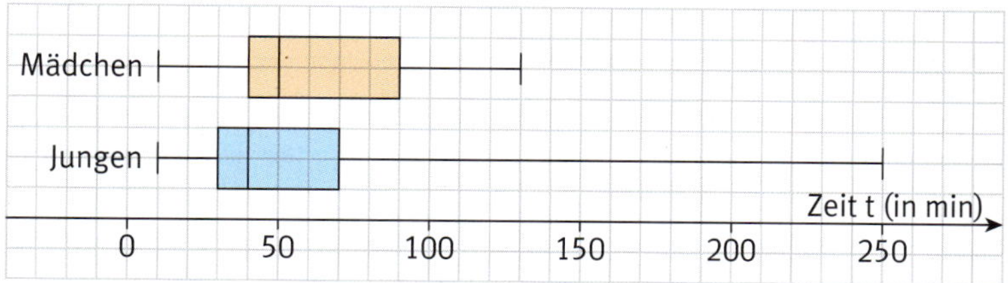

a) Gib die Kennwerte an.
b) Formuliere mindestens drei Aussagen zum Vergleich der Nutzung sozialer Netzwerke von Jungen und Mädchen, die man aus dem Boxplot ablesen kann.

3 Im Physikunterricht der Klasse 10a wird die Fallbeschleunigung bestimmt. Die Gruppen messen folgende Werte (alle Angaben in m/s^2): 8; 7; 11; 9; 7; 11; 9; 10; 8; 8
a) Zeichne einen Boxplot.
b) Am Boxplot ist erkennbar, dass einige Gruppen sehr ungenau gearbeitet haben. Erläutere.
c) In der 10b entstehen folgende Ergebnisse (in m/s^2):
8; 8; 8; 9; 9; 9,5; 9,5; 9,5; 9,5; 10; 10; 10
Zeichne den Boxplot und vergleiche die Ergebnisse mit denen der 10a.

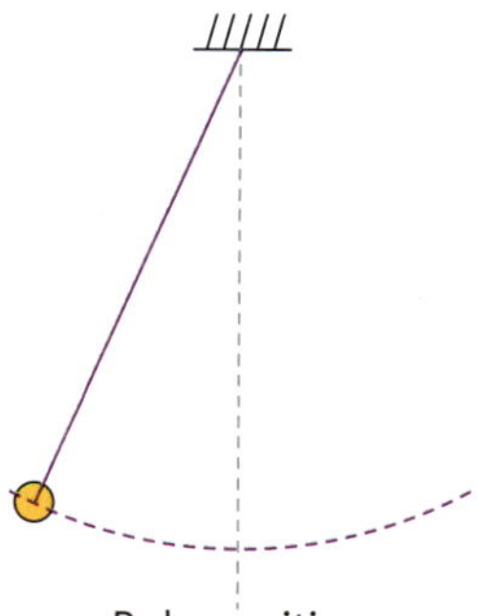

TRIMM-DICH-ZWISCHENRUNDE

1 In einem Hühneraufzuchtbetrieb wurden 20 Eier gewogen (in g):
58,9 56 59,5 55 54,2 58 57 55,9 58,5 52,5
57 54 55 53 55,4 55,5 57,1 54,8 56 58,1
a) Bilde zwei (drei, vier) Klassen und zeichne jeweils ein Säulendiagramm.
b) Bestimme alle Mittelwerte (arithmetisches Mittel, Modalwert und Median).

2 Vervollständige die Tabelle und zeichne den zugehörigen Boxplot.

	Minimum	Maximum	Spannweite	Median	unteres Quartil	oberes Quartil
a)	2	18	■	13	9	15
b)	■	1000	1000	600	500	700
c)	390	■	340	500	420	640

Darstellungen kritisch betrachten

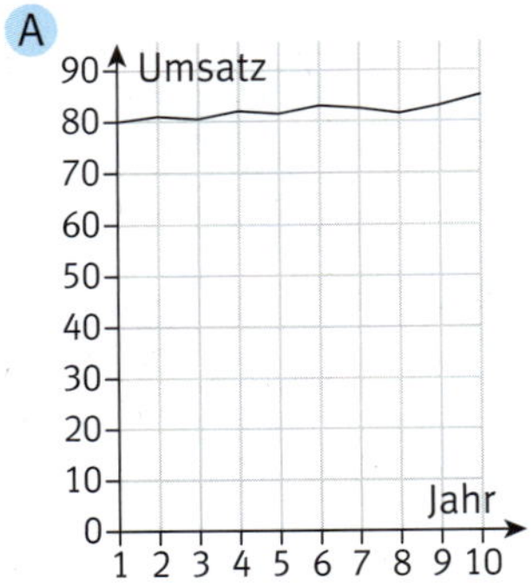

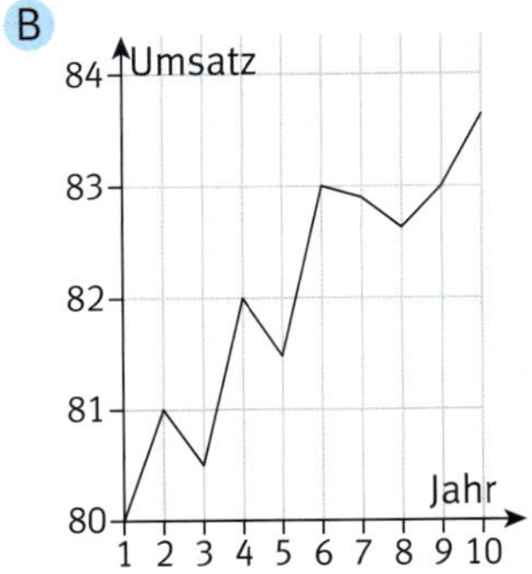

1 Eine Fluggesellschaft möchte für eine Präsentation ihre Jahresumsätze der letzten zehn Jahre in Millionen Euro als Verlaufsdiagramm präsentieren. Zwei Vorschläge stehen zur Auswahl. Wie kommen die unterschiedlichen Darstellungen zustande?
Erkläre und beurteile diese.

Manipulation von Diagrammen

Diagramme werden gelegentlich dazu verwendet, den Betrachter gezielt in die Irre zu führen. Es gibt unterschiedliche Arten, **Diagramme zu manipulieren** (zu beeinflussen).

① Die Einteilung der Achsen wird verändert:

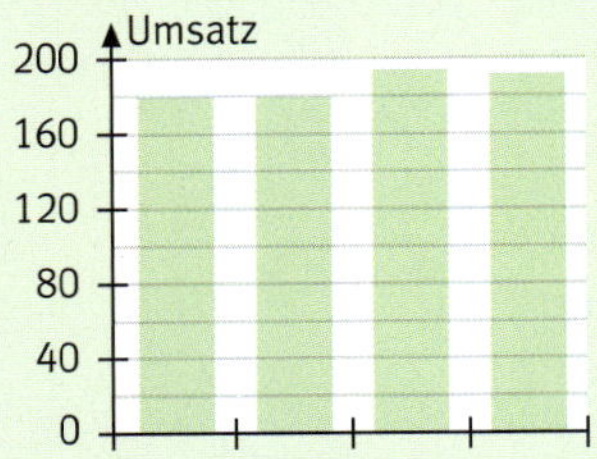

Unterschiede wirken gering.

→

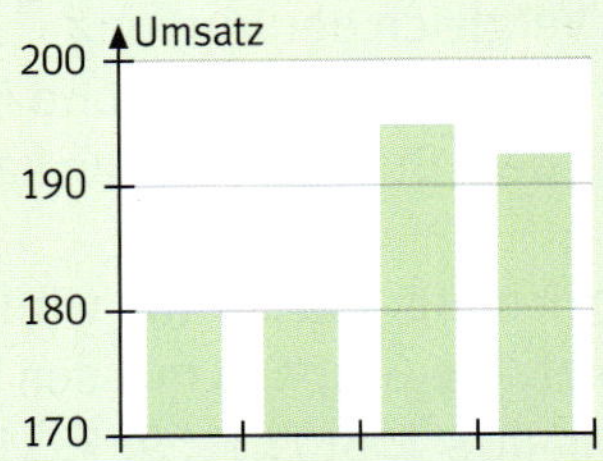

Unterschiede wirken groß.

② Die x- oder y-Achse wird gestreckt oder gestaucht:

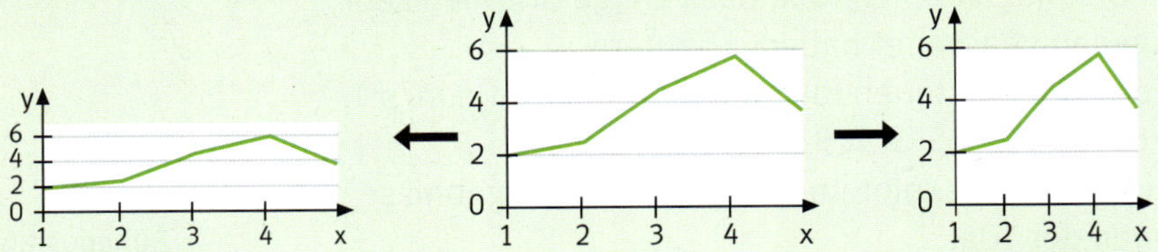

Kurve wird flacher. Kurve wird steiler.

Diagrammcheck: Beginnen die y-Werte bei 0? Wird die Achseneinteilung verändert? Werden die Achsen gestreckt oder gestaucht?

2 „Die Kosten für eine Städtereise sind in den letzten vier Jahren explodiert." Begründe, wie das Diagramm manipuliert wurde und stelle den Sachverhalt geeigneter dar.

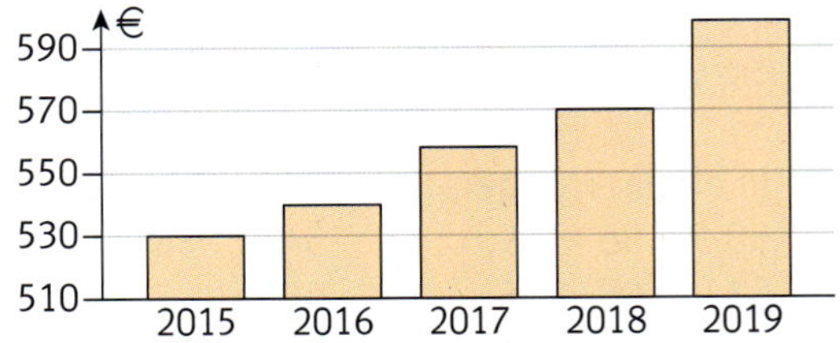

3 Ein Tourist aus Costa Rica kommt zu Besuch. Er hat sich über die Temperaturen in Deutschland informiert: „Bei uns ist es das ganze Jahr über gleich warm. Ich habe Angst vor diesen Temperaturschwankungen." Verändere das Diagramm so, dass seine Angst nicht mehr ganz so groß ist. Finde mehrere Möglichkeiten.

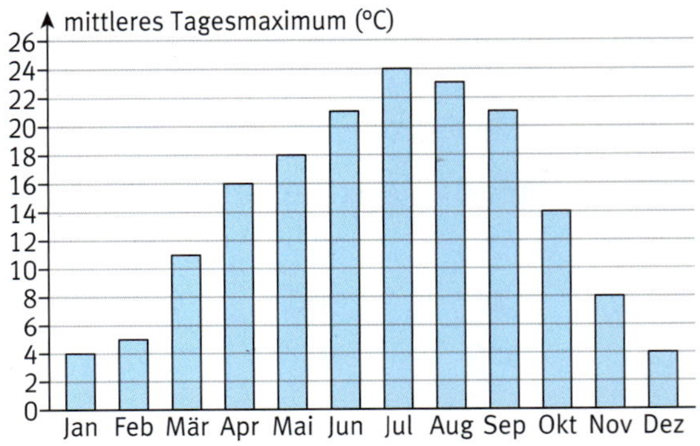

1 „Der neue Herrenduft Odeur ist ein voller Erfolg.“
a) Beurteile die Aussage. Vergleiche dafür das Diagramm mit der Tabelle.
b) Wodurch wird im Diagramm ein anderer Eindruck vermittelt? Zeichne ein angemessenes Diagramm.

Zeitraum	verkaufte Flaschen
1. Woche	22
2. Woche	42
3. Woche	37
4. Woche	62
5. Woche	42

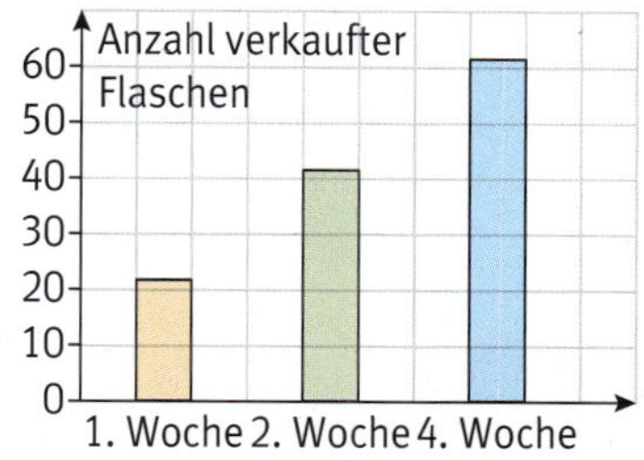

2 Eine Verkaufsaktion mit Herrendüften im Flugzeug brachte im Mai mit 3 250 € doppelt so hohe Einnahmen wie im April.
a) Beurteile die Darstellung. Wie oft passt der „kleine“ Geldschein in den „großen“?
b) Wie viele Euro müssten im Mai eingenommen werden, damit die Darstellung stimmt?

Manipulation von Diagrammen

③ Diagramme kann man manipulieren, indem man gezielt Daten weglässt.

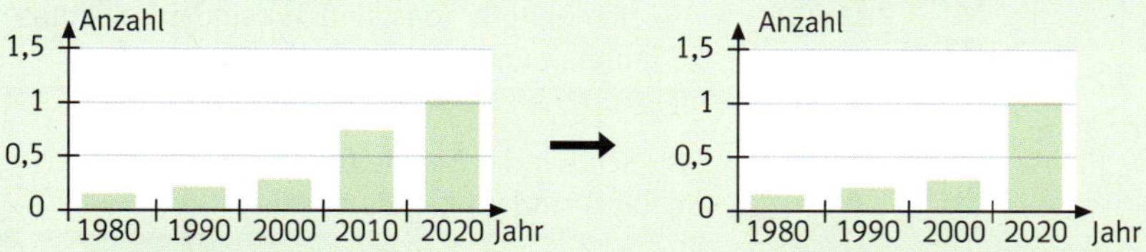

langsame Zunahme → scheinbar schlagartige Zunahme

④ Werden Bilder oder Piktogramme zur Darstellung der Daten benutzt, kann man mit falschen Größenverhältnissen und Farben Aussagen manipulieren.

3 Das Diagramm stellt dar, wie sich die Höhe des Kindergeldes entwickelt hat. Der Wert von 1996 wurde umgerechnet.
a) Stelle denselben Sachverhalt in einem Säulendiagramm dar. Wähle eine geeignete Einteilung der Achsen.
b) Vergleiche beide Diagramme.
c) Wie wirkt sich die Farbgebung auf den Eindruck aus?

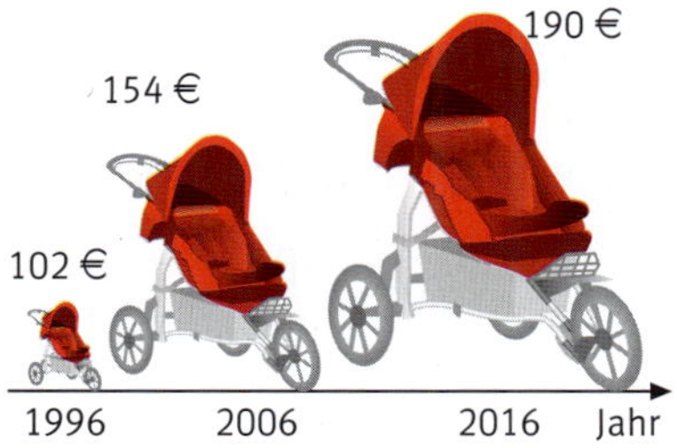

4 Die Stadtverwaltung von Zeuthen veröffentlicht diese Grafik.
a) Was wurde falsch gemacht?
b) Zeichne eine angemessene Grafik zu diesem Thema. Welche Einschränkung gibt es?
c) Nenne Gründe für das bewusste Manipulieren in diesem Kontext.

Mit der Vierfeldertafel arbeiten

	I	$\overline{I}$	gesamt
A	■	■	7
$\overline{A}$	1	■	■
gesamt	3	■	10

A: Auslandsurlaub
$\overline{A}$: kein Auslandsurlaub
I: Inlandsurlaub
$\overline{I}$: kein Inlandsurlaub

1 Nazars Familie macht gern Urlaub. Dabei besuchen sie Ziele im In- und Ausland, manchmal auch beides im gleichen Jahr. In der Tabelle wird dies für die letzten 10 Jahre dokumentiert.

a) Beschreibe die Bedeutung aller Felder der Tabelle.
b) Übertrage die Tabelle und ergänze die fehlenden Angaben.
c) Wie viele Jahre ist Nazars Familie nicht verreist?

Vierfeldertafel

In Vierfeldertafeln kann man entweder absolute oder relative Häufigkeiten eintragen. Die relativen Angaben werden immer auf die Gesamtheit bezogen.

Es gibt vier Möglichkeiten, das Eintreten zweier Merkmale zu kombinieren.

Interessiert man sich bei einer Datenerhebung mit genau zwei unterschiedlichen Merkmalen, ob sie einzeln oder gemeinsam eintreten oder gar nicht, so kann man die Daten in einer **Vierfeldertafel** darstellen.

Umfrage an einer Gesamtschule in Berlin:
N: „Der Schüler besucht die 10. Klasse."
A: „Der Schüler ist mindestens 15 Jahre alt."

	N	$\overline{N}$	gesamt
A	35 7 %	180 36 %	215 43 %
$\overline{A}$	25 5 %	260 52 %	285 57 %
gesamt	60 12 %	440 88 %	500 100 %

7 % aller Schüler (das sind 35) sind mindestens 15 Jahre alt und besuchen die 10. Klasse.

285 Schüler der Schule (das sind 57 % aller Schüler) sind jünger als 15 Jahre.

In diesem Feld steht immer die **Gesamtheit**, also stets 100 %.

2 a) Ergänze die Vierfeldertafel aus Aufgabe 1 um die relativen Häufigkeiten.
b) Formuliere drei Aussagen zu dieser Vierfeldertafel.

3 Übertrage die Vierfeldertafeln und vervollständige sie.

a)

	B	$\overline{B}$	gesamt
A	■	800	1000
$\overline{A}$	400	300	■
gesamt	■	■	■

b)

	D	$\overline{D}$	gesamt
C	20 %	■	■
$\overline{C}$	■	0,1	■
gesamt	0,7	■	■

4 Im Fahrradbereich der Schule stehen 360 Fahrräder. Darunter sind 240 Mountainbikes. Bei einer Überprüfung stellt sich heraus, dass fünf von neun Fahrrädern eine Beleuchtung haben. Von den Mountainbikes hat jedes dritte keine Beleuchtung.

a) Erstelle für diese Situation eine Vierfeldertafel.
b) Wie viel Prozent der Fahrräder mit Beleuchtung sind Mountainbikes?

Mit der Vierfeldertafel arbeiten

1 Auch in der Wahrscheinlichkeitsrechnung kann man mit Vierfeldertafeln arbeiten. Übertrage die Tabelle und vervollständige sie.

	D	$\overline{D}$	■
K	Wahrscheinlichkeit für das Eintreten der Ereignisse K und D = P („K und D“)	■	P („K und D“) + P („K und $\overline{D}$“)
$\overline{K}$	■	Wahrscheinlichkeit für das Eintreten der Gegenereignisse von K und D = P („$\overline{K}$ und $\overline{D}$“)	■
■	■	■	■

2 In einer Firma, die USB-Sticks herstellt, sind erfahrungsgemäß 2 % aller produzierten Sticks fehlerhaft. 90 % der fehlerhaften Sticks werden bei einem Test erkannt, jedoch werden auch 5 % der funktionsfähigen Sticks fälschlicherweise aussortiert.

a) Julia hat zu diesem Sachverhalt ein Baumdiagramm gezeichnet. Erkläre die Bedeutung der Abkürzungen F, $\overline{F}$, A und $\overline{A}$ und den Aufbau des Baumdiagramms.

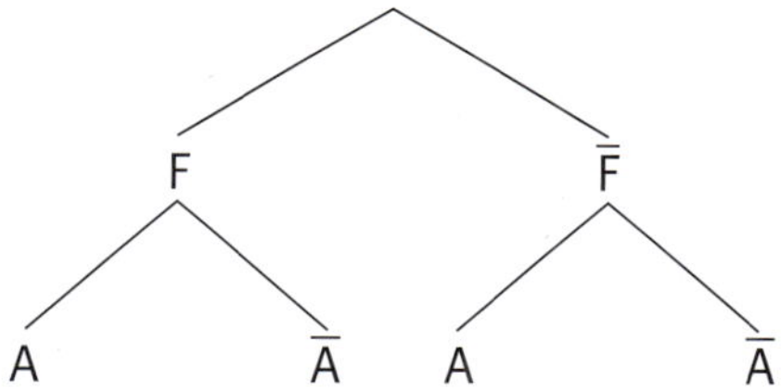

b) Übertrage das Baumdiagramm und beschrifte es.

c) Kevin hat diese Vierfeldertafel erstellt. Prüfe den eingetragenen Wert.

	F	$\overline{F}$	gesamt
A	0,018	■	■
$\overline{A}$	■	■	■
gesamt	■	■	■

d) Vergleiche mit dem Baumdiagramm: Erläutere dazu, welcher Pfad im Baumdiagramm welchem Feld in der Vierfeldertafel entspricht.

e) Vervollständige die Vierfeldertafel.

3 Wie groß ist die Wahrscheinlichkeit, dass

a) ein USB-Stick aussortiert wird?

b) im Test ein Sortierfehler passiert?

4 Die Einstein-Schule hat 1 200 Schüler. 30 % von ihnen engagieren sich in der Schülervertretung (SV). 65 % der Aktiven sind Mädchen. Von den Schülern, die sich nicht engagieren, sind 45 % Mädchen.

a) Ermittle mit einem Baumdiagramm, wie viele Mädchen und Jungen die Einstein-Schule besuchen.

b) Erstelle eine Vierfeldertafel zu dem Sachverhalt.

c) Aus der gesamten Schülergruppe wird eine Person zufällig ausgewählt. Wie groß ist die Wahrscheinlichkeit, dass es ein in der SV aktiver Junge ist?

Daten und ihre Auswertung wiederholen

Auswertung und Darstellung von Daten

Daten in Klassen einteilen S. 100

Mittelwerte bestimmen S. 102

Boxplots zeichnen und auswerten S. 106

Zur übersichtlichen Darstellung teilt man Daten in Klassen ein.
Daten lassen sich durch Mittelwerte beschreiben:

- Das arithmetische Mittel $\overline{x}$ ist die Summe aller Einzelwerte dividiert durch die Anzahl der Einzelwerte.
- Der Median z ist der Wert in der Mitte einer geordneten Datenreihe.
- Der Modalwert m ist der am häufigsten vorkommende Wert.

Die Verteilung von Daten lässt sich anschaulich in einem Boxplot darstellen.

Ergebnisse einer Umfrage zur Schuhgröße von 14 Jugendlichen:
36 37 37 38 38 38 38 39 39 39 40 40 41 42

unteres Quartil: 38 | Median: 38,5 | oberes Quartil: 40

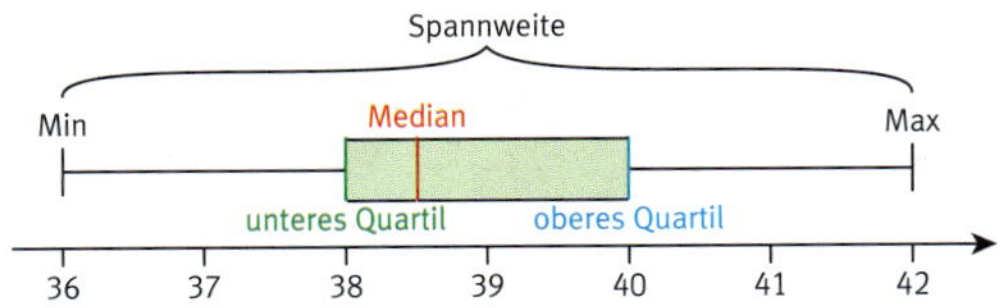

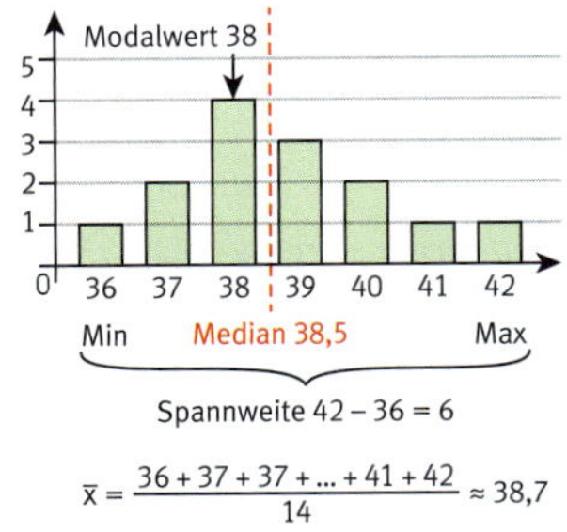

Manipulation von Diagrammen

Darstellungen kritisch betrachten S. 108 f.

Es gibt unterschiedliche Möglichkeiten, Diagramme zu manipulieren, um damit Betrachter gezielt in die Irre zu führen.

1. Die Einteilung der Achsen wird verändert.
2. Die x- oder y-Achse wird gestreckt (gestaucht).
3. Es werden gezielt Daten weggelassen.
4. Es werden Bilder mit falschen Größenverhältnissen und Farben beeinflusst.

Die Vierfeldertafel

Er-Wissen: Mit der Vierfeldertafel arbeiten S. 110 f.

Betrachtet man zwei Merkmale bzw. Ereignisse gleichzeitig, so können sowohl absolute als auch relative Häufigkeiten bzw. Wahrscheinlichkeiten in Vierfeldertafeln dargestellt werden. Ganz rechts in jeder Zeile steht die Summe der Werte der Felder links daneben. Unten in jeder Spalte steht die Summe der Werte der Felder darüber.

N: „ Schüler besucht die 10. Klasse.“ A: „ Schüler ist mindestens 15 Jahre alt.“

	N	$\overline{N}$	gesamt
A	35 7 %	180 36 %	215 43 %
$\overline{A}$	25 5 %	260 52 %	285 57 %
gesamt	60 12 %	440 88 %	500 100 %

7 % aller Schüler (das sind 35) sind mindestens 15 Jahre alt und besuchen die 10. Klasse.

285 Schüler der Schule (das sind 57 % aller Schüler) sind jünger als 15 Jahre.

In diesem Feld steht immer die **Gesamtheit**, also stets 100 %.

Aufgaben zur Differenzierung

Basis-Aufgaben

1 20 Männer wurden zu ihrer Wäschegröße befragt:

46	48	48	48	50	50	50	50	52	52
52	52	52	52	54	54	54	58	60	60

Neu in die Geschäfte kommende T-Shirts sollen nur in vier Größen angeboten werden: S, M, L und XL.

a) Ordne die Daten in vier Klassen.
b) Zeichne ein Säulendiagramm.
c) Berechne die relativen Häufigkeiten der einzelnen Klassen und zeichne ein Streifendiagramm.
d) Von welcher Größe sollten die meisten T-Shirts produziert werden?

Vertiefende Aufgaben

Für 32 europäische Länder wurde erfasst, wie viele PKW es pro 1 000 Einwohner gibt:

31	43	65	152	156	247	264	266
280	289	295	332	341	351	357	365
400	421	422	423	451	452	456	466
489	494	514	516	541	557	591	593

a) Bilde vier Klassen und zeichne ein Säulendiagramm.
b) Berechne die relativen Häufigkeiten der einzelnen Klassen und zeichne ein Kreisdiagramm. Runde sinnvoll.
c) Beurteile die Aussage: „In den meisten europäischen Ländern hat ungefähr jeder zweite Einwohner ein Auto."

2 Marian fragt ihre Klassenkameraden, wie lange sie in der ersten Ferienwoche Serien gesehen haben.

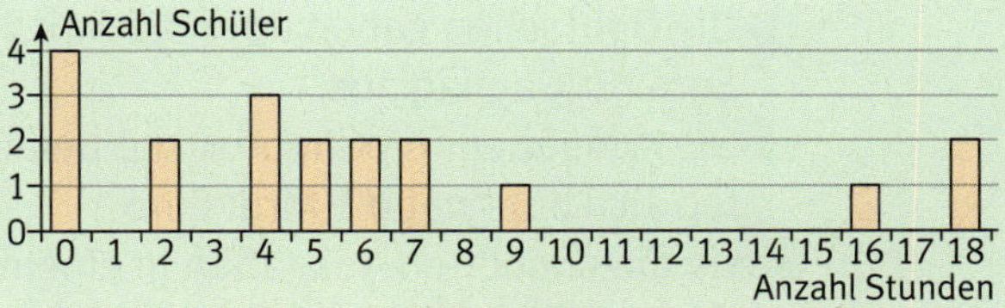

a) Erstelle eine Rangliste und gib Minimum, Maximum und Spannweite an.
b) Bestimme arithmetisches Mittel, Modalwert und Median.
c) Stelle die Daten in einem Boxplot dar.
d) Formuliere eine Aussage zum Sehverhalten von Marians Klassenkameraden. Gilt diese Aussage für alle Jugendlichen?

a) Marian hat zum Säulendiagramm einen Boxplot gezeichnet. Beschreibe, was sie falsch gemacht hat.

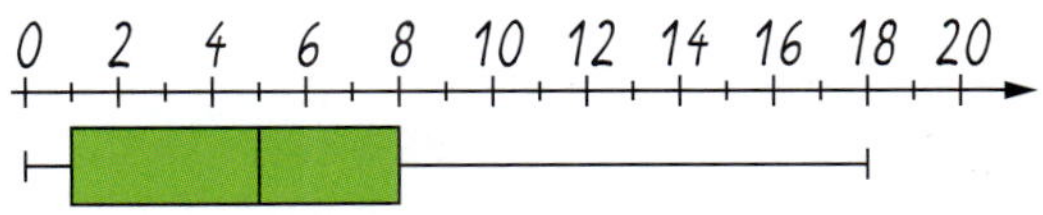

b) Erfinde eine Datenreihe, die zu Marians Boxplot passen würde.

3 Der Lehrer Herr Tan meint: „Die Mathematiknoten haben sich im Durchschnitt mit den Jahren kontinuierlich verschlechtert." Ida, die einen älteren Bruder auf der gleichen Schule hat, widerspricht. Erkläre, wie das Diagramm manipuliert wurde.

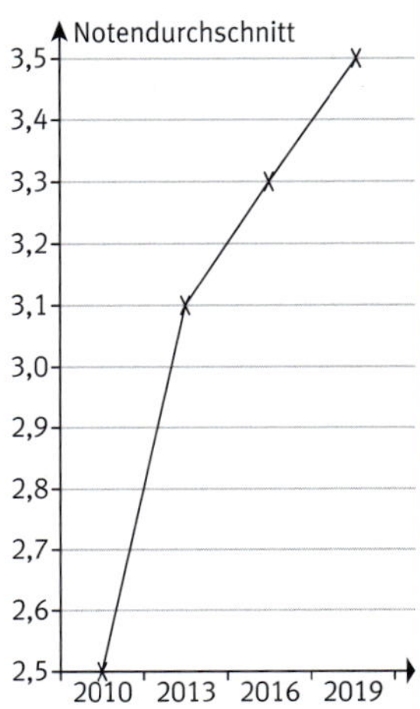

Das Diagramm zeigt die Entwicklung der Anteile der jugendlichen Buchleser. Zeichne ein manipuliertes Diagramm, das die Aussage „Es lesen immer weniger Jugendliche Bücher." bestätigen soll.

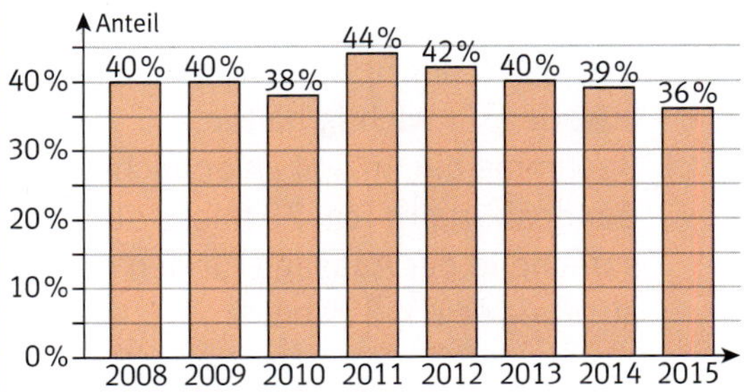

1 Anzahl der Kontakte in sozialen Netzwerken von Schülern der Klasse 10a:

8	233	165	34	14	81	165	197
45	76	123	0	77	134	199	23
46	156	201	76	6	17	88	112

a) Teile die Angaben in fünf Klassen ein und zeichne ein Säulendiagramm.
b) Berechne die relativen Häufigkeiten der Klassen und zeichne ein Kreisdiagramm.
c) Beurteile: „Jugendliche haben Hunderte von Kontakten in sozialen Netzwerken."

2 a) Überprüfe die folgenden Aussagen.

① Die Deutschen geben über 3,5 Mrd. Euro für Gaming aus.
② Die Ausgaben für Kinobesuche belaufen sich auf knapp 1 Mrd. Euro.

b) Stelle die absoluten Ausgaben in einem geeigneten Diagramm dar.

3 Frau May fragt die 26 Schüler der Klasse 10c, wie viele Bücher sie haben. Erkläre die Angaben.
a) Der Median aller Antworten liegt bei 11.
b) Der Modalwert der Antworten ist 9.
c) Ist es nach Aufgabe a) und b) möglich, dass 13 Schüler 10 Bücher haben?

4 Eine Umfrage unter 1 000 Personen ergab: „6 von 8 Bürgern halten den Kohleausstieg für wichtig."
a) Nenne mögliche Kriterien, die bei der Auswahl der repräsentativen Stichprobe berücksichtigt wurden.
b) Berechne die absolute und die relative Häufigkeit der Befragten, die den Kohleausstieg für wichtig halten.
c) Bestimme die Anzahl an erwachsenen Bundesbürgern (ca. 70 Mio.), die entsprechend der Aussage für den Kohleausstieg sein müssten.

5

Rundenzeiten in Minuten : Sekunden				
Runde	Pierre	Karo	Imran	Julia
1	2:41	2:51	2:19	1:58
2	2:50	2:50	2:30	2:59
3	2:24	2:49	4:15	3:30
4	3:05	2:55	2:56	3:42
5	2:30	2:50	2:30	4:01

a) Bestimme für jeden Fahrer Maximum, Minimum, Spannweite, arithmetisches Mittel und Median.
b) Begründe, warum alle vier behaupten, sie seien die besten Fahrer.
c) Nach der 6. Runde hat Pierre eine durchschnittliche Zeit von 2:40, Karo von 2:50. Berechne ihre jeweiligen Zeiten in der 6. Runde.

6 Die Schüler der 10c wurden nach der Anzahl ihrer Familienmitglieder, die insgesamt zu Hause wohnen, befragt:

3	6	4	2	5	3	5	3	3	2	4
2	4	5	3	8	2	3	5	4	4	3
3	3	4	4	4	5	4	6	3		

a) Beurteile die Aussage für die Klasse 10c: „Alleinerziehende Väter oder Mütter sind eindeutig in der Mehrheit."
b) Erstelle eine Rangliste, ermittle die Kennwerte und zeichne den Boxplot.

7 Begründe, wie das Diagramm manipuliert wurde. Stelle den Sachverhalt geeigneter dar.

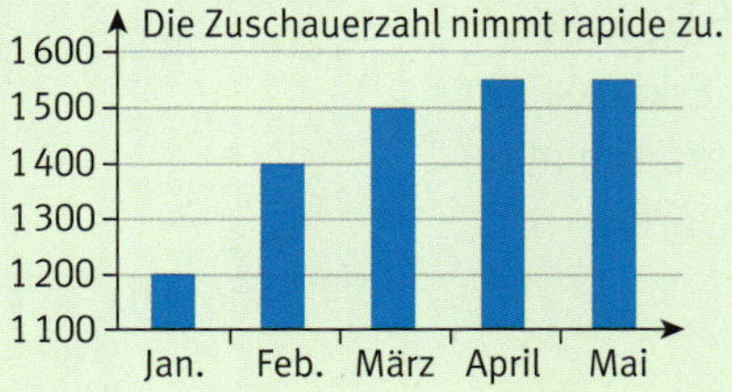

8 Weitsprungergebnise der Jungen der 10c:

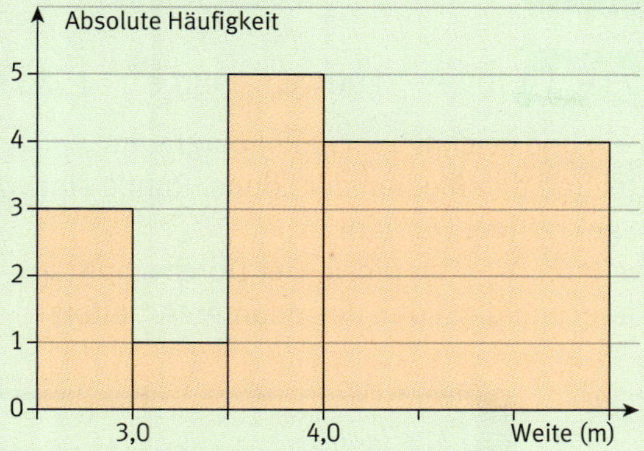

a) Welchen Eindruck erweckt das Diagramm? Woran liegt das?

b) Zwischen 4,0 m und 5,5 m liegen die Ergebnisse 4,25 m, 4,71 m, 4,84 m und 5,32 m. Teile alle Daten neu in Klassen ein und zeichne ein Säulendiagramm.

9 Das Diagramm zeigt die bei 300 Schülern beliebtesten Speisen in der Cafeteria.

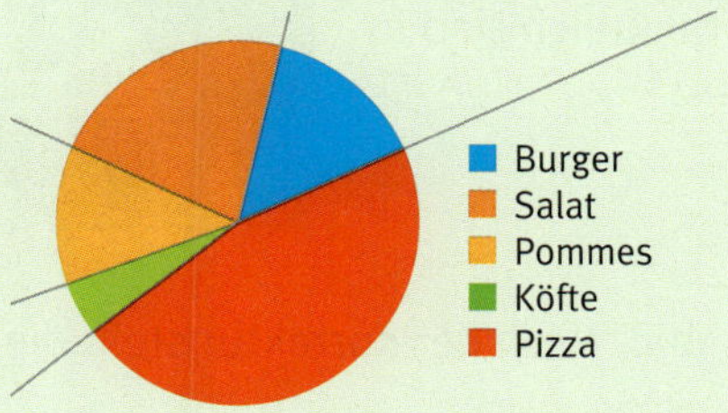

a) Lies den Modalwert ab.

b) Begründe, warum es nicht sinnvoll ist, das arithmetische Mittel und den Median zu bestimmen.

c) Miss die Winkel im Kreisdiagramm und stelle die absoluten Zahlen in einem Säulendiagramm dar. Runde sinnvoll.

10 Vitali ist Professor für Mathematik. Er fährt mit dem Zug zur Arbeit nach Berlin und notiert sich jeden Morgen die Abweichung von der planmäßigen Ankunftszeit (in min):

2	1	6	−1
0	3	13	0
0	2	−1	1
−1	8	6	4

a) Erkläre die Bedeutung der negativen Zeitangaben.

b) Erstelle den zugehörigen Boxplot.

11 Patrick und Timo haben jeweils neun Wochen lang den Benzinverbrauch ihrer Motorräder (im Durchschnitt pro 100 km) notiert und einen Boxplot angefertigt.

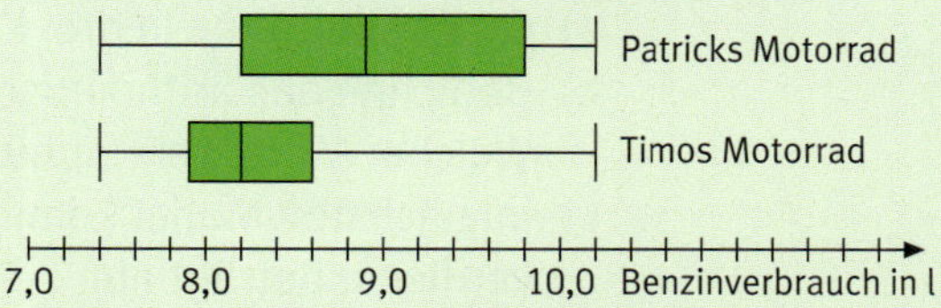

a) Gib für die Motorräder jeweils eine mögliche Datenreihe mit neun Werten an.

b) Vergleiche beide Verteilungen.

12 Frauen verdienen in Deutschland immer noch im Schnitt weniger als Männer bei gleicher Tätigkeit. Man spricht von einem Verdienstabstand. Gezeigt ist die Entwicklung von 1995-2015 (in Prozent):

21	21	21	22	19	21	21
22	23	23	22	23	23	23
23	22	22	22	22	22	21

a) Was bedeutet ein Verdienstabstand von 21 %?

b) Zeichne ein manipuliertes Diagramm, dass die Entwicklung übertrieben negativ (positiv) darstellt.

13 Bei einem Einstellungstest mit 250 Teilnehmern werden Kopfrechnen (K) und logisches Denken (D) geprüft. Besteht man beide Teile, wird man zu einem Vorstellungsgespräch eingeladen.

a) Übertrage die Vierfeldertafel und vervollständige sie. Gib auch die relativen Häufigkeiten an.

	D	$\overline{D}$	gesamt
K	■	■	50
$\overline{K}$	140	■	■
gesamt	■	90	■

b) Ermittle die Anzahl der Personen, die zum Vorstellungsgespräch eingeladen werden.

c) Bestimme die Anzahl der Personen, die nicht eingeladen werden, obwohl sie einen der beiden Tests bestanden haben.

Er

1 Bei einem Industriebetrieb sind acht Arbeiter in verschiedenen Abteilungen mit folgenden Monatslöhnen beschäftigt:

1 246 €	1978 €	998 €	1 325 €	1 109 €	1 004 €	980 €	1 280 €

a) Ordne die Löhne in drei Klassen ein und zeichne ein Säulendiagramm.
b) Berechne das arithmetische Mittel und den Median der Löhne. Runde sinnvoll. Welcher Mittelwert ist hier aussagekräftiger? Erkläre.
c) Im nächsten Monat kommt ein weiterer Arbeiter hinzu. Der Durchschnittsverdienst beträgt nun 1 310 €. Berechne den Lohn des neunten Arbeiters.

2 In einer Umfrage wurden Passanten gefragt, ob sie WhatsApp benutzen.

Altersgruppe (in Jahren)	15-34	35-54	55-74
WhatsApp-Nutzer	656	619	434
Anzahl der Befragten	724	807	769

a) Wie viele Personen wurden insgesamt befragt?
b) Berechne innerhalb jeder Altersgruppe die relativen Häufigkeiten und zeichne drei Kreisdiagramme. Runde die Winkelgrößen geeignet.
c) Beurteile, ob diese Klasseneinteilung sinnvolle Aussagen über das Nutzungsverhalten von WhatsApp zulässt.

3 Bei der Fußballeuropameisterschaft 2016 in Frankreich sind in der Hauptrunde pro Spiel so viele Tore gefallen:
9; 1; 1; 3; 3; 4; 2; 3; 8; 4; 11; 7; 2; 2; 1
Erstelle einen Boxplot und beschrifte ihn.

4 Bei einem Test sind maximal 15 Punkte erreichbar. Nach der Korrektur stellt die Lehrerin die von den 20 Schülern erreichten Punktzahlen als Boxplot dar.

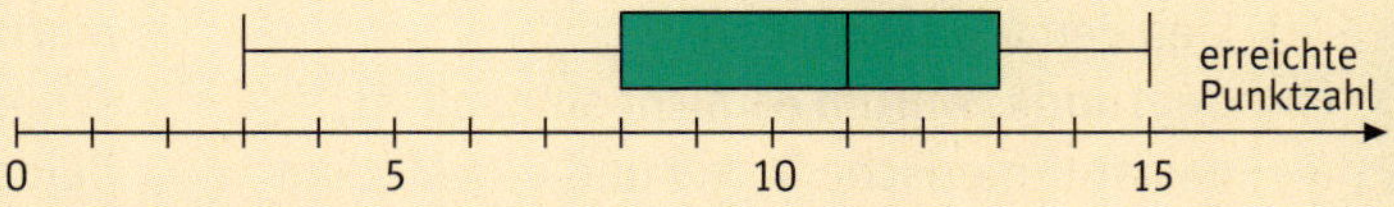

a) Entnimm dem Boxplot die Kennwerte und interpretiere sie.
b) Gib eine mögliche Liste von erreichten Punktzahlen an.

5 Im Diagramm wird der Bestand von Hybridfahrzeugen in Deutschland für den Zeitraum 2012–2016 dargestellt.
a) Welche Wirkung soll durch das Diagramm erzeugt werden?
b) Lies die ungefähren Anzahlen der Fahrzeuge ab und zeichne ein nicht manipuliertes Diagramm.

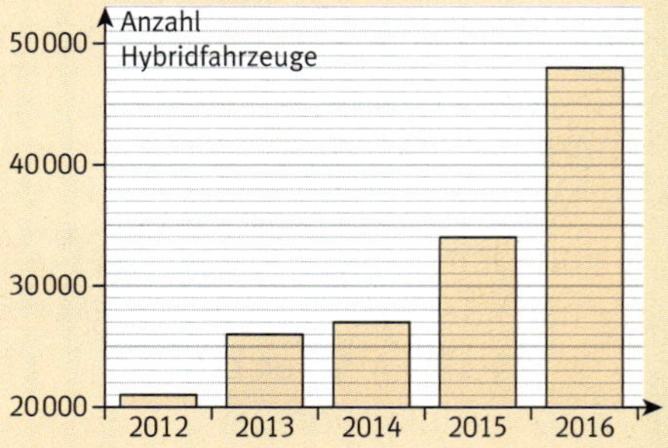

Er

6 25 % der Erwachsenen rauchen in Deutschland regelmäßig, 6 % der Bevölkerung leiden unter Atemwegserkrankungen. Nur 1 % der Nichtraucher sind von Atemwegserkrankungen betroffen, aber 21 % der Raucher.
a) Zeichne ein Baumdiagramm und eine dazu passende Vierfeldertafel.
b) Beurteile: „Macht Rauchen krank?“

Ausbildung, Beruf und Mathematik

Wisst ihr schon, was ihr nach der Schule beruflich machen wollt? Heute gibt es in Deutschland über 300 anerkannte Ausbildungsberufe; jedes Jahr werden rund 530 000 Ausbildungsverträge abgeschlossen.
Das Diagramm zeigt die beliebtesten Ausbildungsberufe im Jahr 2018.

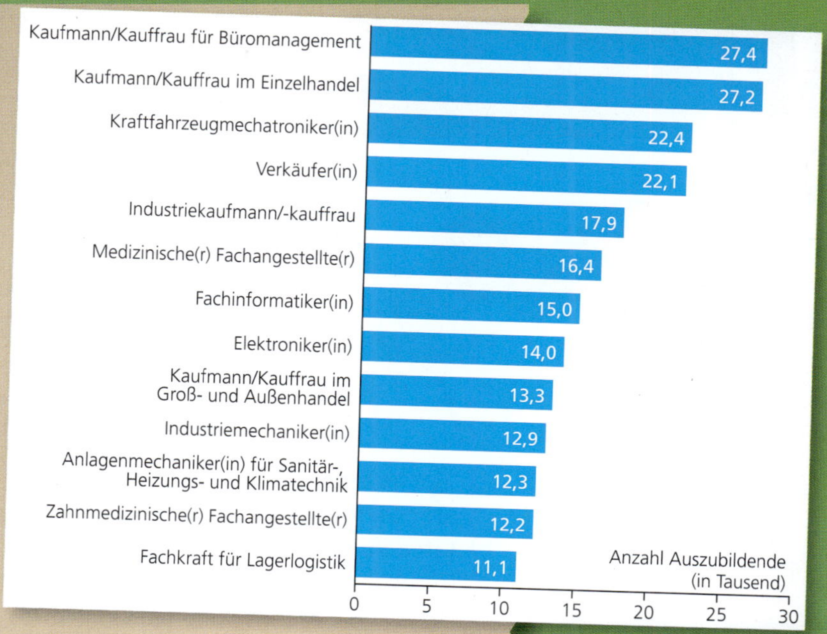

Braucht man für alle Ausbildungsberufe Mathematik?
In vielen Berufen spielt das Fach eine wichtige Rolle. Im technischen oder kaufmännischen Bereich ist das offensichtlich, manchmal taucht Mathematik aber auch an unerwarteter Stelle auf.

- Welche Bereiche der Mathematik kommen in welchem Beruf vor? Informiert euch in eurer Familie, bei Freunden, beim Berufsberater.

Hikmet, Ersin und Schokofeh haben schon Praktika in verschiedenen Berufsfeldern gemacht.

- Überlegt euch jeweils eine Situation, bei der sie in ihrem Praktikum Mathematik brauchten.

Praktikum in der Bäckerei und Gärtnerei

1 Hamza macht ein Praktikum in einer Bäckerei. Für eine Feier mit 140 Gästen werden Schokoladenkuchen und Cake-Pops bestellt. Der Bäcker hat Bleche mit den Maßen 400 mm x 600 mm. Aus einem Blech Schokoladenkuchen kann man genau 30 Stücke schneiden.

Zutaten für ein Blech	Menge	Preis	Kalorien (kcal/g)
Butter	500 g	3,20 €	7,2
Schokolade	500 g	4,10 €	6,0
Eier	8	1,60 €	90 pro Ei
Zucker	400 g	0,40 €	3,9
Mandeln gemahlen	250 g	2,20 €	4,7
Mehl	400 g	0,18 €	3,6
Kuvertüre	200 g	2,50 €	5,1
Mandelblättchen zum Verzieren	100 g	1,20 €	5,3

Flächeninhalt
Maßstab
Prozentrechnung
Proportionalität
Volumen

a) Mache einen sinnvollen Vorschlag für die Breite und die Länge eines Kuchenstücks. Fertige eine maßstabsgetreue Skizze an.
b) Circa 20 % der Gäste werden zwei Stücke Kuchen essen, der Rest ein Stück. Berechne, wie viele Bleche gebacken werden müssen.
c) Der Bäcker rechnet mit 40 % Gewinn. Gib eine Empfehlung für den Preis eines Stücks Kuchen.
d) Einige Gäste der Feier achten auf ihre Ernährung und wollen wissen, wie viele Kilokalorien ein Stück Kuchen hat. Gib ihnen dazu Auskunft.
e) Zusätzlich sollen 420 Cake-Pops gebacken werden. Ein Cake-Pop hat einen Durchmesser von 3 cm. Hamza hat berechnet, dass zwei 3-l-Schüsseln Teig dazu ausreichen. Überprüfe.

Dreieckskonstruktion
Maßstab
Satz des Pythagoras
Flächeninhalt
Volumen
Umfang
Proportionalität
Gleichungen

2 Hikmet macht ein Praktikum in einer Gärtnerei. In einem Park soll eine dreieckige Fläche bepflanzt werden.

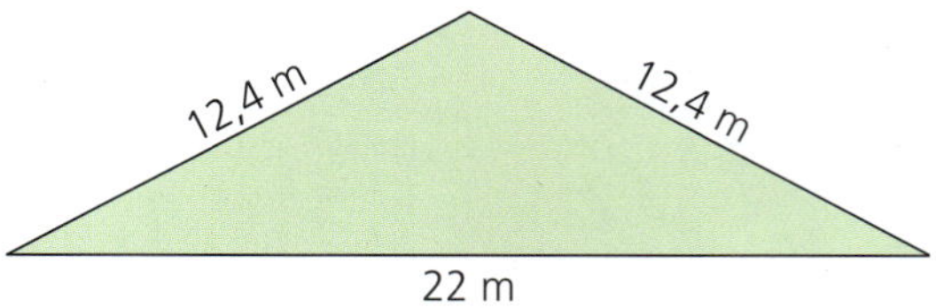

a) Fertige eine maßstabsgetreue Skizze des Grundrisses an.
b) Vor dem Bepflanzen wird die Fläche 15 cm hoch mit Blumenerde aufgefüllt. Berechne, wie viele 40-l-Säcke dafür benötigt werden.

c) Die Fläche soll mit einer Hecke umrandet werden. Für zwei Meter benötigt man sechs kleine Pflänzchen. Hikmet behauptet, dass 120 Pflänzchen reichen. Überprüfe.
d) Im Frühling bepflanzt man die großen Blumenkästen mit 210 Sommerblumen. Es werden doppelt so viele Geranien wie Margeriten, aber nur halb so viele Petunien wie Margeriten gepflanzt. Berechne, wie viele Blumen von jeder Sorte benötigt werden.

1 Sarah macht ein Praktikum in einem Reisebüro. Es wirbt damit, dass Sommerurlauber, die ihren Urlaub im nächsten Jahr noch vor Weihnachten buchen, einen Frühbucherrabatt von 15 % auf alle Angebote erhalten.

Thailand	1 Woche	1360 €*	
Malediven	10 Tage	3350 €*	(+ Tauchkurs 520 €*)
New York mit dem Schiff in der Einzelkabine		2699 €*	
(in der Doppelkabine vermindert sich der Preis um 350 €*)			

*alle Preise pro Person

Berechne jeweils für den Kunden den Endpreis, der
a) alleine 3 Wochen Thailandurlaub plant.
b) 10 Tage zu zweit auf die Malediven mit je einem Tauchkurs will.
c) mit seiner Frau und seiner Mutter die Schifffahrt nach New York buchen will.

Prozentrechnung
Proportionalität

2 Zwei weitere Kunden interessieren sich für Reisen nach San Francisco bzw. Florida.

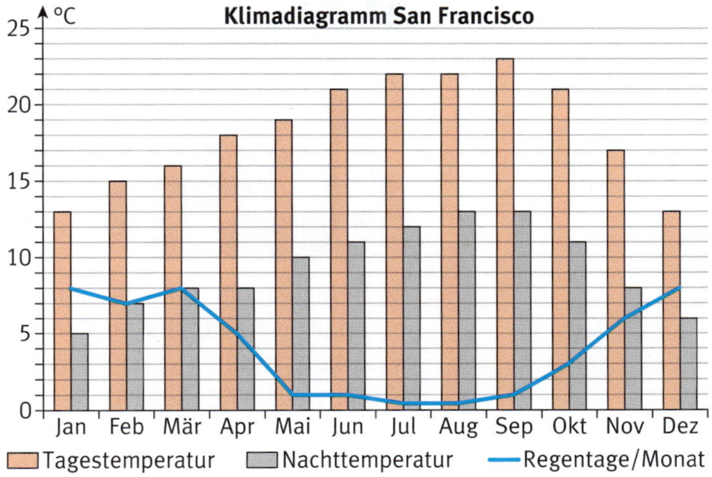

Klimatabelle für Florida												
	J	F	M	A	M	J	J	A	S	O	N	D
Temp. Tag	20	20,8	23,8	26,7	29,2	31,1	32,1	31,7	30,4	27,5	24,2	21,3
Temp. Nacht	8,3	9,1	12,2	14,8	18,3	21,6	22,5	22,7	22,2	18,4	13,5	9,8
Regentage	7	8	8	6	8	12	13	14	13	11	7	7

Auswertung von Daten
Diagramme

a) Bestimme für beide Ziele Minimum, Maximum und arithmetisches Mittel der Temperaturen.
b) Erstelle auch ein Klimadiagramm für Florida. Runde sinnvoll.
c) Was soll Sarah den Kunden jeweils raten?

3 Das Reisebüro organisiert eine Reise für 322 Senioren zum Weihnachtsmarkt nach Dresden.
a) Ein Stadtführer betreut immer eine Gruppe von 25 Personen. Berechne, wie viele Stadtführer gebucht werden müssen.
b) Für die Reise stehen 5 Busse mit je 52 Plätzen und 3 Busse mit je 75 Plätzen zur Verfügung. Aus Kostengründen sollen möglichst wenige Sitzplätze frei bleiben. Finde heraus, welche Kombination der Busse am sinnvollsten ist.
c) Das Hotel „Weißer Schwan“ macht das Angebot, alle 322 Reisenden im ihrem Hotel unterzubringen. Es hat 250 Zimmer mit insgesamt 325 Betten. Sarah hat erfragt, dass 72 Paare in Doppelzimmern und der Rest in Einzelzimmern untergebracht werden möchte. Kann das Hotel für die Gruppe gebucht werden?

Proportionalität
Kombinatorik
Lineares Gleichungssystem

Praktikum im Friseursalon und beim Maler

Auswertung von Daten
Diagramme

1 Ivelina macht ein Praktikum im Friseursalon. Dort steht die Abrechnung für März an. Der Salon kann sich über Kundenmangel nicht beklagen.

Abrechnung für März		
Einnahmen Frauen		
522-mal	Waschen und Föhnen	25,50 €
490-mal	Schneiden	17,20 €
215-mal	Färben	45,00 €
88-mal	Strähnchen	37,00 €
Einnahmen Männer		
320-mal	Waschen	5,50 €
395-mal	Schneiden	8,70 €
125-mal	Färben	21,45 €
Einnahmen Kinder		
39-mal	Nassschnitt	9,50 €
13-mal	Trockenschnitt	6,50 €

a) Berechne die Höhe der Einnahmen im März.
b) Ermittle die durchschnittlichen Einnahmen für einen Tag im März mit 24 Arbeitstagen.
c) Für welche Kundengruppe sollte gezielt geworben werden? Berechne die Anteile der Monatseinnahmen für Frauen, Männer und Kinder und stelle sie in einem Kreisdiagramm dar. Runde sinnvoll.

Flächeninhalt
Proportionalität

2 Elvisa macht ein Praktikum bei einer Malerin. Wegen eines Wasserschadens muss die Fensterseite eines Lehrerzimmers neu gestrichen werden. Die Innenflächen bei den beiden Fenstern müssen auch gestrichen werden. Sie sind 30 cm in die Wand eingelassen. Ermittle die Anzahl der Eimer Farbe, die besorgt werden müssen. Ein Eimer reicht für 15 m^2 und die Flächen müssen zweimal gestrichen werden, damit die Farbe deckt.

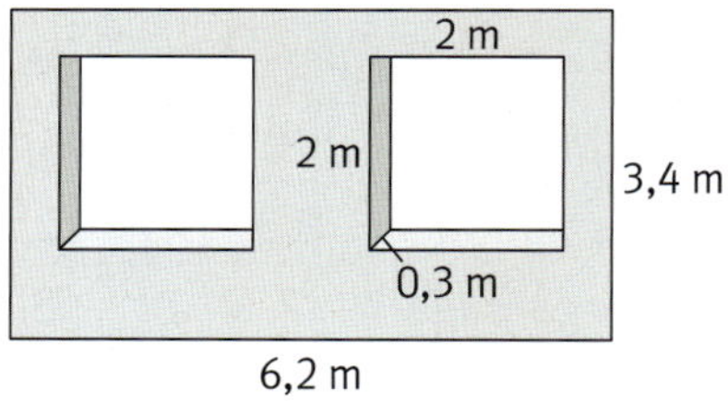

Satz des Pythagoras
Flächeninhalt
Umfang
Proportionalität
Prozentrechnung

3 Die Skizze zeigt zwei gegenüberliegende Wände der Turnhalle. Die beiden Flächen benötigen einen neuen Anstrich. Für das Streichen von 30 m^2 werden zwei Arbeitsstunden eingeplant; die Kanten der Flächen müssen aufwändig vorbereitet werden. Dafür wird für 20 m eine Stunde vorgesehen. Die Farbe kostet für 70 m^2 28 €, Pinsel und andere Materialien einmalig 60 €. Pro Arbeitsstunde berechnet die Malerin 30 €.

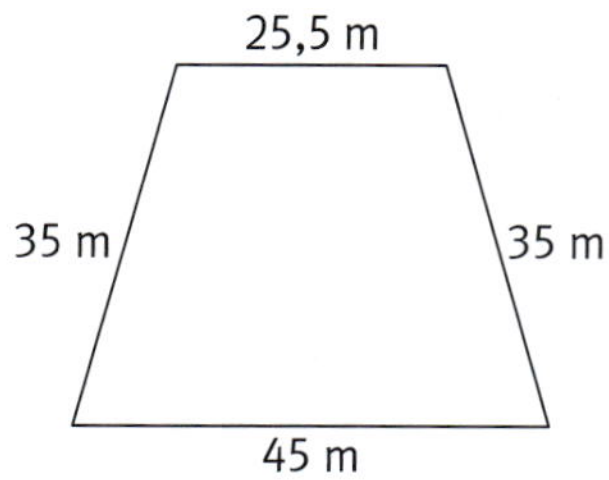

a) Elvisa berechnet 20 Arbeitstage mit je 8 Stunden. Überprüfe.
b) Erstelle für das Schulamt ein Preisangebot zuzüglich 19 % Mehrwertsteuer.

1 Paul macht ein Praktikum in einem Baumarkt. Ein Kunde hat in einem Katalog ein Angebot für ein Gewächshaus mit einer Bodenfläche von 8 m² gefunden und dazu einige Fragen. Berate den Kunden.

Flächeninhalt
Trigonometrie
Satz des Pythagoras

Passen die Angaben zur ungefähren Größe der Bodenfläche?

Wie hoch ist das Gewächshaus? Es soll nicht höher als 2,50 m sein.

Ich brauche noch einen Sonnenschutz für die Dachfläche, sonst wird es für die Pflanzen im Sommer zu warm. Reicht eine Stoffbahn mit einer Breite von 1,20 m? Wie viele Quadratmeter Stoff brauche ich?

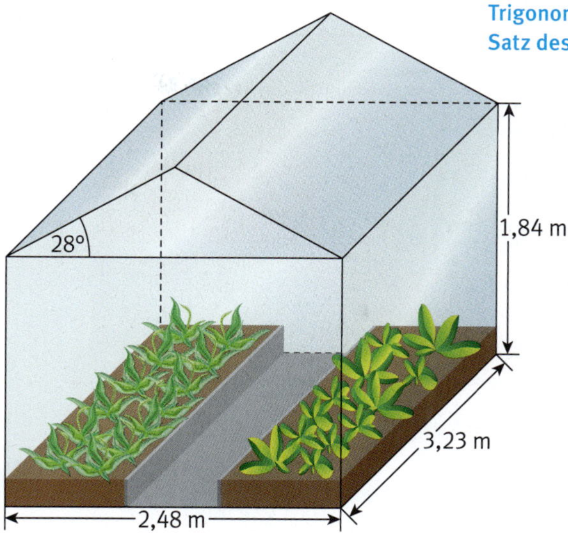

2 a) Die kugelförmigen Springbrunnen aus Granit mit einem jeweiligen Durchmesser von 30 cm, 60 cm und 100 cm im Werbeprospekt stoßen auf großes Interesse. Vor Inbetriebnahme sollten sie noch dreimal gegen Grünbelag und Verschmutzung imprägniert werden. Zwei Liter Steinimprägnierung reichen für 16 m². Paul hat ausgerechnet, dass man ungefähr 0,1 l für die kleine, 0,4 l für die mittlere und 1,2 l für die große Kugel benötigt. Überprüfe.

b) Berechne, wie schwer die Kugeln jeweils sind (Dichte Granit 2,7 g/cm³).

c) Ein Kunde kauft den mittleren Springbrunnen und will ihn transportieren. Er kann privat ein Auto für einen Pauschalpreis von 80 € mieten. Der Baumarkt bietet ihm ein Auto für eine Grundgebühr von 50 € und pro Stunde 10 € an. Stelle die Angebote grafisch dar und begründe, wann welches günstiger ist.

Oberflächeninhalt
Volumen
Proportionalität
Lineare Funktionen

3 Die nächste Kundin hat einen Pool in ihrem Garten und möchte für die Befüllung eine Pumpe kaufen. Im Garten befindet sich ein Brunnen, der 7 m tief ist. Beantworte die Fragen der Kundin und gib ihr eine Kaufempfehlung.

Flächeninhalt
Volumen
Proportionalität

Modell	Classic	Comfort	Eco
Kosten	79,00 €	124,00 €	179,00 €
Max. Fördermenge (in l pro h)	3400 l/h	3800 l/h	4900 l/h
Leistung (in Watt)	700 W	900 W	1100 W
Max. Ansaughöhe	6 m	8 m	7 m

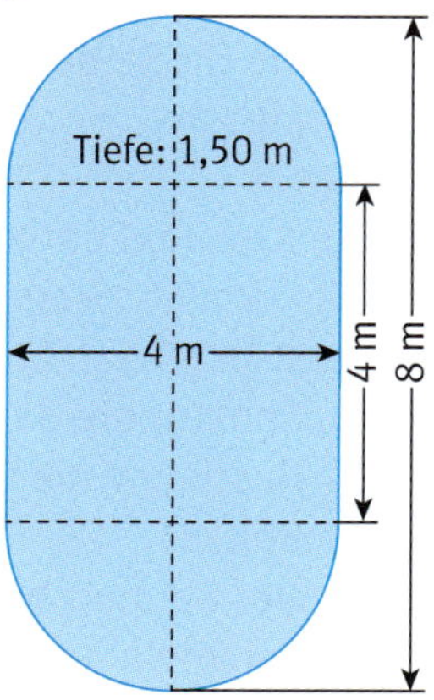

Der Pool soll bis 15 cm unter den Rand gefüllt werden. Wie lange dauert es, bis er voll ist?

Mit welchen Stromkosten muss ich rechnen? Mein Ökostromanbieter berechnet 26,5 Cent je kWh.

Ausbildung: Nachwuchs bleibt Geschlechterrollen treu
im Jahr 2016

■ Männer ■ Frauen

Top-5-Ausbildungsberufe	Abgeschlossene Ausbildungsverträge	Frauenanteil in Prozent
Kraftfahrzeugmechatroniker/-in	20.553	4,3
Elektroniker/-in	12.981	2,3
Kaufmann/-frau im Einzelhandel	12.084	52,0
Industriemechaniker/-in	11.868	6,6
Anlagenmechaniker/-in für Sanitär-, Heizungs- und Klimatechnik	11.502	1,5
		Männeranteil in Prozent
Kaufmann/-frau für Büromanagement	21.015	26,7
Medizinische/-r Fachangestellte/-r	15.465	2,3
Verkäufer/-in	13.173	44,8
Kaufmann/-frau im Einzelhandel	13.107	48,0
Zahnmedizinische/-r Fachangestellte/-r	12.561	1,7

Quelle: Bundesinstitut für Berufsbildung
© 2018 IW Medien / iwd
iwd

1 „Männer bauen – Frauen erziehen"
Frauen und Männer folgen bei der Berufswahl immer noch klassischen Rollenmustern.

a) Berechne die absoluten Zahlen der Ausbildungsverträge von Frauen als Kraftfahrzeugmechatronikerin und von Männern als Kaufmann für Büromanagement.

b) Stelle für den Beruf Kaufmann/-frau im Einzelhandel die prozentualen Anteile von Männern und Frauen in einem Kreisdiagramm dar.

c) Nur eine der folgenden Aussagen stimmt. Begründe.

① Die Anzahl der Ausbildungsverträge Elektroniker/in für Frauen und Medizinische/r Fachangestellte/r für Männer ist gleich.
② Ungefähr drei Viertel der Ausbildungsverträge Kaufmann/-frau für Büromanagement werden von Frauen abgeschlossen.

d) Ein Journalist hat zusätzlich recherchiert und schreibt:
„Der Frauenanteil in den traditionell männlichen Berufen nimmt stetig zu. In Brandenburg verdient schon mehr als ein Fünftel der berufstätigen Frauen ihr Geld in traditionellen männlichen Berufen; in Berlin waren es mit 26,5 % kaum weniger."
Nimm Stellung zu dieser Aussage.

2 Der 28 m hohe Turm in der Burg in Bad Belzig stammt aus dem 13. Jahrhundert. Der Durchmesser beträgt 10 m.

a) Die Rasenfläche um den Turm soll erneuert werden. Sie ist 30 m lang und 18 m breit. Berechne die Kosten, wenn 1 m^2 mit 6,75 € netto berechnet wird.

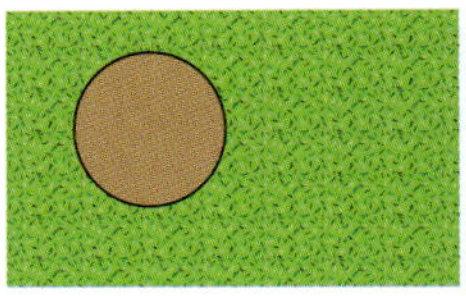

b) Bestimme die Rechnungshöhe einschließlich 19 % Mehrwertsteuer.

c) 1859 wurden die Turmmauern außen erneuert. Berechne die Größe der Fläche, die ungefähr bearbeitet werden musste.

3 Ein Architekt entwirft ein Wohnhaus.
Das symmetrische Giebeldreieck des Satteldachs ist 8,5 m breit.

a) Konstruiere das Dreieck im Maßstab 1 : 100.

b) Bestimme die Größe des Winkels an der Spitze.

c) Der Bauherr wünscht sich eine Giebelhöhe von etwa 4 m. Überprüfe rechnerisch, ob der Entwurf das berücksichtigt hat.

4 Der Kindergarten braucht einen neuen Sandkasten.

a) Die Grundfläche soll mindestens 6 m^2 groß sein. Prüfe, ob dieser Sandkasten die Vorgabe erfüllt.

b) Der Kasten wird 30 cm hoch mit Spielsand gefüllt. Berechne, wie viel Kubikmeter Sand gekauft werden müssen.

c) Nachts soll der Sandkasten abgedeckt werden. Begründe, welche Plane den Sandkasten vollständig bedeckt.
① 2 m x 4 m ② 3 m x 2 m ③ 4 m x 2,5 m

d) Die Ränder des Sandkastens sollen mit Holzbrettern zum Sitzen ausgestattet werden. Berechne dazu den Umfang.

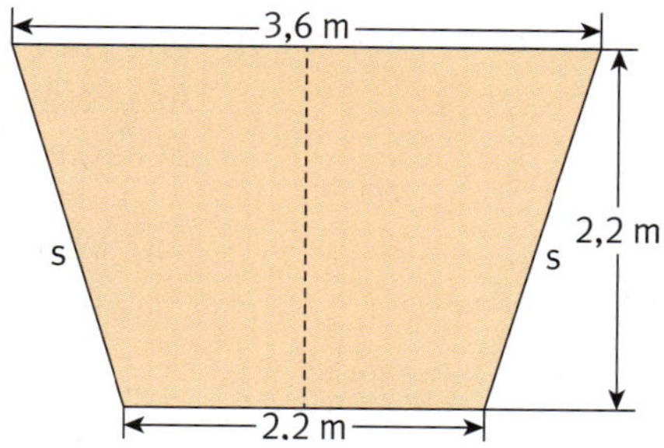

5 Auf einer Station im Krankenhaus liegen viele Patienten, die an der Zuckerkrankheit (Diabetes) leiden. Eine Ursache kann Übergewicht sein.

Mithilfe des Body-Mass-Index (BMI) kann man das Körpergewicht eines Menschen bewerten. Man berechnet ihn mit folgender Formel:

$$\text{BMI (in kg/m}^2) = \frac{\text{Körpergewicht in kg}}{(\text{Körpergröße in m})^2}$$

Dabei werden die Werte auf eine Stelle nach dem Komma gerundet.

Für einen erwachsenen Menschen gilt:

BMI	Einordnung
< 18,5	Untergewicht
18,5 bis 24,9	Normalgewicht
25 bis 29,9	Übergewicht
ab 30	Adipositas

a) Überprüfe die BMI-Werte der Patienten. Korrigiere gegebenenfalls.

	weibliche Patienten				männliche Patienten		
	Gewicht in kg	Größe in m	BMI		Gewicht in kg	Größe in m	BMI
1	72,8	1,68	25,8	1	105,6	1,88	29,9
2	83,5	1,75	27,3	2	99,5	1,75	30,5
3	58,4	1,61	22,5	3	89,7	1,68	25,8
4	65,9	1,54	26,8	4	78,4	1,75	25,6
5	54,2	1,60	21,2	5	69,0	1,68	24,4

b) Berechne jeweils den prozentualen Anteil der Frauen (Männer), die auf der Station übergewichtig sind.

c) Frau Yilmaz ist 1,65 m groß und hat einen BMI von 27. Berechne ihr Gewicht.

d) Herr Müller hat einen BMI von 21,1 und wiegt 70 kg. Berechne seine Körpergröße.

e) Im Krankenhaus hängt dieses Plakat. Gib jeweils die Spannen in kg an, zwischen denen ein 1,65 m (1,80 m) großer Mensch Normalgewicht hat.

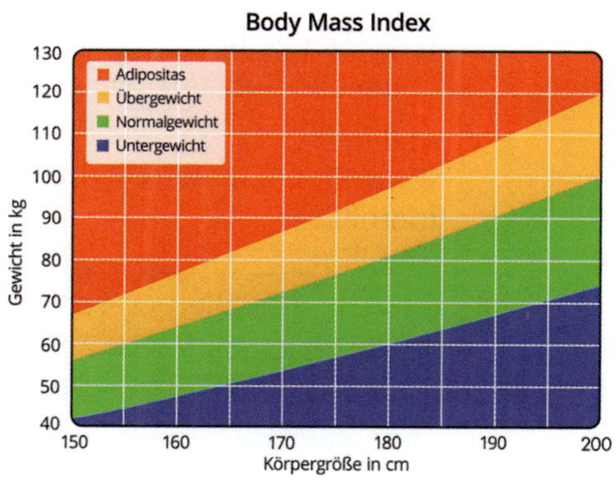

1 Wie viele Arbeitstage, wie viele Arbeitsstunden hat ein Jahr? Schätze damit ab:

a) Wie viele Stunden im Jahr schneidet eine Friseurin Haare?

b) Wie viele Behandlungen führt ein Zahnarzt im Jahr durch?

c) Wie viele Autos repariert ein Kfz-Mechaniker in einem Jahr?

d) Wie viele Blumensträuße bindet eine Floristin an einem Tag?

2 a) Wie lang sind die Papierstreifen, die an einem Tag (in einem Monat; in einem Jahr) aus den Kassen eines Supermarkts kommen?
b) Ist der Papierstreifen nach einem Jahr so lang wie der Teil der Spree, der durch Berlin fließt?
c) Kann man mit den Papierstreifen nach einem Jahr ein Fußballfeld auslegen?
Recherchiere benötigte Angaben im Internet.

3 a) Wie viele Menschen arbeiten wohl im Treptower, dem höchsten Bürogebäude Berlins?
b) Wie lange braucht ein Fensterputzer, um das Gebäude von außen zu putzen?
Recherchiere benötigte Angaben im Internet.

4 Stelle dir vor: Alle erwerbsfähigen Einwohner in Berlin (oder deiner Heimatstadt) verzichten einen Monat auf 10 % ihres Bruttoverdienstes und werfen alles in einen Topf. Welche Einrichtungen könnte man für diese Summe bauen? Einen Bahnhof, ein Schwimmbad, eine Schule, …?
Recherchiere benötigte Angaben im Internet.

Wachstumsprozesse

Biber leben in Biberburgen mit bis zu vier Jungen in und am Wasser. Die Pflanzenfresser können bis zu 20 Minuten tauchen. Ihre Lebenserwartung liegt bei ungefähr 20 Jahren.

Biber waren ursprünglich in ganz Europa beheimatet. Im 19. Jahrhundert hatte der Mensch den großen Nager fast ausgerottet. Seit der Mitte des 20. Jahrhunderts werden Biber in Deutschland wieder eingebürgert.

- In Brandenburg wurde das Bibervorkommen in der Schorfheide in einem Diagramm dargestellt. Beschreibe die Entwicklung.
- Lies ab, wie viele Biber es ungefähr 1960 (1990; 2020) gab.
- Lies ab, nach wie vielen Jahren es mehr als 200 (500) Biber gab.
- Begründe, warum die Kurve zunächst langsam, dann aber schnell steigt.
- Wie wird die Entwicklung weitergehen? Vermute zuerst, dann recherchiere.

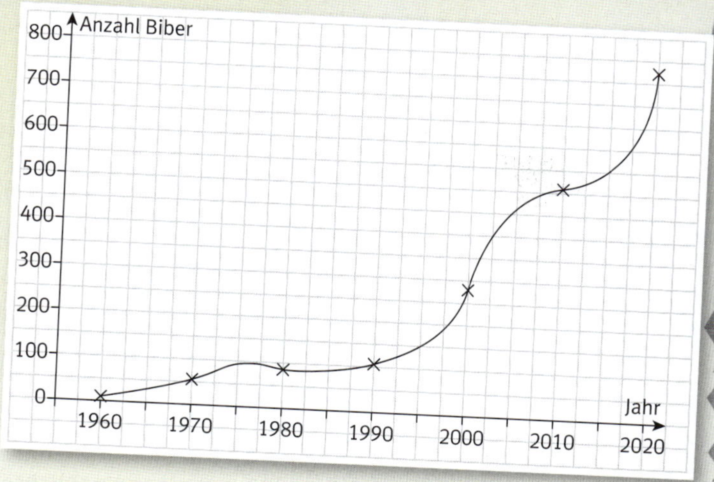

Waschbären leben in gewässerreichen Wäldern. Sie fressen sowohl Pflanzen als auch Weich- und Wirbeltiere. Die Weibchen bekommen pro Jahr 2 bis 5 Junge. Die Lebenserwartung in freier Wildbahn liegt zwischen 2 und 3 Jahren.

Waschbären stammen ursprünglich aus Nordamerika. Am Ende des 2. Weltkrieges 1945 entkamen etwa 25 Tiere aus einer Pelztierfarm in der Nähe von Berlin, als eine Bombe einschlug. Die Zahl der jetzt in Ostdeutschland lebenden Waschbären kann durch ein mathematisches Modell abgeschätzt werden.
Man geht davon aus, dass sich ungefähr alle fünf Jahre der Bestand verdoppelt.

- Berechne die Größe der Population nach 5 (10; 20; 30; 40) Jahren.
- Wie viele Waschbären leben nach diesem Modell 2020 in Ostdeutschland?
- Stelle die Entwicklung von 1945 bis 1975 in einem Verlaufsdiagramm wie bei den Bibern dar. Beschreibe und vergleiche.
- Begründe auch mithilfe des Informationstextes, warum das Modell nur ungefähre Schätzwerte liefert.
- Eine hohe Population von Waschbären bedroht das ökologische Gleichgewicht. Informiere dich, was das bedeutet und was man dagegen tun kann.

Prozentrechnung

Anteile unterschiedlich angeben

1 a) Notiere jeweils als gekürzten Bruch und Dezimalzahl.
(A) 60 % (B) 2 % (C) 125 % (D) 12,5 % (E) 320 %

b) Notiere jeweils als Dezimalzahl und Prozentsatz.
(A) $\frac{27}{100}$ (B) $\frac{102}{100}$ (C) $\frac{230}{100}$ (D) $\frac{3}{10}$ (E) $\frac{7}{5}$

Preiserhöhungen und Preissenkungen berechnen

2 Preise können um Prozentsätze erhöht oder verringert werden. Ordne zusammengehörige Kärtchen einander zu und notiere sie wie im Beispiel.
Preis sinkt um 20 % ≙ 80 % des alten Preises ≙ alter Preis · Faktor 0,8

sinkt um 10 %	vermehrt um 15 %	110 %	85 %	115 %	1,10
verringert um 15 %	0,9	0,85	erhöht um 10 %	90 %	1,15

Mit dem Wachstumsfaktor rechnen

3 Übertrage die Tabelle und ergänze die fehlenden Angaben.

	a)	b)	c)	d)	e)	f)
alter Preis	340 €	125 €	1 450 €	■	■	■
Änderung um ...	+ 8 %	■	■	– 25 %	■	■
veränderter Prozentsatz	■	83 %	■	■	112 %	■
Wachstumsfaktor	■	■	1,02	■	■	0,9
neuer Preis	■	■	■	243 €	4 032 €	567 €

4 Berechne jeweils die gesuchte Größe.
a) Die Sportschuhe kosteten gestern 120 €. Heute kosten sie 15 % mehr.
b) Das BVG-Abo kostet monatlich 17 €. Es wird im nächsten Jahr um 2 % teurer.
c) Der Wert eines Autos sinkt im ersten Jahr um 15 %. Der Anschaffungspreis betrug 25 000 €.
d) Juan ärgert sich. Sein Handy hatte im ersten Jahr einen Wertverlust von 30 %. Es ist nun nur noch 490 € wert.
e) Ein Computerspiel kostet 80 €. Nach einem Jahr sinkt der Preis auf 35 %.

Wird eine Größe (z. B. ein Preis) um einen bestimmten Prozentsatz p % vermehrt (vermindert), lässt sich der neue Wert direkt bestimmen, indem man mit dem vermehrten (verminderten) Prozentsatz 100 % ± p % rechnet. Dazu multipliziert man die Ausgangsgröße, die dem Grundwert G entspricht, mit dem Wachstumsfaktor $(1 \pm \frac{p}{100})$. Die neue Größe bezeichnet man als vermehrten (verminderten) Grundwert.

alter Preis (G; 100 %)	Erhöhung um 2 %
neuer Preis (vermehrter Grundwert) 102 %	

alter Preis (G; 100 %)	
neuer Preis (verminderter Grundwert) 95 %	Senkung um 5 %

alter Preis	Wachstumsfaktor	neuer Preis
24 500 €	· 1,02 →	24 990 €

alter Preis	Wachstumsfaktor	neuer Preis
35 000 €	· 0,95 →	33 250 €

Potenzen

5 Schreibe als Potenz bzw. als Produkt und berechne, wenn möglich.

a) $2 \cdot 2 \cdot 2$ b) $3 \cdot 3 \cdot 3 \cdot 3$ c) $5 \cdot 5$ d) $\frac{1}{2} \cdot \frac{1}{2} \cdot \frac{1}{2}$ e) $b \cdot b \cdot b$
f) $\left(\frac{1}{3}\right)^2$ g) $(-4)^2$ h) $(-2)^5$ i) x^4 j) $(-a)^3$

Potenzen erkennen und berechnen

Produkte aus lauter gleichen Faktoren kann man als Potenz schreiben.
Dabei gilt für alle rationalen Zahlen a als Basis: $a^n = \underbrace{a \cdot a \cdot \ldots \cdot a}_{n \text{ Faktoren}}$ $a \in \mathbb{Q}$

5 gleiche Faktoren		Potenz		Potenzwert
$2 \cdot 2 \cdot 2 \cdot 2 \cdot 2$	=	2^5	=	32

Basis 2^5 Exponent

Funktionen

6 Ordne den beiden Graphen passende Kärtchen zu. Vier bleiben übrig.

Darstellungsformen von Funktionen kennen

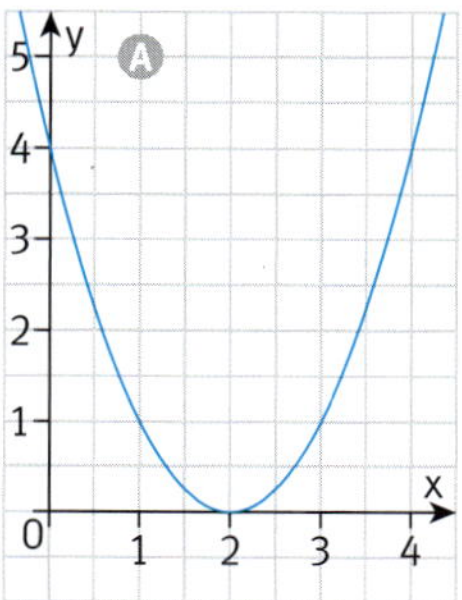

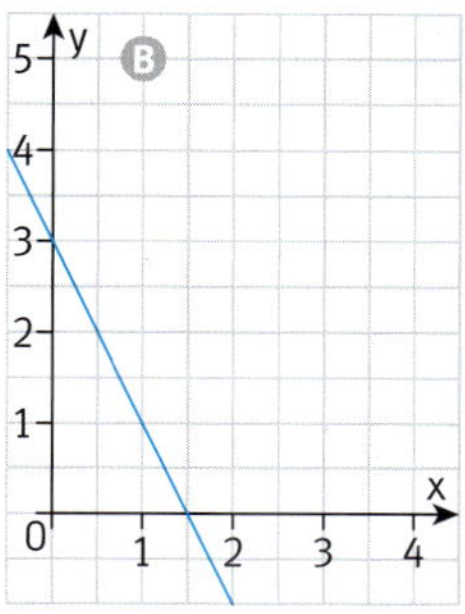

$f_1(x) = -2x + 3$

$f_4(x) = x^2 + 4x + 4$

x	0	1	2
y	3	2	1

$f_2(x) = -3x + 2$

x	0	1	2
y	4	1	0

$f_3(x) = x^2 - 4x + 4$

x	0	1	2
y	3	1	−1

x	0	1	2
y	4	0	2

7 Lege jeweils für das Intervall $-2 \le x \le 3$ eine Wertetabelle in 0,5er-Schritten an und zeichne die Graphen.

a) $f(x) = 2x - 1$ b) $f(x) = -1{,}5x + 2$ c) $f(x) = x^2 - 4$ d) $f(x) = x^2 - x$

Wertetabellen aufstellen und Graphen zeichnen

Funktionen können mithilfe einer Gleichung, einer Wertetabelle und einem Graphen dargestellt werden.

	Lineare Funktion	Quadratische Funktion
Gleichung	$f_1(x) = 100x + 200$	$f_2(x) = -x^2 + 16$
Wertetabelle	x: 0, 1, 2, 3, 4 / $f_1(x)$: 200, 300, 400, 500, 600	x: 0, 1, 2, 3, 4 / $f_2(x)$: 16, 15, 12, 7, 0
Graph	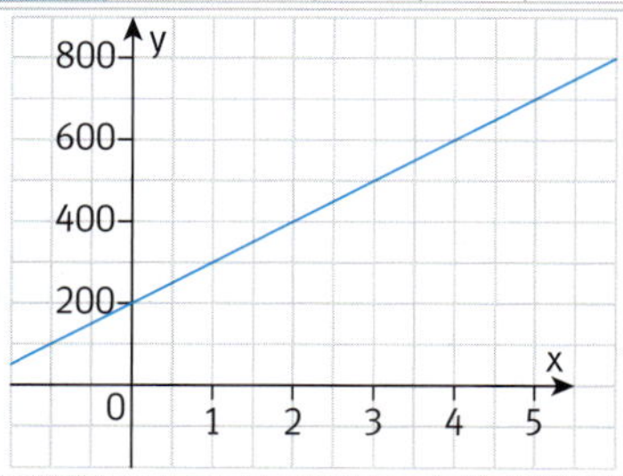	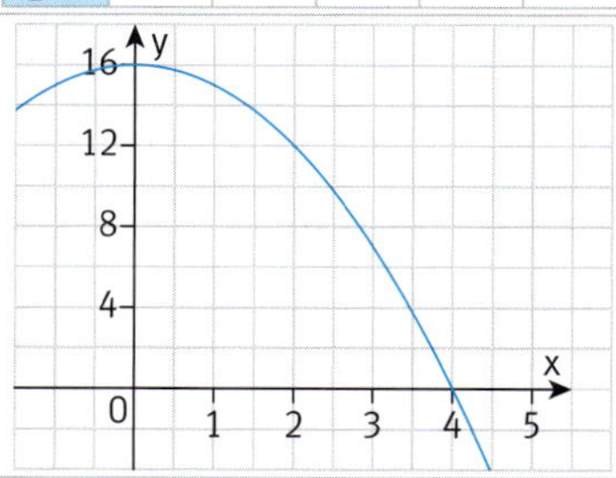

Unregelmäßige Wachstumsprozesse untersuchen

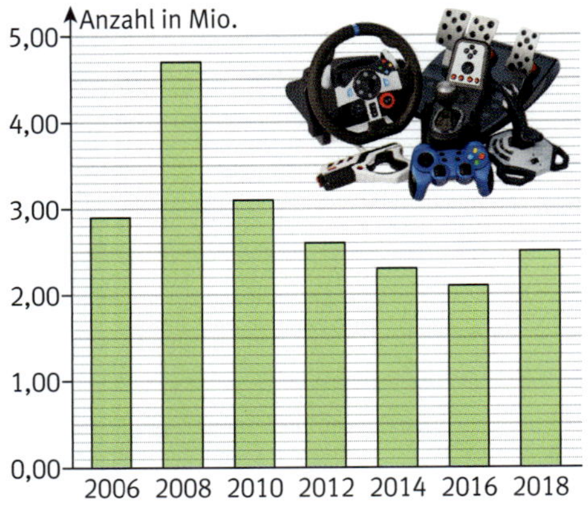

1 Ollys Spiele-Börse hat die Verkaufszahlen von Spielekonsolen in Deutschland in Zweijahresschritten grafisch dargestellt.
a) Beschreibe die Entwicklung der Verkaufszahlen.
b) Berechne, wie viele Konsolen innerhalb von zwei Jahren mehr oder weniger verkauft wurden.
c) Olly hat für 2006 bis 2008 die prozentuale Zunahme der Verkaufszahlen berechnet. Beschreibe sein Vorgehen und berechne für die nächsten Zeiträume genauso. Was fällt dir auf?

$\frac{4,7-2,9}{2,9} \approx 0,62 = 62\,\%$

d) Stelle diese prozentualen Änderungen in einem zweiten Säulendiagramm dar.

Wachstum
Abnahme
Wachstumsrate

Nimmt der Wert einer Größe, z. B. in Natur und Technik oder in der Wirtschaft, zu, liegt **Wachstum** vor; nimmt er ab, spricht man von **Abnahme**.

Für das **absolute Wachstum** gilt: d = neuer Wert – alter Wert

Für das **relative (prozentuale) Wachstum** gilt: $p\,\% = \frac{\text{neuer Wert} - \text{alter Wert}}{\text{alter Wert}}$

Dieser Prozentsatz wird als **Wachstumsrate** bezeichnet.

Die Schülerfirma hat 2019 40 Kalender verkauft, 2020 60 Kalender.
d = 20 (Exemplare) $p\,\% = \frac{60-40}{40} = 0,5 = 50\,\%$ (mehr verkaufte Exemplare)

d (p %) > 0: Wachstum

d (p %) < 0: Abnahme (negatives Wachstum)

Die Größe der Wachstumsrate kann sich durch Verkleinern bzw. Vergrößern der Zeitintervalle erheblich verändern.

2 Beurteile die folgenden Aussagen.
a) „2016 wurden die wenigsten Konsolen verkauft, da war die prozentuale Abnahme am größten."
b) „Die beste Zeit der Konsolen ist für immer vorbei."
c) „Zwischen 2008 und 2016 betrug die prozentuale Abnahme circa –55 %."
„Das kann nicht stimmen, die Addition der Wachstumsraten für die Zeiträume von jeweils vier Jahren ergibt circa –64 %!" Begründe den Unterschied.

3 Die Tabelle zeigt gerundete Werte des Deutschen Aktien Index von 2008 bis 2012 jeweils zum Jahresbeginn.
a) Stelle die Werte als Säulendiagramm dar.
b) Gib an, in welchen Zeiträumen es ein Wachstum bzw. eine Abnahme gab und bestimme diese.
c) Bestimme die Wachstumsraten und stelle sie in einem zweiten Säulendiagramm dar.

Jahr	Wert
2008	8 000
2009	4 900
2010	6 000
2011	7 000
2012	5 900

4 Berechne jeweils die Wachstumsrate.

a) Sören erreichte im Mai 10 000 Punkte in seinem Lieblingscomputerspiel. Im Juni schaffte er 8 000.

b) Mehmet verdiente im Januar 200 € durch Nachhilfe. Im Februar verdient er 240 €.

c) Im September besuchten 2 000 Gäste den Klettergarten. Im regnerischen Oktober kamen nur noch 250 Gäste.

1 a) Erkläre die rechte Grafik wie Ali.
b) Überlege, wie die Wachstumsrate und der Wachstumsfaktor zusammenhängen.
c) Bestimme die Wachstumsfaktoren zu den weiteren Wachstumsraten aus Aufgabe 1c) von Seite 128 und überprüfe die Ergebnisse.

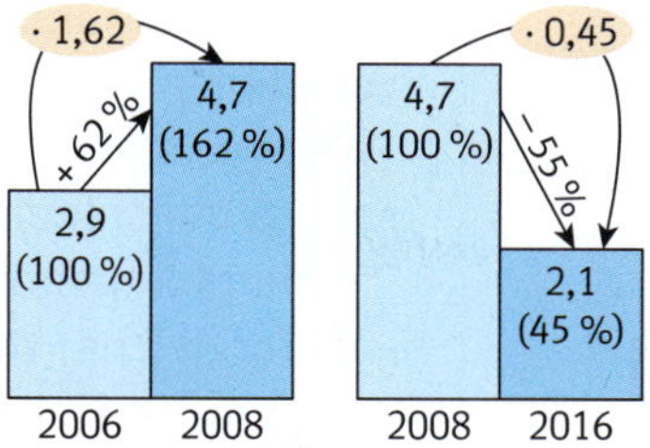

Entwicklung der Verkaufszahlen von Spielekonsolen (Wachstumsraten gerundet)

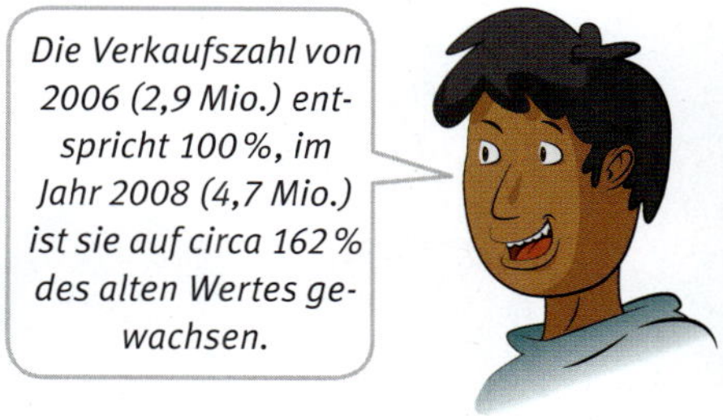

Wachstumsfaktor

Ist eine Wachstumsrate zwischen einem alten und einem neuen Wert bekannt, kann der neue Wert durch Multiplikation des alten Wertes mit dem **Wachstumsfaktor q** berechnet werden: neuer Wert = q · alter Wert.

Für eine Zunahme gilt:
$q = 1 + p\,\% = 1 + \frac{p}{100}$

Zunahme um 23 %:
$q = 1 + 0{,}23 = 1{,}23$
⇒ neuer Wert = 1,23 · alter Wert

Für eine Abnahme gilt:
$q = 1 - p\,\% = 1 - \frac{p}{100}$

Abnahme um 23 %:
$q = 1 - 0{,}23 = 0{,}77$
⇒ neuer Wert = 0,77 · alter Wert

2 Bestimme den Wachstumsfaktor.
a) um 3 % erhöhen
b) um 350 % ansteigen
c) ein Viertel mehr
d) um 10 % verringern
e) um 35 % absenken
f) ein Fünftel weniger

3 Gib den Wachstumsfaktor bzw. die Wachstumsrate an.
a) p % = 12 %
b) p % = 134 %
c) p % = –22 %
d) p % = –99 %
e) q = 1,07
f) q = 2,50
g) q = 0,45
h) q = 0,785

4 Dora hat die Entwicklung der Mitgliederzahlen ihres Schulchores grafisch dargestellt. Um mehr Werbung zu machen, möchte sie noch darstellen, wie stark die Mitgliederzahlen jedes Jahr gewachsen sind.
a) Lies die Werte für jedes Schuljahr ab und übertrage sie in eine Tabelle.
b) Berechne die Wachstumsfaktoren und die Wachstumsraten für alle Zeiträume von einem Jahr.

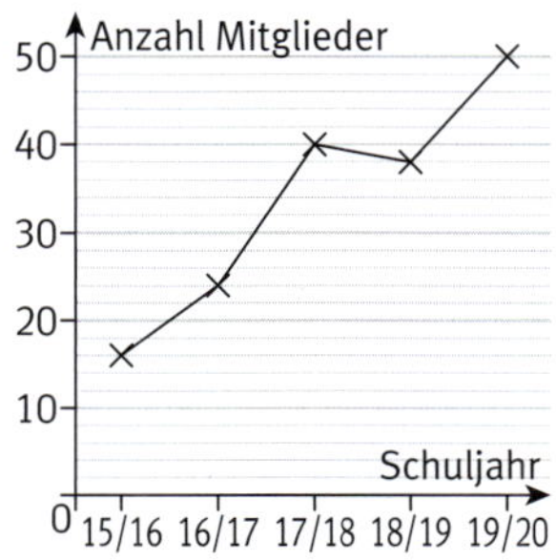

5 In der Rugby-Weltrangliste werden jedes Jahr Punkte für die Nationen vergeben und eine Rangfolge aufgestellt. Vervollständige die Tabelle.

	Neuseeland	Deutschland	Arabische Emirate	Fidschi-Inseln	Russland
Punkte 2014	93,81 (1.)	56,20 (26.)	30,00 (97.)	74,21 (11.)	■ (19.)
Punkte 2019	92,54 (1.)	57,83 (26.)	■ (70.)	■ (8.)	65,20 (19.)
p %	■	■	■	5 %	■
q	■	■	1,375	■	1,066

Regelmäßige Wachstumsprozesse untersuchen

Ajshe Mahmut

1 Ajshe und Mahmut sollen für die Nachbarin ab und zu einkaufen gehen. Sie machen ihr jeweils ein Angebot. Welches sollte die Nachbarin wählen?

a) Vervollständige die Tabelle für Mahmuts Angebot bis zum 10. Einkauf.
b) Vergleiche: Wie viel hat jeder nach dem 10. Einkauf insgesamt verdient?
c) Stelle den jeweiligen Gesamtverdienst von 0 bis 10 Einkäufen in einem Koordinatensystem dar.
d) Beschreibe den Verlauf der Graphen. Woran erkennt man, ab wann welches Angebot besser ist?

Anzahl Einkäufe	
Verdienst pro Einkauf	
Verdienst insgesamt	

Lineares und exponentielles Wachstum

Bei regelmäßigen Wachstumsprozessen sind zwei Formen wichtig:

Lineares Wachstum
In gleichen Zeiträumen nehmen die Werte um den gleichen Summanden m zu.

x	y
0	0,5
1	1
2	1,5
3	2

(+ 1 bei x, + 0,5 bei y)

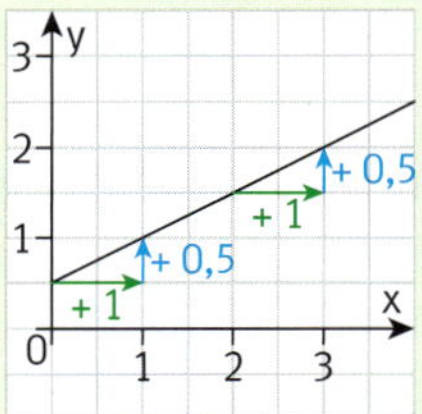

Die Wertepaare liegen auf einer Geraden.

Exponentielles Wachstum
In gleichen Zeiträumen werden die Werte mit dem gleichen Faktor b vervielfacht.

x	y
0	1
1	1,5
2	2,25
3	3,375

(+ 1 bei x, · 1,5 bei y)

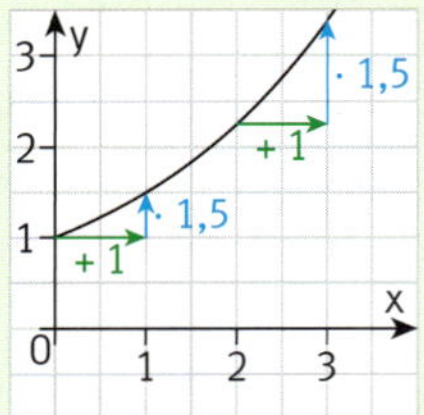

Die Wertepaare liegen auf einer immer stärker ansteigenden Kurve.

2 Begründe, ob die Wachstumsprozesse aus Aufgabe 1 linear oder exponentiell verlaufen.

3 Untersuche die folgenden Wachstumsprozesse. Falls lineares oder exponentielles Wachstum vorliegt, erstelle eine Wertetabelle für das Intervall $0 \leq x \leq 10$ und zeichne einen Graphen in einem geeigneten Ausschnitt.

a) Anne steckt monatlich 2,50 € in ihr Sparschwein, um eine Taucherbrille für den nächsten Urlaub zu kaufen.
b) Onkel Franz gibt seinem Lieblingsneffen Kilian zunächst einen Cent, verspricht ihm aber jeden Monat jeweils einen dreimal so hohen Betrag wie im vorangegangenen zu schenken.
c) Veronika spart das Geburtstagsgeld (55 €), ihren Verdienst als Babysitterin (32 €) und ihr Taschengeld (25 €), um sich neue Stiefel zu kaufen.
d) Abed hat sich von seiner Mutter 50 € für ein Computerspiel geliehen. Er vereinbart mit ihr, jede Woche 5 € zurückzuzahlen.

A

x	y
0	$1 = 2^0$
1	$2 = 2^1$

B

x	y
0	0
1	8

C

x	y
0	$3 = 3 \cdot 2^0$
1	$6 = 3 \cdot 2^1$

D

x	y
0	15
1	20

1 Eine Hefekultur von 3 g verdoppelt ihre Masse bei warmer Umgebung stündlich.

2 Eine Bodenfläche (in m^2) wird mit DIN-A3-Blättern ohne Überlappung bedeckt.

3 Einem Verein treten pro Monat durchschnittlich fünf Mitglieder bei.

4 Ein DIN-A4-Blatt wird fortlaufend gefaltet, zu Beginn besteht es aus einer Schicht.

1 a) Die Tabellen stellen Wachstumsprozesse dar. Ordne jeder Tabelle den passenden Text zu. Begründe. Wofür stehen jeweils die Variablen x und y?
b) Übertrage die Tabellen und vervollständige sie bis x = 10. Stelle die Veränderung der x- und y-Werte mit Pfeilen wie im Merkkasten auf Seite 130 dar.
c) Erkläre die Potenzschreibweise. Überlege, wie du in allen Beispielen weitere y-Werte auch direkt berechnen kannst.

Lineare und exponentielle Wachstumsprozesse lassen sich mithilfe von Funktionsgleichungen beschreiben.

Lineares Wachstum
$f(x) = m \cdot x + n$
Der y-Achsenabschnitt n gibt den Startwert für x = 0 an, die Steigung m die Änderung während einer Einheit.
Für n = 0 gilt: $f(x) = m \cdot x$

Ein Baby bekommt zur Geburt 50 € geschenkt und zu jedem weiteren Geburtstag 20 €. Für den Kontostand zum dritten Geburtstag gilt:
$f(3) = 20 \cdot 3 + 50 = 110$ (€)

Exponentielles Wachstum
$f(x) = a \cdot b^x$
a gibt den Startwert für x = 0 an, b den Faktor der Vervielfachung während einer Einheit. b nennt man Wachstumsfaktor.
Für a = 1 gilt: $f(x) = b^x$

Ein Baby bekommt zur Geburt 5 €, zu jedem weiteren Geburtstag den dreifachen Betrag. Am dritten Geburtstag erhält das Kind folgenden Betrag:
$f(3) = 5 \cdot 3^3 = 135$ (€)

Lineares und exponentielles Wachstum Funktionsgleichungen

lineare(s) Wachstum (Abnahme): $m > 0$ ($m < 0$)

exponentielle(s) Wachstum (Abnahme): $b > 1$ ($0 < b < 1$)

$b^0 = 1$
$b^1 = b$

2 Stelle zu Aufgabe 1 die Funktionsgleichungen auf und berechne so
a) die Anzahl der Papierschichten nach theoretisch 20 Faltungen (Dicke pro Schicht: 0,15 mm).
b) die Masse der Hefekultur nach 20 Stunden.
c) die Anzahl der DIN-A3-Blätter für ein Fußballfeld (Größe: 7 140 m^2).
d) die Anzahl der Vereinsmitglieder nach einem Vierteljahr.

3 a) Prüfe jeweils, ob es sich um lineares oder exponentielles Wachstum handelt. Begründe.
b) Stelle die Funktionsgleichungen auf.
c) Zeichne die zugehörigen Graphen.

x	0	1	2	3	4
$f_1(x)$	3	6	9	12	15
$f_2(x)$	0,5	1,5	4,5	13,5	40,5
$f_3(x)$	9,5	7	4,5	2	−0,5
$f_4(x)$	8	4	2	1	0,5

Exponentielle Zunahmen untersuchen

Franz

1 Dieter hat sich einen Oldtimer für 10 000 € gekauft. Jedes Jahr steigt der Wert des Wagens um 10 %. Später möchte er den Oldtimer gegen ein Motorrad für 20 000 € eintauschen.

a) Begründe, warum Dieter von der Überlegung seines Freundes Franz nicht überzeugt ist.

b) Erkläre und vervollständige Dieters Rechnung. Überlege, wie es weitergehen könnte und berechne damit direkt den Wert des Oldtimers nach zehn Jahren.

Wert nach 1 Jahr: $10\,000 \cdot 1{,}1 = 11\,000$ (€)

Wert nach 2 Jahren: $11\,000 \cdot 1{,}1 = 10\,000 \cdot \underbrace{1{,}1 \cdot 1{,}1}_{1{,}1^2} = ■$

Wert nach 3 Jahren: $■ \cdot 1{,}1 = 10\,000 \cdot \underbrace{1{,}1 \cdot 1{,}1 \cdot 1{,}1}_{1{,}1^3} = ■$

Exponentielles Wachstum mit Wachstumsrate (-faktor)

Bei einer Zunahme mit konstanter prozentualer Wachstumsrate p % liegt ein **exponentielles Wachstum** mit dem dazugehörigen Wachstumsfaktor $q = b = 1 + p\,\% = 1 + \frac{p}{100}$ und der Funktionsgleichung $f(x) = a \cdot b^x$ vor.

Die Anzahl der Bakterien einer Kultur vermehrt sich stündlich um 25 %. Zu Beginn existieren 1 000 Bakterien. Wie viele Bakterien sind dann in zehn Stunden vorhanden?
Wachstumsfaktor: $q = b = 1 + 25\,\% = 1{,}25$
Funktionsgleichung: $f(x) = 1000 \cdot 1{,}25^x$
Anzahl Bakterien nach zehn Stunden: $f(10) = 1000 \cdot 1{,}25^{10} \approx 9\,313$

2 Stelle für die Wertentwicklung des Oldtimers die Funktionsgleichung auf und berechne damit den Wert nach 12 (15; 17) Jahren.

3 Die Funktionsgleichungen beschreiben exponentielle Wachstumsprozesse, dabei gibt x die Anzahl der Jahre an. Bestimme den Startwert, die Wachstumsrate p % und den jeweiligen Endwert für x = 2 (5; 7) Jahre.

a) $f(x) = 2 \cdot 3^x$ b) $f(x) = 1000 \cdot 1{,}03^x$ c) $f(x) = 0{,}2 \cdot 2{,}0^x$

4 Ein Online-Computerspiel hat 1,5 Millionen Spieler weltweit. Eine neue Version lässt die Spielerzahl monatlich um 15 % wachsen.

a) Stelle zu diesem Sachverhalt die Funktionsgleichung auf.

b) Erstelle eine Wertetabelle für das Intervall $0 \le x \le 12$ in 2er-Schritten (x: Anzahl Monate). Runde geeignet und zeichne den Graphen.

c) Lies ab, wann ungefähr 3 (4) Millionen Spieler registriert sind.

d) Beurteile: Ist die Wachstumsrate für einen längeren Zeitraum realistisch?

e) Finde heraus, wann das Spiel bei gleichbleibendem Wachstum 10 Millionen Spieler hat.

1 Momo will sich einen neuen Kleinwagen für 10 000 € kaufen. Jedes Jahr sinkt der Wert des Wagens um 10 %.

a) Berechne den Wert des Wagens nach einem Jahr (zwei Jahren).
b) Momo könnte den Wagen auch gebraucht kaufen. Der Verkäufer hatte seinen Neuwagen vier Jahre lang gefahren und möchte nun noch 6 000 € dafür haben. Sollte Momo dieses Angebot annehmen?
c) Überlege, ob du den Wert aus Aufgabe b) auch direkt berechnen kannst.

Bei einer Abnahme mit konstanter prozentualer Wachstumsrate p % liegt eine **exponentielle Abnahme** mit dem dazugehörigen Wachstumsfaktor $q = b = 1 - p\,\% = 1 - \frac{p}{100}$ und der Funktionsgleichung $f(x) = a \cdot b^x$ vor.

Die Anzahl der Bakterien einer Kultur verringert sich in schmutzigem Wasser stündlich um 25 %. Zu Beginn existieren 1 000 Bakterien. Wie viele Bakterien sind noch nach vier Stunden vorhanden?
Wachstumsfaktor: $q = b = 1 - 25\,\% = 0{,}75$
Funktionsgleichung: $f(x) = 1000 \cdot 0{,}75^x$
Anzahl Bakterien nach vier Stunden: $f(4) = 1000 \cdot 0{,}75^4 \approx 316$

Exponentielle Abnahme mit Wachstumsrate (-faktor)

2 Stelle für die Wertentwicklung des Neuwagens die Funktionsgleichung auf und berechne damit den Wert nach 12 (15; 17) Jahren.

3 Die Funktionsgleichungen beschreiben exponentielle Abnahmeprozesse, dabei gibt x die Anzahl der Jahre an. Bestimme den Startwert, die Wachstumsrate p % und den jeweiligen Endwert für x = 2 (5; 7) Jahre.
a) $f(x) = 2 \cdot 0{,}3^x$ b) $f(x) = 1000 \cdot 0{,}97^x$ c) $f(x) = 0{,}2 \cdot 0{,}11^x$

4 Melda will sich einen Tee zubereiten. Sie lässt das kochende Wasser kurz auf 90 °C abkühlen. In einem Forum hat sie gelesen, dass das Wasser sich in jeder Minute um 1,5 % abkühlt und dass 60 °C die ideale Trinktemperatur wäre. Wie lange muss sie nun warten?

a) Stelle zu diesem Sachverhalt die Funktionsgleichung auf.
b) Erstelle eine Wertetabelle für das Intervall $0 \le x \le 50$ in 5er-Schritten. Runde geeignet.
c) Zeichne den Graphen.
d) Lies ab, wann Melda den Tee trinken kann.
e) Melda dauert das Warten zu lange. Was könnte sie tun, um ihren Tee schneller trinken zu können?
f) Finde heraus, wann der Tee lauwarm (35 °C) ist bzw. die Zimmertemperatur von 23 °C erreicht hat.

Eine Kiefer ist beim Pflanzen 1,20 m hoch und wächst pro Jahr um ca. 44 cm.

Der Holzbestand eines kleinen Waldes beträgt etwa 11 200 m^2. Jährlich wächst er um 3 %.

1 Wie groß sind die Kiefer und der Holzbestand nach 20 Jahren? Übertrage die Lösungswege und vervollständige sie. Ordne die angegebenen Schritte den Lösungen zu.

① ■ *wächst jedes Jahr um* ■.	① ■ wächst jedes Jahr um ■.
② *Lineares Wachstum mit* ■	② ■ Wachstum mit ■
③ *Startwert:* ■	③ Startwert: ■
④ *x steht für* ■.	④ x steht für ■.
⑤ *f(x) =* ■	⑤ f(x) = ■
⑥ *f (20) =* ■	⑥ f(20) = ■
⑦ *Die Kiefer ist nach 20 Jahren* ■ *groß.*	⑦ Der Holzbestand ■.

Bedeutung der Variablen x bestimmen | Funktionswert berechnen | aufmerksam lesen, wichtige Werte erkennen

Funktionsgleichung aufstellen | Startwert ermitteln | entscheiden, welche Wachstumsart vorliegt | Antwortsatz formulieren

Nehmen die Werte um den gleichen Summanden zu oder werden sie mit dem gleichen Faktor vervielfacht?

2 Beim Tauchen muss man den Umgebungsdruck und die Lichtintensität beachten.

Im Wasser nimmt die Lichtintensität pro Meter Wassertiefe um 40 % ab. An der Wasseroberfläche beträgt sie 100 %.

Beim Tauchen steigt der Umgebungsdruck pro Meter Wassertiefe um 0,1 bar. An der Wasseroberfläche beträgt dieser 1 bar.

a) Stelle für beide Sachverhalte die Funktionsgleichung auf.
b) Erstelle jeweils eine Wertetabelle für das Intervall $0 \le x \le 6$ und zeichne die Graphen in geeignete Koordinatensysteme.
c) Der Weltrekord im Tauchen liegt bei einer Tiefe von 332,35 m. Welchem Druck musste der Taucher standhalten?
d) Finde heraus, ab welcher Wassertiefe die Lichtintensität auf unter 10 % sinkt.

3 Ein 1000 m^2 großer Baggersee wird erweitert. Jede Woche vergrößern Bagger die Wasserfläche um 20 m^2. Eine schnell wachsende Algenart verdoppelt wöchentlich ihre Fläche. Zu Beginn bedecken die Algen eine Fläche von 50 m^2.
a) Stelle für beide Wachstumsvorgänge die Funktionsgleichung auf.
b) Bestimme grafisch, wann der ganze See mit Algen bedeckt ist.

1 Im Mai 2016 wurde der Computervirus RAMNIT auf vielen Computern weltweit gefunden.

a) Lies ab, wie viele Computer Anfang Mai befallen waren.

b) Bestimme mithilfe des Graphen die Wachstumsrate und den Wachstumsfaktor.

c) Stelle die Funktionsgleichung auf.

d) Berechne, wie viele Computer Anfang Dezember (Anfang Mai des darauf folgenden Jahres) befallen waren.

e) Begründe, weshalb die Verbreitung des Virus nicht immer so weitergehen konnte.

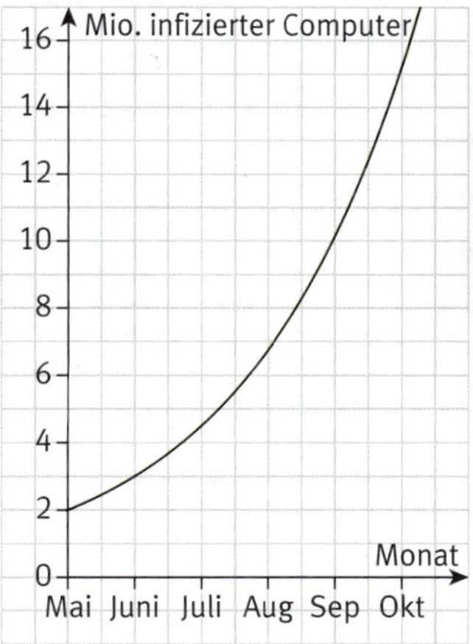

2 Eine Tasse Kaffee enthält 50 bis 100 mg Koffein, das von Magen und Darm rasch und nahezu vollständig an das Blut abgegeben wird. Die Koffeinmenge im Blut wird stündlich gemessen.

Zeit in h	0	1	2	3
Koffeinmenge (mg)	50	40,0	32,0	25,6

a) Begründe, dass es sich um eine exponentielle Abnahme handelt. Bestimme dazu den Wachstumsfaktor und die Wachstumsrate.

b) Stelle für die Entwicklung der Koffeinmenge die Funktionsgleichung auf und berechne die Koffeinmenge nach 4 (5; 6; 7; 8) Stunden. Runde geeignet.

c) Zeichne den Graphen im Intervall $0 \leq x \leq 8$ in ein geeignetes Koordinatensystem und lies ab, zu welchem Zeitpunkt sich ungefähr nur noch ein Viertel der Koffeinmenge im Blut befindet.

d) Finde heraus, nach wie viel Stunden die Koffeinmenge unter 1 mg sinkt.

3 Auf einem 750 m^2 großen See wachsen Wasserhyazinthen, die zu Beginn der Untersuchung eine Fläche von 30 m^2 bedecken. Bei günstigen Umweltbedingungen vergrößert sich die bedeckte Fläche wöchentlich um einen festen Prozentsatz. Nach einer Woche bedecken die Hyazinthen bereits eine Fläche von 42 m^2.

a) Stelle die Funktionsgleichung auf, die diesen Wachstumsvorgang beschreibt.

b) Zeichne den Graphen.

c) Lies ab, wann die Wasserhyazinthen den ganzen See bedecken würden.

d) Berechne, wie groß die Fläche eine Woche (zwei Wochen) vor Untersuchungsbeginn war.

e) Angenommen, die Fläche der Wasserhyazinthen vergrößert sich wöchentlich nicht wie oben berechnet, sondern …

(A) um 30 % (B) um 20 % (C) um 50 %

Finde heraus, wann die Pflanzen dann jeweils den ganzen See bedecken würden.

1 Aleks macht seinen Führerschein und hat bereits seine ersten Fahrstunden gehabt. In der letzten Theoriestunde hat er gelernt, dass der Bremsweg s von der gefahrenen Geschwindigkeit v abhängt.

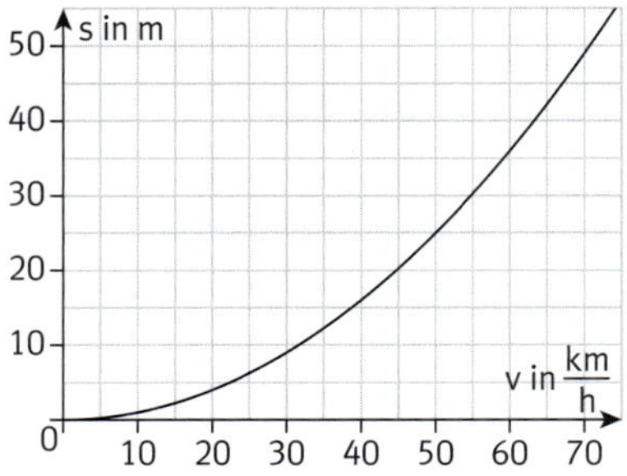

a) Lies die Länge des Bremswegs bei 50 $\frac{km}{h}$ ab.

b) Vervollständige die Tabelle zum Graphen. Erkläre, wie du gerechnet hast.

v in km/h	10	20	30	40	50	60	70	80	90	100
s in m	1	4	9	■	■	■	■	■	■	■

c) Begründe, warum der Wachstumsprozess nicht linear (exponentiell) verläuft.

d) Bestimme, welche Funktionsgleichung zu diesem Sachverhalt passt.

① $s(v) = 0{,}1v^2$ ② $s(v) = 0{,}01v^2$ ③ $s(v) = \left(\frac{v}{10}\right)^2$ ④ $s(v) = 0{,}01v$

e) Untersuche, wie sich der Bremsweg ändert, wenn die Geschwindigkeit doppelt (dreimal) so groß wird.

Quadratisches Wachstum

Bei **quadratischen Wachstumsprozessen** wächst bzw. fällt der abhängige Wert quadratisch. Der Graph ist ein Parabelast. Die allgemeine Funktionsgleichung lautet $\mathbf{f(x) = ax^2 + bx + c}$.

Weitere Beispiele für quadratische Wachstumsprozesse sind Weg-Zeit-Zusammenhänge bei beschleunigten Bewegungen, z. B. von Fahrzeugen oder auch der freie Fall.

2 In der Realität hängt der Bremsweg vom Fahrbahnzustand ab. Für eine nasse Straße gilt für den Faktor in der Funktionsgleichung von Aufgabe 1: a = 0,0125.

a) Vermute, ob der Graph im Vergleich zu Aufgabe 1 steiler oder flacher verläuft.

b) Erstelle eine Wertetabelle für Geschwindigkeiten von 0 bis 80 $\frac{km}{h}$ in 10er-Schritten und berechne die neuen Bremswege. Zeichne den Graphen.

c) Bei einem Unfall auf der Autobahn stellt die Polizei durch die Bremsspur einen Bremsweg von 200 m fest. Der Autofahrer behauptet, sich an die Richtgeschwindigkeit von 130 $\frac{km}{h}$ gehalten zu haben. Überprüfe rechnerisch.

3 Die Reaktionszeit des Fahrers entscheidet mit darüber, wann ein Auto tatsächlich zum Stehen kommt. Der Anhalteweg setzt sich aus Brems- und Reaktionsweg zusammen und kann mit der Funktionsgleichung $s(v) = 0{,}01v^2 + 0{,}3v$ beschrieben werden.

a) Ermittle den zu erwartenden Bremsweg bei 30 $\frac{km}{h}$ (50 $\frac{km}{h}$).

b) Stelle den Sachverhalt grafisch dar.

c) Ein Auto fährt 40 $\frac{km}{h}$, der Fahrer sieht plötzlich ein anderes Auto und kann rechtzeitig abbremsen. Um wie viel verlängert sich der Anhalteweg, wenn er 60 $\frac{km}{h}$ gefahren wäre?

Aufzug im Wolkenkratzer Shanghai Tower teilweise schneller als der freie Fall
Ein Aufzug fährt mit ca. 20 m/s aus ca. 550 m Höhe zum Boden. Damit ist man fast so schnell wie im freien Fall.

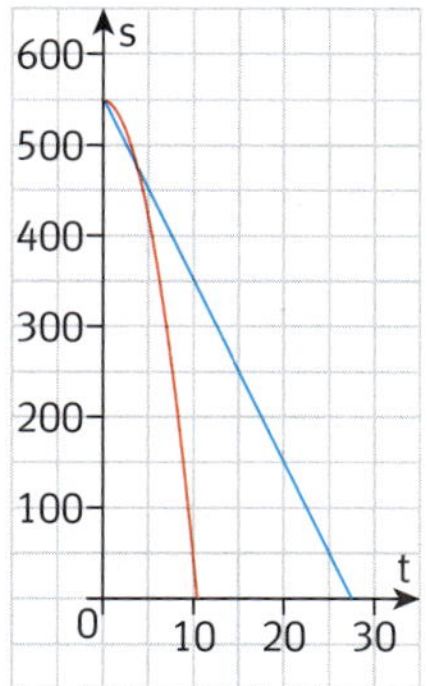

1 a) Ordne einem fallenden Stein und dem Aufzug die Graphen zu und stelle jeweils die Funktionsgleichung auf.
b) Lies ab, wann der Aufzug bzw. der fallende Stein am Boden ankommen. Überprüfe rechnerisch.
c) Bestimme, nach welcher Zeit sich der fallende Stein und der Aufzug auf gleicher Höhe befinden.
d) Welche Überlegungen hat der Autor des Artikels in seinem Modell nicht berücksichtigt? Korrigiere den Artikel.

Für die Höhe eines Gegenstands im freien Fall nach einer bestimmten Zeit t (in Sekunden) aus einer Höhe c gilt: $s(t) = -5t^2 + c$

2 Eine Sonde fällt aus 350 m Höhe auf den Mond. Ihre Höhe nach einer bestimmten Zeit in Sekunden kann durch die Funktion $s(t) = -0{,}8t^2 + 350$ beschrieben werden.

a) Erstelle eine Wertetabelle im Intervall $0 \le t \le 22$ in 2er-Schritten und zeichne den Graphen.
b) Lies ab, wann die Sonde ungefähr den Boden berührt.
c) Bei einer Höhe von 30 m zünden die Landedüsen. Dadurch wird die Geschwindigkeit reduziert. Berechne, nach wie vielen Sekunden das soweit sein wird.
d) Im Landeanflug halbiert sich die Höhe der Sonde mit jeder Sekunde. Gib den Wachstumsfaktor an, der diese Situation beschreibt.
e) Ergänze den Graphen für die Landephase im Koordinatensystem aus Aufgabe a). Erkläre, warum die Funktion die Landung nur grob beschreibt.

TRIMM-DICH-ZWISCHENRUNDE

1 Begründe, welche Tabelle lineares und welche exponentielles Wachstum beschreibt und vervollständige.

a)

x	0	1	2	3	4
y	2	10	50	■	■

b)

x	0	1	2	3	4
y	50	100	150	■	■

2 Eine Kaninchenpopulation wächst exponentiell. In einer Kleingartenkolonie lebten zu Beginn der Beobachtung 20 Kaninchen, einen Monat später sind es schon 23.
a) Bestimme den Wachstumsfaktor und stelle die Funktionsgleichung auf.
b) Erstelle eine Wertetabelle für das Intervall $0 \le x \le 12$. Runde geeignet und zeichne den Graphen.
c) Bei 100 Kaninchen gibt es nicht mehr genügend Nahrung. Gib an, wann das soweit ist.

3 Jedes Jahr sinkt die Laufzeit eines Handyakkus um 30 %. Zu Beginn hält der Akku acht Stunden. Berechne, wie lange der Akku nach vier Jahren noch durchhält.

Kapitalwachstum über mehrere Jahre berechnen

1 Sandra will in sechs Jahren mit den Fahrstunden beginnen. Einen Teil der Kosten bekommt sie von ihrer Oma geschenkt. Sie macht Sandra das Angebot, 1 000 € auf ein Sparkonto mit jährlichen Zinsen von 2 % zu legen. Sandra will wissen, wie viel Geld sie bei dieser Anlage nach fünf Jahren besitzt.

Ich rechne schrittweise mit der Zinsformel.

Sandra

Guthaben nach 1 Jahr:

$1000 \cdot \frac{2}{100} + 1000$

$= 1000 \cdot 1{,}02 = 1020$ (€)

Guthaben nach 2 Jahren:

$1020 \cdot \ldots$

Wir multiplizieren ja immer mit 1,02. Da können wir die Rechenschritte zusammenfassen und das Guthaben nach fünf Jahren direkt berechnen: $1000 \cdot 1{,}02^5$

Florian

a) Überprüfe rechnerisch, ob beide dasselbe Ergebnis erhalten.
b) Ihr Opa macht ihr noch ein anderes Angebot: „Ich zahle fünf Jahre lang jeden Monat 15 € in das Sparschwein." Wie soll sich Sandra entscheiden?

Kapitalwachstum
Zinseszins

Beim **Kapitalwachstum mit Zinseszins** handelt es sich um exponentielles Wachstum. Für ein Endkapital K_n nach n Jahren gilt:

$K_n = K_0 \cdot (1 + \frac{p}{100})^n$ K_0: Startkapital; p %: Zinssatz

Startkapital: 100 € Zinssatz: 1,25 % Laufzeit: 4 Jahre

Endkapital nach 4 Jahren: $K_4 = 100 \cdot (1 + \frac{1,25}{100})^4 = 100 \cdot 1{,}0125^4 \approx 105{,}09$ (€)

Zinseszins: Wird Geld länger als ein Jahr angelegt, werden die Zinsen mit verzinst.
p.a. = per anno = pro Jahr

2 Vergleiche die Angaben und berechne, bei welcher Geldanlage das Kapital am Ende der Laufzeit am größten ist.

a)	b)	c)
$K_0 = 4000$ €	$K_0 = 1250$ €	$K_0 = 100$ €
p % = 1,12 %	p % = 1,25 %	p % = 8 %
n = 5 Jahre	n = 8 Jahre	n = 50 Jahre

3 Oma Heide hat 5 500 € für 12 Jahre bei der Bank angelegt. Der Zinssatz beträgt 0,55 % p.a.
a) Berechne, wie hoch das Guthaben und die Zinsen am Ende der Laufzeit sind.
b) Nach sieben Jahren steigt der Zinssatz auf 0,8 % p.a.; nach zehn Jahren auf 1,2 % p.a. Berechne nun die Höhe des Guthabens und der Zinsen zum Ende der Laufzeit.
c) Heide will die Zinsen benutzen, um ihrer Enkeltochter Thelma eine Schultasche für 150 € zu schenken. Prüfe, nach wie viel Jahren diese Summe erreicht ist.

4 Richtig oder falsch? Begründe.
a) Wird die Laufzeit verdoppelt, verdoppelt sich auch das Endkapital.
b) Wird das Anfangskapital verdoppelt, verdoppelt sich auch das Endkapital.
c) Wird der Zinssatz verdoppelt, verdoppelt sich auch das Endkapital.

Mit der Zinseszinsformel rechnen

	Startkapital	1	…	9	10
Kapital nach n Jahren	■	■		≈ 23 529 €	24 000 €
Zinsfaktor			: 1,02	: 1,02	

1 Eva möchte sich in zehn Jahren ein Tiny House für 24 000 € kaufen. Sie spekuliert darauf, dass ihr Aktien 2 % jährliche Rendite bringen. Welchen Betrag muss sie anlegen, damit sie auf diese Summe kommt?

a) Übertrage die Tabelle und berechne die fehlenden Beträge. Runde geeignet.

b) Wie würde sich das Startkapital ändern, wenn sie eine jährliche Rendite von nur 1 % bekommt?

Rendite: Ertrag, den ein Kapital in einem bestimmten Zeitraum erbringt

2 Sümeya findet ein Sparbuch, das sie zur Hochzeit vor zwölf Jahren geschenkt bekommen hat. Der gleichbleibende Zinssatz betrug 3 %. Das Sparbuch weist ein Guthaben von 499 € auf.

a) Wie hoch war der Geldbetrag, den Sümeya zur Hochzeit bekam?

b) 2020 bekommt man maximal 1 % Zinsen. Wie viel Geld hätte sie bei diesem Zinssatz bekommen müssen, um auf 499 € zu kommen?

3 Alexander, Emirhan und Ngan legen ihr Geld an. Jeder meint, er hätte das beste Angebot von der Bank erhalten.

Emirhan		Alexander		Ngan	
Startkapital:	200 €	Startkapital:	10 000 €	Startkapital:	5 600 €
Laufzeit:	2 Jahre	Laufzeit:	3 Jahre	Laufzeit:	20 Jahre
Endkapital:	208,08 €	Endkapital:	10 534 €	Endkapital:	8 321,31 €

a) Emirhan berechnet seinen Zinssatz. Übertrage die Rechnung und vervollständige sie.

b) Berechne die Zinssätze für Alexander und Ngan genauso. Runde geeignet. Wer hat das beste Angebot erhalten?

$208{,}08 = 200 \cdot b^2 \quad | : 200$
$1{,}0404 = b^2 \quad | \sqrt{\ }$
■ $= b$
$p\ \% =$ ■

$b = 1 + \frac{p}{100}$

4 Übertrage und vervollständige die Tabelle. Runde geeignet.

	a)	b)	c)	d)
Startkapital K_0	3 000 €	■	2 000 €	12 000 €
Zinssatz p %	1,25 %	0,75 %	■	■
Laufzeit n in Jahren	6	8	4	7
Endkapital K_n	■	10 000 €	2 123 €	12 426 €

5 Der englische Philosoph R. Price hat 1772 vorgerechnet, welches Kapital Josef von Nazareth erhalten hätte, wenn er zur Geburt von Jesus Christus einen Cent zu 5 % Zinsen angelegt hätte.

a) Berechne das Kapital zum Ende des Jahres 1772 (des aktuellen Jahres).

b) Nach wie vielen Jahren hätte er die erste Million gehabt, wann die erste Milliarde? Probiere systematisch.

Exponentielle Gleichungen lösen

Ich habe schon viele Zahlen ausprobiert, das dauert ja ewig ... Kann man das nicht schneller rechnen?

1 Emre gewinnt in einer Quizshow 12 500 €, die er bei einer Bank mit einem Zinssatz von 1,3 % anlegt. Finde heraus, wie viele Jahre er brauchen wird, um ...

sein Geld zu verdoppeln.

15 000 € auf seinem Konto zu haben.

sich seine Traumvilla für 1 Mio. € kaufen zu können.

Exponentielle Gleichungen
Logarithmus

Eine Gleichung $b^x = y$, bei der die Variable im Exponenten auftritt, nennt man **Exponentialgleichung** oder **exponentielle Gleichung**. Den Exponenten bestimmt man durch **Logarithmieren**.

Exponent, Potenzwert, Basis: $b^x = y$ — $\log_b y = x$

Exponent, Potenzwert, Basis: $5^3 = 125$ — $\log_5 125 = 3$

„Der Logarithmus von y zur Basis b ist x.“

„Der Logarithmus von 125 zur Basis 5 ist 3.“

$2^x = 7000 \quad | \log_2$
$x = \log_2 7000$
$x = \log 7000 : \log 2 \approx 12{,}773$

„Logarithmus von 7000 zur Basis 2“
Probe: $2^{12{,}773} \approx 7000$

$b^x = y$
$b = \sqrt[x]{y} \longleftrightarrow x = \log_b y$

Taschenrechner:
$\log_b y$
= [log] [y] : [log] [b]
Wie rechnet dein Taschenrechner?

2 Stelle jeweils eine Gleichung auf, womit die Anzahl der Jahre aus Aufgabe 1 bestimmt werden kann und löse.

3 Bestimme den Logarithmus. Überprüfe die Lösung durch Potenzieren.

a) $\log_2 512$ b) $\log_2 4096$ c) $\log_2 0{,}25$ d) $\log_2 \frac{1}{64}$ e) $\log_2 \frac{1}{128}$

f) $\log_3 243$ g) $\log_3 729$ h) $\log_3 \frac{1}{9}$ i) $\log_3 \frac{1}{27}$ j) $\log_3 \frac{1}{81}$

4 Löse die Gleichungen mithilfe des Logarithmus. Runde ggf. sinnvoll.

a) $2048 = 2^x$ b) $81 = 3^x$ c) $0{,}125 = 0{,}5^x$

d) $0{,}5 = 8 \cdot 0{,}25^x$ e) $1500 = 3 \cdot 1{,}2^x$ f) $790 = 2500 \cdot 0{,}8^x$

5 Caro möchte als Influencerin Geld verdienen. Dazu braucht sie viele Follower. Nach einer Woche hat sie 127 Follower und sie rechnet mit einem Zuwachs von 23 % pro Woche.

a) Berechne, wann Caro den Status „Amateur“, „Semi-Pro“, „Influencer“ und „IT-Girl“ erreicht hat.

b) Hältst du Caros Einschätzung für realistisch? Begründe deine Antwort.

Status	Anzahl Follower
Anfänger	50 Follower
Amateur	300 Follower
Semi-Pro	15 000 Follower
Influencer	250 000 Follower
IT-Girl	1 Mio. Follower

1 Cholerabakterien kommen vor allem in verunreinigtem Trinkwasser vor. In zwei Petrischalen wird die Entwicklung der Anzahl der Bakterien untersucht. Einer Schale wurden Antibiotika hinzugegeben.

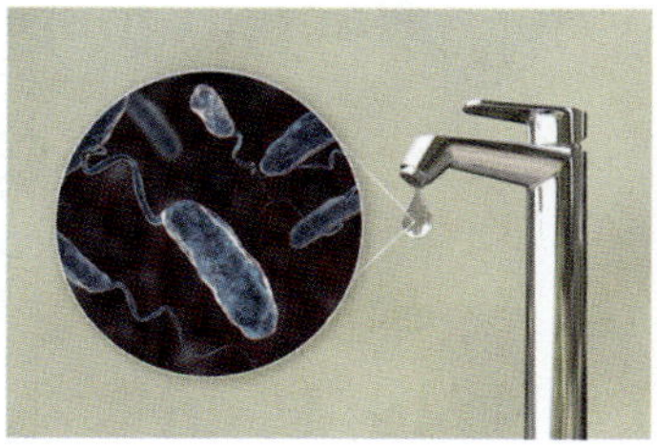

Cholerabakterien ohne Antibiotika

Zeit (min)	Anzahl Bakterien
0	80
30	160
60	320
90	■
■	■

Cholerabakterien mit Antibiotika

Zeit (min)	Anzahl Bakterien
0	80
20	40
40	20
■	10
■	■

a) Beschreibe, wie sich Cholerabakterien mit und ohne Hinzugabe von Antibiotika entwickeln. Vervollständige die Wertetabellen.
b) Veranschauliche beide Vorgänge in einem Koordinatensystem.
c) Stelle die Funktionsgleichungen auf.
d) Vervollständige die nebenstehende Rechnung. Gib die Bedeutung der Variablen x an.
e) Berechne, wie viele Bakterien nach 5 h (6 h 15 min) in der Kultur ohne Antibiotika leben.

Nach welcher Zeit leben über 10 000 Bakterien in der Kultur ohne Antibiotika?

$10\,000 = 80 \cdot 2^x$
$125 = 2^x$
$x = \frac{\log 125}{\log 2} \approx$ ■

=> ungefähre Zeitspanne: ■ · 30 min = ■

Die Zeitspanne, in der ein Wert bei exponentiellem Wachstum verdoppelt wird, heißt Verdopplungszeit.

Die Zeit, in der ein Wert bei exponentiellem Wachstum halbiert wird, heißt Halbwertszeit.

2 In einem Tiramisu sind rohe Eier verarbeitet. Diese enthalten Salmonellen. Bei sommerlichen Temperaturen verdoppelt sich die Anzahl der Salmonellen innerhalb von 20 Minuten. Für einen gesunden erwachsenen Menschen liegt die minimale Infektionsdosis bei 10 000 Keimen.
a) Zu Beginn enthält das Tiramisu 50 Salmonellen. Stelle eine Funktionsgleichung auf, die die Vermehrung der Salmonellen beschreibt.
b) Berechne, wann das Tiramisu spätestens ungenießbar geworden ist, wenn es um 12:00 Uhr aus dem Kühlschrank genommen wird. Bewerte die Lösung.

3 In einem Labor lagern je 180 mg Schwefel 37, Strontium 90 und Plutonium 239.
a) Gib für den Zerfall der Isotope die Funktionsgleichung an.
b) Berechne, nach welcher Zeit von jedem Isotop nur noch 11,25 mg vorhanden sind.

Isotop	Halbwertszeit
Schwefel 37	5 Minuten
Plutonium 239	24 100 Jahre
Uran 235	704 Mio. Jahre
Strontium 90	28,5 Jahre

4 Atommüll besteht aus radioaktiven Stoffen, die nicht mehr genutzt werden. Zu hochradioaktivem Atommüll gehört z. B. Uran 235. Berechne, nach wie vielen Jahren noch 10 % (5 %; 1 %) einer zu einem bestimmten Zeitpunkt ermittelten Masse von Uran 235 übrig sind.

Wachstumsprozesse wiederholen

Wachstumsrate und Wachstumsfaktor

Wachstumsraten und -faktoren bestimmen
S. 128 f.

Die Wachstumsrate p % beschreibt ein Wachstum in Prozentschreibweise:

$$p\,\% = \frac{\text{neuer Wert} - \text{alter Wert}}{\text{alter Wert}}$$

Der Wachstumsfaktor q gibt an, mit welchem Faktor der alte Wert multipliziert werden muss, um den neuen zu erhalten: neuer Wert = q · alter Wert

$$q = 1 \pm p\,\% = 1 \pm \frac{p}{100}$$

> Herr Ahl bekommt 1250 € Rente. Nach der diesjährigen Rentenerhöhung erhält er 1300 €. Die Rentenerhöhung beträgt 4 %.
>
> $p\,\% = \frac{1300 - 1250}{1250} = 0{,}04 = \frac{4}{100} = 4\,\%$ $\qquad q = 1 + 4\,\% = 1 + \frac{4}{100} = 1{,}04$

Lineare und exponentielle Wachstumsprozesse

Wachstumsprozesse unterscheiden und berechnen
S. 130 ff.

Bei linearem Wachstum nehmen die Werte in gleichen Zeiträumen um den gleichen Summanden m zu.

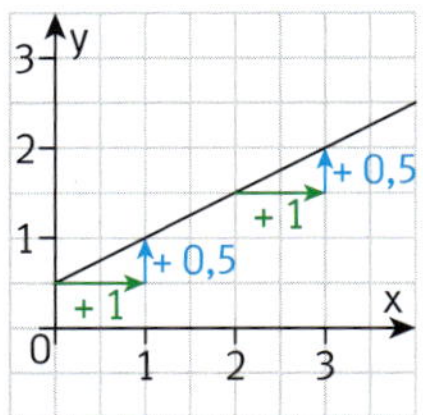

n: Startwert
m > 0: Zunahme m < 0: Abnahme
Funktionsgleichung: $f(x) = m \cdot x + n$

Bei exponentiellem Wachstum werden die Werte in gleichen Zeiträumen mit dem gleichen Faktor q = b vervielfacht.

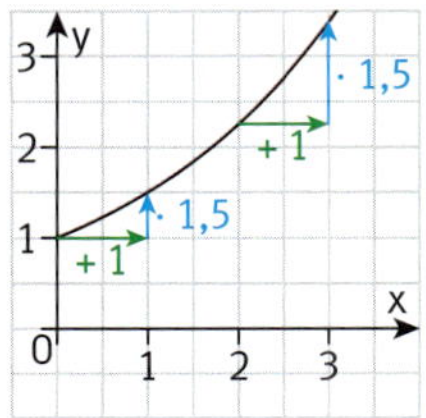

a: Startwert
b > 1 Zunahme 0 < b < 1: Abnahme
Funktionsgleichung: $f(x) = a \cdot b^x$

> Eine Rente (1 250 €) wird jährlich um 27 € (um 5,5 %) erhöht.
> Nach fünf Jahren beträgt dann die Höhe der Rente jeweils:
> $f(5) = 1\,250 + 5 \cdot 27 = 1385$ (€) $\qquad f(5) = 1\,250 \cdot 1{,}055^5 \approx 1\,633{,}70$ (€)

Kapitalwachstum

Kapitalwachstum über mehrere Jahre berechnen
S. 138

Beim Kapitalwachstum mit Zinseszins handelt es sich um exponentielles Wachstum mit $K_n = K_0 \cdot \left(1 + \frac{p}{100}\right)^n$.

K_n: Endkapital nach n Jahren
K_0: Startkapital
p %: Zinssatz

Exponentielle Gleichungen

Er-Wissen: Exponentielle Gleichungen lösen
S. 140

Eine Gleichung $b^x = y$ nennt man exponentielle Gleichung. Den Exponenten bestimmt man durch Logarithmieren.

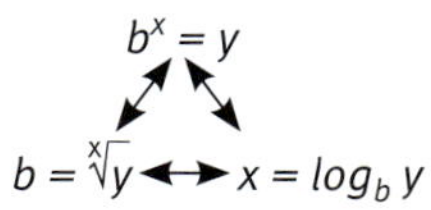

> Die Rente von Frau Öztürk beträgt heute 1 261,27 €. Zum Renteneintritt erhielt sie 895 €. Die Erhöhung beträgt jährlich im Schnitt 2,9 %. Vor wie vielen Jahren wurde sie Rentnerin?
>
> $895 \cdot 1{,}029^x = 1261{,}27$
> $1{,}029^x \approx 1{,}41$
> $x = \log_{1{,}029} 1{,}41$
> $x = \frac{\log 1{,}41}{\log 1{,}029} \approx 12$ (Jahre)

Aufgaben zur Differenzierung

1 Übertrage und vervollständige die Wertetabellen so, dass folgende Wachstumsarten vorliegen.

Basis-Aufgaben

a) lineares Wachstum

x	0	1	2	3	4
f(x)	■	■	4	6	■

b) exponentielles Wachstum mit $f(x) = b^x$

x	0	1	2	3	4
f(x)	1	2	■	■	■

Vertiefende Aufgaben

a) lineares Wachstum

x	0	1	2	3	4
f(x)	■	■	1,0	■	1,6

b) exponentielles Wachstum mit $f(x) = b^x$

x	0	1	2	3	4
f(x)	■	■	144	■	■

2 In einer medizinischen Probe werden Keime festgestellt, deren Anzahl sich stündlich halbiert. Der Vorgang kann mit der Funktionsgleichung $f(x) = 1\,000 \cdot 0{,}5^x$ beschrieben werden.

a) Wie viele Keime waren zu Beginn vorhanden?
b) Gib an, wofür die Variable x steht.
c) Berechne die Anzahl der Keime in einer Wertetabelle für das Intervall $0 \leq x \leq 6$.
d) Stelle die Entwicklung grafisch dar.
e) Lies ab, wann ungefähr noch 100 Keime vorhanden sind.

Eine Patientin nimmt einmalig eine Menge von 15 mg eines Medikaments zu sich. Im Körper wird im Laufe eines Tages ein Viertel des Medikaments abgebaut.

a) Stelle die Funktionsgleichung auf.
b) Erstelle eine Wertetabelle für das Intervall $0 \leq x \leq 6$.
c) Stelle die Entwicklung grafisch dar.
d) Lies ab, wann nur noch ein Drittel des Medikaments im Körper nachzuweisen ist.
e) Nach welcher Zeitspanne ist das Medikament vollständig abgebaut? Begründe.

3

	Deutschland	Ukraine	Sudan	Niger
2016	82,52	42,42	39,58	20,67
2017	82,79	42,35	40,53	21,48

a) Die Tabelle zeigt Bevölkerungszahlen (in Mio.). Welches Land hat das größte Bevölkerungswachstum? Bestimme jeweils die Wachstumsrate und den Wachstumsfaktor.

b) Erstelle eine Prognose für die Bevölkerungszahl der Länder bei gleichbleibender Wachstumsrate nach 5 (10) Jahren.

b) Berechne mithilfe von Aufgabe a) die Einwohnerzahlen für das Jahr 2015 (2014).
c) Finde heraus, wann im Sudan mehr Menschen als in der Ukraine leben.

4 a) Stelle für die ersten vier Jahre die Formel für die Berechnung des Kapitals auf.
b) Violetta legt 2 200 € an. Berechne, ob sie sich nach vier Jahren einen Motorroller für 2 300 € kaufen kann.

Super-Sparbrief:
- 1 % Zinsen p.a. für 4 Jahre
- danach jährlich 0,25 % Zinsen

a) Oyan legt 4 150 € für fünf Jahre an. Berechne die Zinsen und das Endkapital.
b) Ibo meint: „Dann bekommt er im letzten Jahr nur ein Viertel der Zinsen wie in den vorangegangenen.“ Bewerte diese Aussage.

1 Bestimme jeweils die Wachstumsrate und den Wachstumsfaktor.

a) Raissa beginnt ihre Ausbildung als Polizistin. Im ersten Jahr verdient sie 1 255 €, im zweiten 1 658 €.

b) Die Zahl der Verkehrsunfälle mit Fahrrädern in Berlin nahm im letzten Jahr von 7 971 auf 6 590 ab.

2 In einem Fernsehquiz werden einem Kandidaten maximal zehn Fragen gestellt. Man kann zwischen zwei Optionen wählen. Bei einer falschen Antwort geht jeweils der ganze Gewinn verloren.

① Der Kandidat hat 100 € Startguthaben. Jede richtige Antwort verdoppelt das Guthaben.

② Jede richtige Antwort bringt 500 €.

a) Beschreibe das jeweilige Wachstum.

b) Berechne jeweils das Guthaben für eine bis zehn richtige Antworten.

c) Stelle beide Optionen grafisch dar und entscheide, ab welcher Antwort eine Option günstiger als die andere ist.

d) Wie würdest du dich entscheiden? Begründe.

3 Untersuche die Art des Wachstums. Gib ggf. den Summanden oder den Wachstumsfaktor und die Wachstumsrate an.

Tomaten	
Tage	cm
0	2
1	2,5
2	3
3	3,5

Wein	
Tage	cm
0	4,5
1	5,4
2	6,48
3	7,78

Wildrose	
Tage	cm
0	10
1	10,5
2	11,5
3	12,1

4 a) Gib jeweils die Funktionsgleichung an.

b) Erstelle dann eine Wertetabelle im Intervall $0 \leq x \leq 10$.

c) Zeichne den zugehörigen Graphen in einem geeigneten Ausschnitt.

① Ebru kauft einen Oldtimer für 45 000 €. Der Wert steigt jährlich um 7 %.

② Sabine hat schon 40 € gespart. Jeden Monat kommen 12,50 € dazu.

③ Kim nimmt 20 mg eines Medikaments. Täglich werden im Körper 10 % abgebaut.

④ Der Tank eines Autos enthält 50 l Benzin, pro 100 km werden 6 l verbraucht.

5 Tim sitzt täglich acht Stunden am Smartphone. Um seine Noten zu verbessern, will er jede Woche 10 % weniger Zeit für die Nutzung aufwenden.

a) Stelle die Funktionsgleichung auf.

b) Erstelle eine Wertetabelle für $0 \leq x \leq 10$ und zeichne den Graphen.

c) Berechne, wie viel Zeit Tim nach drei Monaten am Smartphone verbringt.

d) Lies ab, wann sich die Nutzungsdauer im Vergleich zu Beginn halbiert hat.

e) Finde heraus, wann Tim unter einer Stunde täglich am Smartphone sitzt.

6 Zu Beginn einer Grippewelle wurden 144 800 Erkrankte von den Arztpraxen gemeldet; die durchschnittliche Infektionsrate pro Woche betrug 3,9 %. Zu Beginn der siebten Woche nahm die Zahl der Erkrankten langsam wieder ab.

a) Berechne die Anzahl der Erkrankten für die ersten sechs Wochen.

b) Berechne, wie viel Prozent der Berliner zum Ende der sechsten Woche Grippe hatten (Einwohnerzahl Berlin: 3,75 Mio.).

c) Berechne die Anzahl der Erkrankten eine Woche vor Beginn der Grippewelle.

7 Kayas Opa hat zu Kayas Geburt 8000 € auf einem Konto angelegt, das damals eine jährliche Verzinsung von 1,8 % hatte.

a) Berechne den Kontostand zu Kayas 10. (12., 16.) Geburtstag.

b) Der 18-jährige Kaya möchte später ein Jahr im Ausland studieren. Die Kosten betragen 12000 €. Finde heraus, wann er diesen Betrag auf dem Konto hätte.

8 Der 2 km^2 große Wannsee ist ein beliebter Ausflugsort. Eine Algenart bereitet jedoch Sorge: Sie bedeckt im Frühjahr eine Fläche von 1,5 m^2, die sich bei günstigen Bedingungen jede Woche verdoppelt.

a) Berechne die Größe der Fläche nach 5 (7; 10) Wochen.

b) Wenn die Algen ein $\frac{1}{16}$ der Fläche des Sees bedecken, muss eine Algensperre am Zufluss eingebaut werden. Schätze ab, wann das der Fall ist und überprüfe den Wert rechnerisch.

9 In diesem Januar startete die Youtuberin BeaBeauty mit ihrem neuen Beauty-Kanal und hatte sofort 50 Abonnenten. Monatlich rechnet sie mit einen Zuwachs von 7 %.

a) Berechne, wie viele Abonnenten BeaBeauty nach zwei Jahren hat.

b) Bea möchte 500 Abonnenten haben. Wann wird das soweit sein?

c) Nach welcher Zeit hätte Bea 500 Abonnenten, wenn die Zahl monatlich nur um 4 % (sogar um 9 %) wachsen würde?

d) Ein Kanal, der nur Tipps für Makeup gibt, hatte im Januar desselben Jahres noch 100 Abonnenten. Monatlich melden sich durchschnittlich drei Personen ab, während Beas Kanal um 7 % monatlich wächst. Bestimme grafisch, wann beide Kanäle ungefähr gleich viele Abonnenten haben.

10 Ein Freibad verzeichnet seit einigen Jahren Besucherrückgänge. Zu Beginn der Zählung besuchten nach Abschluss der Saison 53500 Gäste das Bad, ein Jahr später waren es nur noch 51895.

a) Bestimme Wachstumsrate und -faktor.

b) Berechne die Besucherzahlen bei gleichbleibender Abnahme für das Jahr vor der ersten Zählung (für fünf Jahre nach der ersten Zählung).

c) Wenn die Jahreseinnahmen durch Eintrittspreise (Erwachsene: 5,50 €) weniger als 200000 € betragen, ist das Bad nicht mehr rentabel und muss geschlossen werden. Wann könnte das soweit sein? Beurteile deine Lösung.

11 Berechne fehlende Größen. Runde geeignet.

	K_0 (€)	n (Jahre)	p %	K_n (€)
a)	10120	12	0,6 %	■
b)	■	3	0,35 %	4294,78
c)	750	1	■	758,25
d)	500	6	■	527,61
e)	2222	■	0,5 %	2324,01

12 Bestimme die fehlende Größe.

a) $\log_b 9 = 2$ b) $\log_b 64 = 3$

c) $\log_b 125 = 3$ d) $\log_b 81 = 2$

e) $\log_5 y = 3$ f) $\log_2 y = 4$

13 In einem Salat mit Mayonnaise befinden sich zu Beginn 30 Salmonellen. Bei 21 °C verdoppelt sich deren Anzahl innerhalb von 45 Minuten.

a) Berechne, wie viele Salmonellen nach 2 (3; 4) Stunden im Salat vorhanden sind.

b) Berechne, nach welcher Zeit der Salat nicht mehr verspeist werden sollte. Die minimale Infektionsdosis bei einem erwachsenen Menschen beträgt 10000 Salmonellen.

Er

1 Übertrage und ergänze die Tabelle zweimal, so dass einmal lineares und einmal exponentielles Wachstum vorliegt. Gib die Funktionsgleichungen an.

x	1	2	3	4	5
f(x)	10	50	■	■	■

2 Begründe mithilfe von Wachstumsfaktor und -rate, ob es sich um exponentielles Wachsen oder Abnehmen handelt. Gib auch den Startwert an.
a) $f(x) = 0{,}5 \cdot 2^x$ b) $f(x) = -2 \cdot \left(\frac{3}{4}\right)^x$ c) $f(x) = 1\,000 \cdot 0{,}25^x$

3 Nach ihrer Ausbildung erhält Mursel ein monatliches Gehalt von 1 820 €. Welches Angebots ihres Arbeitgebers sollte sie annehmen? Begründe rechnerisch.

4 Ein Zahnrad aus Stahl wird bei der Bearbeitung auf 850 °C erhitzt. Die Temperatur nimmt pro Stunde um 15 % ab.
a) Stelle die Funktionsgleichung auf.
b) Zeichne mithilfe einer Wertetabelle den Graphen im Intervall $0 \leq x \leq 10$ und lies ab, wann die Temperatur 500 °C (300 °C) beträgt.

5 a) Ein Start-Up-Unternehmen behauptet, jährlich ein Umsatzwachstum von 12 % zu erzielen. Lies den Startwert und den Wert nach einem Jahr ab und überprüfe.
b) Stelle die Funktionsgleichung auf.
c) Berechne den Umsatz des Unternehmens nach fünf Jahren und bewerte deine Lösung.

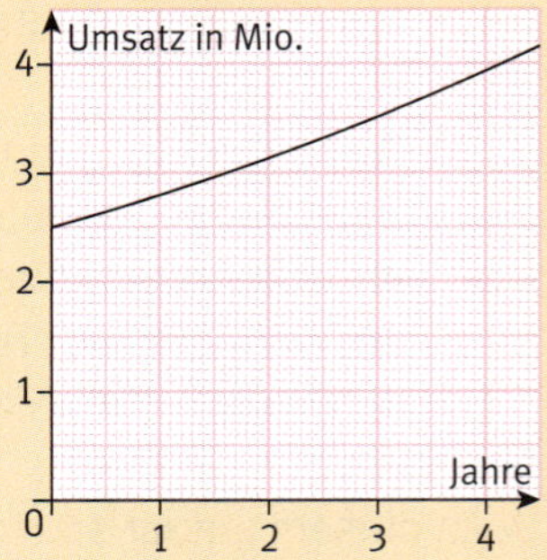

6 Anton wiegt 95 kg und will 20 kg abnehmen. Ein Fitness-Center verspricht bei regelmäßigem Training und Ernährungsumstellung, dass man monatlich 2 % des Gewichts verliert.
a) Berechne Antons Gewicht in den ersten vier Monaten des Programms.
b) Im fünften Monat pausiert Anton, weil er für die Abschlussprüfung lernen muss. Er nimmt wieder 2 kg zu. Finde heraus, wie lange Anton nun noch durchhalten muss, um sein Wunschgewicht zu erreichen.

Er

7 Familie Yilmaz findet in ihrem Keller eine Fläche von 0,8 m², die von Schimmel befallen ist. Täglich vergrößert sie sich um ein Fünftel. Berechne, nach wie vielen Tagen der Schimmelpilz die gesamte Wand (6 m²) bedecken wird.

8 Das radioaktive Isotop Cobalt 60 hat eine Halbwertszeit von ca. 5 Jahren.
a) Berechne, wie viel Masse von 80 g Cobalt 60 nach 10 (12) Jahren noch vorhanden ist. Wie viel Prozent der ursprünglichen Masse ist das jeweils?
b) Nach wie vielen Jahren sind noch 50 g vorhanden?

Klimaschutz und Mathematik

Die Technik entwickelt sich immer weiter: Smartphones gleichen Kleincomputern, 3D-Drucker ermöglichen es bald, Kleinfamilienhäuser auszudrucken und das digitale Netz wird immer leistungsfähiger. Andererseits reden wir über Klimawandel, Umweltverschmutzung und Artensterben.

Die Erde wird von einer gasförmigen Hülle, der Atmosphäre, umgeben. Sie enthält neben Stickstoff und Sauerstoff unter anderem Treibhausgase. Die meisten Sonnenstrahlen werden von der Erde zurück ins Weltall geworfen. Durch die Treibhausgase werden jedoch vermehrt Sonnenstrahlen in der Atmosphäre zurückgehalten und erwärmen sie dadurch. Wenn durch uns immer mehr Treibhausgase (vor allem Kohlenstoffdioxid CO_2) in die Atmosphäre gelangen, erwärmt sich die Erde immer stärker.

Die Abfallentsorgung gilt aufgrund der großen Mengen an Müll als eines der größten Umweltprobleme. Wir in Deutschland werfen jeder u. a. 25 kg Plastik in den Müll. Die Hälfte des Plastikmülls wird recycelt, aber auch große Teile ins Meer gespült. Eine Plastikflasche braucht im Meer rund 450 Jahre, um sich zu zersetzen. Restmüll wird fast komplett verbrannt. Das dabei entstehende CO_2 kann wiederum dem Klima schaden.

Die Menschheit steht an einem entscheidenden Punkt der Geschichte: Fossile Brennstoffe wie Kohle oder Erdöl sind endlich und schaden dem Klima. In der Zukunft müssen wir nicht nur Energie sparen, sondern sie auch umwelt- und klimafreundlich erzeugen. Umso bedeutsamer werden erneuerbaren Energien aus Sonne, Wind, Wasser und Biomasse. Diese sind weitestgehend klimaneutral und unbegrenzt vorhanden.

- Beschreibe, wie du dir dein Leben in 30 Jahren vorstellst.
- Diskutiert darüber, was man tun kann, damit alle Menschen auf der Welt am Fortschritt teilhaben können und gleichzeitig das Klima geschützt wird.
- Wie kann die Mathematik bei diesen Überlegungen helfen? Kann man die Zukunft „berechnen"? Was meinst du?

Proportionalität
Prozentrechnung
Daten und Diagramme
Antiproportionalität

1 Das Umweltbundesamt vergleicht die durchschnittlichen Emissionen verschiedener Verkehrsmittel.

Treibhausgasemissionen (in g pro Person pro km)	
PKW	147
Linienbus	80
Fahrrad	0
Reisebus	31
Tram, S- und U-Bahn	58
Flugzeug	230
Eisenbahn	32

a) Erkläre die geringeren Werte für den Bus gegenüber dem Auto.
b) Ermittle, wie viele kg Treibhausgase auf einer Autofahrt von 300 km ausgestoßen werden.
c) Welche Empfehlung könnte das Amt für Reisen geben? Erstelle aus den Angaben für Verkehrsmittel für den Fernverkehr eine Rangliste und ein Säulendiagramm mit sinnvoll gerundeten Werten.
d) Für das Flugzeug wurde angenommen, dass auf jedem Flug 75 % der verfügbaren Plätze besetzt sind. Bestimme den Zahlenwert, wenn man annimmt, dass auf jedem Flug 50 % (100 %) der Plätze besetzt sind.

Proportionalität

2 Familie Yilmaz (zwei Erwachsene und zwei Kinder) überlegt, ihr Auto aufzugeben und stattdessen öffentliche Verkehrsmitteln zu nutzen. Denn jährlich sind für das Auto 141 € Kraftfahrzeugsteuer, rund 400 € Werkstattkosten und vierteljährlich 128,25 € Versicherung zu zahlen. Für Parkgebühren plant der Vater monatlich 15 € ein. Die Familie legt im Jahr eine Fahrstrecke von ca. 18 000 km zurück. Das Auto verbraucht pro 100 km im Schnitt 6,3 Liter Benzin, das pro Liter im Schnitt 1,45 € kostet.

a) Stelle die pro Jahr anfallenden Kosten in einer Tabelle zusammen.
b) Vergleiche die jährlichen Kosten für das Auto mit denen des öffentlichen Nahverkehrs.
c) In die Entscheidung der Familie fließen neben den Kosten noch andere Überlegungen ein. Formuliere Pro- und Kontra-Argumente für die Nutzung öffentlicher Verkehrsmittel.

Preise für Jahrestickets	
Erwachsene	624 €
Schülerticket	310 €
Geschwisterticket*	120 €

* Anspruch, wenn bereits ein Geschwisterkind ein gültiges Schülerticket besitzt

Prozentrechnung
Wahrscheinlichkeit

3 a) In Berlin kommen auf 1 000 Einwohner 721 Fahrräder; in Kopenhagen wohnen ungefähr 520 000 Menschen, die insgesamt 560 000 Fahrräder besitzen. Vergleiche und interpretiere die Ergebnisse.

b) Kopenhagen gilt als eine der fahrradfreundlichsten Städte auf der Welt. Nur 16 % der Berliner, aber 50 % der Kopenhagener fahren täglich mit dem Fahrrad zur Arbeit. Berechne die Wahrscheinlichkeit, dass von drei zufällig ausgewählten arbeitenden Kopenhagenern (Berlinern) alle täglich mit Fahrrad zur Arbeit fahren. Vergleiche.

1 Die Tabelle zeigt, wie viel Müll pro Tag in Berlin entsorgt wird.

Müllart	Gewicht
Hausmüll	2269 t
Papier/Pappe	464 t
Gelbe Tonne	247 t
Biomüll	209 t
Sonstiges	527 t

a) Berechne die Anteile der Müllarten in Prozent und stelle die Angaben in einem Streifendiagramm dar. Runde sinnvoll.

b) Begründe, welche der folgenden Aussagen wahr ist.

Mehr als die Hälfte des anfallenden Mülls ist Hausmüll.

Etwa $\frac{1}{5}$ des Müllaufkommens entfällt auf Biomüll.

Rechnen mit Größen
Proportionalität
Prozentrechnung

2 Im Kindergarten soll die Müllmenge reduziert und Äpfel unverpackt gekauft werden. In der bisherigen Verpackung sind neun Äpfel. Die 234 Kinder bekommen im Jahresdurchschnitt einen Apfel in der Woche.

a) Bestimme, wie viele Verpackungen im Jahr maximal eingespart werden können.

b) Berechne die Größe der Pappschachtel und ermittle, wie viel Quadratmeter Pappe jährlich gespart werden kann (Maße in cm).

c) Für jede Verpackung werden 2400 cm^2 Folie benötigt. Berechne die Ersparnis in m^2.

d) Man schätzt, dass etwa ein Drittel des Plastikmülls in der Umwelt endet und sich dort in immer kleinere Partikel zersetzt. Sind diese maximal 5 mm^2 groß, spricht man von Mikroplastik. Berechne, wie viele Partikel aus der Folie entstanden wären. Gib dein Ergebnis auch in Zehnerpotenzschreibweise an.

Proportionalität
Oberflächeninhalt
Satz des Pythagoras
Zehnerpotenzen

3 Im Rahmen eines Projekts sammeln alle Kinder einer Grundschule in den Parks Plastikmüll in gelben und Restmüll in schwarzen Säcken.

a) Am Ende ihrer Müllsammelaktion haben sie zehnmal so viele gelbe Säcke wie schwarze Säcke gefüllt. Insgesamt waren es 55 Müllsäcke. Ermittle die Anzahl der gelben und der schwarzen Säcke.

b) Die gelben Säcke wogen im Durchschnitt 9 kg, die schwarzen Säcke 15 kg. Berechne das Gesamtgewicht an Müll, den die Kinder gesammelt haben.

c) Die ersten vier schwarzen Säcke werden gewogen. Berechne das Gewicht des fünften Müllsacks, wenn das durchschnittliche Gewicht genau 15 kg beträgt.

12,5	14,25	17,5	16

d) Pro Kilogramm Restmüll erhalten die Kinder 0,80 € von der Stadtverwaltung; der Elternbeirat legt 30 % dieses Betrags als Anerkennung oben drauf. Reicht der Betrag für die Anschaffung eines Basketballständers für den Schulhof (Kosten: 80 €)?

Lineare Gleichungssysteme
Kennwerte
Proportionalität
Prozentrechnung

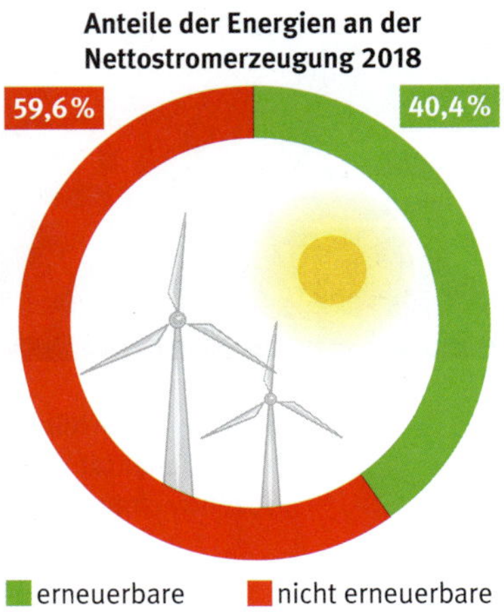

1 a) Im Jahr 2018 wurden durch nicht erneuerbare Energien ca. 390,4 TWh (Terawattstunden) Strom erzeugt. Berechne die insgesamt erzeugte Energiemenge.

b) Stelle in einem Kreisdiagramm sowohl den Anteil der nicht erneuerbaren Energien als auch den der erneuerbaren Energien in ihrer unterschiedlichen Zusammensetzung dar.

3,3 % Wasserkraft
8,3 % Biomasse
8,4 % Solar
20,4 % Windkraft

c) Die Bundesregierung möchte den Anteil der Windkraft auf 150 TWh, den von Biomasse und Solarenergie auf jeweils 70 TWh und den der Wasserkraft auf 25 TWh an der Gesamtenergiemenge erhöhen. Berechne jeweils die Differenz zur erzeugten Menge 2018.

Prozentrechnung
Diagramme
Rechnen mit Größen

2 Georg und Jasmin bauen ein Haus und planen eine Solaranlage auf dem Dach. Eine optimale Energiegewinnung erreicht man bei einer Dachneigung von 38° bis 43°.

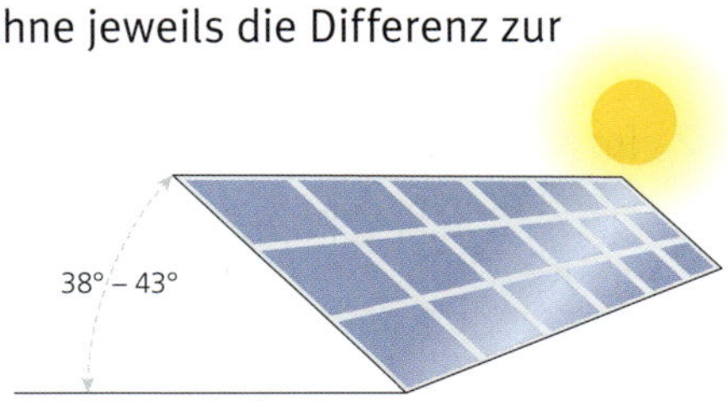

Satz des Pythagoras
Dreieckskonstruktionen
Trigonometrie
Flächeninhalt

a) Begründe, warum die Energieausbeute von der Neigung des Dachs abhängt.

b) Der Dachgiebel (gleichschenkliges Dreieck) hat eine Höhe von 2 m und unten eine Breite von insgesamt 7 m. Berechne die Länge der Dachschräge.

c) Konstruiere das Giebeldreieck in einem geeigneten Maßstab und beschrifte es. Bestimme den Neigungswinkel.

d) Berechne, wie hoch der Dachgiebel mindestens (höchstens) sein müsste, damit die geforderte Dachneigung erreicht wird.

e) Bestimme, wie viele Solarmodule (1,5 m x 1,5 m) maximal auf dem Dach montiert werden können. Die Länge des Dachs beträgt 12 m und es soll auf jeder Seite noch ein Dachfenster mit dem Maßen 2 m x 1,1 m eingebaut werden.

Lineare Funktionen

3 Georg und Jasmin vergleichen zwei Heizungssysteme.

Brennstoff	Baukosten	Jährliche Kosten
Erdgas	10 000 €	2 000 €
Holzpellets	16 000 €	1 250 €

a) Stelle für beide Varianten eine Funktionsgleichung auf und berechne damit jeweils die Gesamtkosten nach fünf Jahren.

b) Ermittle grafisch, in welchem Jahr die Gesamtkosten der beiden Heizungssysteme gleich sind.

c) Jasmin meint: „Nach 20 Jahren Nutzung sparen wir beim Heizen mit Holzpellets bereits 9 000 €.“ Überprüfe.

Volumen
Anteile

4 Die beiden haben sich für das Heizen mit Holzpellets entschieden. Dazu benötigen sie einen zylinderförmigen Tank, in dem die Holzpellets verbrannt werden. Der Tank ist 2,5 m hoch, der Radius beträgt 1,2 m. Er darf nur zu zwei Drittel gefüllt werden. Ermittle, wie viel Liter Brennstoff in den Tank passt.

1 Laura möchte sich für den Klimaschutz engagieren. Das Diagramm zeigt, wie sehr ein deutscher Durchschnittsbürger am Treibhausgasausstoß beteiligt ist. Das hätte Laura nicht gedacht und überdenkt ihr eigenes Verhalten. Sie möchte nun ihren eigenen Treibhausgasausstoß verringern und bindet auch ihre Familie ein.

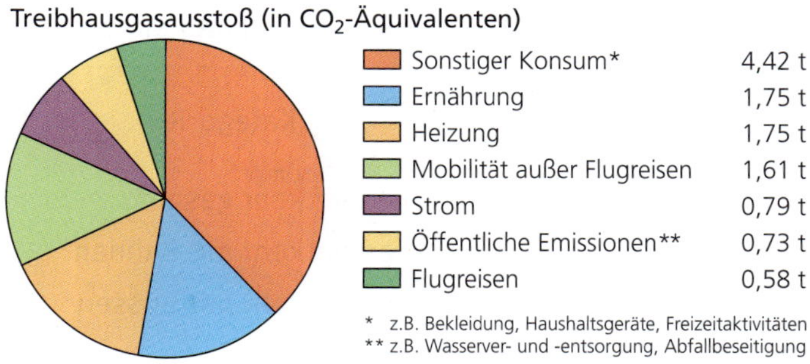

a) Sie beteiligen sich an einem Projekt, in dem Haushalte versuchen, klimafreundlicher zu leben, verzichten auf Flugreisen, stellen ihre Ernährung auf regionale Produkte um (– 0,67 t) und reparieren Möbel statt sie neu zu kaufen (– 1,25 t). Gib in Prozent an, wie der Treibhausgas-Ausstoß dadurch verringert werden konnte und mache weitere Vorschläge zu Sparmöglichkeiten.

Prozentrechnung
Statistik

b) In der Zeitung liest Laura, dass die beteiligten Haushalte durch ihre Maßnahmen bis zu 3,8 t pro Person sparen konnten. Berechne diese prozentuale Verringerung.

c) Der Zeitungartikel wurde mit diesem Diagramm veröffentlicht. Laura ist darüber nicht begeistert. Erkläre, woran das liegen könnte. Überlege, wie Laura wohl das Diagramm gestalten würde.

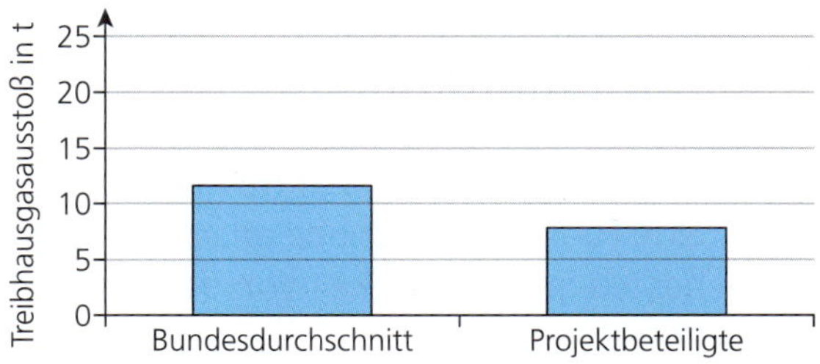

2 Laura macht in der Fußgängerzone eine Umfrage. Die Personen sollen auf einer Skala von 1 bis 5 angeben, wie wichtig ihnen Klimaschutz ist, selbst wenn sie mehr Geld ausgeben müssten.

5 (sehr wichtig)	*62 P.*
4 (eher wichtig)	*22 P.*
3 (egal)	*5 P.*
2 (weniger wichtig)	*4 P.*
1 (unwichtig)	*7 P.*

Diagramme
Kennwerte
Statistik

a) Begründe, warum sie die Umfrage nicht an ihrer Schule macht. Wie viele Personen wurden befragt?

b) Erstelle ein Säulendiagramm und gib den Modalwert an.

c) Laura ist sehr zufrieden mit ihrer Umfrage und fasst zusammen, dass 84 % der Deutschen den Klimaschutz für wichtig halten. Nimm Stellung dazu.

3 Tatsächlich sinkt der CO_2-Ausstoß in Deutschland.

a) Zeige, dass im dargestellten Zeitraum näherungsweise eine exponentielle Abnahme vorliegt.

b) Ermittle einen durchschnittlichen Wachstumsfaktor und damit, wie hoch der CO_2-Ausstoß bei gleichbleibendem Wachstumsfaktor im Jahr 2030 (2040, 2050) ist.

c) Recherchiere die Klimaziele der Bundesregierung und überlege, was das für die Familien bedeuten könnte.

Jahr	Ausstoß (in Mio. t CO_2-Äquivalenten)
2000	1045
2005	993
2010	943
2015	907

Exponentielle Wachstumsprozesse

1 a) Ergänze fehlende Angaben. Runde sinnvoll.

Kategorie	Beförderte Personen		Wachstumsrate
	2014	2019	
Fernverkehr gesamt	139,7 Mio.	213 Mio.	■
Fernverkehr mit Bahnen	■	151 Mio.	17 %
Fernverkehr mit Bussen	10,7 Mio.	■	480 %

b) Im öffentlichen Personennahverkehr sind die Zahlen erheblich höher. Die BVG in Berlin veröffentlichte 2019 die jeweilige Anzahl ihrer Fahrgäste. Für eine Broschüre sollen die Angaben als Kreisdiagramm dargestellt werden. Wandle die Angaben zunächst in Prozent um und berechne die Winkel der drei Kreisausschnitte. Runde geeignet.

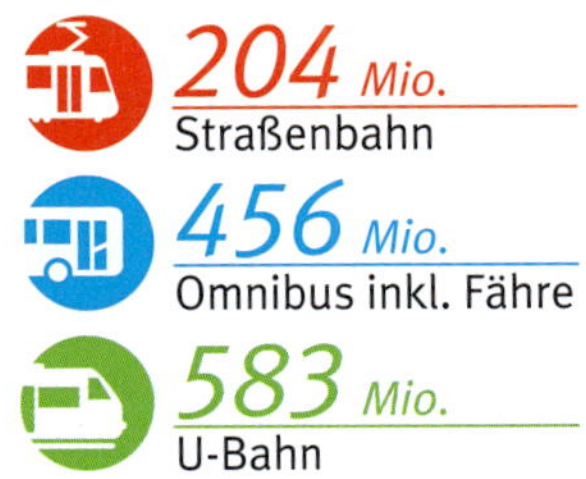

2 Auch Frau Reuter möchte auf das Auto verzichten und mit dem Zug zur Arbeit fahren. Sie arbeitet pro Monat 15 Tage.

a) Zunächst kauft sie immer Einzelfahrscheine zu je 16,80 €. Berechne die Kosten pro Jahr.

b) Dann vergleicht sie weitere Angebote. Gib jeweils eine Funktionsgleichung an, womit man die jährlichen Kosten in Abhängigkeit von der Anzahl der Fahrten berechnen kann.

c) Ermittle das für Frau Reuter beste Angebot und dazu die Anzahl der Fahrten

① ab der sich die Bahncard 25 im Vergleich zu Einzelfahrten lohnt.	② ab der sich die Bahncard 50 im Vergleich zur Bahncard 25 lohnt.

d) Berechne, wie viel Frau Reuter pro Jahr mindestens sparen kann.

e) Frau Reuter hat sich für die für sie beste Bahncard entschieden und macht mit der Bahn mit ihrem Freund und den zwei Kindern einen Ausflug. Die befreundeten Familien Bösner (2 Erwachsene, 3 Kinder) und Raab (3 Erwachsene, 1 Kind) zahlten für dieselbe Bahnfahrt jeweils 42 €. Berechne den Preis für einen Erwachsenen und ein Kind und damit die Kosten für Familie Reuter.

3 Im Rahmen eines Umweltprojekts wird eine Jahrgangsstufe mit 125 Schülern befragt, ob und wie sie sich umweltbewusst verhalten. 76 % gaben an, sie seien umweltbewusst, $\frac{1}{5}$ davon setzen sich auch aktiv für die Umwelt ein.

a) Gib die Anzahl der Schüler an, die sich aktiv umweltbewusst verhalten.

b) Stelle den Sachverhalt als Baumdiagramm dar.

c) Bestimme die Wahrscheinlichkeit, dass man aus der gesamten Gruppe zufällig einen Schüler trifft, der sich als „nicht umweltbewusst" („aktiv umweltbewusst") bezeichnet.

d) Es werden aus der gesamten Gruppe drei Schüler zufällig ausgewählt. Berechne die Wahrscheinlichkeit, dass aus dieser Auswahl mindestens ein „aktiv umweltbewusster" Schüler dabei ist.

4 Familie Klein aus Brandenburg legt auf ihrem Grundstück ein Blumen- und Gemüsefeld an, um mit eigenem Gemüse zu kochen.

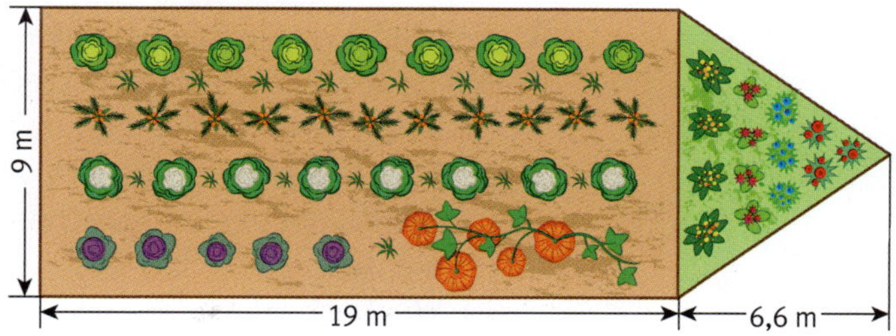

a) Berechne die Gesamtfläche des Feldes.
b) Die Erde muss zuvor durch neue ersetzt werden. Dazu wird eine 32 cm hohe Schicht abgetragen. Berechne die Masse dieser Erdschicht (Dichte Universalblumenerde: ca. 500 kg/m^3).
c) Die Erde soll mit Containern abtransportiert werden. Die Familie wählt zwei Container der Größe A und jeweils einen der Größe B und C aus. Berechne den Gesamtpreis. Nenne eine kostengünstigere Variante und berechne, wie viel Euro man spart.

Container	Volumen	Preis
A	10 m^3	490 €
B	20 m^3	690 €
C	30 m^3	890 €

d) Um das Feld wird ein niedriger Zaun aufgestellt. Berechne dessen Länge.

5 Eine große Mehrheit der Bevölkerung in Deutschland befürwortet die Windenergienutzung. Einige Bürger haben jedoch Bedenken, wenn ein Windrad in ihrer unmittelbaren Nachbarschaft aufgestellt wird.

a) Die sich drehenden und bis zu 85 m langen Rotorblätter eines Windrads beschreiben eine Kreisfläche. Bestimme den Durchmesser und die Größe der maximalen Kreisfläche.
b) Ein Spaziergänger steht 500 m von einem Windrad entfernt und sieht die Turmspitze unter einem Winkel von 18° (Augenhöhe: 1,80 m). Fertige eine Skizze an und berechne die Höhe des Turms.
c) Windräder sollten mindestens 1 000 m von Wohnhäusern entfernt sein. Das Windrad am Standort A erfüllt diese Bedingung. Überprüfe, ob der Abstand auch beim Standort B erfüllt wurde.

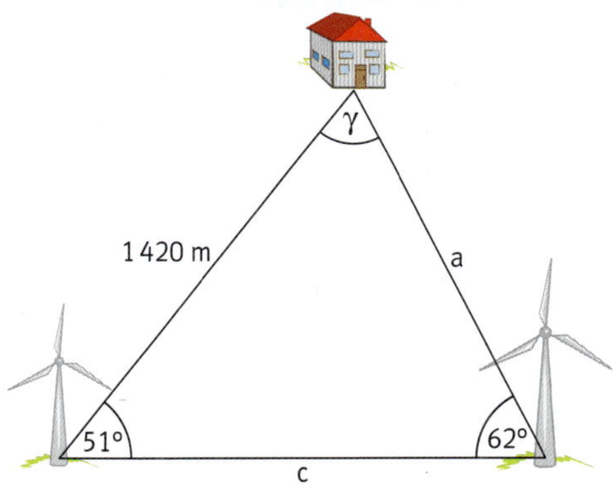

d) Der Anteil der erneuerbaren Energien an der Stromversorgung in Deutschland wuchs von 2013 bis 2018 durchschnittlich jährlich um 5,5 %. Stelle eine Funktionsgleichung auf, mit der man für jedes Jahr die erzeugte Energiemenge berechnen kann und vervollständige die Tabelle.

Jahr	2013	2014	2015	2018
erzeugte Energiemenge (TWh)	152,4	■	■	■

e) Berechne die in Aufgabe d) ermittelten Energiemengen in Kilowattstunden (KWh). Gib alle Ergebnisse in Zehnerpotenzschreibweise an; eine Terawattstunde entspricht einer Milliarde Kilowattstunden.

1 Seit 1950 wurden global etwa 8,3 Milliarden Tonnen Plastik erzeugt.

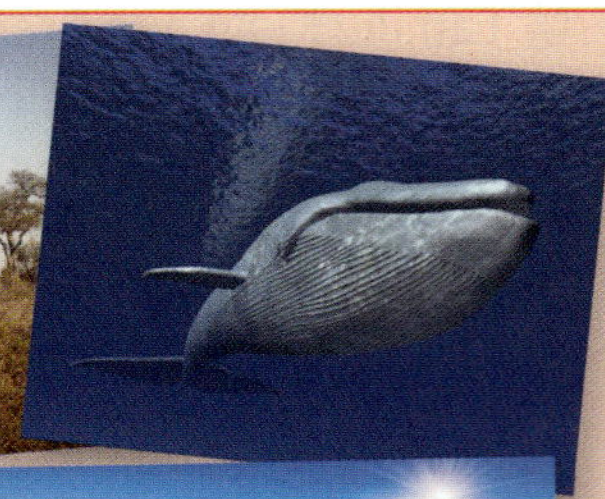

a) Vergleiche, wie viele Blauwale bzw. männliche Elefanten dieser Müllmenge entsprechen würden.

b) Wie hoch stände die Menge an Plastik, wenn man sie auf Berlin ausschütten würde? Nimm für die Dichte von Kunststoff einen Wert von 1 200 kg/m^3 an.

Recherchiere benötigte Angaben im Internet.

2 Stelle dir vor, man häuft angefallenen Müll auf einen kegelförmigen Berg.

a) Wie hoch wäre der kegelförmige Berg, wenn man den Müll, der an deiner Schule in einem Jahr anfällt, auf dem Schulhof sammelt?

b) Wie hoch wäre der Müllberg an Hausmüll in Berlin (deiner Heimatstadt)?

3 Jeder Einwohner Deutschlands verbraucht im Haushalt jede Menge sauberes Trinkwasser; täglich 35 Liter allein durch die Betätigung der Toilettenspülung. Dabei gibt es Spülkasten mit Kurzspülung.

a) Wie viel Liter Wasser könnte so ein 4-Personen-Haushalt (alle Einwohner Berlins/Deutschlands) pro Jahr sparen?

b) Wie viele Personen müssten einen Spülkasten mit Kurzspülung einbauen, damit die jährlich gesparte Wassermenge dem Pro-Kopf-Verbrauch in Äthiopien von 106 000 Litern entspricht?

4 Aktuell wachsen rund 3 Billionen Bäume auf der Erde, allerdings werden die Baumbestände immer kleiner. 2018 wurden etwa 15 Millionen Fichten gefällt, nur um Papier zu gewinnen; für 1 kg Papier benötigt man 2,2 kg Holz.

a) Berechne die Masse eines 500-Blatt-Pakets.

b) Wie viel kg Papier verbraucht deine Klasse (Schule) jährlich?

c) Stell dir vor, deine Klasse (Schule) verzichtet das ganze Jahr auf Papier. Überprüfe, wie vielen Fichten die eingesparte Menge entsprechen würde.

Funktionen und ihre Eigenschaften

Das ist Max:
Er spielt und schaut gerne Fußball, fährt Fahrrad, schaut gern Serien in Streamingdiensten, möchte demnächst mit seiner Freundin nach London reisen, um Riesenrad zu fahren und will eine Ausbildung als Einzelhandelskaufmann in einem Sportgeschäft machen.

Max

- Welche Fragen könnte Max sich in den abgebildeten Situationen stellen, die man mithilfe von Mathematik lösen kann?
- Entdecke in den dargestellten Situationen funktionale Zusammenhänge. Überlege, welche Größen einander zugeordnet werden können.
- Welche Darstellungen zur Beschreibung funktionaler Zusammenhänge kennst du?

Lineare und einfache quadratische Funktionen

Lineare Funktionen darstellen

1 Gegeben ist jeweils eine Darstellung einer Funktion. Übertrage diese und ergänze die jeweils fehlenden anderen Darstellungsformen: (A) Funktionsgleichung, (B) Wertetabelle, (C) verbale Beschreibung, (D) Graph.

a) $f(x) = 3x + 1$

b) Von der Hälfte einer Zahl wird 5 subtrahiert.

c) Jeder Zahl wird ihre Quadratzahl zugeordnet.

d)

x	−2	−1	0	1	2
y	−2	0	2	4	6

e)

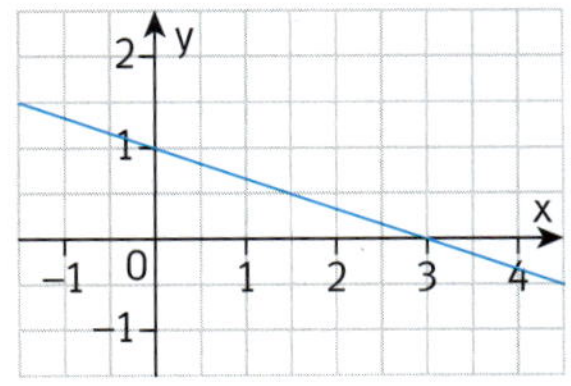

Funktionsgleichungen aufstellen

2 Stelle jeweils die Funktionsgleichung einer linearen Funktion auf.

a) Der Graph verläuft durch die Punkte A (0 | 1) und B (1 | 5).

b) Der Graph hat die Steigung m = −3 und verläuft durch P (2 | 4).

Lineare und einfache quadratische Funktionen untersuchen

3 Berechne die fehlenden Koordinaten der Punkte A bis D.

a) A (1 | ■) und B(■ | −15) liegen auf dem Graphen von $f(x) = -4x + 1$.

b) C (3,1 | ■) und D(■ | 5,76) liegen auf der Normalparabel.

4 Untersuche die linearen Funktionen $f(x) = -0{,}5x + 2$ und $g(x) = 1{,}5x - 2$.

a) Überprüfe, ob der Punkt P (6 | −1) auf einer der beiden Geraden liegt.

b) Berechne die Nullstellen der Funktionen und den Schnittpunkt S der beiden Geraden. Überprüfe deine Ergebnisse grafisch.

c) Eine dritte Gerade verläuft durch den Punkt Q (4 | 2) und den Schnittpunkt S von f und g. Ermittle die zugehörige Funktionsgleichung h(x).

5 Der Graph der linearen Funktion $f(x) = x + 2$ schneidet die Normalparabel in den Punkten A und B. Ermittle die Koordinaten von A und B.

Bei linearen Funktionen der Form $f(x) = mx + n$ gibt m die Steigung und n den y-Achsenabschnitt an. Der Graph ist eine Gerade. Wenn zwei beliebige Punkte P (a | f(a)) und Q (b | f(b)) auf der Geraden bekannt sind, lässt sich die Funktionsgleichung rechnerisch bestimmen:

① Für m gilt: $m = \frac{f(b) - f(a)}{b - a}$

② Hat man m bestimmt, lässt sich n berechnen, indem man die Koordinaten von P oder Q in die Funktionsgleichung $f(x) = mx + n$ einsetzt.

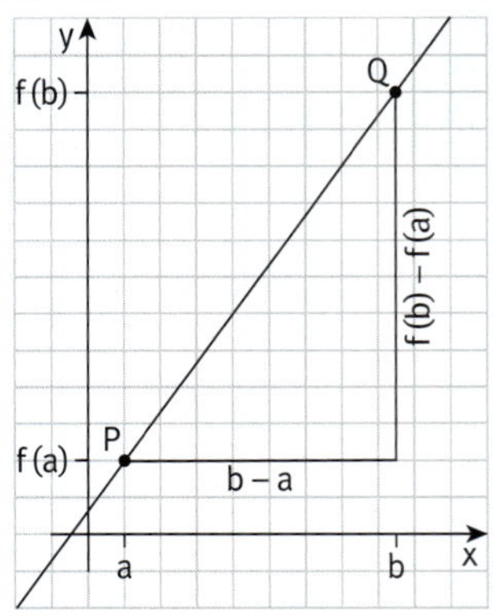

Die Zahl x_0 ist Nullstelle der Funktion, wenn $f(x_0) = 0$ gilt. Gemeinsame Punkte verschiedener Graphen (Schnittpunkte) kann man wie Nullstellen grafisch oder rechnerisch bestimmen.

Die Graphen quadratischer Funktionen sind Parabeln; die einfachste quadratische Funktion hat die Gleichung $f(x) = x^2$. Ihr Graph heißt Normalparabel.

Binomische Formeln

Binomische Formeln anwenden

6 Wende die binomischen Formeln in beide Richtungen an.

a) $(2x - 4)^2$ b) $(\frac{1}{2}y + 2{,}5) \cdot (\frac{1}{2}y - 2{,}5)$ c) $(3{,}5 + 5z)^2$
d) $x^2 + 22x + 121$ e) $25 - y^2$ f) $a^2 - 26a + 169$

> Die binomischen Formeln vereinfachen die Multiplikation von Summen, hierbei gilt:
> ① $(a + b)^2 = a^2 + 2ab + b^2$
> ② $(a - b)^2 = a^2 - 2ab + b^2$
> ③ $(a - b) \cdot (a + b) = a^2 - b^2$

Potenzen

Mit Potenzen rechnen

7 Ergänze Basis bzw. Exponent.

a) $128 = \blacksquare^7$ b) $1\,000\,000 = 10^{\blacksquare}$ c) $256 = (-4)^{\blacksquare}$
d) $\frac{1}{32} = 2^{\blacksquare}$ e) $\frac{1}{25} = \blacksquare^{-2}$ f) $\frac{25}{49} = \blacksquare^2$

8 Berechne.

a) -2^4 b) 2^{-4} c) $(-3)^2$ d) $(-3)^{-2}$ e) $-(\frac{3}{4})^2 \cdot (-\frac{2}{3})^3$ f) $(\frac{1}{2})^{-3} : (-2)^3$

> Produkte aus lauter gleichen Faktoren a kann man als Potenz schreiben. Dabei gilt für $a \in \mathbb{Q}$ als Basis:
> $$a^n = \underbrace{a \cdot a \cdot \ldots \cdot a}_{\text{n Faktoren}}$$
> Weiterhin gilt:
> $a^1 = a$
> $a^0 = 1 \ (a \neq 0)$
> $a^{-n} = \frac{1}{a^n} \ (a \neq 0)$

Sinus und Kosinus im rechtwinkligen Dreieck

Seitenlängen und Winkel im rechtwinkligen Dreieck berechnen

9 Das Dreieck ist wie im Merkkasten benannt. Berechne fehlende Größen.

a) $\alpha = 40°$; $a = 5$ cm b) $a = 2{,}5$ m; $\beta = 50°$ c) $b = 5$ cm; $c = 7$ cm

> In jedem rechtwinkligen Dreieck gilt:
> - Sinus eines Winkels = $\frac{\text{Länge Gegenkathete}}{\text{Länge Hypotenuse}}$
> - Kosinus eines Winkels = $\frac{\text{Länge Ankathete}}{\text{Länge Hypotenuse}}$

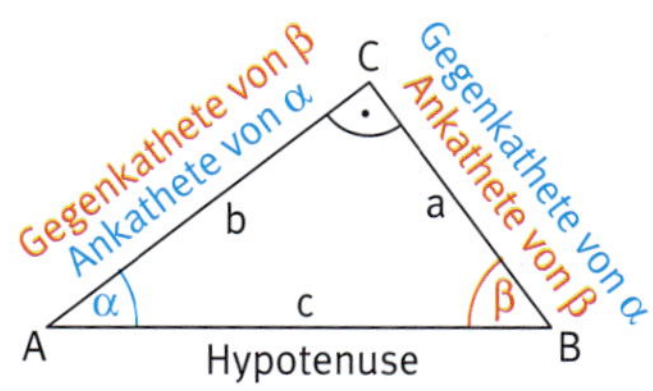

Wachstumsprozesse

Wachstumsprozesse untersuchen

10 Bestimme jeweils die prozentuale Zu- oder Abnahme.

a) $1{,}10^x$ b) $0{,}993^y$ c) $2000\,€ \cdot 1{,}03^n$ d) $750\text{ mg} \cdot 0{,}50^t$

11 Stelle jeweils die Funktionsgleichung auf (x gibt die Anzahl der Tage an) und berechne den jeweiligen Endwert für x = 3 (7; 12) Tage.

a) Startwert: 0,5 g; 3,5 % Wachstum b) Startwert: 122 mg; 1 % Abnahme

> Bei einer Zu- oder Abnahme mit konstanter prozentualer Wachstumsrate p % liegt exponentielles Wachstum mit dem Wachstumsfaktor $b = 1 \pm p\,\%$, dem Startwert a und der Funktionsgleichung $f(x) = a \cdot b^x$ vor.

Quadratische Funktionen vertiefen

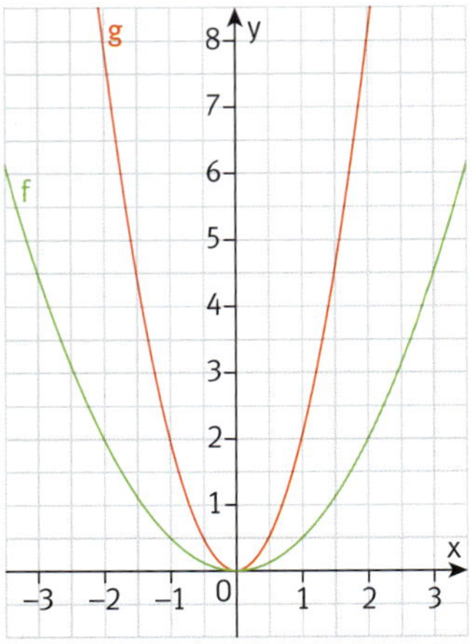

1 a) Max untersucht Graphen quadratischer Funktionen. Begründe seine Aussage, indem du die Funktionswerte von f und g für $x \in \{-2; -1; 0; 1; 2\}$ abliest. Gib die Funktionsgleichungen von f(x) und g(x) an.

b) Übertrage die Graphen und ergänze die Normalparabel. Vergleiche.

c) Ergänze im selben Koordinatensystem die Graphen zu $h(x) = ax^2$ für $a \in \{-2; -1; -\frac{1}{2}\}$ und beschreibe sie.

d) Markiere die Bereiche, in denen die Graphen steigen oder fallen farbig. Für welche x-Werte ist das jeweils der Fall?

e) Gib die Zahlenbereiche an, in denen die x- und y-Werte der Graphen liegen.

f) Überlege, welche weiteren Eigenschaften Parabeln haben können.

Quadratische Funktionen der Form $f(x) = ax^2$ $(a, x \in \mathbb{R};\ a \neq 0)$

Quadratische Funktionen der Form $\mathbf{f(x) = ax^2}$ beschreiben Parabeln, deren Scheitelpunkt im Ursprung liegt. Sie sind entweder nach oben oder unten geöffnet, gestreckt oder gestaucht und achsensymmetrisch zur y-Achse (x = 0).

Der **Definitionsbereich** $\mathbb{D}$ ist die Menge aller x-Werte, die man einsetzen darf. Der **Wertebereich** $\mathbb{W}$ ist die Menge aller Werte, die als Funktionswerte y = f(x) auftreten. Für die **Monotonie (den Verlauf)** betrachtet man die Bereiche, in denen ein Graph fällt oder steigt.

Eigenschaften (Steckbrief) der Funktion $f(x) = 2x^2$:

$\mathbb{D}$ / $\mathbb{W}$	Scheitelpunkt	Monotonie		Form der Parabel	Symmetrie
$\mathbb{D} = \mathbb{R}$ $\mathbb{W} = \mathbb{R}$ mit $f(x) \geq 0$ ($\mathbb{W} = \mathbb{R}_0^+$)	S (0|0) Tiefpunkt	für x < 0: monoton fallend	für x > 0: monoton steigend	nach oben geöffnet gestreckt	achsensymmetrisch zur y-Achse

Quadratische Funktionen der Form $f(x) = ax^2 + e$ $(a, e, x \in \mathbb{R};\ a \neq 0)$

2 a) Ordne jedem Graphen die entsprechende Funktionsgleichung zu.

$f_1(x) = x^2 - 1$ $\qquad$ $f_2(x) = -x^2 + 2$

$f_3(x) = -1{,}5x^2 - 0{,}5$ $\qquad$ $f_4(x) = \frac{1}{2}x^2 - 5$

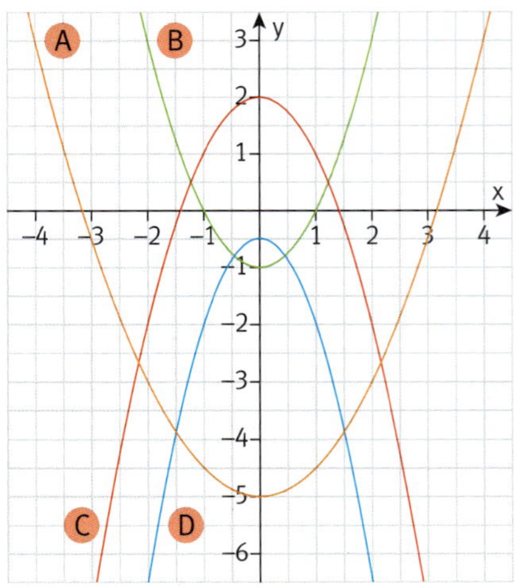

b) Übertrage und ergänze die Überlegungen:

> Die Addition eines Parameters ▇ zur quadratischen Funktion $f_1(x) = ax^2$ bewirkt eine Verschiebung des Graphen um e Einheiten entlang der ▇-Achse. Die Parabel zu $f(x) = ax^2 + e$ hat den Scheitelpunkt S (▇|▇).

c) Erstelle für die Funktionen aus a) einen tabellarischen Steckbrief wie im Merkkasten. Ergänze die Kategorie „Lage der Parabel“.

1 Dargestellt sind die Graphen quadratischer Funktionen in der Scheitelpunktform $f(x) = (x + d)^2 + e$ im Vergleich zur Normalparabel.

a) Gib die Koordinaten der Scheitelpunkte an.

b) Erkläre den Begriff „Scheitelpunktform einer quadratischen Funktion“.

c) Gib weitere Funktionen in der Scheitelpunktform so an, dass die Scheitelpunkte im I. (II., III., IV.) Quadranten liegen.

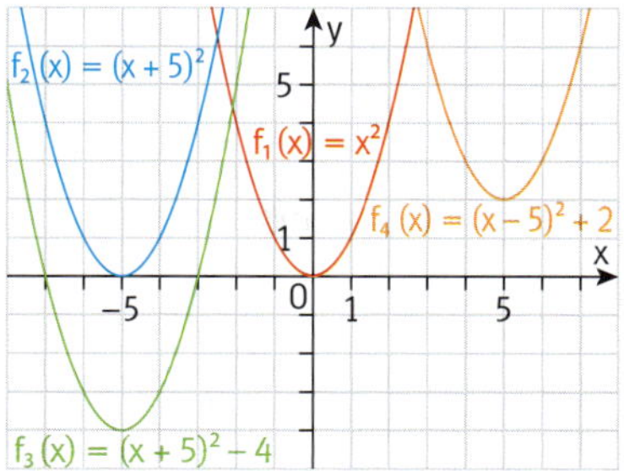

Die Funktionsgleichung $\mathbf{f(x) = (x + d)^2 + e}$ bzw. $\mathbf{f(x) = a(x + d)^2 + e}$ heißt **Scheitelpunktform einer quadratischen Funktion.** Die verschobenen Parabeln haben den Scheitelpunkt S (−d | e) und sind achsensymmetrisch zur Symmetrieachse $x = -d$. Dabei gilt:

Verschiebung der Parabel um d Einheiten entlang der x-Achse für
- $d > 0$ nach links
- $d < 0$ nach rechts

Verschiebung der Parabel um e Einheiten entlang der y-Achse für
- $e > 0$ nach oben
- $e < 0$ nach unten

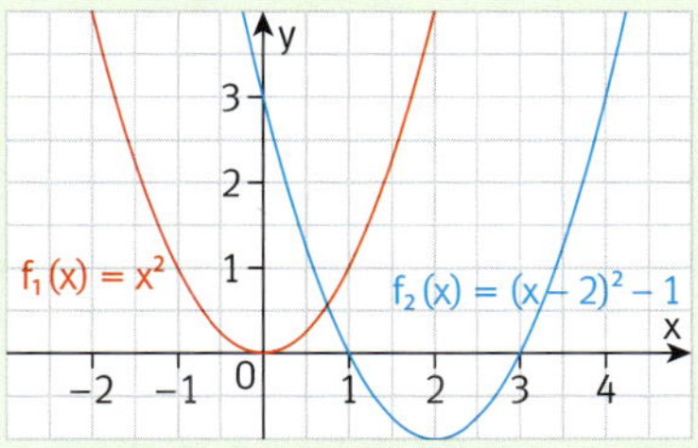

Eigenschaften der Funktion $f_2(x) = (x - 2)^2 - 1$:
- $\mathbb{D} = \mathbb{R}$; $\mathbb{W} = \mathbb{R}$ mit $f(x) \geq -1$
- S (2|−1); Tiefpunkt
- monoton fallend (steigend) für $x < 2$ $(x > 2)$
- Normalparabel verschoben um 2 Einheiten nach rechts und um 1 Einheit nach unten
- Symmetrieachse: $x = 2$

Scheitelpunktform einer quadratischen Funktion
($a, d, e, x \in \mathbb{R}$; $a \neq 0$)

2 a) Ordne jedem Graphen die Funktionsgleichung zu. Begründe.

$f_1(x) = (x + 4)^2 + 1$ $f_2(x) = x^2 - 3$
$f_3(x) = -(x - 1)^2 + 4$ $f_4(x) = (x - 6)^2$
$f_5(x) = -(x + 2)^2 + 2$

b) Untersuche, in welchen Intervallen die Graphen jeweils monoton fallen bzw. steigen.

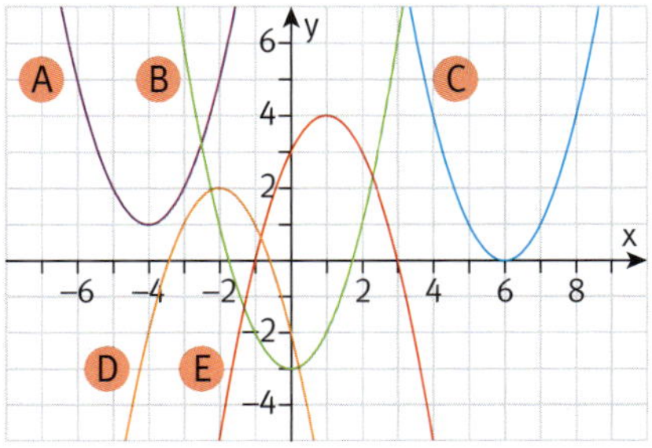

3 Gib die Koordinaten des Scheitelpunkts und den Wertebereich an.
Zeichne dann die Graphen mit Symmetrieachse in einem geeigneten Intervall

a) $f(x) = (x - 3)^2 - 4$ b) $f(x) = (x - 5)^2$ c) $f(x) = -\frac{1}{3}(x - 1)^2 + 3$ d) $f(x) = \frac{1}{10}x^2 + 1$

Du kannst eine Zeichenschablone benutzen.

4 a) Von zwei verschobenen Normalparabeln sind die Scheitelpunkte $S_1(2|5)$ $S_2(-7|0)$ bekannt. Gib die Funktionsgleichungen f_1 und f_2 an.

b) Der Punkt P (2|4) liegt auf der Parabel mit $f(x) = ax^2 + 2$. Bestimme a, indem du die Koordinaten von P in die Funktionsgleichung einsetzt.

c) Der Punkt Q (1|6) liegt auf der gestreckten Parabel mit dem Scheitelpunkt S (−3|2). Stelle mithilfe der Scheitelpunktform die Funktionsgleichung auf.

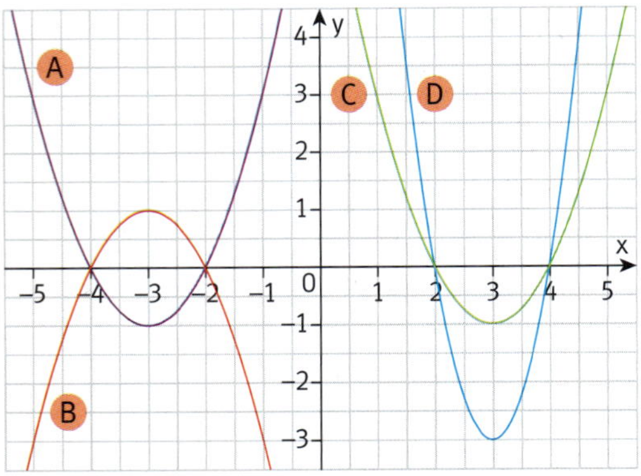

1 a) Gib die Funktionsgleichungen zu den vier Graphen in der Scheitelpunktform an.
b) Lies jeweils die Nullstellen ab.
c) Ordne jeder Funktionsgleichung aus a) eine der folgenden vier Gleichungen zu. Begründe.

$f_1(x) = x^2 + 6x + 8$	$f_2(x) = 3x^2 - 18x + 24$
$f_3(x) = -x^2 - 6x - 8$	$f_4(x) = x^2 - 6x + 8$

d) Überprüfe die Nullstellen rechnerisch mit der p-q-Formel aus dem Merkkasten.

Normalform und allgemeine Form einer quadratischen Funktion
p-q-Formel
($p, q, x \in \mathbb{R}$)
($a, d, e, x \in \mathbb{R}$; $a \neq 0$)

Quadratische Funktionen in der Scheitelpunktform $f(x) = (x + d)^2 + e$ wandelt man mithilfe der binomischen Formeln in die **Normalform $f(x) = x^2 + px + q$** um. Multipliziert man die Scheitelpunktform $f(x) = a(x + d)^2 + e$ aus, so erhält man die **allgemeine Form $f(x) = ax^2 + bx + c$.**

Zur Bestimmung der Nullstellen einer quadratischen Funktion löst man die quadratische Gleichung der Form $x^2 + px + q = 0$ (Normalform) mithilfe der **p-q-Formel:**

$$x_{1/2} = -\frac{p}{2} \pm \sqrt{\left(\frac{p}{2}\right)^2 - q}$$

$$f(x) = 0{,}5x^2 - 4x + 6$$
$$0 = 0{,}5x^2 - 4x + 6 \quad |:0{,}5$$
$$0 = x^2 - 8x + 12 \quad (p = -8;\ q = 12)$$
$$x_{1/2} = -\left(-\frac{8}{2}\right) \pm \sqrt{\left(-\frac{8}{2}\right)^2 - 12}$$
$$x_1 = 6;\ x_2 = 2$$

Achtung! Beim Ausmultiplizieren der Scheitelpunktform in die Normalform oder allgemeine Form werden die Parameter umbenannt.

2 a) Berechne die Nullstellen der Funktionen f und g.
b) Berechne die fehlenden x-Koordinaten, indem du die y-Koordinate in die Funktionsgleichung einsetzt und die quadratische Gleichung löst.

① $f(x) = x^2 - 16x + 60$	A (■ | 12)	B (■ | –4)	C (■ | 32)
② $g(x) = \frac{3}{4}x^2 + 1{,}5x - 2{,}25$	D (■ | 9)	E (■ | –3)	F (■ | 24)

3 a) Gib jeweils die Koordinaten des Scheitelpunkts an.
① $f(x) = (x + 1)^2 + 2$ ② $f(x) = 2(x + 5)^2 - 8$ ③ $f(x) = -\frac{1}{5}(x - 5)^2$
b) Forme die Funktionsgleichung in die Normalform um und berechne, falls vorhanden, die Nullstellen. Überprüfe deine Lösung zeichnerisch mit einem geeigneten Koordinatensystem.

4 a) Bestimme die Funktionsgleichung in Scheitelpunkt- und Normalform.
b) Erstelle einen tabellarischen Steckbrief der Funktion mit folgenden Eigenschaften.

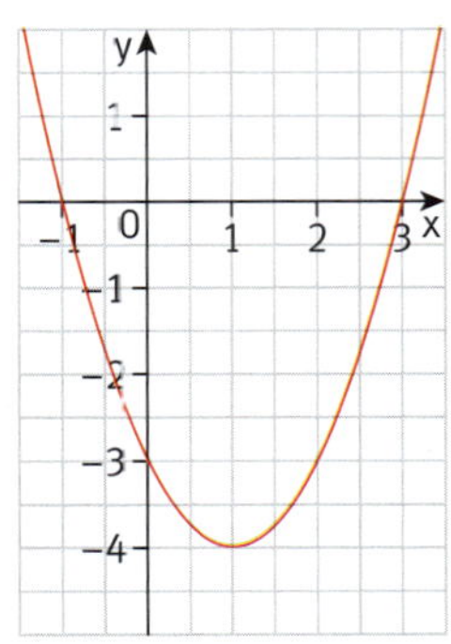

- *Definitionsbereich $\mathbb{D}$*
- *Wertebereich $\mathbb{W}$*
- *Scheitelpunkt*
- *Lage/Form der Parabel*
- *Monotonie*
- *Symmetrie*
- *Nullstellen*
- *Schnittpunkt mit y-Achse*

1 Max soll den Scheitelpunkt der Funktion $f(x) = x^2 - 4x - 3$ bestimmen. Er löst die Aufgabe zeichnerisch und liest S (2|−7) ab.

a) Überprüfe seine Lösung. Erstelle dazu eine Wertetabelle.

b) Für die Ermittlung der Scheitelpunktform muss man die binomische Formel „umgekehrt“ anwenden. Hierzu fügt man die quadratische Ergänzung ein:

Verfahren (allgemein):		Beispiel:
$f(x) = x^2 + px + q$	Normalform	$f(x) = x^2 + 6x + 1$
$f(x) = x^2 + px + \left(\frac{p}{2}\right)^2 - \left(\frac{p}{2}\right)^2 + q$	quadrat. Ergänzung	$f(x) = x^2 + 6x + ■ - ■ + 1$
$f(x) = \left(x + \frac{p}{2}\right)^2 - \left(\frac{p}{2}\right)^2 + q$	binomische Formel	$f(x) = (x + ■)^2 - ■ + 1$
$f(x) = (x + d)^2 + e$	Vereinfachung	$f(x) = (x + ■)^2 - ■$

① Begründe, warum man das Verfahren wohl so nennt. Erkläre, weshalb der Term $\left(\frac{p}{2}\right)^2$ zunächst addiert und dann wieder subtrahiert wird.

② Übertrage das Verfahren und vervollständige das Beispiel. Gib die Koordinaten des Scheitelpunkts an.

Das Zeichnen dauert zu lange. Es wäre doch besser, ich könnte die Scheitelpunktform benutzen.

Quadratische Ergänzung

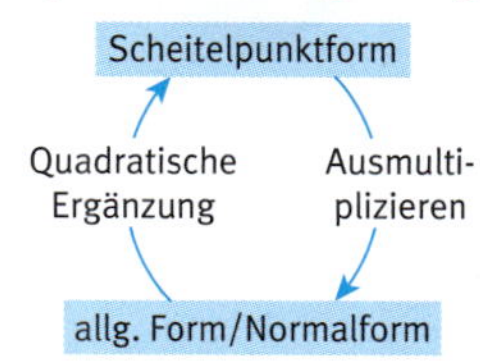

2 Überprüfe die Koordinaten des Scheitelpunkts aus Aufgabe 1 rechnerisch.

3 Ermittle rechnerisch die Koordinaten des Scheitelpunkts der Parabel.

a) $f(x) = x^2 - 4x$ b) $f(x) = x^2 + 2x + 1$ c) $f(x) = x^2 - 6x + 7$

d) $f(x) = x^2 + 3x - 0{,}75$ e) $f(x) = x^2 - 2x - 1$ f) $f(x) = x^2 - 6x + 3$

Du kannst deine Lösungen, auch auf den Folgeseiten, mit einem geeigneten Computerprogramm überprüfen.

4 Ermittle die Koordinaten des Scheitelpunkts wie im Beispiel. Gib zusätzlich die Gleichung der Symmetrieachse und den Wertebereich an.

$f(x) = 0{,}5x^2 - 2x - 3$
$= 0{,}5 \cdot (x^2 - 4x - 6)$
$= 0{,}5 \cdot (x^2 - 4x + 4 - 4 - 6)$
$= 0{,}5 \cdot ((x - 2)^2 - 10)$
$= 0{,}5 \cdot (x - 2)^2 - 5$

Scheitelpunkt: S(2|−5)

Symmetrieachse: x = 2

Wertebereich: $\mathbb{W} = \mathbb{R}$ mit $f(x) \geq -5$

a) $f(x) = 3x^2 - 30x + 70$

b) $f(x) = -4x^2 + 16x - 16$

c) $f(x) = 2x^2 - 12x + 19$

d) $f(x) = \frac{2}{3}x^2 + 4x$

5 Bestimme die Koordinaten der Scheitelpunkte und die Nullstellen, falls vorhanden. Benutze dazu die jeweils geeignete Form der Funktionsgleichung.

a) $f(x) = x^2 + 6x + 5$ b) $f(x) = 4x^2 - 8x + 6$

c) $f(x) = -0{,}5x^2 - x - 0{,}5$ d) $f(x) = 2(x - 2)^2 + 3$

e) $f(x) = 0{,}5(x - 4)^2$ f) $f(x) = -(x + 3)^2 + 1$

6 a) Zeichne die Graphen der Funktionen im Intervall $-6 \leq x \leq 6$ in ein gemeinsames Koordinatensystem.

$f_1(x) = -x^2 + 4$ $f_2(x) = 0{,}25x^2 - x$ $f_3(x) = -(x - 4)^2 - 2$ $f_4(x) = 2x^2 + 4x - 6$

b) Erstelle für jede Funktion einen tabellarischen Steckbrief wie auf S. 160/4.

Potenzfunktionen kennenlernen

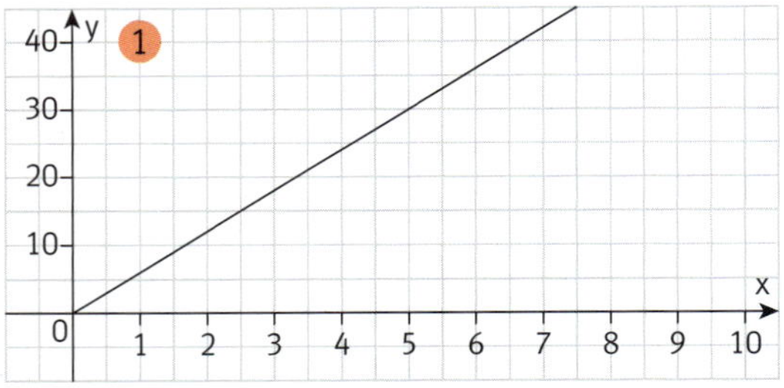

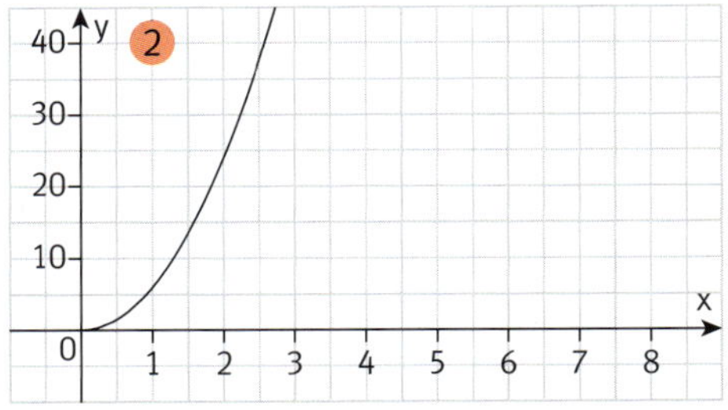

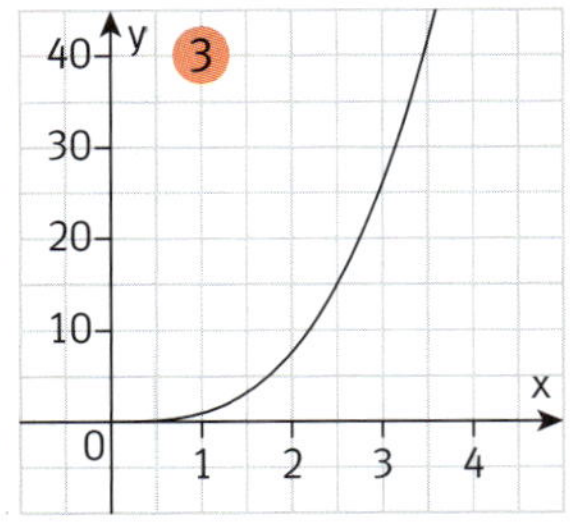

(A) Kantenlänge des Würfels → Volumen des Würfels

(B) Kantenlänge des Würfels → Oberflächeninhalt des Würfels

(C) Seitenfläche des Würfels → Oberflächeninhalt des Würfels

1 a) Ordne jedem Graphen einen Zusammenhang (A) bis (C) zu. Begründe.
b) Gib für jeden Zusammenhang eine Funktionsgleichung an.
c) Beschreibe den Verlauf der Graphen, würde man negative x-Werte zulassen.

Potenzfunktionen der Form $f(x) = x^k$ ($k \in \mathbb{N} \setminus \{0\}, x \in \mathbb{R}$)

Eine Funktion der Form $\mathbf{f(x) = x^k}$ heißt **Potenzfunktion** (k-ten Grades).
Die Graphen der Funktionen $f(x) = x^k$ bilden **Parabeln k-ter Ordnung.**

	k gerade (gerade Funktion)	k ungerade (ungerade Funktion)
$\mathbb{D}$ / $\mathbb{W}$	$\mathbb{D} = \mathbb{R}$; $\mathbb{W} = \mathbb{R}_0^+$	$\mathbb{D} = \mathbb{R}$; $\mathbb{W} = \mathbb{R}$
Graph und Symmetrie	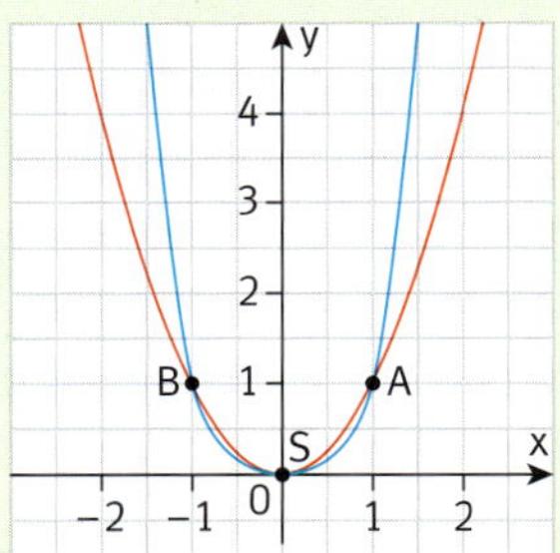 Bei Achsensymmetrie zur x-Achse gilt: $f(-x) = f(x)$	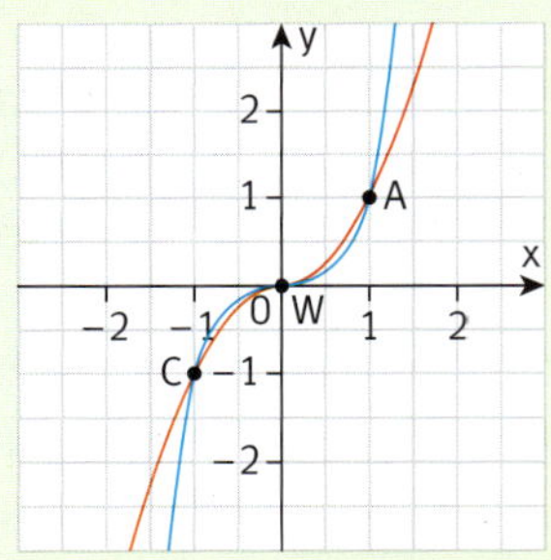 Bei Punktsymmetrie zum Ursprung gilt: $f(-x) = -f(x)$

Einfache Potenzfunktionen mit ungeradem Exponenten ($k > 1$) haben keinen Scheitelpunkt S, sondern man beschreibt als besonderen Punkt den **Wendepunkt W**, bei dem der Graph die Richtung wechselt.

$\mathbb{N} \setminus \{0\}$: alle natürlichen Zahlen ohne die „0".

Statt $a \le x \le b$ oder $a < x < b$ kannst du auch $[a; b]$ bzw. $]a; b[$ schreiben.
$\mathbb{R} =]-\infty; +\infty[$
$\mathbb{R}_0^+ = [0; +\infty[$
Das Zeichen ∞ steht für „unendlich".

2 Untersuche die Eigenschaften der folgenden Potenzfunktionen. Lege dazu eine Tabelle wie im Merkkasten an.
$f(x) = x^2$ $g(x) = x^3$ $h(x) = x^4$ $i(x) = x^5$
a) Erstelle jeweils eine Wertetabelle im Intervall $[-2; 2]$. Beachte dabei, dass sich im Intervall $]-1; 1[$ der Verlauf der Graphen besonders stark ändert.
b) Zeichne die Graphen und kennzeichne Scheitel- bzw. Wendepunkte.
c) Bestimme Definitions- und Wertebereich.
d) Gib die Art der Symmetrie an.
e) Bestimme die Intervalle, in denen die Graphen monoton steigen oder fallen.
f) Gib Punkte an, die die jeweiligen Graphen immer gemeinsam haben. Überprüfe jeweils mit einer weiteren passenden Funktionsgleichung.

1 Untersuche die Auswirkungen des Parameters a auf die Graphen von Potenzfunktionen.

① $f(x) = ax^3$ mit $a \in \{-1; -\frac{1}{2}; \frac{1}{2}; 1\}$

② $g(x) = ax^4$ mit $a \in \{-1; -\frac{1}{2}; \frac{1}{2}; 1\}$

a) Was meint Max mit seiner Aussage? Überprüfe seine Vermutung. Erstelle dazu, wenn notwendig, eine geeignete Wertetabelle im Intervall [–2; 2] und zeichne die Graphen zu ① und ② in jeweils ein Koordinatensystem.

b) Wie verlaufen die Graphen für a = 2 (–2)? Vermute zunächst und überprüfe dann, indem du ebenfalls eine Wertetabelle erstellst.

c) Übertrage die Überlegungen und ergänze sie.

> Für jede Potenzfunktion $f(x) = ax^k$ bewirkt der Parameter a eine Stauchung oder Streckung des Graphen gegenüber der ursprünglichen Parabel:
> für $0 < |a| < 1$ eine ■; für $|a| >$ ■ eine ■ des Graphen in y-Richtung;
> für $a <$ ■ wird der Graph zusätzlich an der x-Achse ■.

Potenzfunktionen der Form $f(x) = ax^k$ ($a, x \in \mathbb{R}$; $a \neq 0$; $k \in \mathbb{N}\setminus\{0\}$)

2 Lassen sich Graphen von Potenzfunktionen entlang der Achsen verschieben?

a) Überlege, wie sich die Graphen dieser Funktionen gegenüber dem Graphen von $f_1(x) = x^3$ verändern. Skizziere mit ausgewählten Wertepaaren.

① $f(x) = x^3 + 3$ ② $f(x) = \frac{1}{2}x^3 - 0{,}5$ ③ $f(x) = -x^3 - 2$ ④ $f(x) = -\frac{1}{4}x^3 - 1$

b) Skizziere auch die Graphen der Funktionen $f(x) = x^3 + 1$, $g(x) = (x + 1)^3$ und $h(x) = 2(x + 1)^3$ mit ausgewählten Wertepaaren in ein gemeinsames Koordinatensystem. Beschreibe den Unterschied bei der Verschiebung der Graphen gegenüber dem Graphen von $f_1(x) = x^3$.

c) Übertrage die Überlegungen und ergänze sie.

> Die Addition eines Parameters c zur Potenzfunktion $f_1(x) = ax^k$ bewirkt eine Verschiebung des Graphen um ■ Einheiten entlang ■:
> für $c < 0$ nach ■, für $c > 0$ nach ■.
> Funktionsgleichung: $f(x) = ax^k + c$
>
> Die Addition eines Parameters d zur Potenzfunktion $f_1(x) = ax^k$ bewirkt eine Verschiebung des Graphen um ■ Einheiten entlang ■:
> für $d < 0$ nach ■, für $d > 0$ nach ■.
> Funktionsgleichung: $f(x) = a(x +$ ■$)^k$

Potenzfunktionen der Form $f(x) = ax^k + c$ und $f(x) = a(x + d)^k$ ($a, c, d, x \in \mathbb{R}$; $a \neq 0$; $k \in \mathbb{N}\setminus\{0\}$)

3 a) Gib an, wie sich die Graphen dieser Funktionen gegenüber dem Graphen von $f_1(x) = x^k$ verändern. Überprüfe durch Skizzieren.

① $f(x) = x^3 - 2$ ② $f(x) = 2(x^2 - 1)$ ③ $f(x) = (x + 6)^3 - 2$
④ $f(x) = -x^3 + 5$ ⑤ $f(x) = \frac{1}{4}x^4 - 0{,}5$ ⑥ $f(x) = (x - 1)^4$

b) Fasse die folgenden Eigenschaften der Funktionen ① bis ⑥ tabellarisch zusammen:
- die Koordinaten des Scheitel- bzw. Wendepunkts
- die Symmetrieart mit Gleichung der Symmetrieachse bzw. den Symmetriepunkt
- die Monotonieintervalle

Potenzfunktionen vertiefen

Es gibt doch auch negative Exponenten. Ich weiß, dass $x^{-k} = \frac{1}{x^k}$ ist. Macht es hier auch einen Unterschied, ob der Exponent gerade oder ungerade ist?

1 Untersuche die Funktionen $f(x) = x^{-1}$, $g(x) = x^{-2}$, $h(x) = x^{-3}$ und $i(x) = x^{-4}$.

a) Erstelle zunächst jeweils eine geeignete Wertetabelle für das Intervall $[-5; 5]$. Begründe, warum man $x = 0$ nicht einsetzen darf.

b) Zeichne die Graphen für gerade und ungerade Exponenten in jeweils ein Koordinatensystem.

c) Beschreibe, was dir an den y-Werten im Graphen auffällt, wenn man sehr große, sehr kleine x-Werte oder x-Werte nahe Null in die Gleichung einsetzt.

Potenzfunktionen der Form $f(x) = x^{-k}$ ($k \in \mathbb{N}\setminus\{0\}$, $x \in \mathbb{R}$)

Potenzfunktionen der Form $\mathbf{f(x) = x^{-k}}$ sind an der Stelle **x = 0 nicht definiert**, d. h. der Wert $x = 0$ ist im Definitionsbereich nicht enthalten. Die Graphen bezeichnet man als **Hyperbeln**.

	k gerade (gerade Funktion)	k ungerade (ungerade Funktion)
$\mathbb{D}$ / $\mathbb{W}$	$\mathbb{D} = \mathbb{R}\setminus\{0\}$; $\mathbb{W} = \mathbb{R}^+$	$\mathbb{D} = \mathbb{R}\setminus\{0\}$; $\mathbb{W} = \mathbb{R}\setminus\{0\}$
Graph	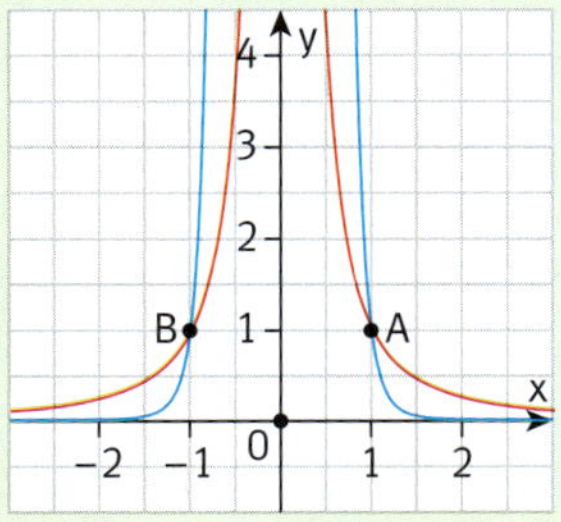	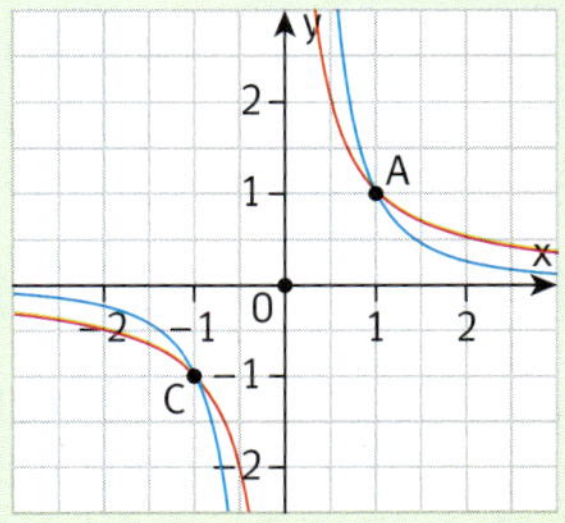

Für sehr große oder sehr kleine Werte aus dem Definitionsbereich oder Werte nahe Null nähert sich der Graph Geraden an, die man **Asymptoten** nennt.
x-Achse: waagrechte Asymptote   y-Achse: senkrechte Asymptote

Die Asymptote (altgr. nicht übereinstimmend) ist eine Gerade, an die sich der Graph immer stärker anschmiegt, ohne sie zu erreichen.

2 Untersuche die Eigenschaften der Potenzfunktionen aus Aufgabe 1 weiter. Lege dazu eine Tabelle wie im Merkkasten an.

a) Bestimme jeweils Definitions- und Wertebereich.

b) Gib die Art der Symmetrie an.

c) Benenne die Asymptoten.

d) Bestimme die Intervalle, in denen die Graphen monoton steigen oder fallen.

e) Gib Punkte an, die die jeweiligen Graphen immer gemeinsam haben. Überprüfe jeweils mit einer weiteren passenden Funktionsgleichung.

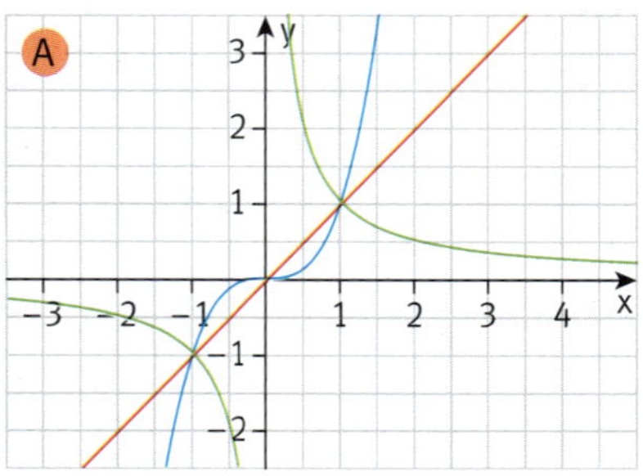

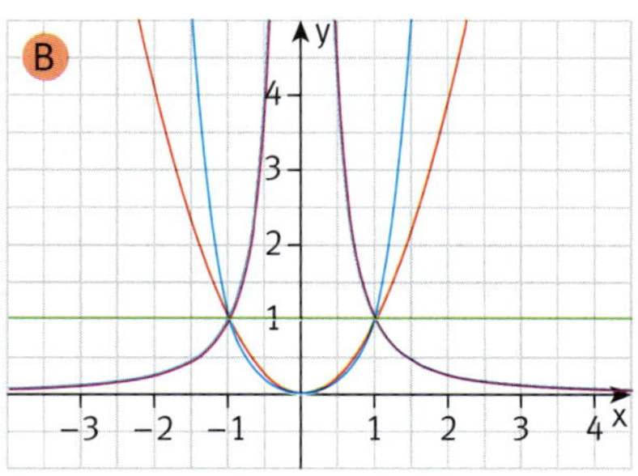

3 a) Unterscheide in den Grafiken Potenzfunktionen mit geraden und ungeraden Exponenten. Begründe.

b) Gib die Funktionsgleichungen und, wenn vorhanden, die Nullstellen an.

(1) $f(x) = ax^{-k}$ mit $a \in \{-2; -1; 1; 2\}$

(2) $g(x) = x^{-k} + c$ mit $c \in \{-2; -1; 1; 2\}$

(3) $h(x) = (x + d)^{-k}$ mit $d \in \{-2; -1; 1; 2\}$

Das ist wie bei den Potenzfunktionen mit natürlichen Exponenten.

1 a) Untersuche die Auswirkungen der Parameter a, c und d auf Graphen von Potenzfunktionen mit negativen Exponenten mit den vorgegebenen Werten. Vermute zunächst, was Max meint.

b) Überprüfe die Vermutung am Beispiel k = 1. Wähle für jeden Fall ein Koordinatensystem.
- Für den Fall (1) zeichne zunächst den Graphen für $f_1(x) = x^{-1}$ und $f_2(x) = -x^{-1}$. Verfahre dann genauso für die Parameter a = 2 und a = –2.
- Für den Fall (2) zeichne zunächst ausgehend von $g_1(x) = x^{-1}$ den Graphen für $g_2(x) = x^{-1} + 2$. Beschreibe die Verschiebung und verfahre für die anderen Werte des Parameters c genauso.
- Untersuche den Fall (3) entsprechend der Vorgehensweise im Fall (2).

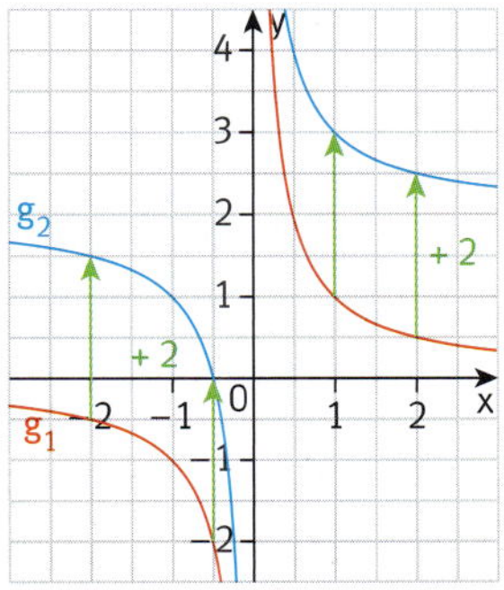

2 Gib die Funktionsgleichungen aus Aufgabe 1 an, bei denen

a) die Asymptoten (1) die x- und die y-Achse, (2) y = 2 und die y-Achse, (3) x = 2 und die x-Achse sind.

b) der Funktionswert für x = 0 (x = 1; x = 2) nicht definiert ist.

Insbesondere bei Verschiebungen in x- oder y-Richtung gibt man die Asymptote als Gleichung an.

3 Ordne die Funktionsgleichungen der richtigen Eigenschaft zu.

(A) $f(x) = x^{-2} + 4$	(B) $f(x) = (x - 4)^2 - 1$	(C) $f(x) = -x^4 + 1$
(D) $f(x) = -x^3 + 4$	(E) $f(x) = (x - 1)^{-3} + 4$	(F) $f(x) = (x + 4)^{-3}$

Die Funktion bzw. der Funktionsgraph ...

(1) ist im Intervall]∞; 4] monoton fallend und im Intervall [4; ∞[monoton steigend.

(2) ist an der Stelle x = 0 nicht definiert.

(3) ist punktsymmetrisch zum Punkt (0|4)

(4) hat die Nullstellen $x_1 = -1$ und $x_2 = 1$.

(5) hat die senkrechte Asymptote x = –4.

(6) ist gegenüber der Hyperbel von $f(x) = x^{-3}$ um vier Einheiten nach oben und eine Einheit nach rechts verschoben.

4 Gib an, wie sich die Graphen dieser Funktionen gegenüber dem Graphen von $f_1(x) = x^k$ $(k \in \mathbb{Z})$ verändern. Zeichne anschließend die Graphen und erstelle zu jeder Funktion einen tabellarischen Steckbrief mit den nebenstehenden Eigenschaften.

a) $f(x) = (x - 0{,}5)^3 - 1$

b) $f(x) = (x - 2)^{-4}$

c) $f(x) = \frac{1}{2x} + 1$

d) $f(x) = 0{,}5x^4 - 0{,}5$

- *Definitionsbereich*
- *Wertebereich*
- *Symmetrie*
- *Monotonie*
- *Schnittpunkt mit y-Achse*
- *Scheitel- oder Wendepunkte*
- *Nullstellen*
- *Asymptoten*

Exponentialfunktionen kennenlernen

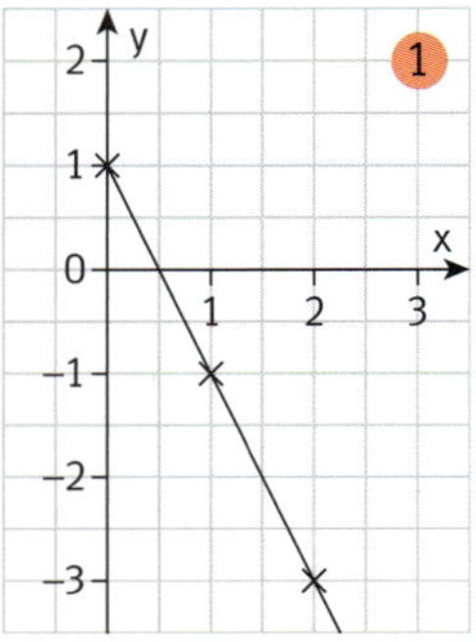

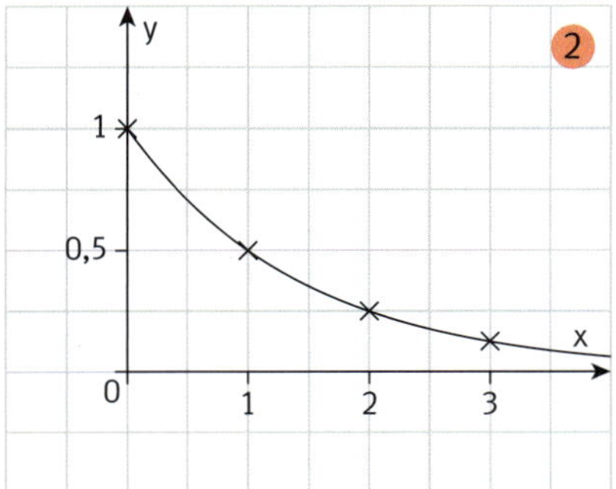

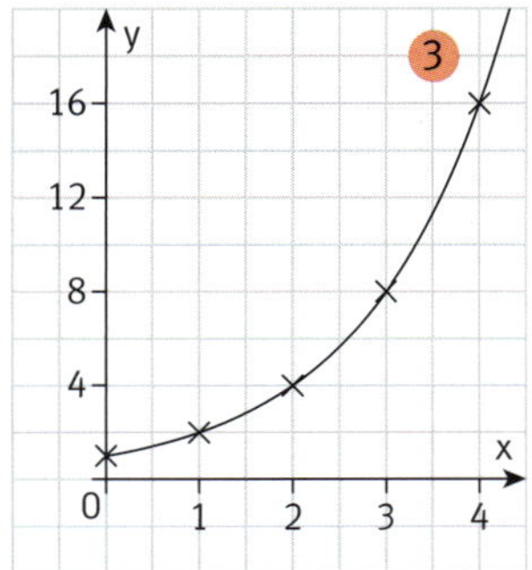

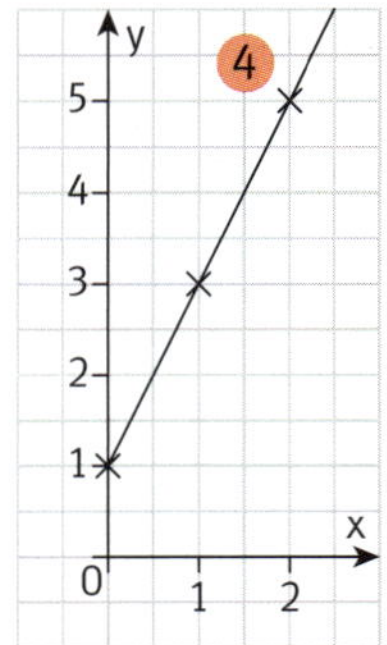

(A) Die Ausgangszahl 1 wird fortlaufend verdoppelt.

(B) Zur Ausgangszahl 1 wird fortlaufend die Zahl 2 addiert.

(C) Die Ausgangszahl 1 wird fortlaufend halbiert.

(D) Von der Ausgangszahl 1 wird fortlaufend 2 subtrahiert.

1 a) Beschreibe die Graphen. Stelle Gemeinsamkeiten und Unterschiede fest.
b) Ordne jedem Graphen eine Rechenvorschrift (A) bis (D) zu. Begründe.
c) Stelle für jeden Graphen die Funktionsgleichung auf.
d) Berechne auch negative x-Werte und skizziere die Graphen. Beschreibe den Verlauf für sehr große und sehr kleine x-Werte.

Exponentialfunktion der Form $f(x) = b^x$
$b \in \mathbb{R}^+ \setminus \{1\}, x \in \mathbb{R}$

Eine Funktion $f(x) = b^x$ heißt **Exponentialfunktion** mit dem Wachstumsfaktor b als Basis.
- Definitionsbereich: $\mathbb{D} = \mathbb{R}$
- Wertebereich: $\mathbb{W} = \mathbb{R}^+$

Die Exponentialfunktion hat keine Nullstelle, kommt aber der x-Achse beliebig nahe (Asymptote), ohne sie zu berühren.

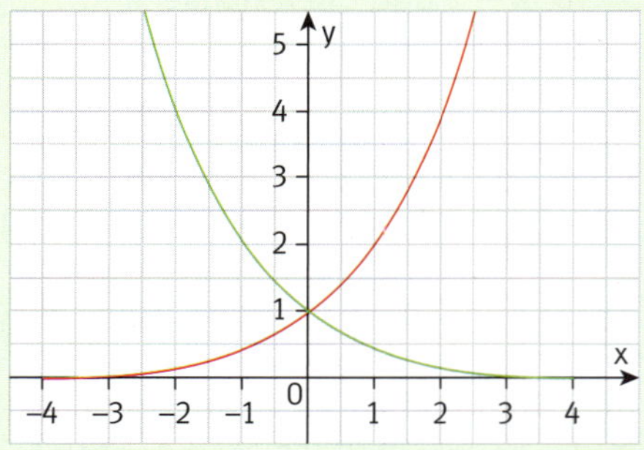

2 Untersuche die Eigenschaften von Exponentialfunktionen im Intervall [−3; 3] für $b > 1$ und $0 < b < 1$ genauer.

$f_1(x) = 2^x$ | $g_1(x) = \left(\frac{1}{2}\right)^x$ | $f_2(x) = 3^x$ | $g_2(x) = \left(\frac{1}{3}\right)^x$

a) Erstelle zunächst eine Wertetabelle in 0,5er-Schritten und zeichne die Graphen in ein gemeinsames Koordinatensystem.
b) Untersuche das Monotonieverhalten und die Lage der Graphen zueinander. Übertrage und ergänze dazu die Überlegungen. Überprüfe sie mit weiteren passenden Funktionsgleichungen.

Die Graphen von $f(x) = b^x$ und $g(x) = ■$ sind ■ zueinander bzgl. der y-Achse. Für $b > 1$ sind die Graphen auf dem gesamten Definitionsbereich monoton ■, für ■ < ■ < ■ sind ...

3 Begründe die Aussagen, gegebenenfalls durch eine Zeichnung.
a) $f(x) = b^x$ mit $b = 1$ ist keine Exponentialfunktion.
b) Der Graph der Exponentialfunktion $f(x) = 2^x$ steigt schneller an als der Graph der Potenzfunktion $g(x) = x^2$.

1 Untersuche die Auswirkungen des Parameters a auf den Graphen von Exponentialfunktionen.

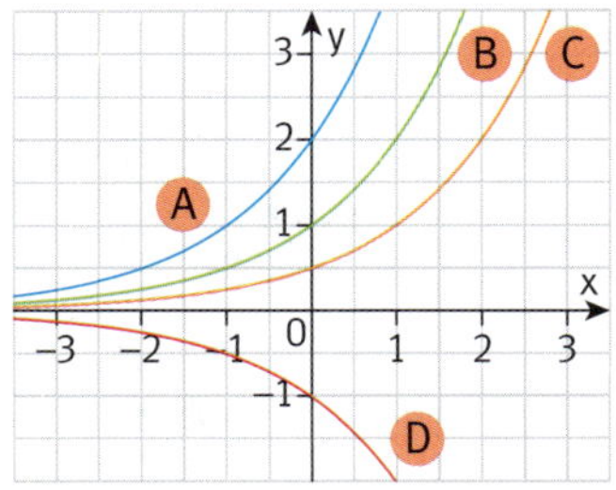

a) Ordne den Graphen die zugehörigen Funktionsgleichungen zu.
$f_1(x) = 2^x$ $\quad f_2(x) = 0{,}5 \cdot 2^x$
$f_3(x) = 2 \cdot 2^x$ $\quad f_4(x) = -2^x$

b) Erkläre die Aussage von Max.

c) Übertrage und ergänze die Überlegungen:

> Für jede Exponentialfunktion mit der Gleichung $f(x) = ab^x$ bewirkt der Parameter a eine Streckung oder Stauchung gegenüber dem Graphen von $f_1(x) = b^x$: für $0 < |a| < 1$ eine ■; für $|a| >$ ■ eine ■; für $a <$ ■ wird der Graph zusätzlich an der x-Achse ■.

d) Welche Eigenschaften von f_2, f_3 und f_4 verändern sich gegenüber f_1, welche bleiben gleich?

Exponentialfunktion der Form $f(x) = a \cdot b^x$
$b \in \mathbb{R}^+ \setminus \{1\}, x \in \mathbb{R}; a \neq 0$

2 Max behauptet, dass sich Exponentialfunktionen wie Potenzfunktionen auch entlang der Koordinatenachsen verschieben lassen. Überprüfe.

a) Überlege, wie die Graphen der Funktionen der Form $f(x) = 2^x + c$ aus dem der Funktion $f_1(x) = 2^x$ hervorgehen. Skizziere die Graphen mit ausgewählten Wertepaaren.
① $f(x) = 2^x + 0{,}5$ ② $f(x) = 2^x + 2$ ③ $f(x) = 2^x - 0{,}5$ ④ $f(x) = 2^x - 2$

b) Übertrage und ergänze die Überlegungen:

> Die Addition eines Parameters c zur Exponentialfunktion $f_1(x) = b^x$ bewirkt eine ■ des Graphen entlang ■: für $c < 0$ nach ■, für $c > 0$ nach ■.
> Funktionsgleichung: $f(x) =$ ■

c) Welche Eigenschaften der Funktionen aus a) verändern sich gegenüber f_1, welche bleiben gleich?

Exponentialfunktion der Form $f(x) = b^x + c$
und $f(x) = b^{x+d}$
$b \in \mathbb{R}^+ \setminus \{1\}, c, d, x \in \mathbb{R}$

3 Untersuche den Einfluss des Parameters d in der Funktionsgleichung $f(x) = b^{x+d}$.

a) Zeichne dazu den Graphen zu $f_1(x) = 2^x$ sowie die zu $f(x) = 2^{x+d}$ mit mindestens zwei selbstgewählten Werten für d.

b) Übertrage und ergänze die Überlegungen:

> Der Graph von $f(x) = b^{x+d}$ entsteht durch Verschiebung des Graphen von $f_1(x) = b^x$ entlang der x-Achse: nach ■ für $d < 0$ und nach ■ für $d > 0$.

c) Welche Eigenschaften der Funktionen aus a) verändern sich gegenüber f_1, welche bleiben gleich?

4 Zeichne die Graphen der Funktionen und erstelle zu jeder einen tabellarischen Steckbrief mit den nebenstehenden Eigenschaften.

a) $f(x) = \frac{1}{4} \cdot 2^x$ $\quad$ b) $f(x) = 1{,}5^x + 5{,}5$
c) $f(x) = -3^x + 3$ $\quad$ d) $f(x) = 0{,}25^{x-2}$

> - *Definitionsbereich*
> - *Wertebereich*
> - *Monotonie*
> - *Schnittpunkt mit y-Achse*
> - *Nullstellen*
> - *Asymptoten*

Exponentialfunktionen vertiefen

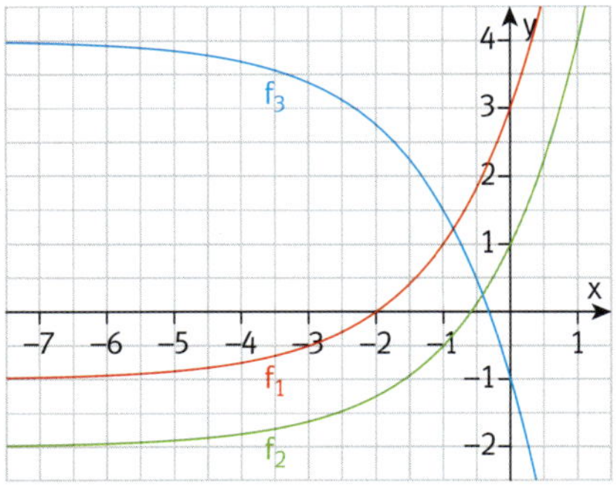

Gesucht ist die Funktionsgleichung zu f_1:
Die waagrechte Asymptote ist $y = -1$.
Damit ist $c = -1$. Der Graph verläuft durch den Punkt (0|3).
Einsetzen in die Funktionsgleichung:

$f(x) = a \cdot 2^x + c$

$3 = a \cdot 2^0 - 1$

$3 = a \cdot 1 - 1$

$4 = a$ $\qquad f_1(x) = 4 \cdot 2^x - 1$

Wenn der Exponent in der Gleichung $b^x = y$ gesucht ist, dann kann man diesen durch Logarithmieren bestimmen.

1 Die Funktionsgleichungen der drei Graphen haben die Form $f(x) = a \cdot 2^x + c$.

a) Stelle die Funktionsgleichungen für f_2 und f_3 wie im Beispiel auf.

b) Lies die Nullstellen der Funktionen ab. Welchen Nachteil der grafischen Lösung erkennst du?

c) Übertrage und ergänze den Lösungsweg zur rechnerischen Bestimmung der Nullstelle für f_1.

d) Bestimme die Nullstellen für f_2 und f_3 genauso. Überprüfe am Graphen.

Nullstelle von $f_1(x) = 4 \cdot 2^x - 1$

$4 \cdot 2^x - 1 = 0 \quad | + 1$

$4 \cdot 2^x = ■ \quad | : 4$

$2^x = ■$

$x = \log_2 ■ = \log ■ : \log 2 = ■$

2 Stelle zunächst fest, ob die Funktionen eine Nullstelle haben und bestimme diese gegebenenfalls.

a) $f(x) = 3^x - 4$ b) $f(x) = -0{,}2 \cdot 0{,}1^x$ c) $f(x) = 4^{x-3} + 2$ d) $f(x) = 0{,}5 \cdot 0{,}5^x - 10$

TRIMM-DICH-ZWISCHENRUNDE

1 a) Forme die Funktionsgleichungen der quadratischen Funktionen in die Normalform bzw. Scheitelpunktform um.

$f_1(x) = 2(x-1)^2$ $\qquad f_2(x) = x^2 + 3x + 3{,}25$ $\qquad f_3(x) = -\frac{3}{4}(x + \frac{1}{2})^2 + 3$

b) Bestimme die Nullstellen und die Koordinaten der Scheitelpunkte.

c) Erstelle eine Wertetabelle und zeichne die Graphen der Funktionen im Intervall [–3; 3] in ein geeignetes Koordinatensystem.

2 a) Ordne den Graphen die passende Funktionsgleichung zu. Eine bleibt übrig.

$f_1(x) = 0{,}1x^{-2}$ $\qquad f_2(x) = x^2 - 2{,}5$

$f_3(x) = 4x^{-3}$ $\qquad f_4(x) = 2x^3$

$f_5(x) = -\frac{1}{4}x^4 + 3$ $\qquad f_6(x) = (x+2)^4$

b) Gib für jede Funktion die Monotonieintervalle, das Symmetrieverhalten und, wenn vorhanden, die Asymptoten an.

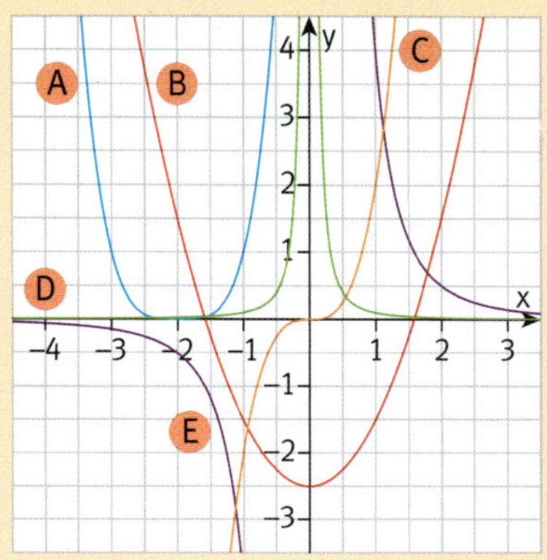

3 Erstelle für die folgenden Funktionen einen tabellarischen Steckbrief wie auf S. 167/4 und skizziere die Graphen.

a) $f(x) = 4 \cdot 0{,}5^x$ b) $f(x) = 2^x - 4$ c) $f(x) = 0{,}5 \cdot 2^x - 2$ d) $f(x) = 2^{x-1} + 1$

1 a) Beschreibe die Symmetriebeziehungen zwischen den Graphen von $f_1(x)$ und $f_2(x)$. Wie kann man den Graphen von $f_2(x)$ aus dem Graphen von $f_1(x)$ erhalten?

b) Übertrage die Graphen. Lies dazu zunächst die Koordinaten der Punkte A bis E bzw. A' bis E' ab.

c) Überlege: Wie kann man die Wertetabelle von $f_2(x)$ aus der Wertetabelle von $f_1(x)$ erhalten?

d) Bestimme die Funktionsgleichung von $f_1(x)$. Überlege, wie die Funktionsgleichung von $f_2(x)$ lauten könnte.

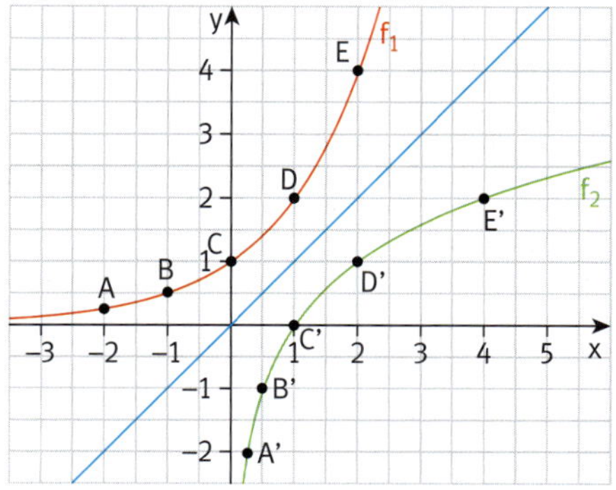

Erhält man durch die Vertauschung des Funktionswerts y und dem Argument x einer Funktion f wieder eine Funktion, so nennt man die Funktion f umkehrbar, die zugehörige Funktion **Umkehrfunktion f^{-1}**.
Das Vertauschen von f(x) und x in der Funktionsgleichung entspricht der Spiegelung des Graphen an der Ursprungsgeraden y = x (Winkelhalbierenden).
Die Umkehrfunktion zur **Exponentialfunktion $f(x) = b^x$** ist die **Logarithmusfunktion $f^{-1}(x) = \log_b x$.**

Gesucht ist die Umkehrfunktion zur Exponentialfunktion $f(x) = 1{,}5^x$:

Vorgehen	Beispiel: $f(x) = 1{,}5^x$	allgemein: $f(x) = b^x$
1. $\mathbb{D}$ und $\mathbb{W}$ von f(x) bestimmen	$\mathbb{D} = \mathbb{R}$; $\mathbb{W} = \mathbb{R}^+$	$\mathbb{D} = \mathbb{R}$; $\mathbb{W} = \mathbb{R}^+$
2. Gleichungen mit x und y schreiben	$y = 1{,}5^x$	$y = b^x$
3. Variablen tauschen	$x = 1{,}5^y$	$x = b^y$
4. nach y auflösen	$y = f^{-1}(x) = \log_{1,5} x$	$y = f^{-1}(x) = \log_b x$
5. $\mathbb{D}_{f^{-1}}$ und $\mathbb{W}_{f^{-1}}$ von $f^{-1}(x)$ bestimmen	$\mathbb{D} = \mathbb{R}^+$; $\mathbb{W} = \mathbb{R}$	$\mathbb{D} = \mathbb{R}^+$; $\mathbb{W} = \mathbb{R}$

Die Umkehrfunktion der Exponentialfunktion: Logarithmusfunktion
$f(x) = \log_b(x)$
$(x, b \in \mathbb{R}^+, b \neq 1)$

Die unabhängige Variable einer Funktion wird auch als Argument bezeichnet.

Beachte: $f^{-1}(x)$ ist nur eine Bezeichnung, keine Rechenvorschrift.

2 a) Erstelle für die Funktionen $f(x) = \log_{1,8} x$ und $g(x) = \log_{2,2} x$ jeweils eine Wertetabelle mit $x \in \{0{,}1; 0{,}2; 0{,}3; 1; 1{,}2; 2{,}1; 3; 5\}$.

b) Zeichne die Graphen im Intervall]0; 5] jeweils in ein Koordinatensystem.

c) Gib die Funktionsgleichung der jeweiligen Umkehrfunktion an und ergänze die Graphen im jeweiligen Koordinatensystem.

3 Ordne jedem der vier Graphen die passende Funktionsgleichung zu und vervollständige die zugehörigen Überlegungen.

$f_1(x) = \log_{2,5} x$
$f_2(x) = \log_4 x$
$f_3(x) = \log_{0,1} x$
$f_4(x) = \log_{0,5} x$

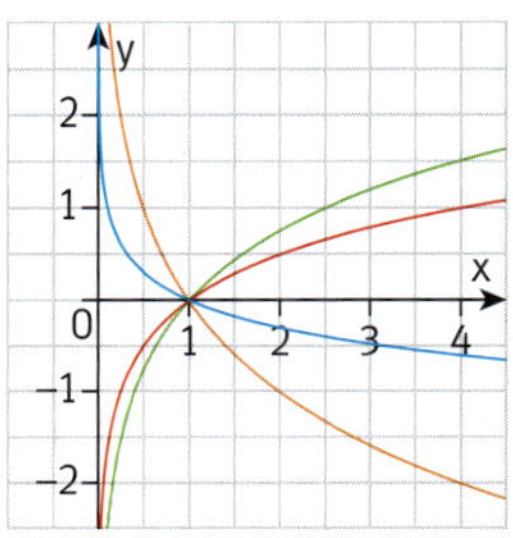

Eigenschaften der Funktion $f(x) = \log_b x$:
Für b > 1 ist der Graph monoton steigend und die Asymptote die negative y-Achse; für 0 < b < 1 ist der Graph ■ und die Asymptote die ■.

Winkelfunktionen kennenlernen

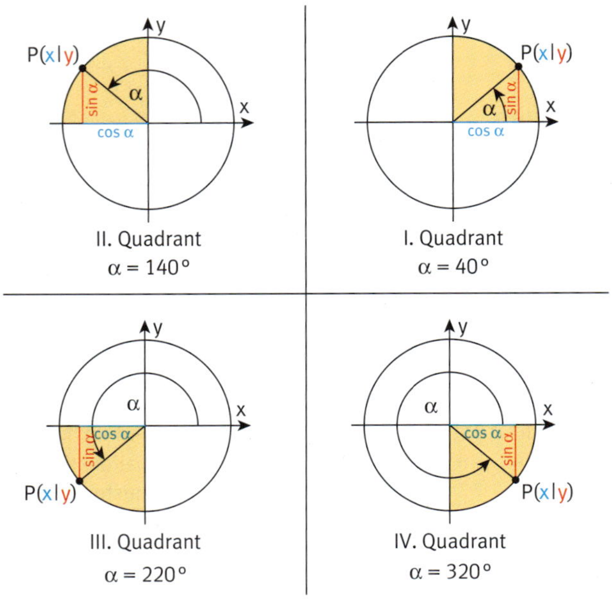

1 Betrachtet man am Einheitskreis (Radius: eine Längeneinheit) die Bewegung eines Punktes P auf der Kreislinie im Uhrzeigersinn, dann lässt sich die Lage von P eindeutig durch die Angabe eines Drehwinkels gegenüber der positiven x-Achse angeben. Dabei können auch für Winkel $\alpha > 90°$ Sinus- und Kosinuswerte am Einheitskreis definiert werden.

a) Berechne für die eingetragenen Winkel die Sinus- und Kosinuswerte und erkläre sie.

b) Untersuche das Vorzeichen der Sinus- und Kosinuswerte in jedem Quadranten. Übertrage und vervollständige die Tabelle.

	Bereich	Vorzeichen	
	Winkel α	$\sin\alpha$	$\cos\alpha$
I. Quadrant	$0° < \alpha < 90°$	+	+

2 Zeichne einen Einheitskreis, lies näherungsweise den Sinus- bzw. Kosinuswert des Winkels ab oder miss umgekehrt mögliche Winkelgrößen α.

a) $\alpha = 45°$ b) $\alpha = 115°$ c) $\alpha = 190°$ d) $\alpha = 325°$
e) $\sin\alpha = 0{,}85$ f) $\cos\alpha = 0{,}29$ g) $\sin\alpha = -0{,}79$ h) $\cos\alpha = -0{,}24$

3 Begründe, für welche(n) Winkel im Intervall [0°; 360°] gilt:

a) $\sin\alpha = 0$ b) $\cos\alpha = 0$ c) $\sin\alpha = 1$ d) $\sin\alpha = -1$
e) $\sin\alpha = \cos\alpha$ f) $\cos\alpha = 1$ g) $\cos\alpha = -1$ h) $\sin\alpha = -\cos\alpha$

4 a) Zeige am Einheitskreis, dass $\sin 10° = \sin 170°$ ($\cos 10° = \cos 350°$) gilt.

b) Gib drei weitere Winkelpaare mit gleichem Sinuswert (Kosinuswert) an.

c) Für welche Winkelgrößen sind jeweils die Sinus- bzw. Kosinuswerte gleich? Formuliere einen allgemeinen Zusammenhang.

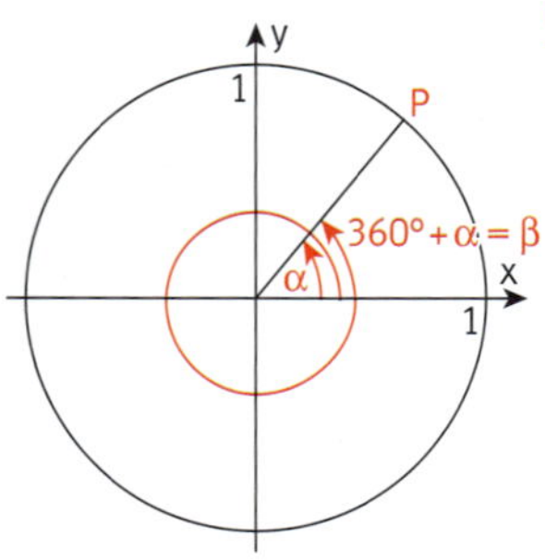

5 Nach jeweils 360° beginnt die Drehung wieder von vorn.

a) Bestimme mit dem Taschenrechner die Sinus- und Kosinuswerte für die Winkel $\alpha = 60°$ und $\beta = 420°$. Erkläre dein Ergebnis mithilfe der Grafik.

b) Bestimme zu den folgenden Winkeln β jeweils den zugehörigen Winkel α und die Sinus- bzw. Kosinuswerte:

370° 520° 590° 700° 1000°

c) Bewegt sich der Punkt P auf dem Einheitskreis gegen den Uhrzeigersinn, erhält man Sinus- oder Kosinuswerte von negativen Winkeln.

① Bestimme die Sinus- und Kosinuswerte für folgende Winkel:

–40° –130° –210° –300°

② Vergleiche diese Werte mit denen des entsprechenden positiven Winkels und formuliere jeweils einen allgemeinen Zusammenhang.

d) Gib zu jedem der Winkel aus b) und c) mindestens zwei weitere Winkelgrößen mit dem gleichen Sinuswert (Kosinuswert) an.

Winkelfunktionen kennenlernen Er-Seite 171

1 a) Übertrage und vervollständige die Wertetabelle im Intervall [0°; 360°] in 30°-Schritten.
b) Zeichne den Graphen im angegebenen Intervall (Blatt im Querformat; x-Achse: 1 cm ≙ 30°; y-Achse 10 cm ≙ 1).
c) Beschreibe den Graphen und überlege, wie er sich in beide Richtungen im Unendlichen fortsetzen wird. Überprüfe, indem du ausgewählte Sinuswerte für $-360° \leq \alpha \leq 540°$ mit dem Taschenrechner berechnest.

α	$\sin\alpha$	$\cos\alpha$
0°		
30°		
60°		

Wenn jedem Winkelmaß eindeutig ein Sinus- oder Kosinuswert zugeordnet werden kann, dann ist das jeweils ein funktionaler Zusammenhang.

Die **Funktion f: y = sin α**, die jedem Winkelmaß α im Einheitskreis genau einen Sinuswert zuordnet, heißt **Sinusfunktion**, ihr Graph Sinuskurve.
Funktionen, deren Funktionswerte sich in immer gleichen Abständen wiederholen, nennt man **periodische Funktionen**. Der kürzeste Abstand zwischen den Wiederholungen heißt Periodenlänge.
Die Sinusfunktion ist eine periodische Funktion, weil die Funktionswerte für Winkel, die sich um 360° unterscheiden, gleich sind.

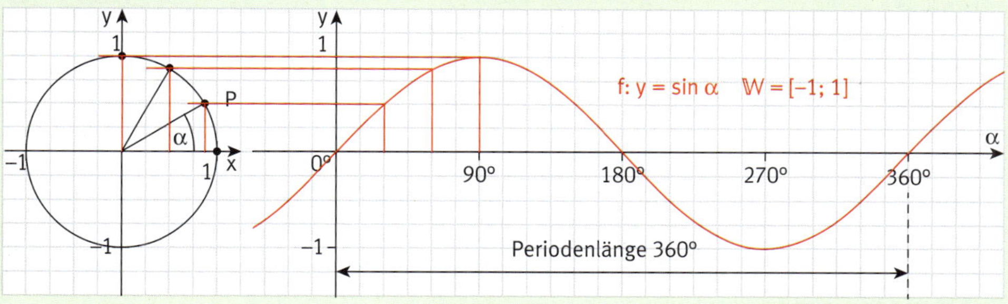

Die Sinusfunktion
f: y = sin α

2 Begründe, dass die Sinuswerte im Intervall [0°; 180°] ausreichen, um die Werte der vollen Periodenlänge zu kennen.

3 a) Markiere Nullstellen, Hoch- und Tiefpunkte sowie Wendepunkte im Graphen der Sinusfunktion aus Aufgabe 1 farbig.
b) Formuliere eine Merkhilfe, nach der man alle Nullstellen, alle Hoch- und Tiefpunkte bzw. Wendepunkte der Sinusfunktion bestimmen kann.

4 a) Zeichne mit den Werten aus Aufgabe 1 den Graphen der Kosinusfunktion mit einer anderen Farbe im Intervall [0°; 360°] in dasselbe Koordinatensystem.
b) Untersuche mit ausgewählten Kosinuswerten für $-360° \leq \alpha \leq 540°$, wie sich der Graph in beide Richtungen im Unendlichen fortsetzt.
c) Überlege, um wie viel Grad man den Graphen der Kosinusfunktion entlang der x-Achse verschieben muss, damit er sich mit der Sinusfunktion deckt.

Die Kosinusfunktion
f: y = cos α

5 Stelle in einem Steckbrief die Eigenschaften der Sinusfunktion f: y = sin α der Kosinusfunktion f: y = cos α gegenüber.

- *Periodenlänge*
- *Wertebereich*
- *Hochpunkte*
- *Nullstellen*
- *Monotonieintervalle*
- *Tiefpunkte*
- *Schnittpunkt mit y-Achse*
- *Symmetrie*

Winkelfunktionen vertiefen

Funktionen habe ich bisher für reelle Zahlen definiert. Kann man auch Sinuswerte für reelle Zahlen bestimmen?

1 a) Winkel kann man auch im Bogenmaß x ausdrücken. Am Einheitskreis kann jedem Mittelpunktswinkel α eindeutig die Länge des zugehörigen Kreisbogens x zugeordnet werden. Wie verändert sich x, wenn der Winkel α doppelt (halb) so groß ist?

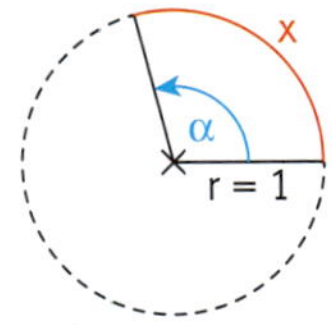

b) Bestimme das Bogenmaß x zum Vollwinkel 360°.

c) Übertrage und ergänze die Tabelle sowie die Überlegungen:

	α	x	
	360°	■	
: 2	180°	■	: 2
: 180	1°	$\frac{\pi}{180°}$	: 180
· 105	105°	■	· 105

Für die Berechnung des Bogenmaßes x aus einem Winkel α gilt:

$x = ■ \cdot \frac{\pi}{■}$

Für die Berechnung des Winkels α aus einem Bogenmaß x gilt:

$\alpha = ■ \cdot \frac{■}{\pi}$

Das Bogenmaß

2 Übertrage und vervollständige die Tabelle.

Winkel im ...	a)	b)	c)	d)	e)	f)	g)	h)
Gradmaß	24,5°	356,3°	0,5°	■	■	■	715°	■
Bogenmaß	■	■	■	0,5	4,36	6,02	■	12,76

Am Taschenrechner: DEG („degree"): Gradmaß RAD („radian"): Bogenmaß

3 Ermittle alle Winkel α in Grad im Intervall [0°; 360°] bzw. alle Winkel im Bogenmaß im Intervall [0; 2π], für die folgendes gilt. Beachte dabei, dass der Taschenrechner nicht unbedingt alle gewünschten Winkel liefert. Nimm den Einheitskreis oder einen Graphen zu Hilfe.

a) sin α = 0,4384 b) sin α = −0,4067 c) cos α = 0,6428 d) cos α = −0,8090
e) sin x = 0,45 f) sin x = −0,8 g) cos x = 0,7 h) cos x = −0,26

4 Vervollständige die Tabelle für spezielle Winkel α. Gehe geschickt vor.

α	0°	30°	45°	60°	90°	120°	135°	150°	180°	225°	270°	315°	360°
x	■	■	■	■	$\frac{\pi}{2}$	■	■	■	■	■	■	■	■
sin α	■	■	■	■	1	■	■	■	■	■	■	■	■
cos α	■	■	■	■	0	■	■	■	■	■	■	■	■

5 Der Graph der Sinusfunktion wurde mithilfe von neun ausgewählten Punkten erstellt.

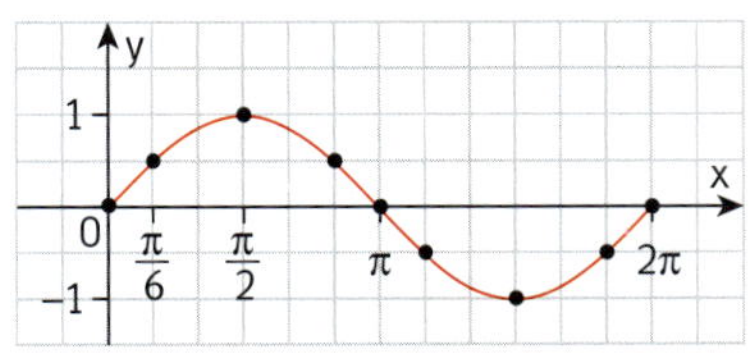

a) Begründe, weshalb zum einfachen Zeichnen die abgebildete Achsenskalierung vorteilhaft ist.

b) Zeichne die Graphen von $f_1(x) = \sin x$ und $f_2(x) = \cos x$ mit der abgebildeten Achsenskalierung im Intervall [−2π; 2π].

6 Ergänze die Steckbriefe der Sinus- und Kosinusfunktion von S. 171/5 mit der Angabe des Definitionsbereichs, der Periodenlänge, charakteristischen Punkten sowie den Monotonieintervallen im Bogenmaß.

1 $f(x) = a \sin x$

2 $f(x) = \sin x + d$

3 $f(x) = \sin (x + c)$

4 $f(x) = \sin (bx)$

Parameter a: 2; −0,5; −1

Parameter b und d: 2; 0,5; −0,5

Parameter c: $\pi, -\frac{1}{2}\pi$

1 Untersuche den Einfluss der Parameter a, b, c und d auf den Graphen von $f_1(x) = \sin x$. Welche Ähnlichkeiten gibt es zu den anderen Funktionsklassen?

a) Setze jeweils die oben angegebenen Werte für den Parameter ein und erstelle, wenn notwendig, eine Wertetabelle für das Intervall $[-\pi; 3\pi]$.

b) Zeichne die Graphen und vergleiche mit dem Graphen von f_1.

c) Übertrage und ergänze die Überlegungen:

> Bei einer Sinusfunktion mit der Funktionsgleichung
> - $f(x) = a \sin x$ bewirkt der Parameter a im Vergleich zu $f_1(x) = \ldots$ eine … Den Parameter |a| nennt man auch Amplitude.
> - $f(x) = \sin (x + c)$ bewirkt der Parameter c im Vergleich …
> - $f(x) = \sin x + d$ bewirkt der Parameter d im Vergleich …

- *Verschiebung entlang x-Achse/y-Achse:*
- *Stauchung (Streckung) in y-Richtung*
- *Spiegelung an x-Achse*

d) Übertrage und ergänze die Überlegungen zum Einfluss des Parameters b:

> Für jede Sinusfunktion mit der Gleichung $f(x) = \sin (bx)$ bewirkt der Parameter b eine Veränderung der Periodenlänge $\frac{2\pi}{|b|}$ gegenüber $f_1(x) = \sin x$. Für $|b| < 1$ eine ■, für $|b| > 1$ eine ■. Ist b < ■, erfolgt zusätzlich eine ■ an der ■-Achse.

e) Untersuche, bei welchen Parametern sich gegenüber der Sinuskurve mit $f_1(x) = \sin x$ der Wertebereich $\mathbb{W}$, die Lage der Nullstellen (die Lage der Hoch- oder Tiefpunkte) verändern.

2 a) Übertrage mithilfe charakteristischer Punkte näherungsweise die Graphen der allgemeinen Sinusfunktionen. Beschrifte die Pfeile mit den Parametern a, c und d sowie der Periodenlänge.

b) Gib jeweils die Funktionsgleichung an.

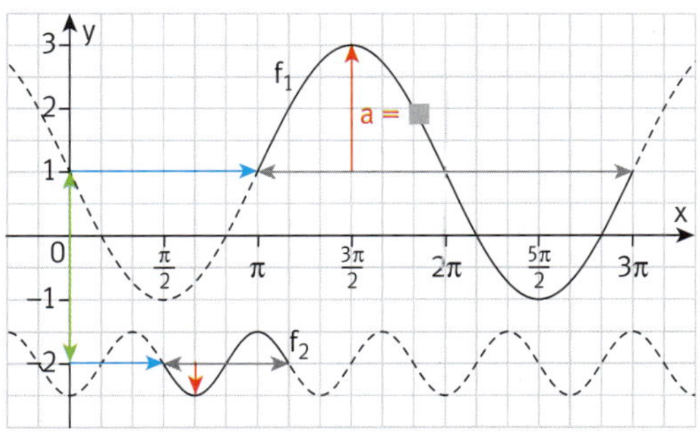

Die Sinusfunktion der Form $f(x) = a \cdot \sin [b \cdot (x + c)] + d$ mit $x, c, d \in \mathbb{R}$ und $a, b \in \mathbb{R}\setminus\{0\}$

3 a) Gib an, wie die jeweiligen Graphen aus dem Graphen von $f_1(x) = \sin x$ hervorgehen.

1 $f(x) = 2 \sin x$

2 $f(x) = 2 \sin (3x)$

3 $f(x) = \sin (x - \frac{\pi}{2}) + 3$

4 $f(x) = 2 \sin (3(x + \pi)) + 2$

b) Zeichne die Graphen mindestens eine Periodenlänge lang. Gib den Wertebereich, die Amplitude und die Periodenlänge an.

4 Untersuche, wie die Parameter a, b, c und d den Graphen von $g_1(x) = \cos x$ verändern. Gehe dabei wie in den Aufgaben 3a) und b) vor.

a) $g(x) = -2 \cos (1{,}5x)$

b) $g(x) = \cos (\frac{\pi}{2} - x) + 2$

Mit Funktionen Sachsituationen modellieren

1 Max fühlt sich beim Fußball ungerecht behandelt und schießt deshalb den Ball nach oben. Die Flugkurve des Balls beschreibt eine Parabel; die zu bestimmten Zeiten x (in s) erreichte Höhe des Balls f(x) (in m) lässt sich näherungsweise mit der Funktion $f(x) = -5x^2 + 20x$ berechnen.
Wie hoch schießt er den Ball in die Luft und nach wie vielen Sekunden landet er wieder auf der Erde?

a) Überlege, welche charakteristischen Punkte bzw. Stellen des Graphen zur Beantwortung der Frage bestimmt werden müssen.
b) Löse die Aufgabe zunächst grafisch. Erstelle dazu eine Wertetabelle in 0,5er-Schritten im Intervall [0; 4].
c) Bestimme die charakteristischen Punkte auch rechnerisch.

Modelle veranschaulichen und vereinfachen die Wirklichkeit. Bei Funktionen als Modelle kann man u. a. charakteristische Punkte, bestimmte Funktionswerte oder das Monotonieverhalten betrachten.

2 Ein Streamingdienst bietet eine neue Mystery-Serie an. Den Trailer sahen bereits 750 000 Zuschauer, bei den ersten drei Folgen stieg die Zuschauerzahl pro Folge um rund 22 %. Der Produzent will die Serie nur fortführen, wenn bei gleichbleibenden Zuwachsraten die 10. Folge über fünf Millionen Zuschauer hat.

a) Stelle eine Funktionsgleichung auf und löse grafisch und rechnerisch.
b) Bei 30 Millionen Zuschauern würde die Serie zu den beliebtesten des Streamingdienstes gehören.
   1 Berechne, ab welcher Folge das der Fall sein könnte.
   2 Ermittle, wie viele Folgen eher dies der Fall wäre, wenn die Zuwachsrate pro Folge 30 % betragen würde.
c) Begründe, weshalb diese Berechnungen nur modellhaft sein können.

3 Das London Eye ist 135 m hoch und das größte Riesenrad Europas. Für eine Umdrehung braucht es ca. 30 Minuten. Es dreht sich so langsam, dass es zum Ein- und Aussteigen nicht angehalten werden muss. Wie lange schwebt man in seiner Gondel bei drei Umdrehungen über dem Uhrenturm von Big Ben (ca. 96 m)?

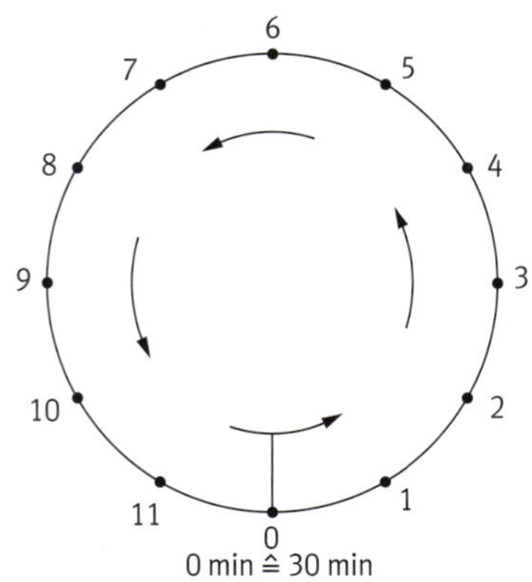

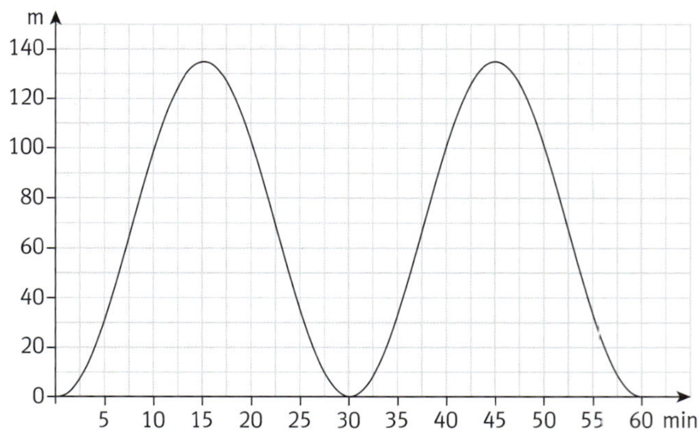

a) Schätze die Zeit ab, indem du den „Höhengraph“ überträgst und die 12 Punkte der Abbildung am Graphen markierst.
b) Begründe, warum der Verlauf des Graphen mithilfe einer Sinusfunktion modelliert werden kann.
c) Die Funktionsgleichung lautet: $f(x) = 67{,}5 \sin\left(2\frac{\pi}{30} \cdot (x - 7{,}5)\right) + 67{,}5$.
Erkläre die Bedeutung der Parameter am Graphen.

1 Der Graph zeigt die Anzahl der Spieler eines neuen Online-Spiels.

a) Formuliere für einen Online-Blog einen Bericht über den Erfolg des Spiels. Bestimme dazu ...
  1 die Intervalle, in denen der Graph monoton steigt (fällt).
  2 für das höchste Wachstum die Wachstumsrate in Prozent.

b) Die Entwicklung kann für jeden Abschnitt mit einer Funktionsgleichung modelliert werden. Ordne zu und begründe.

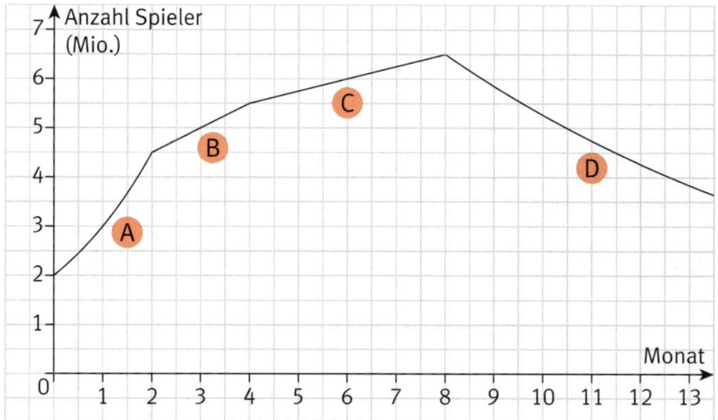

$f(x) = 0{,}25x + 4{,}5$ $g(x) = 0{,}5x + 3{,}5$ $h(x) = 2 \cdot 1{,}5^x$ $i(x) = 6{,}5 \cdot 0{,}9^{x-8}$

2 Der Fahrradverkehr in Berlin nimmt immer mehr zu. An einer Kreuzung in Lichtenberg werden jedes Jahr die Fahrradfahrer gezählt. Untersuche, welche Aussage die Entwicklung besser wiedergibt:

Fahrradverband: *Seit mehreren Jahren wächst die Zahl dort um 12,5 %.*

Verkehrssenatorin: *Jährlich werden ca. 750 Radfahrer mehr gezählt.*

a) Im Jahr 2014 wurden ca. 5 000 Radfahrer gezählt. Erstelle für beide Aussagen jeweils eine Wertetabelle für die nächsten vier Jahre und stelle die Entwicklung grafisch dar.

b) Stelle beide Funktionsgleichungen auf.

c) Im Jahr 2019 wurden 9 520 Fahrradfahrer an der Kreuzung gezählt. Begründe, welche Aussage die tatsächliche Entwicklung besser wiedergegeben hat.

Oft sind Entwicklungen in Sachzusammenhängen nicht eindeutig einer Funktionsart zuzuordnen oder mehrere Funktionsarten müssen im Zusammenhang betrachtet werden.

3 Annalena will über ein Startup-Unternehmen ihre selbst entworfenen Sport-T-Shirts verkaufen. Sie überlegt, wie viele sie für einen maximalen Gewinn produzieren soll.
Ein Unternehmensberater rechnet ihr vor, dass sie mit Fixkosten von 3 000 € und mit variablen Kosten von 0,50 € pro Stück rechnen muss. Der aus dem Verkauf der Shirts eingenommene Betrag wird als Erlös bezeichnet und kann mit der Funktion $e(x) = -0{,}5x^2 + 4x$ modelliert werden (x in 1 000 Stück; y in 1 000 €).

a) Stelle die lineare Kostenfunktion k(x) auf.

b) Stelle die Funktionen k(x) und e(x) grafisch dar.

c) Bestimme grafisch und rechnerisch, in welchem Intervall der Erlös die Kosten übersteigt, d.h. ein Gewinn erzielt wird.

d) Der Gewinn in Abhängigkeit von der Stückzahl kann mithilfe einer Gewinnfunktion $g(x) = e(x) - k(x)$ berechnet werden. Stelle diese Funktionsgleichung auf und zeichne den Graphen in dasselbe Koordinatensystem. Bestimme die Stückzahl, bei der der Gewinn maximal wird, und den maximalen Gewinn.

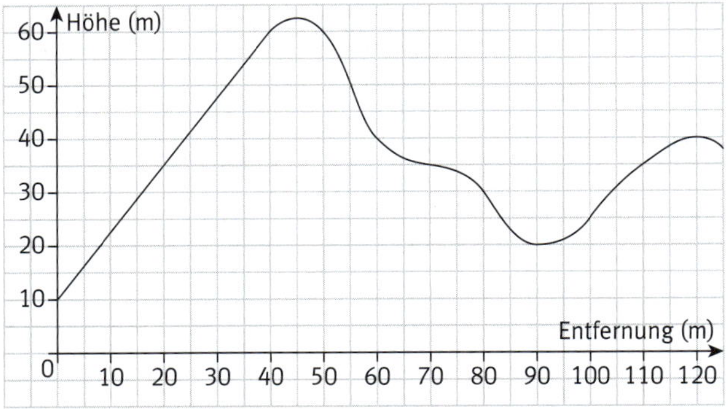

1 Der Graph zeigt einen Ausschnitt des Höhenprofils einer Achterbahn.

a) Beschreibe den Verlauf des Graphen.

b) Die Steigung ist im ersten Abschnitt bis 40 m in x-Richtung konstant. Erkläre diese Aussage.

c) Berechne die Steigung im Intervall [0; 40] mithilfe von zwei Wertepaaren. Gib sie auch in Prozentschreibweise an.

d) Beschreibe, welche Schwierigkeiten auftreten, wenn man Steigungen im weiteren Verlauf berechnen will.

e) Max behauptet, dass im Intervall [0; 120] die durchschnittliche Steigung 25 % beträgt. Überlege, wie er auf diesen Wert gekommen ist.

Differenzenquotient einer Funktion
Mittlere Änderungsrate

Sind zwei Punkte P (a | f(a)) und Q (b | f(b)) auf einem Funktionsgraphen f gegeben, kann man die durchschnittliche Steigung (**mittlere Änderungsrate**) im Intervall [a; b] bestimmen, indem man die Steigung der Geraden PQ ermittelt:

$$m_{PQ} = \frac{f(b) - f(a)}{b - a}$$

(Differenzenquotient von f im Intervall [a; b])

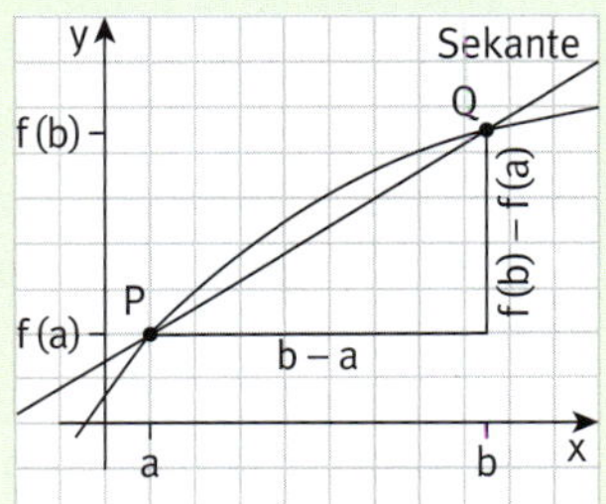

P (0,5 | f(0,5)) und Q (2 | f(2)) sind zwei Punkte auf dem Graphen der Funktion $f(x) = 0{,}5x^2 + 1$.
Der Differenzenquotient im Intervall [0,5; 2] (Steigung der Sekante durch P und Q) lautet:

$$m_{PQ} = \frac{f(2) - f(0{,}5)}{2 - 0{,}5} = \frac{3 - 1{,}125}{2 - 0{,}5} = \frac{1{,}875}{1{,}5} = 1{,}25$$

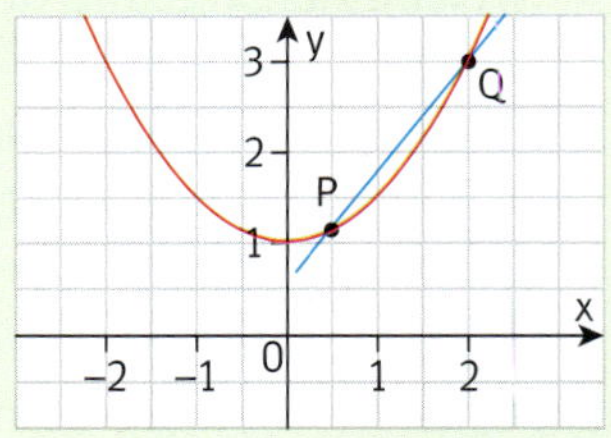

Die Gerade PQ nennt man Sekante von f durch P und Q.

Sekante (lat. secare = „schneiden“) ist eine Gerade, die einen Kreis bzw. Kurve in zwei Punkten schneidet.

Die mittlere Steigung gibt an, welcher Höhenunterschied zwischen zwei Punkten besteht und nicht, wie sich der Verlauf zwischen zwei Punkten verändert.

2 a) Skizziere den Graphen des Höhenprofils aus Aufgabe 1.

b) Zeichne die Sekante im Intervall [0; 120] durch die Punkte A (0 | ■) und B (120 | ■) ein und berechne die Steigung in diesem Intervall.

c) Zeichne für folgende Intervalle die Sekanten ein und berechne die Steigung:
① [0; 50] ② [50; 70] ③ [60; 100] ④ [70; 110]

d) Beurteile die Bedeutung der Ergebnisse aus c) in Bezug auf die Achterbahn.

3 Bestimme die mittlere Änderungsrate der Funktion $f(x) = x^2$ in den Intervallen [0; 1] und [1; 2]. Interpretiere die Ergebnisse.

4 a) Berechne die mittlere Änderungsrate von f(x) im angegebenen Intervall.
① $f(x) = \frac{1}{2}x^4$; [1; 4] ② $f(x) = 1 - x^2$; [−2; −1] ③ $f(x) = x^3 - 4x$; [−1; 2]

b) Bestimme den Parameter a der Funktion $f(x) = ax^2$, wenn die mittlere Änderungsrate im Intervall [1; 3] den Wert 16 annimmt.

1 Bei der Leichtathletik-WM 2009 in Berlin lief Usain Bolt einen Weltrekord über 100 m. Max trainiert für das Sportabzeichen und läuft 100 m in 16,5 s.

a) Vergleiche die Durchschnittsgeschwindigkeit beider Läufer sowohl in $\frac{m}{s}$ als auch in $\frac{km}{h}$.

b) In einer Videoanalyse des Weltrekordlaufs wurde der jeweils zurückgelegte Weg für fünf Zeitintervalle ermittelt. Skizziere einen Weg-Zeit-Graphen und kennzeichne die Intervalle.

t (s)	0	1	3	6	8	9,58
s (m)	0	5,4	21	56	81	100

c) In welchem Intervall war Usain Bolt am schnellsten? Berechne dazu jeweils die mittlere Änderungsrate.

d) Vergleiche die auf den Teilabschnitten erreichten Geschwindigkeiten mit der Durchschnittsgeschwindigkeit. Stelle diese ebenfalls am Graphen dar.

e) Überlege, ob bereits die Maximalgeschwindigkeit berechnet wurde. Beschreibe eine Möglichkeit, wie man die Geschwindigkeiten genauer bestimmen könnte.

2 Der Graph zeigt die Temperaturen an einem Frühlingstag.

a) Bestimme die mittleren Änderungsraten für folgende Intervalle und beurteile die Ergebnisse.
① 0 bis 4 Uhr ② 10 bis 15 Uhr
③ 14 bis 19 Uhr ④ 14 bis 24 Uhr

b) Ermittle, in welchen zweistündigen Zeitintervallen der stärkste mittlere Temperaturanstieg (Temperaturabfall) erfolgt.

c) Unterteile die Intervalle aus b) in gleiche einstündige Zeitabschnitte und gib die mittleren Änderungsraten an. Was fällt dir auf?

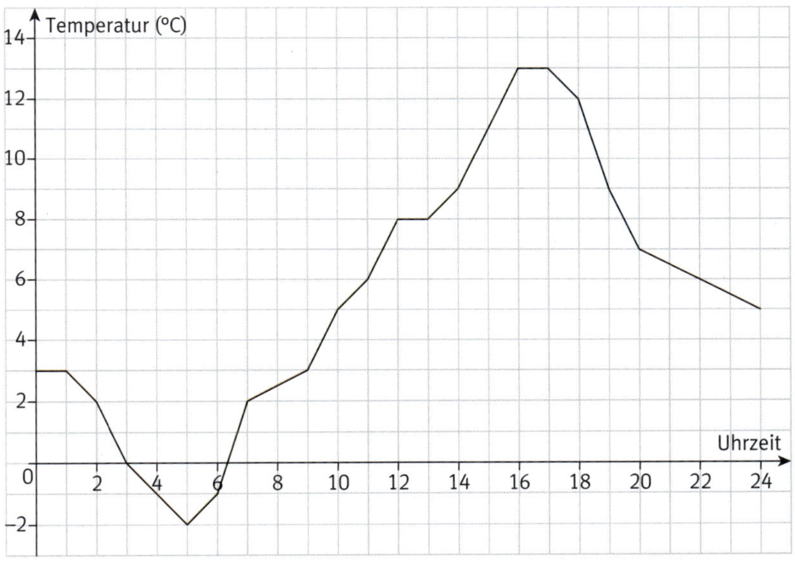

3 Die Funktion $f(t) = t^3 + 100$ mit $\mathbb{D} = [0; 120]$ beschreibt die ungefähre Anzahl der Bakterien, die sich t Sekunden nach Versuchsbeginn in einer Kultur befinden. Bestimme und interpretiere die mittleren Änderungsraten im Intervall [0; 30] bzw. [30; 60].

4 Für einen See gilt ein Badeverbot, weil eine Schadstoffkonzentration von 100 ppm (parts per million) gemessen wurde. Der Verunreinigungsgrad sinkt pro Woche um 15 %.

a) Berechne die mittlere Änderungsrate innerhalb der ersten Woche (der ersten zwei Wochen). Interpretiere die Ergebnisse.

b) Bestimme, nach wie vielen Wochen n das Badeverbot wieder aufgehoben werden kann. Dazu muss die Schadstoffkonzentration bei maximal 20 ppm liegen. Wie groß ist die mittlere Änderungsrate in diesem Intervall [0; n]?

Funktionen und ihre Eigenschaften wiederholen

Neue Eigenschaften von Funktionen und ihren Graphen

Definitionsbereich $\mathbb{D}$: Menge aller x-Werte, die man einsetzen darf
Wertebereich $\mathbb{W}$: Menge aller Werte, die als Funktionswerte $y = f(x)$ auftreten
Monotonie: Verlauf eines Funktionsgraphen (steigend, fallend oder konstant)

Quadratische Funktionen und Potenzfunktionen

Quadratische Funktionen untersuchen S. 158 ff.

Quadratische Funktionen lassen sich in der Scheitelpunktform $f(x) = a(x + d)^2 + e$ mit $S\,(-d\,|\,e)$ und der Symmetrieachse $x = -d$ sowie in der allgemeinen Form $f(x) = ax^2 + bx + c$ darstellen. Nullstellen lassen sich mit der p-q-Formel bestimmen.

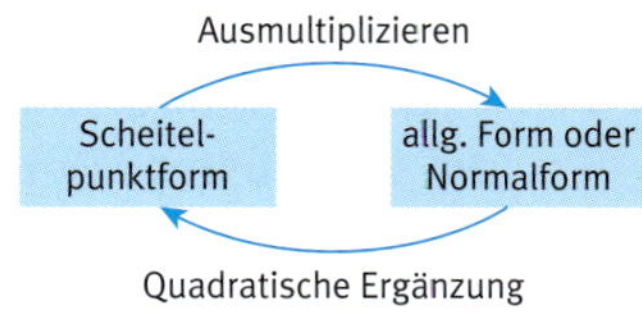

Potenzfunktionen untersuchen S. 162 ff.

Funktionen der Form $f(x) = x^k$ bzw. $g(x) = x^{-k}$ heißen Potenzfunktionen.
Die Graphen (Parabeln bzw. Hyperbeln) sind für gerade k achsensymmetrisch zur y-Achse, für ungerade k punktsymmetrisch zum Ursprung (0|0).
Hyperbeln nähern sich Geraden an, die man Asymptoten nennt.
x-Achse (y = 0): waagr. Asymptote y-Achse (x = 0): senkr. Asymptote

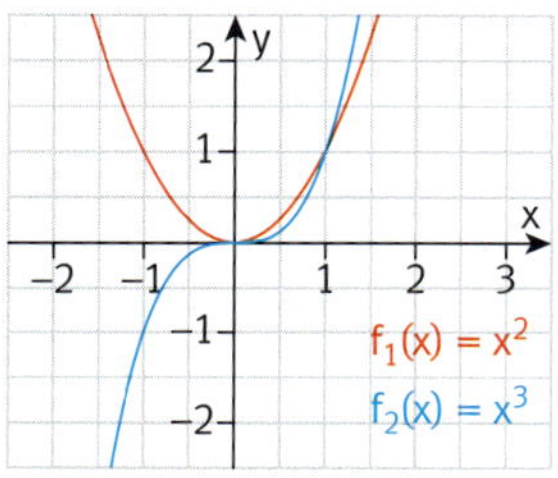

$\mathbb{D}_{f_1} = \mathbb{R}$
$\mathbb{W}_{f_1} = \mathbb{R}_0^+$
$\mathbb{D}_{f_2} = \mathbb{R}$
$\mathbb{W}_{f_2} = \mathbb{R}$

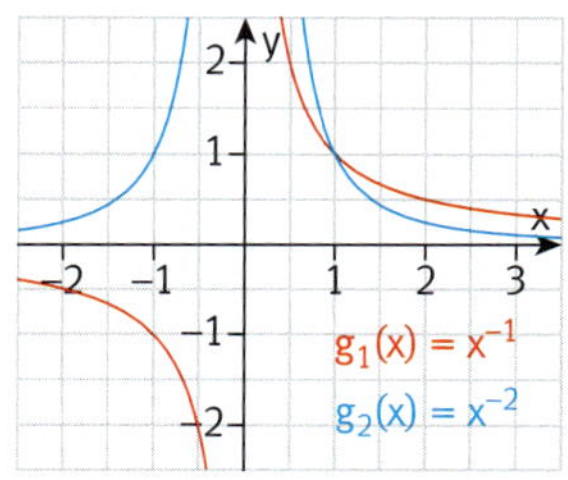

$\mathbb{D}_{g_1} = \mathbb{R}\setminus\{0\}$
$\mathbb{W}_{g_1} = \mathbb{R}\setminus\{0\}$
$\mathbb{D}_{g_2} = \mathbb{R}\setminus\{0\}$
$\mathbb{W}_{g_2} = \mathbb{R}^+$

Exponential- und Logarithmusfunktionen

Exponentialfunktionen untersuchen S. 166 ff.

Die Funktion $f(x) = b^x$ heißt Exponentialfunktion (b: Wachstumsfaktor).
Die Logarithmusfunktion $f^{-1}(x) = \log_b x$ ist die zugehörige Umkehrfunktion.
Die Graphen von Exponentialfunktionen nähern sich einer waagrechten Asymptote (x-Achse) an. Die Graphen von Logarithmusfunktionen nähern sich senkrechten Asymptoten an (negative bzw. positive y-Achse).

Logarithmusfunktionen kennenlernen S. 169

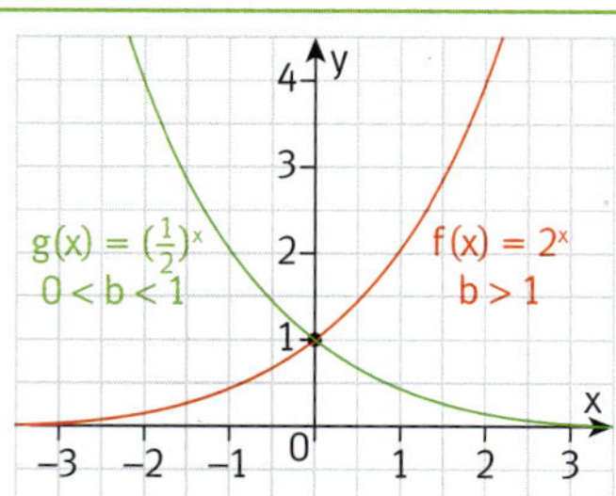

$\mathbb{D} = \mathbb{R}$
$\mathbb{W} = \mathbb{R}^+$

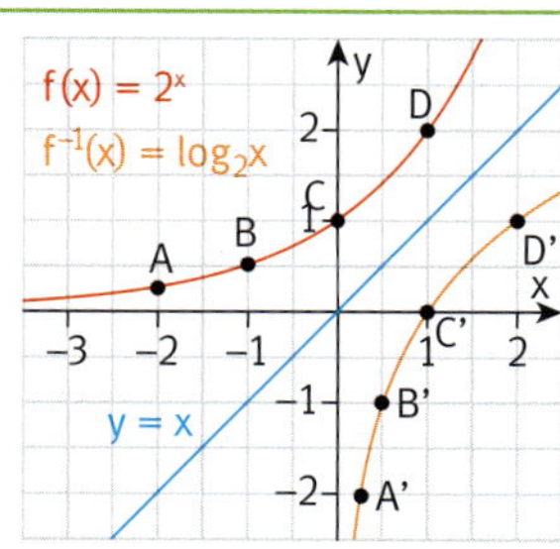

$\mathbb{D}_{f^{-1}} = \mathbb{R}^+$
$\mathbb{W}_{f^{-1}} = \mathbb{R}$

Der Graph der Exponentialfunktion $f(x) = b^x$ besitzt keine Nullstelle. Auch nicht dann, wenn der Graph gestaucht, gestreckt oder gespiegelt wird. Wird der Graph zusätzlich an der y-Achse verschoben, dann kann er Nullstellen haben, die sich rechnerisch durch Logarithmieren bestimmen lassen.

Winkelfunktionen

Am Einheitskreis lässt sich jedem Winkelmaß α (im Gradmaß) bzw. x (im Bogenmaß) eindeutig ein Sinus- bzw. Kosinuswert zuordnen.

Zugehörige periodische Funktionen:
$f_1(x) = \sin x \qquad f_2(x) = \cos x$

Zusammenhänge zwischen Gradmaß und Bogenmaß:

$$\frac{x}{2\pi} = \frac{\alpha}{360°} \Leftrightarrow x = \alpha \cdot \frac{\pi}{180°}$$
$$\Leftrightarrow \alpha = x \cdot \frac{180°}{\pi}$$

Winkelfunktionen untersuchen S. 171 ff.

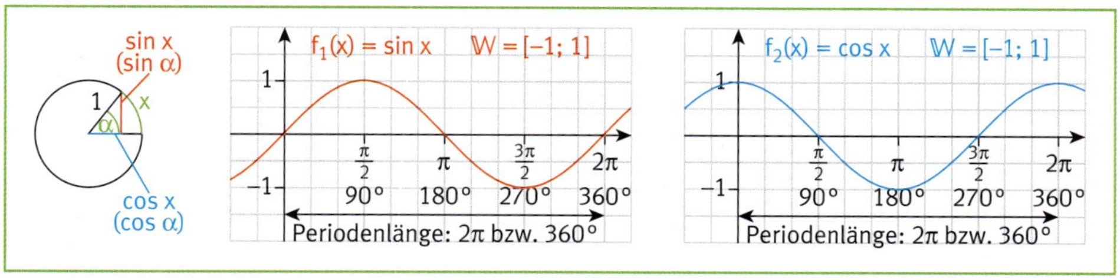

Die Sinuskurve ist punktsymmetrisch zum Ursprung, die Kosinuskurve (um 90° bzw. $\frac{\pi}{2}$ verschobene Sinuskurve) ist achsensymmetrisch zur y-Achse. Den größten Ausschlag der Kurven nennt man Amplitude.

Auswirkungen der Parameter

Verschiedene Parameter beeinflussen den Funktionsgraphen und damit die Eigenschaften der Funktionen ($\mathbb{D}$, $\mathbb{W}$, Nullstellen, ...).
Auswirkungen der Parameter gegenüber $f_1(x) = x^k$ ($f_1(x) = b^x$ bzw. $f_1(x) = \sin x$):

Auswirkungen der Parameter untersuchen S. 163 S. 165 S. 167 S. 173

	allg. Potenzfunktion $f(x) = a(x + d)^k + c$	allg. Exp.funktion $f(x) = a \cdot b^{x+d} + c$	allg. Sinusfunktion $f(x) = a \cdot \sin[b \cdot (x + c)] + d$
a	$0 < \lvert a\rvert < 1$: Stauchung in y-Richtung; $\lvert a\rvert > 1$: Streckung in y-Richtung; $a < 0$: Spiegelung an x-Achse		
b	–/–	Wachstumsfaktor (bestimmt das Monotonieverhalten)	$\lvert b\rvert < 1$ bzw. $\lvert b\rvert > 1$: Verlängerung/Verkürzung der Periodenlänge $\frac{2\pi}{\lvert b\rvert}$; $b < 0$: Spiegelung an x-Achse
c	Verschiebung entlang der y-Achse; $c > 0$: nach oben; $c < 0$: nach unten		Verschiebung entlang der x-Achse
d	Verschiebung entlang der x-Achse; $d > 0$: nach links; $d < 0$: nach rechts		Verschiebung entlang der y-Achse

Änderungsverhalten von Funktionen

Die mittlere Änderungsrate einer Funktion f in einem Intervall [a; b] entspricht der Steigung der Sekante zwischen zwei Punkten P (a | f(a)) und Q (b | f(b)).

Es gilt: $m_{PQ} = \frac{f(b) - f(a)}{b - a}$

(m heißt Differenzenquotient)

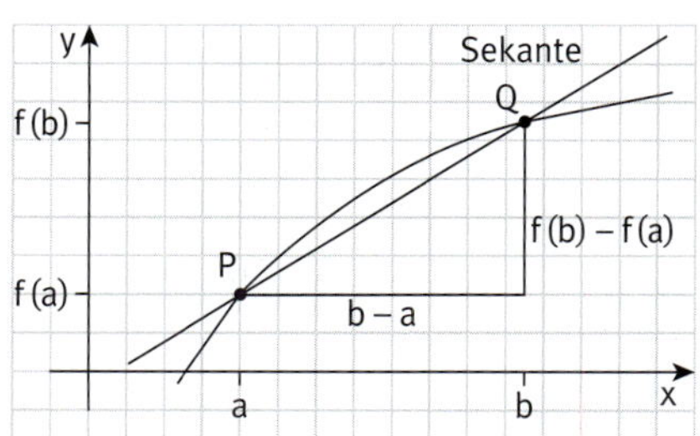

Änderungsverhalten untersuchen S. 176

1 a) Zeichne die Graphen. Erstelle, wenn nötig, eine Wertetabelle.
b) Bestimme die Montonieintervalle und die Gleichung der Symmetrieachse.
c) Berechne die Nullstellen und die Koordinaten der Scheitelpunkte.
① $f(x) = x^2 - 2x + 2$
② $f(x) = -(x + 5)^2 + 1$
③ $f(x) = -\frac{1}{2}x^2 - x + 4$
④ $f(x) = 2 \cdot (x - 3)^2 - 8$

2 a) Ordne den Graphen die passende Funktionsgleichung zu und gib die fehlende Funktionsgleichung an.

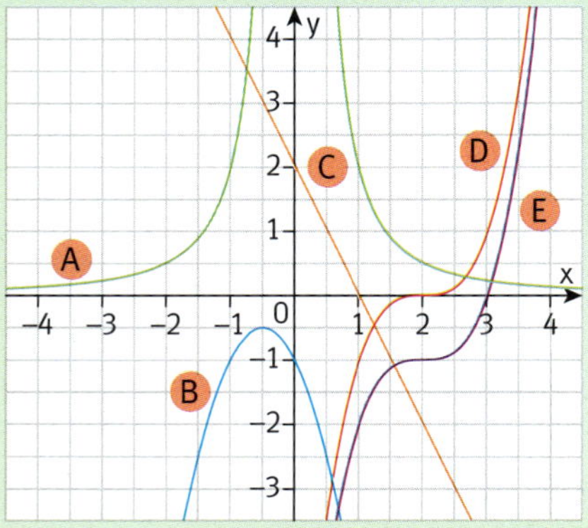

$f_1(x) = -2x + 2$ $\quad f_2(x) = (x - 2)^3$
$f_3(x) = -2x^2 - 2x - 1$ $\quad f_4(x) = 2x^{-2}$
b) Stelle Definitions- und Wertebereich, Scheitel-, Wendepunkte und Gleichungen der Asymptoten, falls vorhanden, in einer Tabelle zusammen.

3 Zeichne die Graphen der Funktionen $f(x) = -x^3$ und $g(x) = -3x + 2$ in ein gemeinsames Koordinatensystem und gib die Koordinaten der Schnittpunkte an.

4 Auf jedem Funktionsgraphen liegen mehrere der angegebenen Punkte. Bei richtiger Zuordnung ergeben sich verschiedene Namen. Finde sie heraus.

$f_1(x) = x^2$	A (1∣1)	K (−1∣1)
$f_2(x) = x^3$	R (−2∣4)	X (−1∣−1)
$f_3(x) = x^{-1}$	E (−0,5∣−2)	I (2∣16)
$f_4(x) = x^4$	L (2∣0,5)	M (0∣0)

5 Der Punkt P liegt jeweils auf dem Graphen der Funktion f. Bestimme den Parameter in der Funktionsgleichung.
a) P (1∣−3) $\quad f(x) = ax^2$
b) P (0∣1) $\quad f(x) = x^2 + c$
c) P (1∣1) $\quad f(x) = (x + 2)^2 + c$
d) P (2∣−1) $\quad f(x) = ax^{-4}$

6 WANTED Potenzfunktionen

Skizziere jeweils einen Graphen und gib drei mögliche Funktionsgleichungen an.
a) Die Funktion ist im gesamten Definitonsbereich monoton steigend und hat eine Nullstelle an der Stelle x = 2.
b) Die Funktion hat keine Nullstelle, ist über ihren gesamten Definitionsbereich monoton fallend und an der Stelle x = 0 nicht definiert.

7 a) Zeichne den Graphen von $f(x) = x^2$ und $g(x) = x^4$ jeweils für $\mathbb{D} = \mathbb{R}^+$. Erzeuge die Umkehrfunktionen f^{-1} bzw. g^{-1} grafisch.
b) Beschreibe Gemeinsamkeiten und Unterschiede der Graphen.
c) Die Umkehrfunktion der Potenzfunktion heißt Wurzelfunktion. Begründe.

8 a) Zeichne den Graphen zu $f(x) = 4^x$.
b) Ergänze im selben Koordinatensystem den Graphen zu $g(x) = (\frac{1}{4})^x$.
c) Gib die Gleichungen der jeweiligen Umkehrfunktionen von f und g an.

9 a) Zeichne mithilfe einer geeigneten Wertetabelle die Graphen der folgenden Funktionen.
$f_1(x) = 1{,}5^x - 3 \quad f_2(x) = 0{,}25^{x-2} - 4$
b) Gib Definitions- und Wertebereiche, die Schnittpunkte mit den Koordinatenachsen und die Gleichungen der Asymptoten an.
c) Bestimme die Nullstelle von $f_1(x)$ auch rechnerisch.

10 **WANTED** Exponentialfunktionen

a) Stelle für beide Graphen die Funktionsgleichung der Form $f(x) = a \cdot 0{,}5^x + c$ auf.

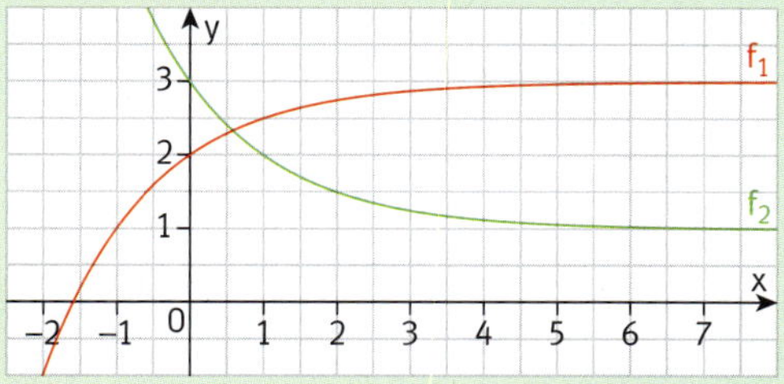

b) Skizziere passende Graphen und gib drei mögliche Funktionsgleichungen an:
Der Graph ist monoton steigend und verläuft durch P (0|2).

11 a) Ermittle mithilfe des Einheitskreises alle Winkel im Intervall [0°; 360°].

① $\sin \alpha = 0{,}97$ ② $\sin \beta = -0{,}20$
③ $\cos \gamma = 0{,}53$ ④ $\cos \delta = -0{,}95$

b) Gib alle Winkel im Bogenmaß an.

12 a) Gib jeweils die Funktionsgleichung der Form $f(x) = \sin(bx)$ an.

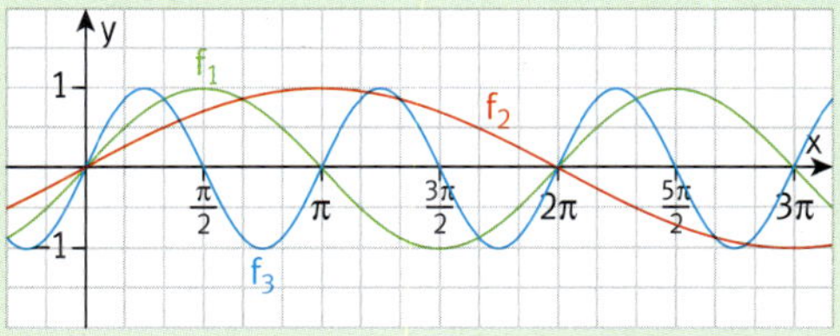

b) Gib die Periodenlänge und alle Nullstellen im Bogen- und im Gradmaß an.

13 **WANTED** Winkelfunktionen

a) Ordne die Steckbriefe jeweils einer Funktionsgleichung zu. Begründe.

Ⓐ W = [–2; 2]; Periodenlänge: 2π; eine Nullstelle bei $\frac{1}{2}\pi$

Ⓑ W = [0; 4]; Periodenlänge: π Schnittpunkt mit y-Achse: P (0|2)

① $f(x) = 2 \cdot \sin(\frac{1}{4}x) + 2$
② $f(x) = 2 \cdot \sin(x + \frac{1}{2}\pi)$
③ $f(x) = 2 \cdot \sin(2x) + 2$

b) Zeichne die Graphen der drei Funktionen mindestens eine Periodenlänge.

14 Die Klippenspringer von Acapulco springen von einem 35 m hohen Felsen in den Pazifik.

a) Überlege, mit welcher Funktionsart man die Flugbahn des Springers modellieren kann und welchem charakteristischen Punkt die Absprunghöhe entspricht.

b) Bei der Zeitlupe der Aufnahme des Sprunges sieht man, dass sich der Springer bei einem Abstand von 5 m von der Klippe noch in einer Höhe von 30,5 m befindet. Stelle die Funktionsgleichung auf.

c) Berechne, in welchem Abstand von der Klippe der Springer ins Wasser eintaucht.

15 Die Anzahl der Elefanten in einer Herde verringert sich wegen einer Krankheit jährlich um 20 %. Zu Beginn der Beobachtung bestand sie aus 55 Elefanten.

a) Bestimme die Funktionsgleichung und stelle die Entwicklung grafisch dar.

b) Berechne, wann sich der Bestand halbiert hätte.

c) Nach sechs Jahren wird den Elefanten erfolgreich ein Medikament verabreicht. Die Population erholt sich und wächst jährlich um 35 %. Bestimme diese Funktionsgleichung mit einem sinnvollem Startwert und ergänze diese Entwicklung im selben Koordinatensystem.

d) Lies ab, wann der ursprüngliche Bestand von 55 Elefanten ungefähr wieder erreicht ist.

16 Elena hat bei einer Autobahnfahrt mit dem Navigationssystem diese Werte ermittelt:

t (in h)	0	1,5	4	4,7
s (in km)	0	150	400	530

a) Skizziere den Weg-Zeit-Graphen.

b) In welchem Abschnitt fuhr sie am schnellsten?

1 Berechne die fehlenden Koordinaten. Erkläre, welche Werte nicht eindeutig sind. Runde geeignet.

a) $f(x) = x^{-2}$
A (−2 | ■) B (3,4 | ■) C (■ | 0,49)

b) $f(x) = x^2 + 3x - 1$
D (−2,5 | ■) E (1,9 | ■) F (■ | 0,75)

c) $f(x) = 3^x$
G (−4 | ■) H (2,5 | ■) I (■ | 81)

d) f: $y = \sin \alpha$
J (−90° | ■) K (−120° | ■) M (■ | 0,5)

2 a) Benenne jeweils die Funktionsart.
b) Stelle jeweils die Funktionsgleichung zum Graphen von f_1 auf.
c) Beschreibe, wie der Graph von f_2 jeweils aus dem Graphen von f_1 hervorgeht und gib die zugehörige Funktionsgleichung an.
d) Stelle für alle Funktionen Definitions- und Wertebereich, Achsenschnittpunkte, Monotonieverhalten und Symmetrieeigenschaften zusammen.

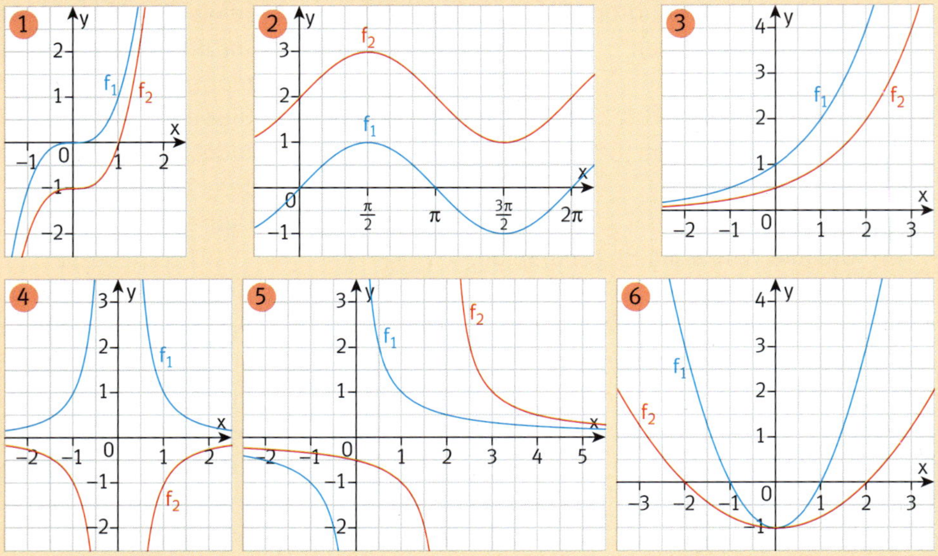

3 a) Erstelle jeweils eine Wertetabelle und zeichne die Graphen der Funktionen.
b) Untersuche die Funktionen auf verschiedene Eigenschaften. Wähle zunächst die jeweils relevanten aus.

1 $f(x) = (x - 2)^4 - 1$ 2 $f(x) = 0{,}5x^2 - 3x + 4$
3 $f(x) = 2x^{-1} + 1$ 4 $f(x) = 2 \sin 2x$
5 $f(x) = -0{,}4x + 2$ 6 $f(x) = -2 \cdot 2^x + 3$

Monotonie
Aysmptoten
Amplitude
Periodenlänge
Achsenschnittpunkte

4 Sind die Aussagen richtig oder falsch? Begründe und berichtige, wenn nötig.
a) Jede Potenzfunktion hat eine Nullstelle.
b) Wenn der Graph zu f monoton wächst, ist der Graph zu f^{-1} monoton fallend.
c) Jede Exponentialfunktion schneidet die y-Achse im Punkt P (0 | 1).
d) Alle Sinus- und Kosinuskurven haben dieselbe Periodenlänge.
e) Die Graphen von $f(x) = \log_b x$ haben alle den Punkt Q (b | 1) gemeinsam.

5 Berechne die mittlere Änderungsrate von f(x) im angegebenen Intervall.
a) $f(x) = \frac{1}{x}$; [0,5; 2] b) $f(x) = 2^x - 2$; [1; 5] c) $f(x) = -2(x - 2)^3$; [1; 3]

Mein Leben und Mathematik

Marco

Alter: 19

Schulabschluss: eBBR

Beruf: Mechaniker

Wohnsituation: Marco hat eine eigene 1-Zimmer-Wohnung.

Interessen: Er richtet seine Wohnung gerne ein, ernährt sich gesund und versucht, Geld zu sparen.

Marco

Marlene

Alter: 18

Schulabschluss: MSA

Beruf: Marlene macht gerade ein freiwilliges soziales Jahr und danach eine Ausbildung im technischen Bereich.

Wohnsituation: Sie wohnt noch zu Hause, zieht jetzt aber mit einer Freundin zusammen.

Interessen: Sie reist gerne weit weg, liebt Tiere und ist fasziniert von Technik.

Marlene

Anesa

Alter: 18

Schulabschluss: eBBR

Beruf: Elternzeit

Wohnsituation: Anesa wohnt in einer 1-Zimmer-Wohnung.

Interessen: Sie möchte ihren Führerschein machen und kümmert sich gerade hauptsächlich um ihre sechs Monate alte Tochter. Sie liebt das Meer.

Anesa

Die drei Freunde kennen sich schon seit der Schulzeit. Tatsächlich waren alle drei überrascht, wie viel Mathematik sie noch in ihrem Leben brauchen. Denke auch einmal darüber nach und überlege dir Situationen, in denen die drei froh über ihre Mathematikkenntnisse waren.

Geld verdienen – Ausbildungsvergütung

1 Marlene hat zwei Angebote für einen Ausbildungsplatz bekommen.

FIRMA MECHAFIX
- Mechatronikerin
- 4 Ausbildungsjahre
- Monatliches Gehalt nach Ausbildung: 1370 €

FIRMA INDUSTRIA
- Industriemechanikerin
- 4 Ausbildungsjahre
- Monatliches Gehalt nach Ausbildung: 1550 €
- Prämie im Dezember: 1500 €

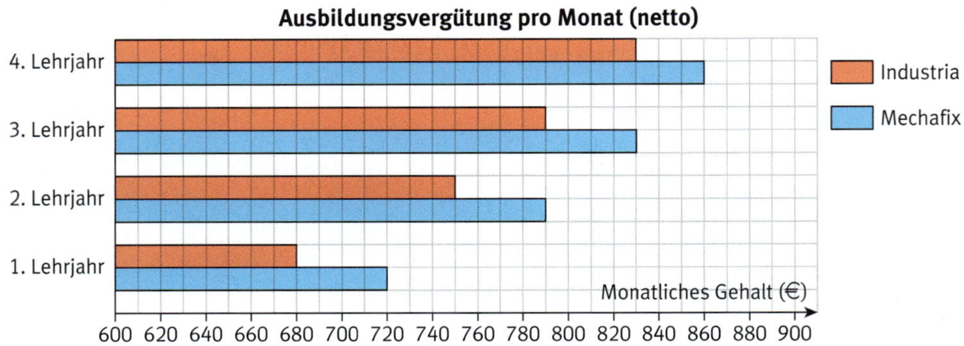

Diagramme
Rechnen mit Größen
Proportionalität
Gleichungen

a) Übertrage die Angaben aus dem Diagramm in eine Tabelle.
b) Berechne, wie viel man in den vier Ausbildungsjahren bei Mechafix und bei Industria verdient. Welche Ausbildung würdest du wählen?
c) Berechne das durchschnittliche Monatsgehalt nach der Ausbildung bei der Firma Industria.
d) Berechne, wie lange Marlene nach der Ausbildung jeweils arbeiten müsste, damit sie bei beiden Firmen gleich viel verdient hat. Berücksichtige dabei nur die Monatsgehälter.

Prozentrechnung

2 Marco tritt nach der Ausbildung seine erste Arbeitsstelle an. Sein monatliches Einstiegsgehalt liegt bei 1 500 € brutto.
a) Übertrage die Tabelle und ergänze fehlende Werte.

	Abzüge	Abzug in %	Abzug in €
Sozialabgaben	Krankenversicherung	8 %	■
	Pflegeversicherung	1,8 %	■
	Rentenversicherung	9,3 %	■
	Arbeitslosenversicherung	1,25 %	■
	Gesamte Sozialabgaben	■	■
Steuern	Lohnsteuer	4,7 %	■
	Gesamte Abgaben	■	■

b) Berechne Marcos Nettogehalt.
c) Marco möchte in der nächsten Gehaltverhandlung dafür sorgen, dass er netto mindestens 1 400 € im Monat verdient. Bestimme den Betrag, den er brutto mindestens fordern müsste.
Beachte: Die Lohnsteuer steigt mit dem Gehalt und beträgt dann 8,9 %.

GUT ZU WISSEN!
Unter dem **Bruttogehalt** versteht man den Gesamtbetrag vor dem Abzug von Sozialabgaben und Steuern. Das Geld, was nach diesen Abzügen übrig bleibt, ist das Nettogehalt. Das Nettogehalt wird tatsächlich ausgezahlt.

1 Anesa braucht einen Führerschein. Sie hat drei Angebote vor sich liegen.

FAHRSCHULE MOND	
Grundgebühr:	220 €
pro Übungsfahrt:	32 €
pro Sonderfahrt:	38 €

FAHRSCHULE KRAFT	
Grundgebühr:	300 €
pro Übungsfahrt:	27 €
pro Sonderfahrt:	42 €

FAHRSCHULE CENTRAL	
Grundgebühr:	140 €
pro Übungsfahrt:	36 €
pro Sonderfahrt:	39 €

Rechnen mit Größen
Proportionalität
Gleichungen

Bis zur Fahrprüfung müssen genau sechs Sonderfahrten gemacht werden.

a) Berechne die jeweiligen Gesamtkosten der drei Fahrschulen für 5 (20; 30) Übungsfahrten.
b) Anesa entscheidet sich für die Fahrschule Central. Nach 26 Übungsfahrten besteht Anesa die Prüfung. Berechne die Gesamtkosten.
c) Begründe rechnerisch: Wäre eine andere Fahrschule billiger gewesen?
d) Anesas Bruder gibt an: „Ich war auch bei der Fahrschule Central. Mich hat der Führerschein 950 € gekostet.“ Berechne, wie viele Übungsfahrten er brauchte.

2 Die neue Ausbildungsstelle ist 9 km von Marlenes Wohnung entfernt und mit öffentlichen Verkehrsmitteln schwer zu erreichen. Daher will sie die Strecken hin und zurück mit einem E-Roller fahren.

Rechnen mit Größen
Proportionalität
Prozentrechnung

a) Die Durchschnittsgeschwindigkeit in der Stadt beträgt ca. 18 km/h. Bestimme die Fahrzeit für eine einfache Fahrt.
b) Sie steht vor der Entscheidung, sich einen E-Roller zu kaufen oder ihn zu leihen. Für die Leihroller hat sie zwei Angebote.

EASY ROLLER	
Minutenpreis:	19 Cent

CITY ROLLER	
Minutenpreis:	17 Cent
Grundgebühr*:	30 Cent

*Grundgebühr pro Fahrt zu entrichten

Entscheide, welches zum Leihen preisgünstiger ist. Berechne dazu die Kosten
1 für einen Arbeitstag.
2 für die gesamte Ausbildungszeit (vier Jahre): pro Jahr muss sie 130 Tage zu ihrer Ausbildungsstelle.

c) Marlene holt sich ein Angebot von einem Händler für einen E-Roller. Der Kaufpreis beträgt 1 500 €. Für einen Helm und ein Schloss würde sie zusammen 120 € bezahlen. Der Händler rät ihr, mit Reparaturkosten in Höhe von 80 € pro Jahr und mit Stromkosten von 0,30 € pro Ausbildungstag zu rechnen. Eine Versicherung kostet 70 € im Jahr.
1 Erstelle eine tabellarische Übersicht über die Kosten und berechne die Gesamtkosten für die Ausbildungszeit.
2 Verkauft sie den Roller nach vier Jahren wieder, sollte Marlene noch 60 % des Kaufpreises bekommen.

Entscheide nun, welche Variante Marlene nehmen soll. Leihen oder kaufen?

Die erste eigene Wohnung – Mietkosten

1 Marlene zieht mit ihrer Freundin Karima zusammen. Sie mieten eine Wohnung, um eine Wohngemeinschaft (WG) zu gründen.

Da ihre Zimmer unterschiedlich groß sind, soll die Miete von 570 € fair aufgeteilt werden. In einem Blog für WGs lesen sie:

Wohnungsgröße	60 qm
Marlenes Zimmer	22 qm
Karimas Zimmer	15 qm
Gemeinschaftsräume	23 qm

wg-blog.mathe   Suchen

Ihr wollt bei unterschiedlich großen Zimmern kein Streit über die Mietkosten haben? Dann teilt die Miete nach der Quadratmeterzahl eurer Zimmer auf. Hierzu müsst ihr nur diese Schritte befolgen:

- Bestimmt den Quadratmeterpreis eurer Wohnung, indem ihr die gesamten Mietkosten durch die Größe eurer Wohnung dividiert.
- Jeder zahlt den Mietpreis für sein Zimmer und die Hälfte der Miete der Gemeinschaftsräume.

Rechnen mit Größen
Proportionalität
Wachstum

a) Bestimme so jeweils die Mietkosten von Marlene und Karima.
b) Der Vermieter möchte im Mietvertrag festhalten, dass die Wohnungsmiete jährlich um 1,5 % steigt. Die Freundinnen machen sich Sorgen, dass sie die Miete in wenigen Jahren nicht mehr bezahlen können. Berechne die Höhe der Miete in drei (fünf) Jahren.
c) Recherchiere, ob eine solche Vereinbarung zur prozentualen Mieterhöhung überhaupt zulässig ist. Informiere dich weiterhin über den Unterschied von Kalt- und Warmmiete. Welche weiteren Nebenkosten (Betriebskosten) können auf beide zukommen?

Rechnen mit Größen
Proportionalität
Prozentrechnen

2 Anesa erhält eine Mieterhöhung für ihre Kaltmiete. Sie liest, dass es zwei Gründe für einen Widerspruch gibt:

Nach §558 des BGB (Bürgerliches Gesetzbuch) gilt, dass der Mieterhöhung widersprochen werden kann, falls:
1. die Erhöhung mehr als 15 % beträgt (Kappungsgrenze Berlin).
2. die neue Miete über dem Wert der ortsüblichen Vergleichsmiete nach Mietspiegel liegt.

Größe der Wohnung:	40 m^2
Kaltmiete alt:	268 €
Kaltmiete neu:	308 €
Betriebskosten:	2,10 €/m^2
Ortsübliche Vergleichskaltmiete:	6,75 €/m^2

a) Berechne Anesas neue Warmmiete.
b) Entscheide, ob Anesa Widerspruch gegen die Mieterhöhung einlegen kann. Berechne dazu die prozentuale Erhöhung der Kaltmiete und die ortsübliche Vergleichskaltmiete für eine 40-m^2-Wohnung.

Rechnen mit Größen
Proportionalität
Antiproportionalität

1 Marlene möchte die Zeit für ihren Umzug kalkulieren, da sie einen Transporter für maximal vier Stunden mieten will.

a) Übertrage und vervollständige die Tabelle. Be- und Entladen dauert gleich lang.

Abholung	30 min
Beladen	■
Fahrt	20 min
Entladen	■
Rückgabe	20 min
Pause	10 min
Gesamtzeit	4 h

b) Drei Personen bräuchten für das Be- und Entladen jeweils zwei Stunden. Berechne die Anzahl der Personen, die bei Marlenes Umzug mindestens helfen müssten, damit sie es problemlos in vier Stunden schaffen.

Flächeninhalt
Rechnen mit Größen

2 a) Marlene möchte ihr neues rechteckiges Zimmer vor dem Einzug streichen. Berechne die zu streichende Fläche einschließlich Decke. Die drei Fenster und die Tür werden natürlich nicht gestrichen.

Maße am Boden:	4 m x 5,5 m
Maße Tür:	1 m x 2,2 m
Maße pro Fenster:	0,9 m x 0,8 m
Raumhöhe:	2,3 m

b) Im Baumarkt hat sie die Auswahl unter verschiedenen Farbeimern. Der Mitarbeiter empfiehlt ihr, zweimal zu streichen. Entscheide dich für eine Auswahl, so dass möglichst wenig Farbreste entstehen. Beurteile, ob das auch die kostengünstigste Variante ist.

c) Ihre Freundin Karima behauptet: „Der Literpreis halbiert sich ja fast vom kleinsten zum größten Farbeimer." Hat sie recht?

Kombinatorik
Wahrscheinlichkeitsrechnung

3 Beim Umzug bemerkt Marlene, dass sie ihr altes Fahrrad nicht mehr braucht. Sie schenkt es Anesa. Das Fahrrad ist mit einem Zahlenschloss abgesperrt und ihr fällt die Ziffernkombination nicht sofort ein.

a) Gib die Anzahl der möglichen Kombinationen an.

b) Marlene erinnert sich daran, dass die Kombination aus den Ziffern 2, 4, 5 und 8 besteht. Bestimme, wie viele Kombinationen nun möglich sind.

c) Berechne die Wahrscheinlichkeit, dass Anesa beim ersten Versuch die richtige Kombination einstellt, wenn sie weiß, dass die Ziffern 2, 4, 5 und 8 vorkommen.

d) Das Einstellen einer Kombination dauert 5 Sekunden. Wie lange braucht Anesa höchstens, bis sie das Schloss geöffnet hat?

Maßstab
Flächeninhalt

1 Marco überlegt sich, wie er seine Küche neu einrichten kann.

a) Skizziere einen Grundriss der Küche ohne Möbel im Maßstab 1 : 20.

b) Zeichne die Möbelstücke im Maßstab 1 : 20 wie im Beispiel für den Stuhl (C) auf ein Extrablatt. Schneide sie aus und beschrifte sie mit Großbuchstaben.

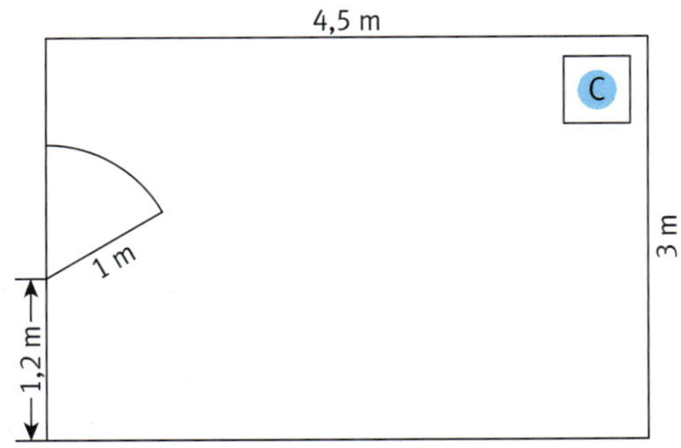

Möbelstücke				
Kühlschrank (A)	Tisch (B)	3 Stühle (C)	Schrank (D)	Küchenzeile (E)
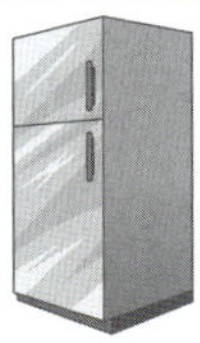				
0,6 m x 0,6 m	0,8 m x 1,2 m	0,5 m x 0,5 m	0,6 m x 1,5 m	0,8 m x 2,6 m

c) Finde verschiedene Möglichkeiten für das Einrichten der Küche. Welche Einrichtung würdest du Marco vorschlagen?

d) Marcos Mutter meint: „Stelle doch den Schrank und die Küchenzeile gemeinsam an die kurze Wand.“
Nimm Stellung zu diesem Vorschlag.

e) Anesa schlägt vor, dass Marco die Tür aushängt:
„So hast du viel mehr Platz in der Küche.“
Berechne die ungefähre Größe der Fläche, die man durch das Aushängen der Tür dazugewinnen würde.
Nimm Stellung zu Anesas Vorschlag.

Volumen
Proportionalität
Prozentrechnung
Rechnen mit Größen

2 Marlene möchte sich ihren Traum von einem Aquarium mit Goldfischen erfüllen. Ihr Onkel hat noch eines im Keller und schenkt es ihr.

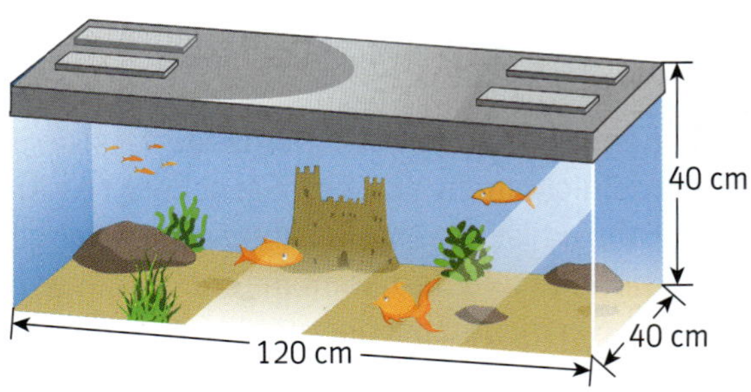

a) In der Zoohandlung erfährt sie, dass ein Goldfisch ca. 40 Liter Wasser benötigt, um artgerecht zu leben. Bestimme die maximale Anzahl an Fischen, die sie kaufen kann.

b) Der Händler erklärt ihr, dass sie jede Woche 15 % des Wassers austauschen sollte. Marlene denkt sich: „Das sind ungefähr drei 10-l-Eimer“. Hat sie recht?

c) Marlene möchte den Boden des Aquariums mit einer 5 cm dicken Sandschicht bedecken. Berechne, wie viel Kilogramm Sand sie dazu braucht. Sand hat eine Dichte von $1{,}5\,\frac{g}{cm^3}$.

d) Informiere dich über artgerechte Tierhaltung von Goldfischen. Notiere weitere Richtlinien für das Aquarium, die noch gelten müssen.

1 Anesa will sich das neueste Smartphone kaufen. Sie hat zwei Angebote und entscheidet sich spontan für das des Anbieters „Handy Topia“.

Proportionalität
Rechnen mit Größen
Prozentrechnung

a) Erst danach liest sich Anesa das Kleingedruckte genau durch. Darin steht:

> * Ab dem 4. Monat 79,99 €
> gesamte Laufzeit 12 Monate

Berechne den Gesamtpreis für das Smartphone im „Unschlagbaren Angebot“.

b) Berechne, wie viel Prozent beim günstigeren Angebot gespart werden kann.

c) Erkläre, wieso Anesa sich für das „Unschlagbare Angebot“ entschieden hat. Leite daraus Tipps ab, die man bei einem Vertragsabschluss berücksichtigen sollte.

2 Marco möchte sich einen Überblick über seine Finanzen verschaffen und listet alle festen Ausgaben (auch Fixkosten genannt) auf. Sein monatliches Gehalt beträgt 1400 € netto.

Proportionalität
Rechnen mit Größen
Prozentrechnung

Versicherungen (monatlich)	50 €
Kaltmiete (monatlich)	450 €
Betriebskosten (monatlich)	150 €
Handyvertrag(monatlich)	35 €
Fitnessstudio (jährlich)	240 €
Gaming- und Streaming Abos (alle 3 Monate)	65 €
Rundfunkgebühr (alle 3 Monate)	52,50 €

a) Berechne Marcos Fixkosten pro Jahr sowie die durchschnittlichen Fixkosten pro Monat.

b) Marco geht davon aus, dass er zusätzlich pro Tag 17 € für Einkäufe, Lebensmittel und Unternehmungen ausgibt. Den Rest möchte er zum Monatsende zurücklegen. Bleibt überhaupt noch etwas übrig?
Bestimme den möglichen monatlichen Sparbetrag. Gehe davon aus, dass ein Monat 30 Tage hat.

c) Marcos Vater hat ihm erklärt, dass die Höhe der Kaltmiete angemessen sei, wenn sie nicht mehr als $\frac{1}{3}$ des Nettogehalts beträgt. Überprüfe, ob Marcos Kaltmiete diese Vorgabe erfüllt.

d) Was versteht man unter Rundfunkgebühren? Informiere dich darüber. Notiere, wofür sie gezahlt werden und wer sie zahlen muss.

Proportionalität
Rechnen mit Größen

1 Anesa überlegt, ob sie den Grießbrei für ihr Baby aus Hartweizengrieß selber machen oder einen Fertigbrei (Milchbrei-Grieß) kaufen soll.

Variante 1: Hartweizengrieß
Preis: 1,49 €
Packungsgröße: 500 g
Inhalt: 100 % Grieß
Zubereitung einer Portion:
20 g Grieß + 200 ml Milch

Variante 2: Fertigbrei
Preis: 2,85 €
Packungsgröße: 600 g
Inhalt: 35 % Grieß,
65 % Milchpulver
Zubereitung einer Portion:
60 g Grieß + 200 ml Wasser

a) Berechne den Preis für eine Portion Brei für beide Varianten (1 l Bio-Milch kostet 1,38 €).
b) Ermittle, wie viel Anesa bei der billigeren Variante in einem halben Jahr sparen kann. Ihr Baby braucht jeden Tag zwei Portionen Brei.
c) Anesas Mutter warnt: „Dem Fertigbrei wird zu viel Zucker beigefügt. Nimm lieber die Variante aus Hartweizengrieß. Da hast du nur einen kleinen Zuckeranteil von der Milch."

Variante 1: Hartweizengrieß
Nährwerte je Portion:

Fett	2,5 g
Kohlenhydrate	33,5 g
Davon Zucker	3 g
Ballaststoffe	2,5 g
Eiweiß	7 g

Variante 2: Fertigbrei
Nährwerte je Portion:

Fett	5,6 g
Kohlenhydrate	42,6 g
Davon Zucker	15 g
Ballaststoffe	1 g
Eiweiß	7,8 g

Hat Anesas Mutter recht? Berechne, wie viele Zuckerwürfel der ganzen Packung Fertigbrei zugefügt wurden.

Ein Zuckerwürfel ist etwa 3 g schwer.

d) Welche Variante würdest du wählen? Begründe.

Proportionalität
Rechnen mit Größen
Prozentrechnung

2 Marco möchte seine Ernährung schrittweise auf Bio-Produkte umstellen und beim Fleisch beginnen. Es weiß, dass er so mehr Geld ausgeben muss, doch er glaubt, sich auf diesem Wege gesünder zu ernähren und informiert sich.
a) Gib an, um welchen Faktor das Bio-Fleisch teurer ist.
b) Marco mag Hühnerfleisch und rechnet damit, dass er pro Woche 400 Gramm Fleisch kaufen möchte. Berechne die Mehrkosten pro Monat (ca. 4 Wochen), die er durch Bio-Fleisch hätte.

Anteil am Verkaufspreis pro kg Hähnchenbrust		
	Konventionelles Fleisch	Bio-Fleisch
Bauer	2,50 €	9,50 €
Schlachthof/ Zwischenhandel	2,30 €	5,00 €
Handel	2,20 €	15,50 €
Verkaufspreis	7,00 €	30,00 €

c) Marco findet ein Zitat, das ihn verwundert:
„Der große Gewinner bei Bio-Fleisch ist der Handel. Die Bauern bekommen vom Verkaufspreis prozentual sogar weniger. "
Nimm anhand der Tabelle Stellung zu dieser Aussage. Beurteile die Rolle des Schlachthofs/Zwischenhandels. Zählen sie auch zu den „Gewinnern"?

1 Anesa möchte mit ihrer Tochter eine Woche auf Rügen an der Ostsee verbringen. Sie will sich dafür das Auto ihrer Mutter leihen. Dafür berechnet die Mutter pro gefahrenen Kilometer 20 Cent Abnutzungskosten. Das Bahnticket (einfache Fahrt) kostet 50,80 €. Kleine Kinder fahren gratis bei der Bahn mit.

a) Schätze die Entfernung von Berlin nach Sassnitz und die Dauer der Autofahrt dorthin. Der Maßstab der Karte beträgt 1 : 2000000.

b) Vergleiche mit deiner Schätzung und den folgenden Angaben die Kosten für Bahnfahrt und Autofahrt. Was ist billiger?

1 l Benzin: 1,29 €
Benzinverbrauch: 7,8 l pro 100 km
Abnutzung pro km: 20 Cent

c) Die Mutter will Anesa begleiten und zahlt gleich viel wie Anesa für das Bahnticket. Welche Variante ist nun günstiger?

Maßstab
Rechnen mit Größen
Proportionalität

2 Marlene will zusammen mit ihren drei Freundinnen in den Urlaub fahren. Sie entscheiden sich für eine Woche in Barcelona im Mai.

Hinflug Berlin – Barcelona: 49,99 € pro Person
Rückflug Barcelona – Berlin: 79,99 € pro Person
Preis Aufgabegepäck pro Flug: 24 € pro Person

Rechnen mit Größen
Prozentrechnung
Diagramme

a) Über eine Suchmaschine im Internet finden sie Flüge. Berechne die Gesamtkosten der Mädchen, wenn jede ein Gepäckstück mitnehmen will.

b) Berechne, um wie viel Prozent sich der Gesamtpreis verringert, wenn die Freundinnen nur mit Handgepäck reisen.

c) Marlene meint, dass das Meer mindestens eine Wassertemperatur von 19 °C haben sollte, um baden zu gehen. Sie findet im Internet dazu ein Diagramm.

① Beschreibe das Diagramm.

② Entscheide, ob Marlene und ihre Freundinnen Badesachen einpacken sollten.

d) Gib die Monate an, in denen Marlene

① sicher im Meer baden könnte.

② eine Chance hätte, im Meer zu baden.

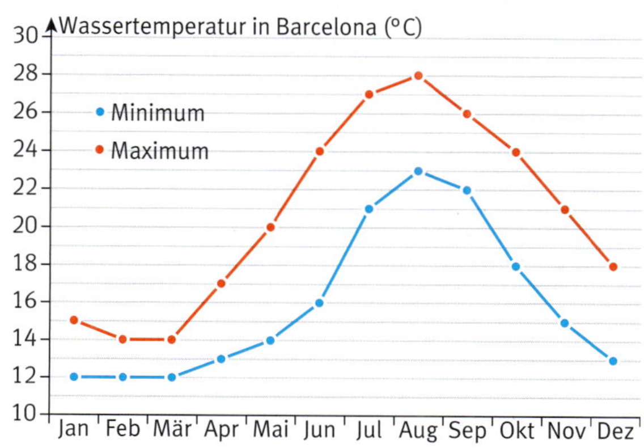

Fit für den Einstellungstest

Marlene musste für ihre Ausbildung zunächst einen Einstellungstest erfolgreich bewältigen. Die Mathematikaufgaben waren für sie kein Problem!

1 Zahlenreihen: Vervollständige die Reihen nach dem passenden Muster.

a) 200 100 50 25 ?

b) 4 8 12 16 20 ?

c) 1 1 2 3 5 8 13 ?

d) 1 4 9 16 25 36 ?

e) 2 4 3 6 5 10 9 ?

f) 109 100 92 85 79 74 ?

g) $\frac{1}{2}$ $\frac{1}{4}$ $\frac{1}{8}$ $\frac{1}{16}$ $\frac{1}{32}$?

h) 1 3 7 13 21 ?

2 Finde das passende Bild.

a)

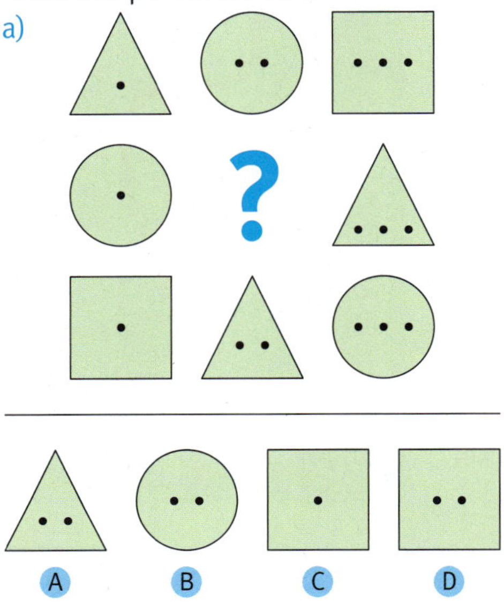

b)

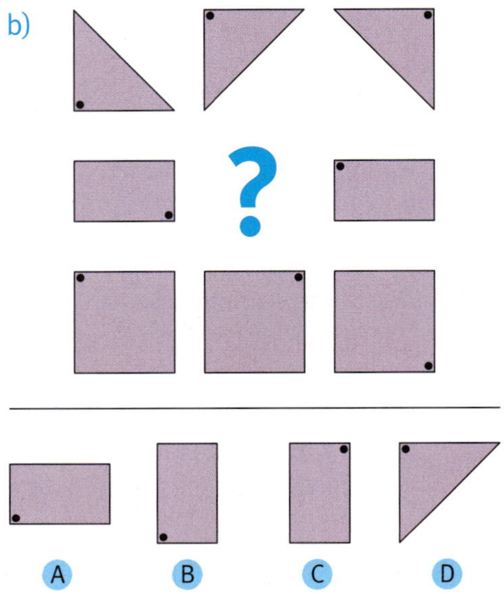

c)

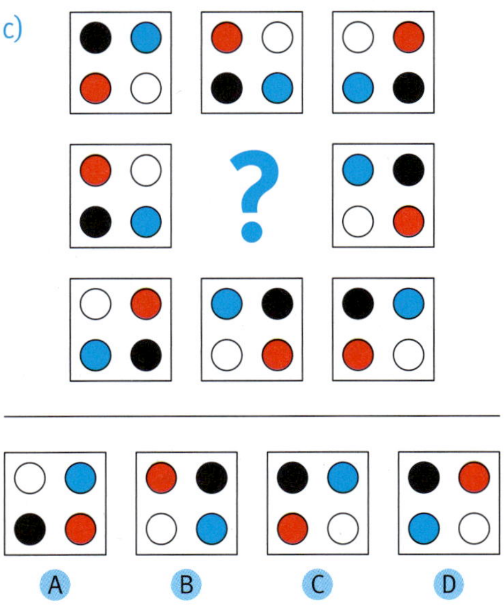

d)

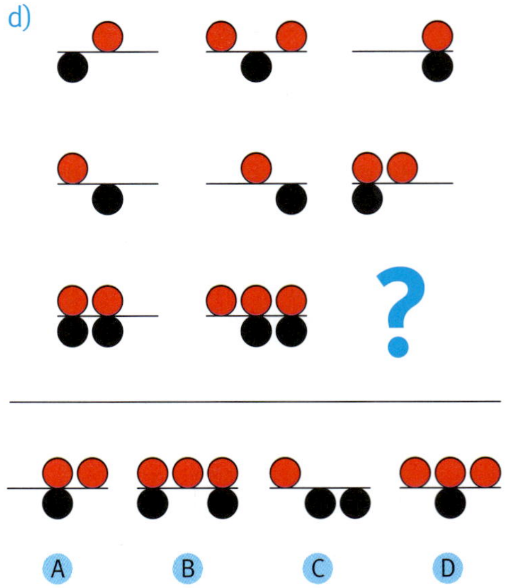

3 Welcher Würfel (A) bis (E) ist identisch mit der Vorlage?

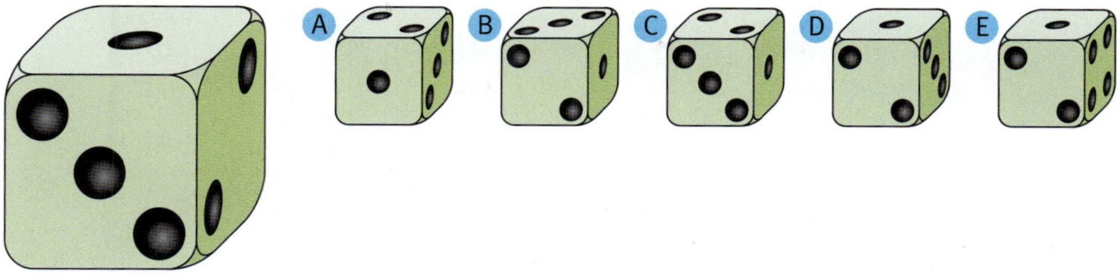

4 Nenne jeweils die richtige Antwort.

a) Ein PKW verbraucht auf 100 km genau 6 Liter Benzin. Wie viel Liter würde der PKW bei gleicher Fahrweise auf einer Strecke von 450 km verbrauchen?

(A) 23 l (B) 20 l (C) 27 l (D) 28 l

b) Bei einer Durchschnittsgeschwindigkeit von 100 km/h benötigt ein Auto für eine Strecke fünf Stunden. Wie schnell müsste das Auto fahren, wenn die gleiche Strecke in vier Stunden geschafft werden soll?

(A) 110 km/h (B) 125 km/h (C) 130 km/h (D) 145 km/h

c) In einer Firma sind von 200 Angestellten 60 % Frauen. Wie viele Angestellte sind das?

(A) 100 (B) 120 (C) 130 (D) 135

d) In einem Dorf mit 4000 wahlberechtigten Einwohner*innen haben 2800 der Bürger*innen an der Wahl teilgenommen. Wie viel Prozent der Bürger*innen waren das?

(A) 55 % (B) 60 % (C) 65 % (D) 70 %

5 Schätzaufgaben: Du erhältst das Ergebnis, indem du es schätzt oder kurze rechnerische Überlegungen durchführst. Ein Taschenrechner ist nicht erlaubt.

a) $26\,375 \cdot \frac{1}{10} =$

(A) 263 750 (B) 26,375 (C) 263,75 (D) 2 637,5

b) $20\,945 + 321 \cdot 411 =$

(A) 300 848 (B) 152 876 (C) 6 213 216 (D) 90 172 168

c) $125 : \frac{1}{4} =$

(A) 500 (B) 31,25 (C) 100 (D) 400

1 Schätze ab:

a) Wie viele Portionen Babybrei werden in Berlin (Deutschland) pro Jahr gegessen?

b) Wie viele Tonnen Babybrei sind das insgesamt?

c) Wie viele Elefanten sind gleich schwer wie dieser „Brei-Berg“?

2 Stell dir vor: Alle Handys, die es in Berlin gibt, werden eingesammelt.

a) Wie viele Fußballfelder könnte man mit den Handys auslegen?

b) Wie viele Badewannen könnte man mit den Handys füllen?

3 Denke doch mal über deine Zukunft nach. Schätze ab, wie viel Zeit du in deinem Leben mit
- schlafen
- Zähne putzen
- Auto fahren
- Wäsche waschen
- deinen Kindern spielen ...

verbringen wirst.
Denke dir noch weitere Tätigkeiten aus, die du untersuchen kannst. Stelle deinen abgeschätzten Zeitbedarf in einem geeigneten Diagramm dar und vergleiche mit deinen Mitschülern.

Geldbeträge	1 € = 100 Ct	Umrechnungszahl: 100
Gewichte	1 t = 1000 kg 1 kg = 1000 g 1 g = 1000 mg	Umrechnungszahl: 1000
Zeitspannen	1 h = 60 min 1 min = 60 s 1 Tag hat 24 Stunden. 1 Woche hat 7 Tage. 1 Jahr hat 52 Wochen.	Umrechnungszahl: 60
Längenmaße	1 cm = 10 mm 1 dm = 10 cm = 100 mm 1 m = 10 dm = 100 cm = 1000 mm	Umrechnungszahl: 10 Zusätzlich gilt: 1 km = 1000 m
Flächenmaße	$1\ cm^2 = 100\ mm^2$ $1\ dm^2 = 100\ cm^2 = 10000\ mm^2$ $1\ m^2 = 100\ dm^2 = 10000\ cm^2$ $= 1000000\ mm^2$	Umrechnungszahl: 100 Zusätzlich gilt: $1\ km^2 = 1000\ m \cdot 1000\ m$ $= 1000000\ m^2$
Volumenmaße/ Hohlmaße	$1\ cm^3 = 1000\ mm^3$ $1\ dm^3 = 1000\ cm^3 = 1000000\ mm^3$ $1\ m^3 = 1000\ dm^3 = 1000000\ cm^3$ $= 1000000000\ mm^3$ $1\ l = 1\ dm^3 = 1000\ cm^3$ $1\ cm^3 = 1\ ml$ 1 l = 1000 ml und 1 hl = 100 l	Umrechnungszahl: 1000 Zusätzlich gilt: $1\ km^3$ $= 1\ km \cdot 1\ km \cdot 1\ km$ $= 1000\ m \cdot 1000\ m \cdot 1000\ m$ $= 1000000000\ m^3$
Geschwindigkeit einer gleichförmigen Bewegung	$v = \frac{s}{t}$ $1\frac{m}{s} = 3{,}6\frac{km}{h}$ $1\frac{km}{h} \approx 0{,}278\ \frac{m}{s}$	v: Geschwindigkeit s: zurückgelegter Weg t: benötigte Zeit
Dichte eines Stoffes	$\rho = \frac{m}{V}$	ρ: Dichte m: Masse V: Volumen
Prozentrechnung (Grundformel)	$\frac{W}{p} = \frac{G}{100}$	G: Grundwert W: Prozentwert p: Prozentsatz
Potenzen und Wurzeln	$a^n = a \cdot a \cdot a \cdot \ldots \cdot a$ (n-mal) $\sqrt[n]{a} = a^{\frac{1}{n}}$ Für den Spezialfall n = 2 gilt: $\sqrt[2]{a} = \sqrt{a} = a^{\frac{1}{2}}$	für $a \in \mathbb{R}$, $a \neq 0$, $n \in \mathbb{N}$ Zusätzlich gilt: $a^0 = 1$ $a^1 = a$
Potenzgesetze	$a^m \cdot a^n = a^{m+n}$ $a^m : a^n = a^{m-n}$ $a^{-n} = \frac{1}{a^n}$ $a^m \cdot b^m = (a \cdot b)^m$ $a^m : b^m = (a : b)^m$ $(a^m)^n = a^{m \cdot n}$	

Rechtwinkliges Dreieck		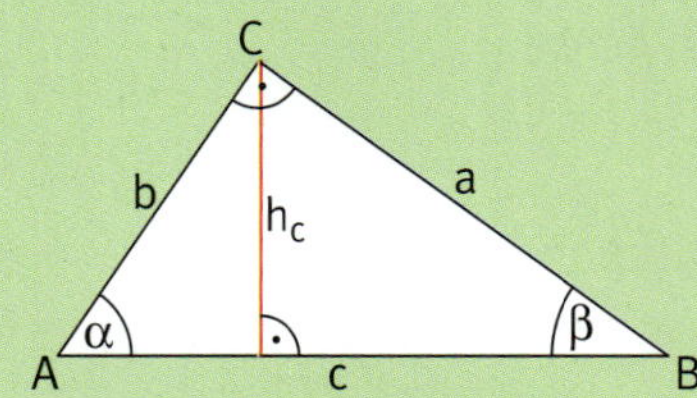
Satz des Pythagoras	$a^2 + b^2 = c^2$	
Umfang	$u = a + b + c$	
Flächeninhalt	$A = \frac{1}{2} \cdot a \cdot b = \frac{1}{2} \cdot c \cdot h_c$	
Seiten-Winkel-Beziehungen	$\sin\alpha = \frac{\text{GK von }\alpha}{\text{HY}} = \frac{a}{c}$ $\cos\alpha = \frac{\text{AK von }\alpha}{\text{HY}} = \frac{b}{c}$ $\tan\alpha = \frac{\text{GK von }\alpha}{\text{AK von }\alpha} = \frac{a}{b}$	
Beliebiges Dreieck		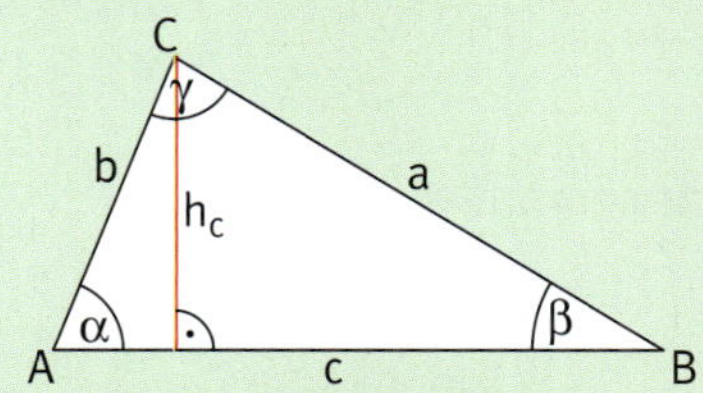
Sinussatz	$\frac{a}{\sin\alpha} = \frac{b}{\sin\beta} = \frac{c}{\sin\gamma}$	
Umfang	$u = a + b + c$	
Flächeninhalt	$A = \frac{1}{2} \cdot c \cdot h_c$ bzw. $A = \frac{1}{2} b \cdot c \cdot \sin\alpha$	
Rechteck		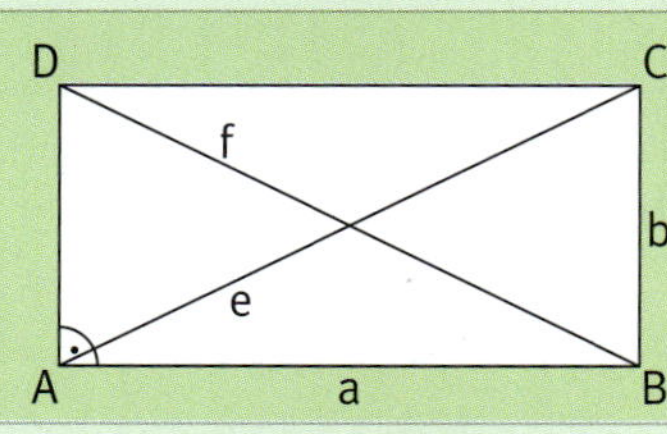
Umfang	$u = 2a + 2b = 2 \cdot (a + b)$	
Flächeninhalt	$A = a \cdot b$	
Diagonalen	$e = f = \sqrt{a^2 + b^2}$	
Trapez		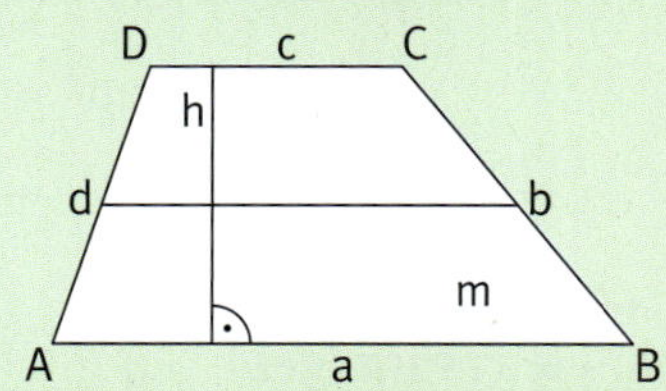
Umfang	$u = a + b + c + d$	
Mittellinie	$m = \frac{1}{2} \cdot (a + c)$	
Flächeninhalt	$A = m \cdot h = \frac{1}{2} \cdot (a + c) \cdot h$	
Parallelogramm		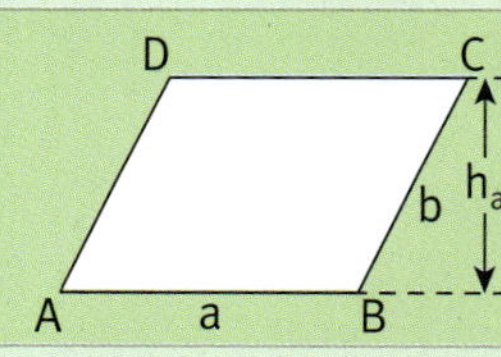
Umfang	$u = 2a + 2b = 2 \cdot (a + b)$	
Flächeninhalt	$A = a \cdot h_a$	
Raute		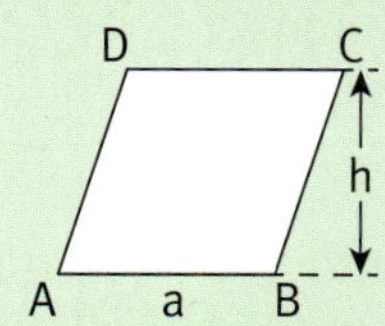
Umfang	$u = 4 \cdot a$	
Flächeninhalt	$A = a \cdot h$	
Drachen		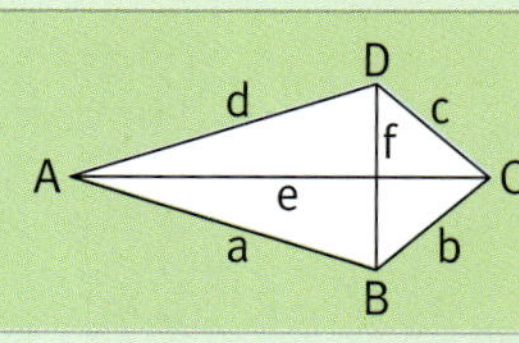
Umfang	$u = 2a + 2b = 2 \cdot (a + b)$	
Flächeninhalt	$A = \frac{e \cdot f}{2}$	
Kreis		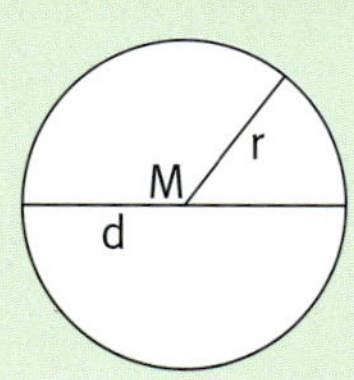
Durchmesser	$d = 2 \cdot r$	
Umfang	$u = 2 \cdot \pi \cdot r$	
Flächeninhalt	$A = \pi \cdot r^2$	

Würfel / Quader			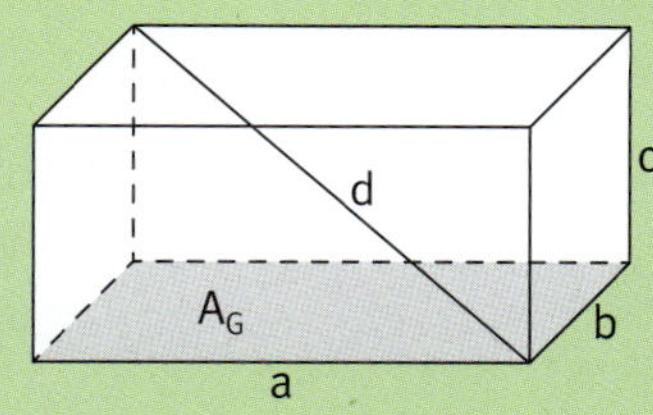
Grundfläche	$A_G = a^2$	bzw. $A_G = a \cdot b$	
Oberfläche	$A_O = 6 \cdot a^2$	bzw. $A_O = 2ab + 2bc + 2ac$	
Volumen	$V = a^3$	bzw. $V = a \cdot b \cdot c$	
Raumdiagonale	$d = a \cdot \sqrt{3}$	bzw. $d = \sqrt{a^2 + b^2 + c^2}$	
Prisma (dreiseitig, gerade)	A_G: Grundfläche u_G: Umfang der Grundfläche		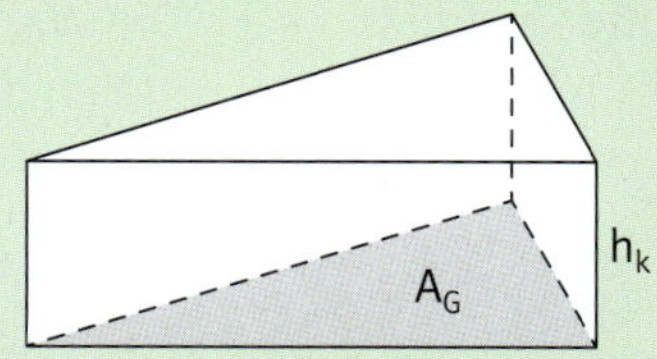
Mantelfläche	$A_M = u_G \cdot h_K$		
Oberfläche	$A_O = 2A_G + A_M$		
Volumen	$V = A_G \cdot h_K$		
Pyramide	**quadratisch**	**rechteckig**	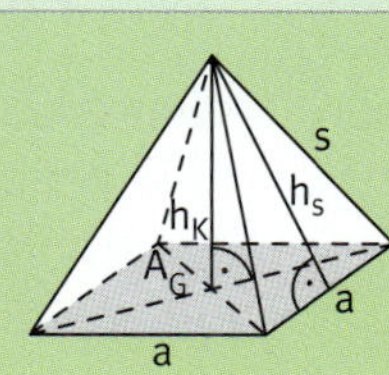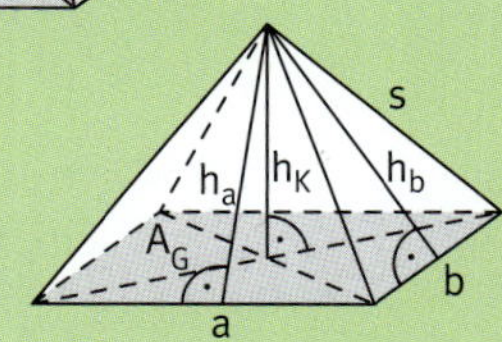
Grundfläche	$A_G = a^2$	$A_G = a \cdot b$	
Mantelfläche	$A_M = 2a \cdot h_S$	$A_M = a \cdot h_a + b \cdot h_b$	
Oberfläche	$A_O = A_G + A_M$ $= a^2 + 2a \cdot h_S$	$A_O = A_G + A_M$ $= a \cdot b + a \cdot h_a + b \cdot h_b$	
Volumen	$V = \frac{1}{3} \cdot A_G \cdot h_K$ $= \frac{1}{3} \cdot a^2 \cdot h_K$	$V = \frac{1}{3} \cdot A_G \cdot h_K$ $= \frac{1}{3} \cdot a \cdot b \cdot h_K$	
Zylinder			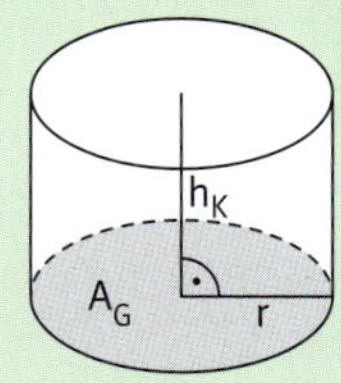
Grundfläche	$A_G = \pi \cdot r^2$		
Mantelfläche	$A_M = 2 \cdot \pi \cdot r \cdot h_K$		
Oberfläche	$A_O = 2A_G + A_M$		
Volumen	$V = A_G \cdot h_K = \pi \cdot r^2 \cdot h_K$		
Kegel			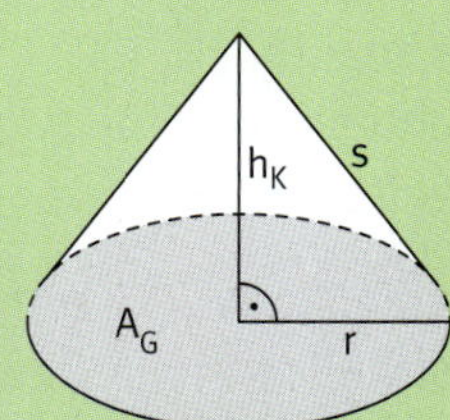
Mantellinie	$s^2 = r^2 + h_K^2$		
Grundfläche	$A_G = \pi \cdot r^2$		
Mantelfläche	$A_M = \pi \cdot r \cdot s$		
Oberfläche	$A_O = A_G + A_M = \pi \cdot r \cdot (r + s)$		
Volumen	$V = \frac{1}{3} \cdot A_G \cdot h_K = \frac{1}{3} \cdot \pi \cdot r^2 \cdot h_K$		
Kugel			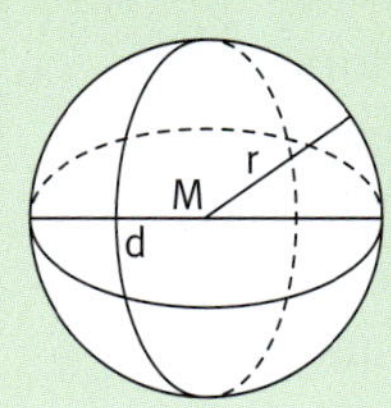
Oberfläche	$A_O = 4\pi \cdot r^2$		
Volumen	$V = \frac{4}{3}\pi \cdot r^3$		

Wahrscheinlichkeitsrechnung		
Zufallsversuche	Sind alle Ergebnisse bei einem Zufallsexperiment gleich wahrscheinlich, so gilt für ein Ereignis A: $P(A) = \frac{\text{Anzahl der für A günstigen Ergebnisse}}{\text{Anzahl der möglichen Ergebnisse}}$	P(A): Wahrscheinlichkeit für das Ereignis A
Pfadregeln für mehrstufige Zufallsversuche	Produktregel (1. Pfadregel): Die Wahrscheinlichkeit eines Ergebnisses D ist gleich dem Produkt der Wahrscheinlichkeiten entlang des jeweiligen Pfades im Baumdiagramm. Beispiel: Wahrscheinlichkeit für das Ereignis D: $P(D) = p_1 \cdot p_4$ Summenregel (2. Pfadregel): Die Wahrscheinlichkeit eines Ereignisses H ist gleich der Summe der Wahrscheinlichkeiten aller Pfade, die für dieses Ereignis günstig sind. Beispiel: Ereignis H = {D; E} Wahrscheinlichkeit für das Ereignis H: $P(H) = P(D) + P(E) = p_1 \cdot p_4 + p_2 \cdot p_5$	Baumdiagramm: 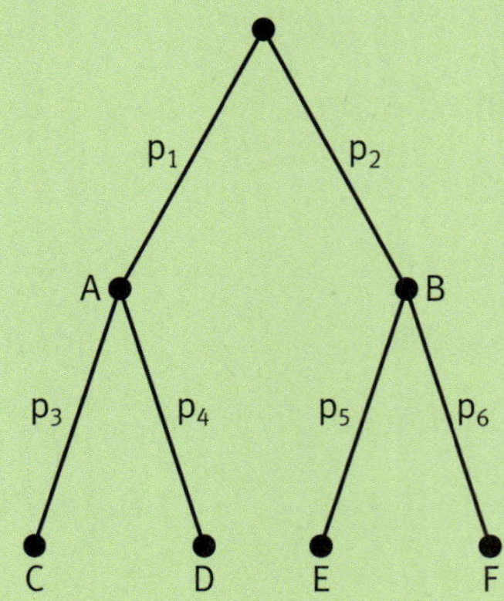
Quadratische Funktionen und Gleichungen		
Scheitelpunktform der verschobenen Normalparabel	$f(x) = (x + d)^2 + e$	Scheitelpunkt: $S\,(-d\vert e)$
Scheitelpunktform der verschobenen und gestreckten, gestauchten oder gespiegelten Parabel	$f(x) = a(x + d)^2 + e$	
Allgemeine Form bzw. Normalform einer quadratischen Gleichung	$ax^2 + bx + c = 0$ bzw. $x^2 + px + q = 0 \quad p, q \in \mathbb{R}$	
Lösungsformel für quadratische Gleichungen in Normalform zur Bestimmung von Nullstellen	$x_{1/2} = -\frac{p}{2} \pm \sqrt{\left(\frac{p}{2}\right)^2 - q}$	

Grundlagentraining

Seite 7

1 a) $3^4 = 81$, $6^3 = 216$, $2^6 = 64$ größte Zahl: 6^3
b) 0,35 kg > 35 g (1 kg = 1 000 g)
c) $-5x - 2x = -7x$
d) $A = \frac{1}{2} \cdot \pi \cdot 1{,}5^2$ und $A = 0{,}5 \cdot \pi \cdot 2{,}25$
e) $20\,\% = \frac{1}{5} \mathrel{\hat=} 60\,€$
$\Rightarrow 100\,\% \mathrel{\hat=} 5 \cdot 60\,€ = 300\,€$
f) $(y - 8)^2 = y^2 - 16y + 64$

2 a) $0{,}0001 = \frac{1}{10\,000} = \frac{1}{10^4} = 10^{-4}$
b) $2000\ cm^2 < 2\ m^2$ ($1\ m^2 = 10\,000\ cm^2$)
c) $-2y + 9 + 8y = 6y + 9$
d) $u = 0{,}5 \cdot \pi \cdot 2 + 2$ und $u = \pi + 2$
e) Gesamtlänge: 28 km ($\frac{1}{4} \mathrel{\hat=} 7$ km $\Rightarrow \frac{4}{4} \mathrel{\hat=} 28$ km)
f) $(x + 5)^2 = x^2 + 10x + 25$

3 a) größter Wert: $\sqrt{9} = 3$
kleinster Wert: $3 \cdot 10^{-2} = 0{,}03$
b) $3\frac{3}{4}$ h = 225 min ($\frac{3}{4}$ h = 45 min)
c) $7z - 21z - 19z = -33z$
d) $A = \frac{1}{4} \cdot \pi \cdot 1{,}5^2$ und $A = 2{,}25 \cdot \pi : 4$
e) Die Firma hat $28 : 2 \cdot 7 = 98$ Mitarbeiter.
($\frac{2}{7} \mathrel{\hat=} 28 \Rightarrow \frac{1}{7} \mathrel{\hat=} 14 \Rightarrow \frac{7}{7} \mathrel{\hat=} 98$)
f) $x^2 + 8x + 16 = (x + 4)^2$

4 a) $4 \cdot 10^{-2} = 0{,}2^2 = \frac{4}{100} = 0{,}04$ $\frac{4}{10} = \sqrt{0{,}16}$
b) 1,87 m = 1870 mm (1 m = 1 000 mm)
c) $-9a + 15a : 3a + 27 = -9a + 32$
d) $u = 2\pi : 4 + 2$ und $u = 0{,}5 \cdot \pi + 2$
e) $84 : 3 \cdot 10 = 280$ Schüler
($30\,\% \mathrel{\hat=} 84 \Rightarrow 10\,\% \mathrel{\hat=} 28 \Rightarrow 100\,\% \mathrel{\hat=} 280$)
f) $x^2 - 18x + 81 = (x - 9)^2$

Seite 8

5 a) P („rote Socke“) $= \frac{7}{10} = 0{,}7 = 70\,\%$
b) $\bar{x} = \frac{3 + 4 + 3 + 2 + 1 + 1 + 4 + 2}{8} = 2{,}5$
c) $2 \cdot (x - 3)$
d) gleichschenkliges (symmetrisches) Trapez

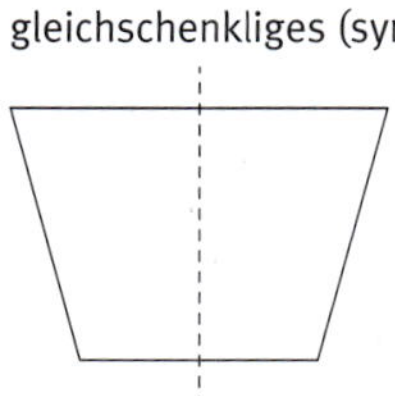

e) Die Aussage ist richtig. Die Winkel in einem gleichseitigen Dreieck sind alle gleich groß. Mit der Winkelsumme (180°) ergibt sich $\alpha = \beta = \gamma = 60°$.
f) S (1 | 1)

6 a) Da keine rote Socke gezogen werden soll, dürfen nur blaue Socken gezogen werden.
P („blaue Socke“) $= \frac{9}{30} = \frac{3}{10} = 0{,}3 = 30\,\%$
b) $\bar{x} = \frac{2 + 2 + 5 + 1 + 2}{5} = 2{,}4$
z = 2 (Mitte einer geordneten Datenreihe)
c) $(5 + x) \cdot 0{,}5$
d) Raute

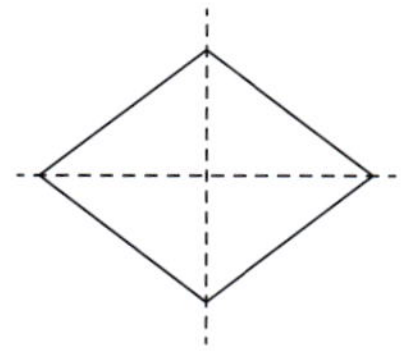

e) Diese Aussage ist falsch. Mit $\alpha = 60°$ und $\beta = 30°$ ergibt sich für den dritten Winkel $\gamma = 90°$. Das Dreieck ist also rechtwinklig. Wäre das Dreieck zusätzlich gleichschenklig, dann müssten die Basiswinkel α und β gleich groß sein.
f) S (−1 | 4)

7 a) P („gelbe Socke“) $= \frac{4}{20} = \frac{2}{10} = 0{,}2 = 20\,\%$
b) $(75 + x) : 5 = 18 \Rightarrow 75 + x = 90 \Rightarrow x = 15$ (°C)
c) $4x : 32 = 5$
d) Es handelt sich um ein rechtwinkliges Dreieck, das keine Symmetrieachsen hat.
e) Diese Aussage ist richtig, denn für den dritten Winkel gilt: $\gamma = 180° - 70° - 20° = 90°$
f) $e = -2$

8 a) Da keine grüne Socke gezogen werden soll, dürfen nur rote Socken gezogen werden.
P („rote Socke“) $= \frac{32}{40} = \frac{8}{10} = 0{,}8 = 80\,\%$
b) $(80 + x) : 4 = 22 \Rightarrow 80 + x = 88 \Rightarrow x = 8$ (€)
c) $(x \cdot 6) : 2 = 24$
d) Regelmäßiges Sechseck

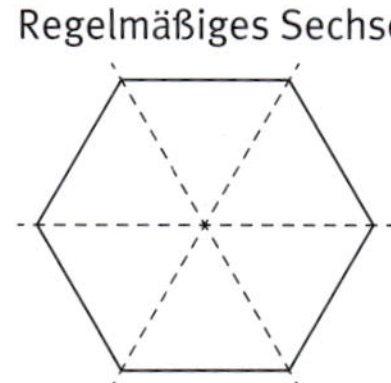

e) Diese Aussage ist falsch. In einem spitzwinkligen Dreieck sind alle Winkel kleiner als 90°. Das ist hier nicht der Fall, denn es gilt $\gamma = 180° - 40° - 40° = 100°$.
f) $e = 3$

Seite 9

9 a) Diese Aussage ist falsch. Da die gegenüberliegenden Flächen in einem Quader stets gleich groß sind, ist dies nicht möglich. Die Oberfläche eines Quaders könnte aus vier Rechtecken und zwei Quadraten bestehen oder aus zwei Rechtecken und vier Quadraten.
b) Eine Kiwi kostet 0,40 €, sieben Kiwis kosten 2,80 €.
c) $\frac{1}{2} = 0{,}5 = 50\,\%$
d) Es wird immer 5 subtrahiert:
14 9 4 −1 −6 −11 −16 −21
e) $52\ cm = 4 \cdot a \Leftrightarrow a = 13\ cm \Rightarrow A = (13\ cm)^2 = 169\ cm^2$
f) $3x^2 = 27 \quad | :3$
$x^2 = 9 \quad | \sqrt{\ }$
$x_{1/2} = \pm 3 \quad \mathbb{L} = \{-3; 3\}$

10 a) Diese Aussage ist für eine gerade quadratische Pyramide (wenn die Seitenhöhen h_s lang genug sind) wahr.
b) 50 Liter Benzin kosten 60 €. (1 l kostet 1,20 €.)
c) $\frac{1}{4} = 0{,}25 = 25\,\%$

d) Es wird immer mit 2 multipliziert:
1 2 4 8 16 32 64 128

e) $400 = a^2 \Leftrightarrow a = 20 \text{ cm} \Rightarrow u = 4 \cdot 20 \text{ cm} = 80 \text{ cm}$

f) $x^2 - 160 = -124 \quad | +160$
$x^2 = 36 \quad | \sqrt{\ }$
$x_{1/2} = \pm 6 \quad \mathbb{L} = \{-6; 6\}$

11 a) Diese Aussage ist falsch. Das Netz eines Kegels setzt sich aus einem Kreis und einem Kreissektor zusammen.

b) Für 21 € bekommt man 15 Liter Benzin, 1 l Benzin kostet 1,40 €.

c) $\frac{4}{10} = 0{,}4 = 40\,\%$

d) Beim ersten Schritt wird 10 addiert, beim zweiten 9, usw.:
–26 –16 –7 1 8 14 19 23

e) $A_{Rechteck} = 3 \text{ cm} \cdot 12 \text{ cm} = 36 \text{ cm}^2$
Seitenlänge Quadrat: $36 \text{ cm}^2 = a^2 \Rightarrow a = 6 \text{ cm}$

f) $x^2 + 36 = 0 \quad | -36$
$x^2 = -36 \quad | \sqrt{\ } \qquad \mathbb{L} = \{\}$

12 a) Diese Aussage ist falsch. Ein vierseitiges Prisma kann diverse Vierecke als Grundfläche haben. Die Mantelfläche besteht dann aus vier Rechtecken, die jedoch zusammengesetzt ein großes Rechteck ergeben.

b) Fünf Schrippen kosten 1,50 €. Wenn diese mit 2 € bezahlt werden, erhält man 0,50 € (50 Cent) Wechselgeld.

c) $\frac{3}{4} = 0{,}75 = 75\,\%$

d) Beim ersten Schritt wird 8 subtrahiert, beim zweiten 7, usw.: 18 10 3 –3 –8 –12 –15 –17

e) $12 \text{ cm}^2 = 4 \text{ cm} \cdot b \Leftrightarrow b = 3 \text{ cm}$
Diagonale: $d = \sqrt{(4 \text{ cm})^2 + (3 \text{ cm})^2} = 5 \text{ cm}$

f) $-4x^2 + 4 = 0 \quad | -4$
$-4x^2 = -4 \quad | :(-4)$
$x^2 = 1 \quad | \sqrt{\ }$
$x_{1/2} = \pm 1 \quad \mathbb{L} = \{-1; 1\}$

Quadratische Funktionen und Gleichungen

Seite 26/27

1 a) 289 0,04 10 000 –2,25 $\frac{1}{16}$
b) 11 1,4 1 000 $\frac{3}{5}$ $\approx 2{,}83$

2 a) $-2 \cdot 5 + 15 = -10 + 15 = 5$
$-2 \cdot (-5) + 15 = 10 + 15 = 25$

b) $5 \cdot (2 \cdot (-6) + 5) = 5 \cdot (-12 + 5) = 5 \cdot (-7) = -35$
$5 \cdot (2 \cdot \frac{1}{2} + 5) = 5 \cdot (1 + 5) = 5 \cdot 6 = 30$

c) $(7 + 3)^2 = 10^2 = 100$
$(7 - 4{,}5)^2 = 2{,}5^2 = 6{,}25$

d) $\sqrt{(60 - 11)} = \sqrt{49} = 7$
$\sqrt{(132 - 11)} = \sqrt{121} = 11$

3 a) $2x + 3 + 4{,}5x - 0{,}5 = 6{,}5x + 2{,}5$

b) $4y - 12{,}5 - 6y + 7{,}5 = -2y - 5$

c) $3x + 7y + x - 5y = 4x + 2y$

d) $6x^2 - 9 + 5 \cdot 3 - 4x^2 = 2x^2 + 6$

e) $7 \cdot 2x + 14 - 3x - 3 \cdot 12 = 11x - 22$

f) $28 : 4 - 19 : 2 - y^2 = 7 - 9{,}5 - y^2 = -y^2 - 2{,}5$

g) $\frac{1}{2}a + \frac{1}{5}b - \frac{1}{4}a + \frac{3}{4}a - 0{,}25a^2 = -0{,}25a^2 + a + \frac{1}{5}b$

h) $2\frac{3}{4} + \frac{2}{5}c^2 - \frac{2}{10}c^2 + 0{,}2c^2 - 4\frac{1}{4} = \frac{2}{5}c^2 - \frac{3}{2}$

4 a) $24 + (13x + 19) - 44 = 24 + 13x + 19 - 44 = 13x - 1$

b) $8 - (4x - 2) - 6x = 8 - 4x + 2 - 6x = -10x + 10$

c) $8 + 17x^2 - (5 + 4x^2) = 8 + 17x^2 - 5 - 4x^2 = 13x^2 + 3$

d) $26x^2 - 18 - (4x^2 + 8) - 7 =$
$26x^2 - 18 - 4x^2 - 8 - 7 = 22x^2 - 33$

5 a) $5x + 3 = 3x + 7 \quad | -3 - 3x$
$2x = 4 \quad | :2$
$x = 2$

b) $0{,}5x - 12 = 0{,}25x - 9 \quad | -0{,}25x + 12$
$0{,}25x = 3 \quad | :0{,}25$
$x = 12$

c) $-16 = 4x - 4 \quad | +4$
$-12 = 4x \quad | :4$
$-3 = x$

d) $4{,}5x - 5{,}2 = -7{,}45 \quad | +5{,}2$
$4{,}5x = -2{,}25 \quad | :4{,}5$
$x = -0{,}5$

e) $96 - 2y = 288 \quad | -96$
$-2y = 192 \quad | :(-2)$
$y = -96$

f) $4 + \frac{2}{3}b = 3 \quad | -4$
$\frac{2}{3}b = -1 \quad | :\frac{2}{3}$
$b = -1{,}5$

g) $6 - (4 - 9c) = 56$
$6 - 4 + 9c = 56 \quad | -2$
$9c = 54 \quad | :9$
$c = 6$

h) $4 + (-x + 4) = -(-6x + 6)$
$4 - x + 4 = 6x - 6 \quad | -6x - 8$
$-7x = -14 \quad | :(-7)$
$x = 2$

6 $m = 3 \qquad n = -2$

7 a)

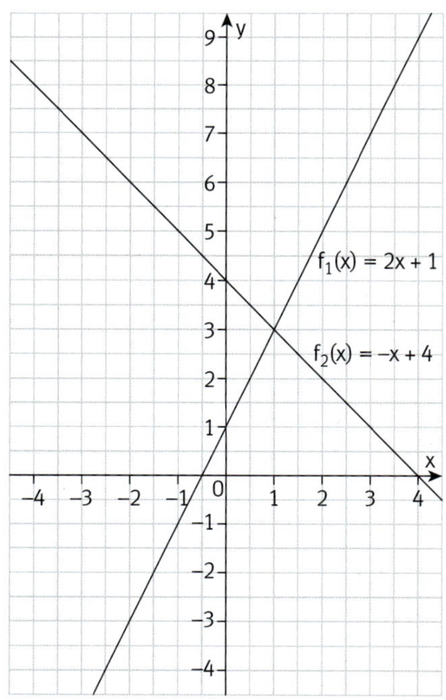

b) Die Gerade zu $f_1(x)$ steigt, da $m = 2 > 0$.
Die Gerade zu $f_2(x)$ fällt, da $m = -1 < 0$.

8 a) Nullstellen:
$x_1 = -0{,}5;\ x_2 = 4$
Die Berechnung bestätigt das grafische Ergebnis.
b) Schnittpunkt: S (1 | 3)
Die Berechnung bestätigt das grafische Ergebnis.

9 a)/c)

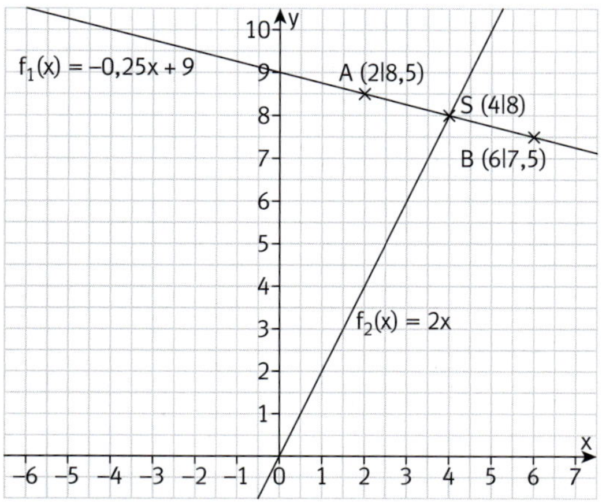

b) Nullstelle: $x_0 = 36$
d) Schnittpunkt: S (4 | 8)

Seite 39

1 die erste Lösung ist korrekt, denn:
$f(-3) = 4 \cdot (-3)^2 - 40$
$f(-3) = 4 \cdot 9 - 40$
$f(-3) = 36 - 40$
$f(-3) = -4$

2 Wertetabelle:

x	–4	–3	–2	–1	0	1	2	3	4
y	12	8,5	6	4,5	4	4,5	6	8,5	12

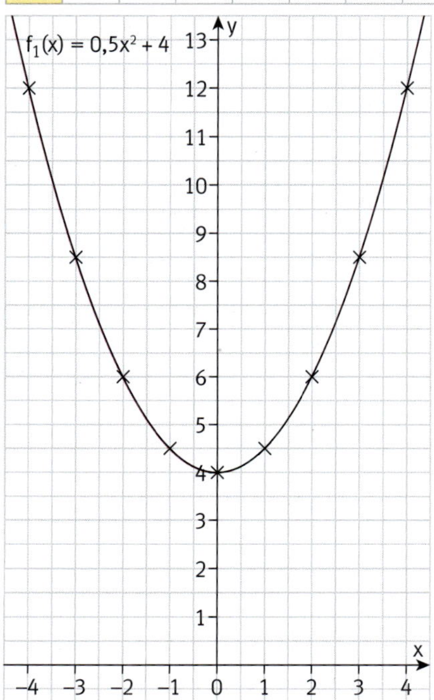

Die Parabel ist gestaucht um den Faktor 0,5 und um 4 Einheiten nach oben entlang der y-Achse verschoben.

3 a)/b)
roter Graph: S (3 | –1,5) → $f_1(x) = (x - 3)^2 - 1{,}5$
grüner Graph: S (1 | 0,5) → $f_5(x) = (x - 1)^2 + 0{,}5$
violetter Graph: S (–1 | 0) → $f_6(x) = (x + 1)^2$
blauer Graph: S (–1 | –2) → $f_4(x) = (x + 1)^2 - 2$
orangefarbener Graph: S (–2,5 | –3) → $f_3(x) = (x + 2{,}5)^2 - 3$
Für $f_2(x)$ fehlt der Graph.

4 Nullstellen von $f_1(x)$:
$0 = 1{,}5x^2 - 6$
$6 = 1{,}5x^2$
$4 = x^2$
$x_1 = -2$ und $x_2 = 2$
Nullstellen von $f_2(x)$:
$0 = (x - 1)^2 - 4$
$4 = (x - 1)^2$
$x_1 - 1 = 2$ und $x_2 - 1 = -2$
$x_1 = 3$ $\quad x_2 = -1$

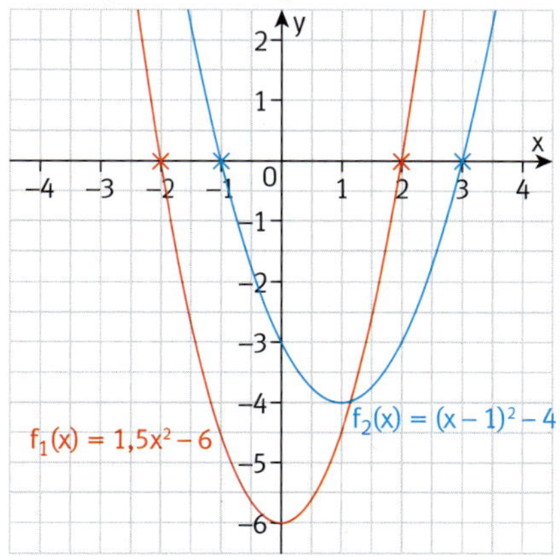

Trigonometrie

Seite 56/57

1 a) A

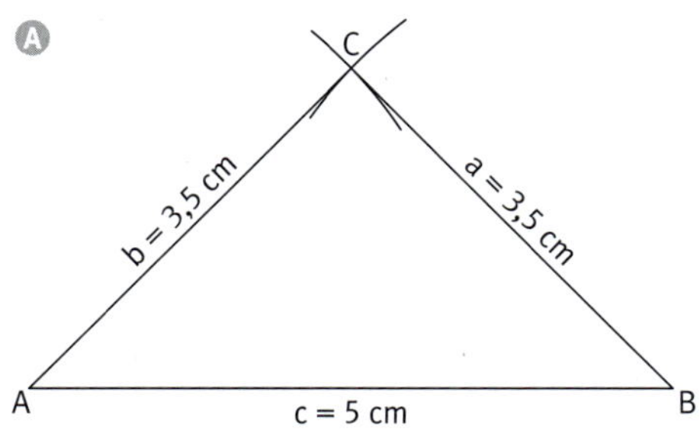

B
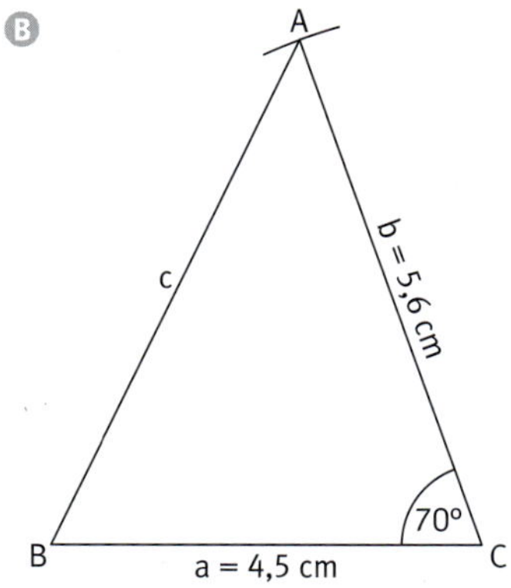

C
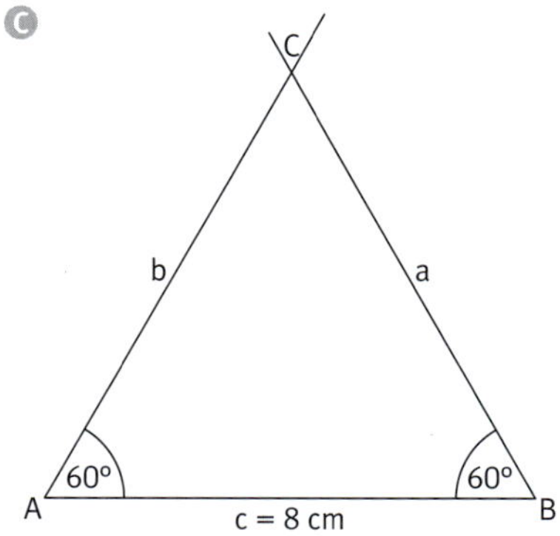

D
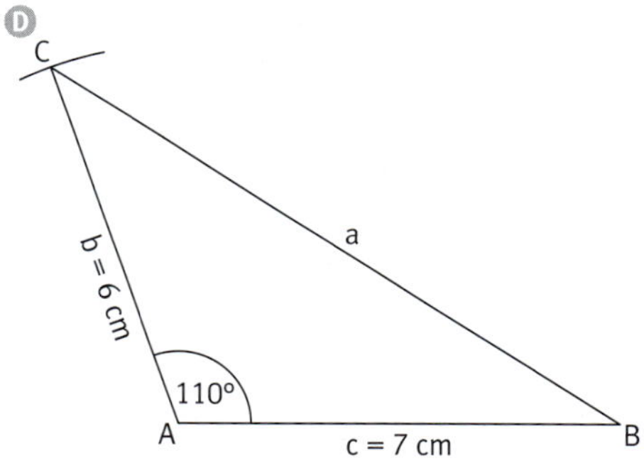

b) Aus diesen Angaben kann kein Dreieck konstruiert werden, da die Summe aus den beiden kleinsten Seiten kleiner als die längste Seite ist.

2 Jeweils fehlende Winkelgröße (Dreiecksart)
a) $\gamma = 20°$ (stumpfwinklig, allgemein)
b) $\beta = 75°$ (spitzwinklig, allgemein)
c) $\alpha = 70°$ (spitzwinklig, gleichschenklig)
d) $\gamma = 45°$ (rechtwinklig, gleichschenklig)
e) $\gamma = 60°$ (spitzwinklig, gleichseitig)
f) $\beta = 92°$ (stumpfwinklig, allgemein)
g) $\gamma = 90°$ (rechtwinklig, allgemein)
h) $\beta = 24°$ (stumpfwinklig, gleichschenklig)
i) $\alpha = 73°$ (spitzwinklig, gleichschenklig)

3 Die Länge der rot markierten Seite sei x:
a) $x = \sqrt{2{,}2^2 + 4{,}7^2}$ cm $= \sqrt{26{,}93}$ cm $\approx 5{,}2$ cm
b) $x = \sqrt{6{,}5^2 - 3{,}3^2}$ cm $= \sqrt{31{,}36}$ cm $= 5{,}6$ cm
c) $x = \sqrt{7{,}1^2 + 3{,}4^2}$ cm $= \sqrt{61{,}97}$ cm $\approx 7{,}9$ cm
d) $x = \sqrt{5{,}8^2 - 2{,}2^2}$ cm $= \sqrt{28{,}8}$ cm $\approx 5{,}4$ cm

4
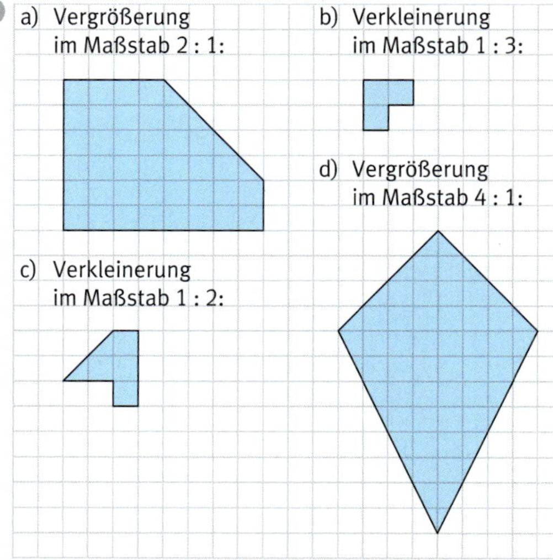

5 a)

		A	B	C	D	E
	Original	Vg	Vk	Vg	Vk	Vg
Länge	35 cm	70 cm	7 mm	8,75 m	1,4 cm	105 m
Maßstab	1 : 1	2 : 1	1 : 50	25 : 1	1 : 25	300 : 1

b)

		A	B	C	D	E
	Original	Vk	Vg	Vk	Vg	Vg
Länge	15 dm	5 dm	15 m	75 cm	30 m	7,5 km
Maßstab	1 : 1	1 : 3	10 : 1	1 : 2	20 : 1	5000 : 1

Seite 65

1 Mit Hilfe der Innenwinkelsumme für Dreiecke erhält man:

	a)	b)	c)	d)	e)	f)
α	47°	52°	80°	47°	52°	47°
β	52°	81°	48°	52°	48°	80°
γ	81°	47°	52°	81°	80°	53°

Ähnliche Dreiecke: a), b), d) sowie c) und e)
Begründung: Innenwinkel gleich

2 a) $\sin\alpha = \frac{3{,}2}{4} \Rightarrow \alpha \approx 53°$ $\quad \sin\beta = \frac{2{,}4}{4} \Rightarrow \beta \approx 37°$
$\cos\alpha = \frac{2{,}4}{4} \Rightarrow \alpha \approx 53°$ $\quad \cos\beta = \frac{3{,}2}{4} \Rightarrow \beta \approx 37°$
b) $\sin\alpha = \frac{1{,}8}{3} \Rightarrow \alpha \approx 37°$ $\quad \sin\beta = \frac{2{,}4}{3} \Rightarrow \beta \approx 53°$
$\cos\alpha = \frac{2{,}4}{3} \Rightarrow \alpha \approx 37°$ $\quad \cos\beta = \frac{1{,}8}{3} \Rightarrow \beta \approx 53°$
c) $\sin\alpha = \frac{1{,}4}{5} \Rightarrow \alpha \approx 16°$ $\quad \sin\beta = \frac{4{,}8}{5} \Rightarrow \beta \approx 74°$
$\cos\alpha = \frac{4{,}8}{5} \Rightarrow \alpha \approx 16°$ $\quad \cos\beta = \frac{1{,}4}{5} \Rightarrow \beta \approx 74°$

3 Lösungsmöglichkeit:
(Skizze nicht maßstabsgetreu)

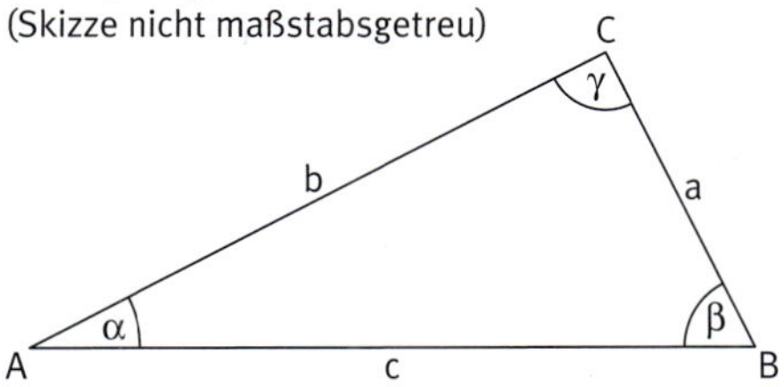

a) $\tan 30° = \frac{5{,}6}{b} \Rightarrow b \approx 9{,}7\ \text{cm}$

$c = \sqrt{9{,}7^2 + 5{,}6^2}\ \text{cm} = \sqrt{125{,}45}\ \text{cm} = 11{,}2\ \text{cm}$

b) $\sin 59° = \frac{b}{7{,}6} \Rightarrow b \approx 6{,}5\ \text{cm}$

$\cos 59° = \frac{a}{7{,}6} \Rightarrow a \approx 3{,}9\ \text{cm}$

c) $\sin 74° = \frac{9{,}2}{c} \Rightarrow c \approx 9{,}6\ \text{cm}$

$\tan 74° = \frac{9{,}2}{a} \Rightarrow a \approx 2{,}6\ \text{cm}$

d) $\tan 35° = \frac{b}{18} \Rightarrow b \approx 12{,}6\ \text{cm}$

$c = \sqrt{18^2 + 12{,}6^2}\ \text{cm} = \sqrt{482{,}76}\ \text{cm} \approx 22{,}0\ \text{cm}$

Berechnungen an Kugeln und zusammengesetzten Körpern

Seite 80/81

1

	Körper	Art der Grundfläche	Art der Deckfläche	Art und Anzahl der Seitenflächen
A	Würfel	Quadrat	Quadrat	4 Quadrate
B	Zylinder	Kreis	Kreis	1 Rechteck
C	Pyramide	Quadrat	–	4 Dreiecke
D	Prisma	Dreieck	Dreieck	3 Rechtecke
E	Kegel	Kreis	–	1 Kreissektor
F	Quader	Rechteck	Rechteck	4 Rechtecke

2 a) Ergänzt wurden die Indices:

	Pyramide	Kegel
Volumen	$V = \frac{1}{3} \cdot a^2 \cdot h_K$	$V = \frac{1}{3} \cdot \pi \cdot r^2 \cdot h_K$
Grundflächeninhalt	$A_G = a^2$	$A_G = \pi \cdot r^2$
Oberflächeninhalt	$A_O = a^2 + 2 \cdot a \cdot h_s$	$A_O = \pi \cdot r^2 + \pi \cdot r \cdot s$

b)/c) Skizze ähnlich Aufgabe 1 C bzw. E

3 A $A_G = 42{,}25\ \text{cm}^2$ $A_M = 169\ \text{cm}^2$
$A_O = 253{,}5\ \text{cm}^2$ $V = 274{,}625\ \text{cm}^3$

B $A_G \approx 19{,}63\ \text{cm}^2$ $A_M \approx 65{,}97\ \text{cm}^2$
$A_O \approx 105{,}24\ \text{cm}^2$ $V \approx 82{,}47\ \text{cm}^3$

C $A_G = 5{,}29\ \text{cm}^2$ $A_M = 25{,}76\ \text{cm}^2$
$A_O = 31{,}05\ \text{cm}^2$ $V \approx 9{,}70\ \text{cm}^3$

D $A_G = 6\ \text{cm}^2$ $A_M = 60\ \text{cm}^2$
$A_O = 72\ \text{cm}^2$ $V = 30\ \text{cm}^3$

E $A_G \approx 113{,}10\ \text{cm}^2$ $A_M \approx 160{,}22\ \text{cm}^2$
$A_O \approx 273{,}32\ \text{cm}^2$ $V \approx 226{,}19\ \text{cm}^3$

F Lösungsmöglichkeit:
$A_G = 27\ \text{cm}^2$ $A_M = 252\ \text{cm}^2$
$A_O = 306\ \text{cm}^2$ $V = 324\ \text{cm}^3$

4

a)	32 mm	47 mm	2 m	0,024 km
b)	$0{,}87\ \text{m}^2$	$5\,600\ \text{mm}^2$	$2{,}3\ \text{dm}^2$	$640\,000\ \text{m}^2$
c)	$400\,000\ \text{cm}^3$	$6\,800\,000\ \text{cm}^3$	$7\,900\ \text{dm}^3$	$0{,}004\ \text{km}^3$
d)	910 l	4800 ml	$0{,}43\ \text{m}^3$	0,00039 l

5 a) $h_s = \sqrt{1{,}8^2 + 8^2}\ \text{cm} = \sqrt{67{,}24}\ \text{cm} = 8{,}2\ \text{cm}$
b) $s = \sqrt{9^2 + 4{,}5^2}\ \text{cm} = \sqrt{101{,}25}\ \text{cm} \approx 10{,}1\ \text{cm}$
c) $d = \sqrt{4^2 + 4^2 + 4^2}\ \text{cm} = \sqrt{48}\ \text{cm} \approx 6{,}9\ \text{cm}$
d) $d = \sqrt{8^2 + 10^2 + 6^2}\ \text{cm} = \sqrt{200}\ \text{cm} \approx 14{,}1\ \text{cm}$

Seite 85

1 a) $V \approx 137{,}3\ \text{cm}^3$ $A_O \approx 128{,}7\ \text{cm}^2$
b) $V \approx 50\,965{,}0\ \text{dm}^3$ $A_O \approx 6\,647{,}6\ \text{dm}^2$
c) Halbkugel:
$V \approx 3\,803\,103\ \text{mm}^3$ $A_O \approx 140\,278\ \text{mm}^2$
Der Oberflächeninhalt der Halbkugel setzt sich zusammen aus der Hälfte des Oberflächeninhalts der entsprechenden Kugel und dem Flächeninhalt des Kreises.

2 $u = 2 \cdot \pi \cdot r \Rightarrow r = \frac{u}{2 \cdot \pi} = \frac{55\ \text{cm}}{2 \cdot \pi} \approx 8{,}75\ \text{cm}$
$V \approx 2\,806\ \text{cm}^3$ $A_O \approx 962\ \text{cm}^2$

3 a) $A_O \approx 56{,}5\ \text{m}^2$ $V \approx 56{,}5\ \text{m}^3$
b) Die Kosten belaufen sich auf
$149 \frac{€}{\text{m}^2} \cdot 56{,}5\ \text{m}^2 \cdot 1{,}19 \approx 10\,000\ €$.

Seite 89

1 Hinweis: Rundungsbedingte Abweichungen möglich

a) $V = V_{Kegel\ 1} + V_{Kegel\ 2}$
$\approx 5\,655\ \text{mm}^3 + 12\,017\ \text{mm}^3 = 17\,672\ \text{mm}^3$
$A_O = A_{Mantel\ 1} + A_{Mantel\ 2}$
$\approx 1\,319\ \text{mm}^2 + 2\,498\ \text{mm}^2 = 3\,817\ \text{mm}^2$

b) $V = V_{Quader} - V_{Zylinder}$
$\approx 2{,}42\ \text{cm}^3 - 0{,}77\ \text{cm}^3 = 1{,}65\ \text{cm}^3$
$A_O = A_{O\ Quader} + A_{M\ Zylinder} - 2 \cdot A_{Kreis}$
$\approx 14{,}08\ \text{cm}^2 + 2{,}2\ \text{cm}^2 - 3{,}08\ \text{cm}^2$
$= 13{,}2\ \text{cm}^2$

c) Höhe des Kegels:
$h_K = \sqrt{30^2 - 14^2}\ \text{cm} = \sqrt{704}\ \text{cm} \approx 26{,}5\ \text{cm}$
$V = V_{Kegel} + V_{Halbkugel}$
$\approx 5439{,}1\ \text{cm}^3 + 5747{,}0\ \text{cm}^3$
$= 11\,186{,}1\ \text{cm}^3$
$A_O = A_{M\ Halbkugel} + A_{M\ Kegel}$
$\approx 1\,231{,}5\ \text{cm}^2 + 1\,319{,}47\ \text{cm}^2$
$= 2\,550{,}97\ \text{cm}^2$

2 a) Höhe des Dachgiebels: $h = \sqrt{4{,}2^2 - 3{,}175^2}\ \text{m} \approx 2{,}75\ \text{m}$
b) $V = V_{Quader} + V_{Prisma} \approx 427{,}83\ \text{m}^3$
c) Flächeninhalt Dach:
$A = 9{,}8\ \text{m} \cdot 4{,}2\ \text{m} \cdot 2 = 82{,}32\ \text{m}^2$
Flächeninhalt Dachgiebel:
$A = 6{,}35\ \text{m} \cdot 2{,}75\ \text{m} \approx 17{,}46\ \text{m}^2$
Gesamtfläche: $99{,}78\ \text{m}^2 \approx 100\ \text{m}^2$
d) Kosten: $100 \cdot 85 \cdot 1{,}19 = 10\,115$ (€)
Es muss nur noch ein kleiner Betrag dazugelegt werden.

Daten und ihre Auswertung

Seite 98/99

1 a) Schulnoten: „Sehr gut" = 1 „Gut" = 2 „Ging so" = 3

Note	1	2	3
Strichliste	////	//	/
Anzahl	4	2	1

b) Relative Häufigkeit der 1: $\frac{4}{7} = 4 : 7 \approx 0{,}5714 \approx 57\,\%$

Relative Häufigkeit der 2: $\frac{2}{7} = 2 : 7 \approx 0{,}2857 \approx 29\,\%$

Relative Häufigkeit der 3: $\frac{1}{7} = 1 : 7 \approx 0{,}1429 \approx 14\,\%$

2 a) Rangliste: 68; 70; 78; 78; 78; 87; 88; 94; 99; 102; 105
Maximum: 105 Minimum: 68
Spannweite: 105 – 68 = 37

b) $\bar{x} = \frac{68 + 70 + 78 + 78 + 78 + 87 + 88 + 94 + 99 + 102 + 105}{11}$

$= \frac{947}{11} \approx 86{,}1$

z = 87

3 a) 10 €; 15 €; 15 €; 15 €; 15 €; 20 €; 25 €; 30 €; 45 €; 60 €

b) $\bar{x} = \frac{10 + 15 + 15 + 15 + 15 + 20 + 25 + 30 + 45 + 60}{10} = 25$ (€)

z = 17,50 €

4 a) Das Diagramm wird in einem Zeitraum von fünf Jahren betrachtet.

b) Maximum: 2713 Elektroautos
Minimum: 657 Elektroautos
Spannweite: 2713 – 657 = 2056

c)

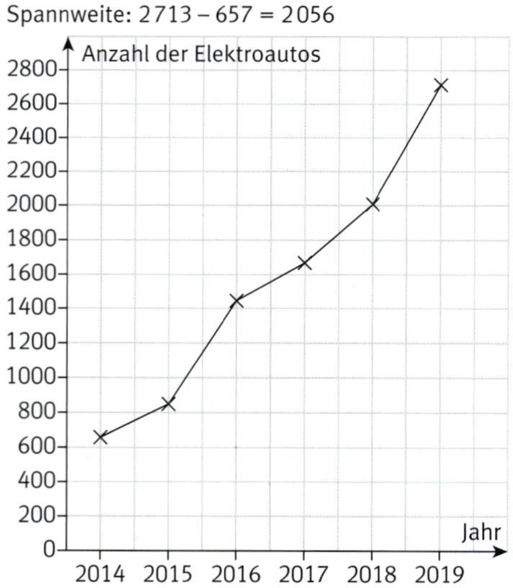

d) Lösungsmöglichkeit:
Diese Aussage kann nicht zweifelsfrei bestätigt werden. Das Diagramm gibt lediglich an, wie viele Elektroautos in Berlin zugelassen sind. Um diese Aussage bestätigen zu können, müsste das Diagramm die Anzahl aller zugelassenen Elektroautos und die Anzahl aller zugelassenen Benzinautos in Berlin darstellen.

5 a) Gesamtlänge des Streifendiagramms: 10 cm

Schulbesuchsdauer	10 Jahre	11 Jahre	12 Jahre	13 Jahre	14 Jahre
Streifenlänge	4 cm	1,8 cm	2,4 cm	1 cm	0,8 cm
Relative Häufigkeit	0,4	0,18	0,24	0,1	0,08
Absolute Häufigkeit	20	9	12	5	4

b)

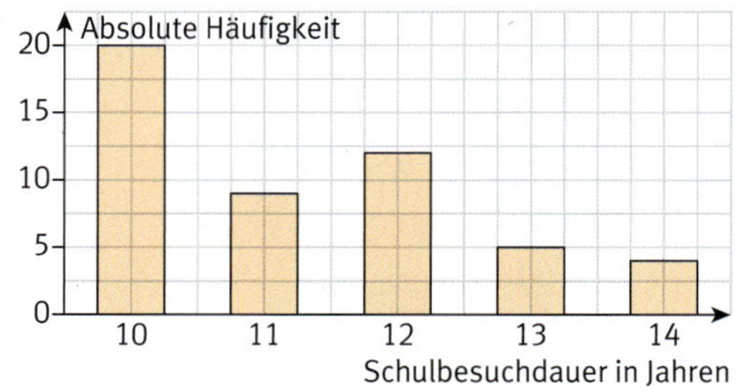

c)

Schulbesuchsdauer	10 Jahre	11 Jahre	12 Jahre	13 Jahre	14 Jahre
Relative Häufigkeit	0,4	0,18	0,24	0,1	0,08
Winkelgröße	144°	≈ 65°	≈ 86°	36°	29°

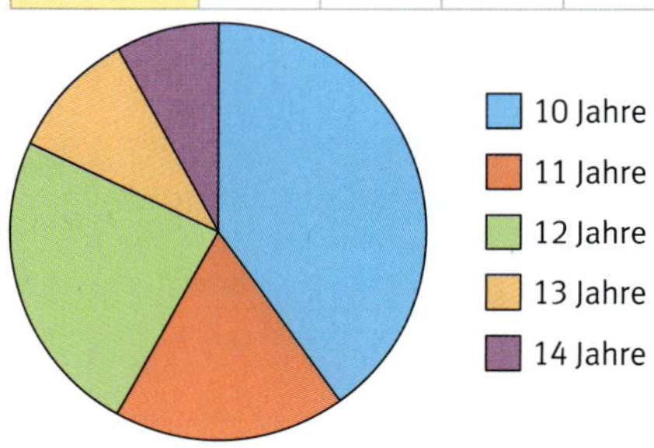

d) $\bar{x} = \frac{20 \cdot 10 + 9 \cdot 11 + 12 \cdot 12 + 5 \cdot 13 + 4 \cdot 14}{50} = 11{,}28$ (Jahre)

Seite 107

1 a) Lösungsmöglichkeit:
Zwei Klassen:

Gewicht	> 50–55 g	> 55–60 g
Anzahl	7	13

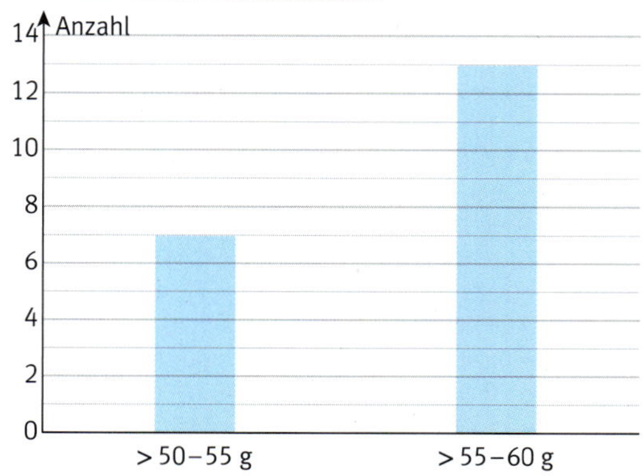

Drei Klassen:

Gewicht	> 51–54 g	> 54–57 g	> 57–60 g
Anzahl	3	11	6

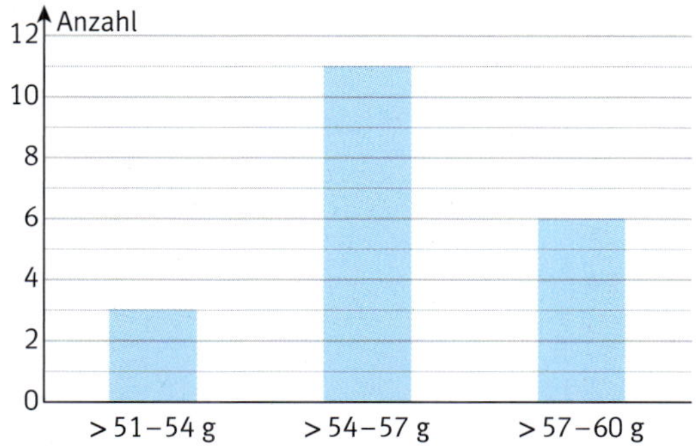

Vier Klassen:

Gewicht	> 50–52,5 g	> 52,5–55 g	> 55–57,5 g	> 57,5–60 g
Anzahl	1	6	8	5

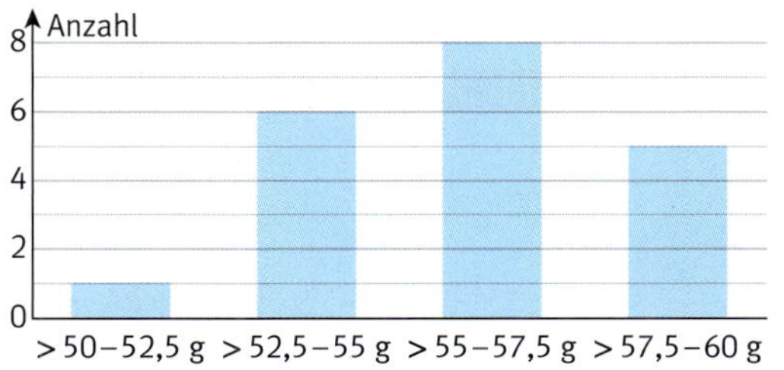

b) $\bar{x} = 56{,}07$ (g)
Modalwerte: 55, 56 und 57
$z = 55{,}95$

2

	Min	Max	Spann-weite	Median	Unteres Quartil	Oberes Quartil
a)	2	18	16	13	9	15
b)	0	1000	1000	600	500	700
c)	390	730	340	500	420	640

Boxplot zu a):

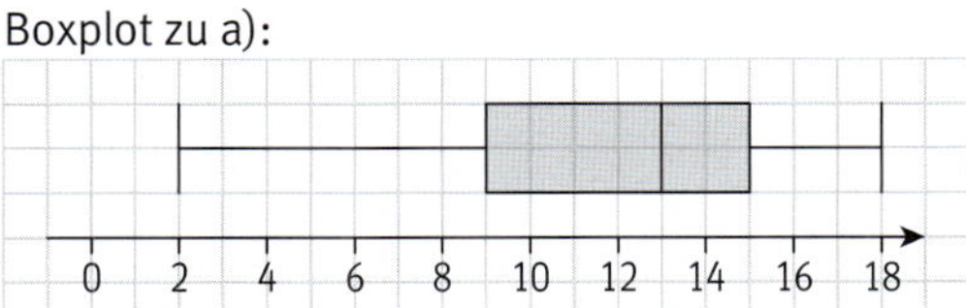

Boxplot zu b):

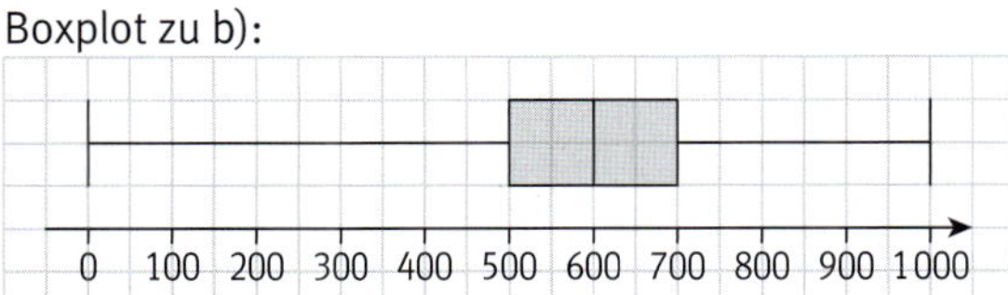

Boxplot zu c):

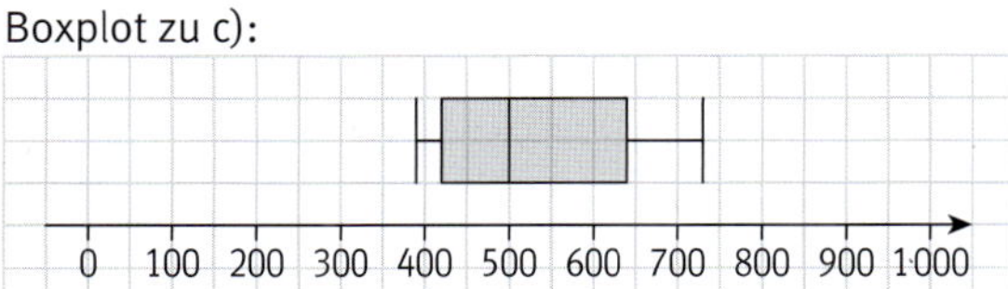

Wachstumsprozesse

Seite 126/127

1 a) Ⓐ $60\,\% = \frac{3}{5} = 0{,}6$ Ⓑ $2\,\% = \frac{1}{50} = 0{,}02$
Ⓒ $125\,\% = \frac{5}{4} = 1{,}25$ Ⓓ $12{,}5\,\% = \frac{1}{8} = 0{,}125$
Ⓔ $320\,\% = \frac{16}{5} = 3{,}2$

b) Ⓐ $\frac{27}{100} = 0{,}27 = 27\,\%$ Ⓑ $\frac{102}{100} = 1{,}02 = 102\,\%$
Ⓒ $\frac{230}{100} = 2{,}3 = 230\,\%$ Ⓓ $\frac{3}{10} = 0{,}3 = 30\,\%$
Ⓔ $\frac{7}{5} = 1{,}4 = 140\,\%$

2 Preis sinkt um 10 % ≙ 90 % des alten Preises
≙ alter Preis · Faktor 0,9
Preis verringert um 15 % ≙ 85 % des alten Preises
≙ alter Preis · Faktor 0,85
Preis vermehrt um 15 % ≙ 115 % des alten Preises
≙ alter Preis · Faktor 1,15
Preis erhöht um 10 % ≙ 110% des alten Preises
≙ alter Preis · Faktor 1,1

3

	a)	b)	c)
alter Preis	340 €	125 €	1450 €
Änderung um ...	+ 8 %	– 17 %	+ 2 %
veränderter Prozentsatz	108 %	83 %	102 %
Wachstumsfaktor	1,08	0,83	1,02
neuer Preis	367,20 €	103,75 €	1479 €
	d)	**e)**	**f)**
alter Preis	324 €	3600 €	630 €
Änderung um ...	– 25 %	+ 12 %	– 10 %
veränderter Prozentsatz	75 %	112 %	90 %
Wachstumsfaktor	0,75	1,12	0,9
neuer Preis	243 €	4032 €	567 €

4 a) Heutiger Preis:
120 € · 1,15 = 138 €
b) Monatlicher Preis ab nächstem Jahr:
17 € · 1,02 = 17,34 €
c) Wert des ein Jahre alten Autos:
25 000 € · 0,85 = 21 250 €
d) Kaufpreis des Handys:
490 € : 0,7 = 700 €
e) Preis des Computerspiels nach einem Jahr:
80 € · 0,35 = 28 €

5 a) $2 \cdot 2 \cdot 2 = 2^3 = 8$
b) $3 \cdot 3 \cdot 3 \cdot 3 = 3^4 = 81$
c) $5 \cdot 5 = 5^2 = 25$
d) $\frac{1}{2} \cdot \frac{1}{2} \cdot \frac{1}{2} = (\frac{1}{2})^3 = \frac{1}{8}$
e) $b \cdot b \cdot b = b^3$
f) $(\frac{1}{3})^2 = \frac{1}{3} \cdot \frac{1}{3} = \frac{1}{9}$
g) $(-4)^2 = (-4) \cdot (-4) = 16$
h) $(-2)^5 = (-2) \cdot (-2) \cdot (-2) \cdot (-2) \cdot (-2) = -32$
i) $x^4 = x \cdot x \cdot x \cdot x$
j) $(-a)^3 = (-a) \cdot (-a) \cdot (-a) = -a^3$

6 Graph A:
Funktionsgleichung: $f_3(x) = x^2 - 4x + 4$
Wertetabelle:

x	0	1	2
y	4	1	0

Graph B:
Funktionsgleichung: $f_1(x) = -2x + 3$
Wertetabelle:

x	0	1	2
y	3	1	−1

7 a)

x	−2	−1,5	−1	−0,5	0	0,5	1	1,5	2	2,5	3
y	−5	−4	−3	−2	−1	0	1	2	3	4	5

b)

x	−2	−1,5	−1	−0,5	0	0,5	1	1,5	2	2,5	3
y	5	4,25	3,5	2,75	2	1,25	0,5	−0,25	−1	−1,75	−2,5

c)

x	−2	−1,5	−1	−0,5	0	0,5	1	1,5	2	2,5	3
y	0	−1,75	−3	−3,75	−4	−3,75	−3	−1,75	0	2,25	5

d)

x	−2	−1,5	−1	−0,5	0	0,5	1	1,5	2	2,5	3
y	6	3,75	2	0,75	0	−0,25	0	0,75	2	3,75	6

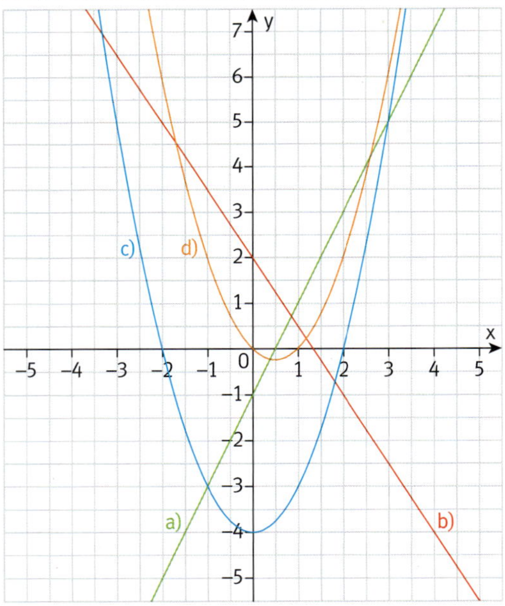

Seite 137

1 a) Exponentielles Wachstum mit Wachstumsfaktor b = 5.

x	0	1	2	3	4
y	2	10	50	250	1 250

b) Lineares Wachstum mit Wachstumssummand m = 50.

x	0	1	2	3	4
y	50	100	150	200	250

2 a) $b = \frac{23}{20} = 1{,}15 \Rightarrow f(x) = 20 \cdot 1{,}15^x$

b)

x	0	1	2	3	4	5	6
f(x)	20	23	26	30	35	40	46
x	7	8	9	10	11	12	
f(x)	53	61	70	81	93	107	

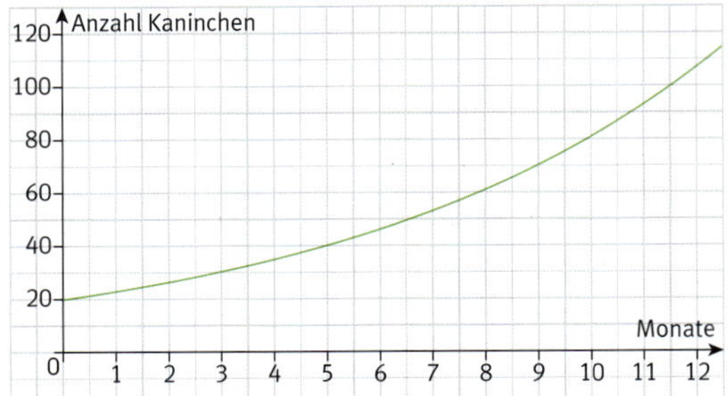

c) Dies ist nach etwa 11,5 Monaten der Fall.

3 Nach 4 Jahren hält der Akku noch $8 \cdot 0{,}7^4 \approx 1{,}9$ Stunden.

Funktionen und ihre Eigenschaften

Seite 156/157

1 a) A $f(x) = 3x + 1$

B

x	−3	−2	−1	0	1	2	3
y	−8	−5	−2	1	4	7	10

C Zum Dreifachen einer Zahl wird 1 addiert.

b) A $f(x) = \frac{1}{2}x - 5$

B

x	−3	−2	−1	0	1	2	3
y	−6,5	−6	−5,5	−5	−4,5	−4	−3,5

C Von der Hälfte einer Zahl wird 5 subtrahiert.

c) A $f(x) = x^2$

B

x	−3	−2	−1	0	1	2	3
y	9	4	1	0	1	4	9

C Jeder Zahl wird ihre Quadratzahl zugeordnet.

d) A $f(x) = 2x + 2$

B

x	−3	−2	−1	0	1	2	3
y	−4	−2	0	2	4	6	8

C Zum Doppelten einer Zahl wird 2 addiert.

e) A $f(x) = -\frac{1}{3}x + 1$

B

x	−3	−2	−1	0	1	2	3
y	2	$1\frac{2}{3}$	$1\frac{1}{3}$	1	$\frac{2}{3}$	$\frac{1}{3}$	0

C Zum negativen dritten Teil einer Zahl wird 1 addiert.

D Funktionsgraphen zu a) bis e):

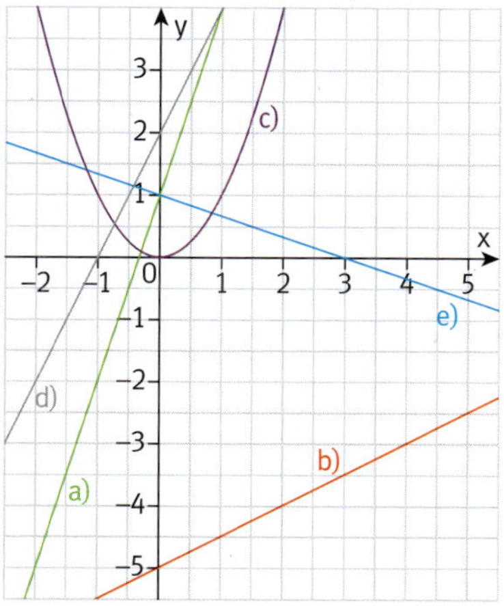

2 a) $f(x) = 4x + 1$ $\quad m = 4;\ n = 1$
b) $f(x) = -3x + 10$ $\quad m = -3;\ n = 10$

3 a) $A(1|-3);\ B(4|-15)$
b) $C(3{,}1|9{,}61);\ D(2{,}4|5{,}76)$

4 a) Die Punktprobe ergibt: Der Punkt P liegt auf der Geraden f, jedoch nicht auf der Geraden g.
b) Nullstelle von f(x): $0 = -0{,}5x + 2$; $x = 4$ — Nullstelle von g(x): $0 = 1{,}5x - 2$; $x = 1\frac{1}{3}$

Schnittpunkt S:
$-0{,}5x + 2 = 1{,}5x - 2 \quad | +2$
$-0{,}5x + 4 = 1{,}5x \quad | +0{,}5x$
$4 = 2x \quad | :2$
$2 = x$ (Einsetzen in f(x) oder g(x))
$y = 1$
$\Rightarrow S\,(2|1)$
Der Graph bestätigt die rechnerischen Ergebnisse.
c) Grafische Lösung: $n = 0$ und $m = \frac{1}{2} \Rightarrow h(x) = \frac{1}{2}x$
Rechnerische Lösung mit $S(2|1)$ und $Q(4|2)$:
$m = \frac{2-1}{4-2} = \frac{1}{2}$
$Q(4|2)$ und $m = \frac{1}{2}$ in $h(x) = mx + n$ einsetzen ergibt:
$2 = 4 \cdot \frac{1}{2} + n \Rightarrow n = 0$

5 Die Schnittpunkte A und B können grafisch oder durch Probieren ermittelt werden:
$A\,(-1|1);\ B\,(2|4)$

6 a) $4x^2 - 16x + 16$ b) $0{,}25y^2 - 6{,}25$
c) $25z^2 + 35z + 12{,}25$ d) $(x + 11)^2$
e) $(5 + y) \cdot (5 - y)$ f) $(a - 13)^2$

7 a) $128 = 2^7$ b) $1\,000\,000 = 10^6$ c) $256 = (-4)^4$
d) $\frac{1}{32} = 2^{-5}$ e) $\frac{1}{25} = 5^{-2}$ f) $\frac{25}{49} = (\frac{5}{7})^2$

8 a) $-2^4 = -16$ b) $2^{-4} = \frac{1}{16}$
c) $(-3)^2 = 9$ d) $(-3)^{-2} = \frac{1}{9}$
e) $-(\frac{3}{4})^2 \cdot (-\frac{2}{3})^3 = -\frac{9}{16} \cdot (-\frac{8}{27}) = \frac{72}{432} = \frac{1}{6}$ f) $(\frac{1}{2})^{-3} : (-2)^3 = -1$

9 a) $\sin 40° = \frac{5\text{ cm}}{c} \Leftrightarrow c = \frac{5\text{ cm}}{\sin 40°} \approx 7{,}8\text{ cm}$
$\beta = 180° - 90° - 40° = 50°$
$b = \sqrt{7{,}8^2 - 5^2}\text{ cm} = \sqrt{35{,}84}\text{ cm} \approx 6{,}0\text{ cm}$
b) $\cos 50° = \frac{2{,}5\text{ m}}{c} \Leftrightarrow c = \frac{2{,}5\text{ m}}{\cos 50°} \approx 3{,}9\text{ m}$
$\alpha = 180° - 90° - 50° = 40°$
$b = \sqrt{3{,}9^2 - 2{,}5^2}\text{ m} \approx \sqrt{8{,}96}\text{ m} \approx 3{,}0\text{ m}$
c) $\cos\alpha = \frac{5\text{ cm}}{7\text{ cm}} \Rightarrow \alpha \approx 44°$
$\beta = 180° - 90° - 44° = 46°$
$a = \sqrt{7^2 - 5^2}\text{ cm} = \sqrt{24}\text{ cm} \approx 4{,}9\text{ cm}$

10 a) $b = 1{,}10 = 1 + \frac{10}{100} \triangleq 10\,\%$ Zunahme
b) $b = 0{,}993 = 1 - \frac{7}{1000} \triangleq 0{,}7\,\%$ Abnahme
c) $b = 1{,}03 = 1 + \frac{3}{100} \triangleq 3\,\%$ Zunahme
d) $b = 0{,}5 = 1 - \frac{50}{100} \triangleq 50\,\%$ Abnahme

11 a) $f(x) = 0{,}5 \cdot 1{,}035^x$
$f(3) \approx 0{,}554\text{ g};\ f(7) \approx 0{,}636\text{ g};\ f(12) \approx 0{,}756\text{ g}$
b) $f(x) = 122 \cdot 0{,}99^x$
$f(3) \approx 118{,}4\text{ mg};\ f(7) \approx 113{,}7\text{ mg};\ f(12) \approx 108{,}1\text{ mg}$

Seite 168

1 $f_1(x) = 2(x-1)^2 = 2(x^2 - 2x + 1) = 2x^2 - 4x + 2$
Nullstelle: $x_0 = 1$
Scheitelpunkt: $S\,(1|0)$

$f_2(x) = x^2 + 3x + 3{,}25 = (x + \frac{3}{2})^2 + 1$
Keine Nullstelle
Scheitelpunkt: $S\,(-1{,}5|1)$

$f_3(x) = -\frac{3}{4}(x + \frac{1}{2})^2 + 3 = -\frac{3}{4}x^2 - \frac{3}{4}x + \frac{45}{16}$
Nullstellen: $x_1 = -2{,}5;\ x_2 = 1{,}5$
Scheitelpunkt: $S\,(-0{,}5|3)$

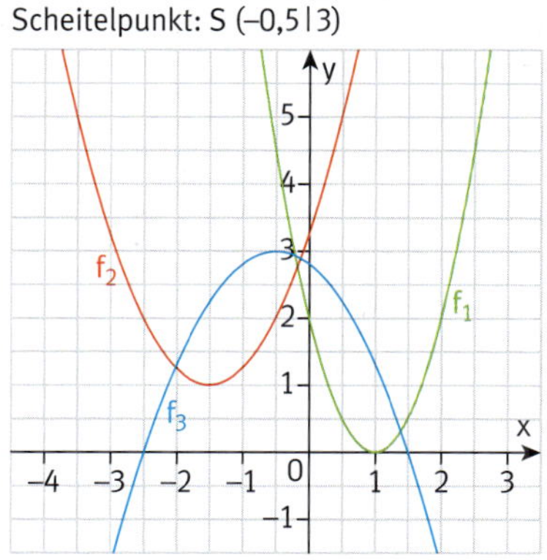

2 a) $f_1 \to$ D (grün) $\quad f_2 \to$ B (rot)
$f_3 \to$ E (violett) $\quad f_4 \to$ C (orange)
$f_6 \to$ A (blau) $\quad$ übrig: f_5

b)

	Monotonie-intervalle	Symmetrie	Asymptoten
f_1	für $x < 0$: monoton steigend für $x > 0$: monoton fallend	Achsensymmetrisch zur y-Achse	$y = 0$; $x = 0$
f_2	für $x < 0$: monoton fallend für $x > 0$: monoton steigend	Achsensymmetrisch zur y-Achse	keine
f_3	für $x \in \mathbb{R}, x \neq 0$: monoton fallend	Punktsymmetrisch zum Punkt (0|0)	$y = 0$; $x = 0$
f_4	für $x \in \mathbb{R}, x \neq 0$: monoton steigend	Punktsymmetrisch zum Punkt (0|0)	keine
f_5	für $x < 0$: monoton steigend für $x > 0$: monoton fallend	Achsensymmetrisch zur y-Achse	keine
f_6	für $x < -2$: monoton fallend für $x > -2$: monoton steigend	Achsensymmetrisch zur Achse $x = -2$	keine

3 a) $f(x) = 4 \cdot 0{,}5^x$
$\mathbb{D} = \mathbb{R}$; $\mathbb{W} = \mathbb{R}$ mit $y > 0$
Monotonie: für $x \in \mathbb{R}$ monoton fallend
Schnittpunkt mit y-Achse: P (0|4)
Nullstelle: keine
Asymptote: $y = 0$

b) $f(x) = 2^x - 4$
$\mathbb{D} = \mathbb{R}$; $\mathbb{W} = \mathbb{R}$ mit $y > -4$
Monotonie: für $x \in \mathbb{R}$ monoton steigend
Schnittpunkt mit y-Achse: P (0|−3)
Nullstelle: $x_0 = 2$
Asymptote: $y = -4$

c) $f(x) = 0{,}5 \cdot 2^x - 2$
$\mathbb{D} = \mathbb{R}$; $\mathbb{W} = \mathbb{R}$ mit $y > -2$
Monotonie: für $x \in \mathbb{R}$ monoton steigend
Schnittpunkt mit y-Achse: P (0|−1,5)
Nullstelle: $x_0 = 2$
Asymptote: $y = -2$

d) $f(x) = 2^{x-1} + 1$
$\mathbb{D} = \mathbb{R}$; $\mathbb{W} = \mathbb{R}$ mit $y > 1$
Monotonie: für $x \in \mathbb{R}$ monoton steigend
Schnittpunkt mit y-Achse: P (0|1,5)
Nullstelle: keine
Asymptote: $y = 1$

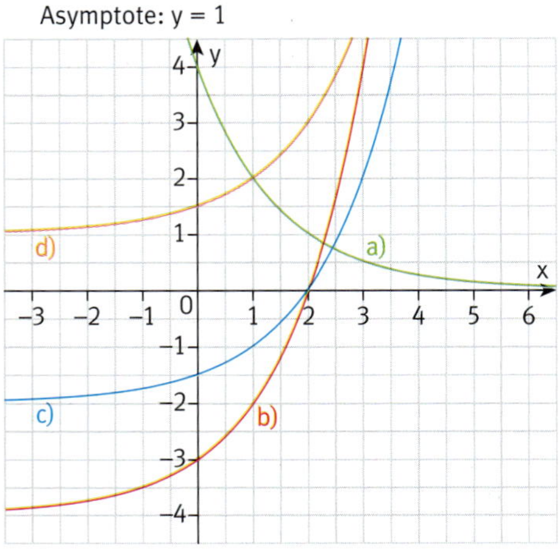

Stichwortverzeichnis

Bildnachweis

© 2018 IW Medien · iwd 5 – S. 122; AdobeStock / Axl – S. 147; - / ebenart – S. 79; - / Ffolas – S. 118; - / Mike Haufe – S. 94; - / ii-graphics – S. 191; - / lowphoto – S. 139; - / Nicky Rhodes – S. 114; - / shooterg03 – S. 121; - / Zerbor – S. 123; Bridgeman Images / © Archives Charmet – S. 43; dpa Picture-Alliance / empics, John Giles – S. 177; - / imageBROKER, Uwe Kraft – Cover; Fotolia / dieter76 – S. 54; - / icholakov – S. 95; - / wion – S. 54; - / zentila – S. 116; Getty Images Plus / Hemera, Nikolai Sokorin – S. 109; - / iStock Editorial, imagemanufaktur – S. 124; - / iStock Editorial, JJFarquitectos – S. 132; - / iStock Editorial, william87 – S. 148; - / iStockphoto – S. 25, 47, 52; - / iStockphoto, 3DSculptor – S. 137; - / iStockphoto, Abykov – S. 145; - / iStockphoto, Yauhen Akulich – S. 91; - / iStockphoto, AlexLMX – S. 128; - / iStockphoto, amadeusamse – S. 125; - / iStockphoto, ANPerryman – S. 61; - / iStockphoto, AntiMartina – S. 136; - / iStockphoto, AntonioGuillem – S. 124; - / iStockphoto, ArtPhoto – S. 185; - / iStockphoto, AVTG – S. 134; - / iStockphoto, Balde_kostas – S. 132; - / iStockphoto, Bet_Noire – S. 194; - / iStockphoto, Ruth Black – S. 118; - / iStockphoto, bluejayphoto – S. 79; - / iStockphoto, BrianAJackson – S. 124; - / iStockphoto, CamilleWhite – S. 118; - / iStockphoto, ChristianThielNet – S. 177; - / iStockphoto, ciupaciups – S. 118; - / iStockphoto, Cobalt88 – S. 189; - / iStockphoto, CreativeNature_nl – S. 137; - / iStockphoto, Dafinchi – S. 67; - / iStockphoto, daizuoxin – S. 149; - / iStockphoto, Robert Daly – S. 187; - / iStockphoto, DavidSzabo – S. 147; - / iStockphoto, Dr_Microbe – S. 141; - / iStockphoto, Drummatra – S. 111; - / iStockphoto, dvoevnore – S. 86; - / iStockphoto, EEI_Tony – S. 125; - / iStockphoto, efks – S. 194; - / iStockphoto, Eivaisla – S. 133; - / elxeneize – S. 90; - / iStockphoto, FlamingoImages – S. 120; - / iStockphoto, Friday909 – S. 135; - / iStockphoto, Givaga – S. 190; - / iStockphoto, gkrphoto – S. 145; - / iStockphoto, gongzstudio – S. 85; - / iStockphoto, gopixa – S. 186; - / iStockphoto, Grafner – S. 22; - / iStockphoto, hanohiki – S. 115; - / iStockphoto, ilona – S. 194; - / iStockphoto, industryview – S. 124; - / iStockphoto, JackF – S. 155, 194; - / iStockphoto, jandrielom – S. 154; - / iStockphoto, johannes86 – S. 77; - / iStockphoto, kilhan – S. 60; - / iStockphoto, Alina Kulbasnaia – S. 124; - / iStockphoto, Daniel Lange – S. 155, 174; - / iStockphoto, leaf – S. 124; - / iStockphoto, Rainer Lesniewski – S. 24; - / iStockphoto, LeventKonuk – S. 86; - / iStockphoto, LightFieldStudios – S. 136; - / iStockphoto, Little_Things – S. 125; - / iStockphoto, LSOphoto – S. 124; - / iStockphoto, Magone – S. 194; - / iStockphoto, mareandmare – S. 94; - / iStockphoto, Richard Meissner – S. 144; - / iStockphoto, misterbike – S. 85; - / iStockphoto, MisterClips – S. 187; - / iStockphoto, MoustacheGirl – S. 134; - / iStockphoto, MR1805 – S. 154; - / iStockphoto, Nastco – S. 147; - / iStockphoto, Nenov – S. 118; - / iStockphoto, NLink – S. 76; - / iStockphoto, Paulbr – S. 176; - / iStockphoto, Artem Peretiatko – S. 155; - / iStockphoto, Petroos – S. 25; - / iStockphoto, photology1971 – S. 83; - / iStockphoto, Popartic – S. 162; - / iStockphoto, rozdesign – S. 86; - / iStockphoto, sarayut – S. 135; - / iStockphoto, Sergey_Peterman – S. 155; - / iStockphoto, simpson33 – S. 155; - / iStockphoto, Starush – S. 146; - / iStockphoto, swisshippo – S. 47; - / iStockphoto, tiler84 – S. 194; - / iStockphoto, tomlelouch – S. 137; - / iStockphoto, ungorf – S. 90; - / iStockphoto, unpict – S. 83; - / iStockphoto, Sergio Delle Vedove – S. 79; - / iStockphoto, visca – S. 154; - / iStockphoto, Vladimiroquai – S. 133; - / iStockphoto, vovashevchuk – S. 154; - / iStockphoto, VR19 – S. 83; - / iStockphoto, VvoeVale – S. 86; - / iStockphoto, william87 – S. 194; - / iStockphoto, worldofstock – S. 144; - / iStockphoto, yocamon – S. 148; - / iStockphoto, yvdavyd – S. 83; - / moodboard, Mike Watson Images – S. 194; - / Purestock – S. 25; - / Zoonar, J. Wachala – S. 153; iStockphoto / Dmitry_7 – S. 154; - / Imo – S. 118; Mauritius Images / Alamy Stock Photo, GL Archive – S. 55; - / Alamy Stock Photo, Julie g Woodhouse – S. 122; - / emotive images – S. 194; - / imageBROKER, Hwo – S. 46; Gerd-Rudolf Neumann, Berlin – S. 6, 58 (2), 94, 117 (3); Pixabay / RitaE – S. 125; Stadt Selb / Große Kaffeekanne "Kontinente" – S. 95; Statista GmbH, Hamburg – S. 97 (2), 101, 117; www.wikimedia.org – S. 135; - / Gregor Reisch – S. 55